高等学校通用教材

U0158171

工科数学分析

（下册）

薛玉梅　苑　佳　孙玉泉　文　晓　杨义川　编著

北京航空航天大学出版社

内 容 简 介

《工科数学分析》分上、下两册．本书为下册，内容包括：数项级数、函数列与函数项级数、傅里叶级数、多元函数的极限与连续、多元函数的微分、重积分、曲线积分和曲面积分．

为满足新形势下"重基础、宽口径"的人才培养需求，编写团队结合多年的教学经验，精心设置教材内容，注重核心内容的完整性和严谨性，注重数学分析的经典思想、方法和技巧，并兼顾课程与现代数学应用前沿的联系．

本书可供综合性大学和理工科院校作为本科教材使用，也可作为相关科研人员的参考书．

图书在版编目(CIP)数据

工科数学分析．下册 / 薛玉梅等编著．-- 北京 ：北京航空航天大学出版社，2019.12

ISBN 978-7-5124-3191-1

Ⅰ．①工… Ⅱ．①薛… Ⅲ．①数学分析－高等学校－教材 Ⅳ．①O17

中国版本图书馆 CIP 数据核字(2019)第 276190 号

工科数学分析(下册)

薛玉梅 苑 佳 孙玉泉 文 晓 杨义川 编著

责任编辑 蔡 喆

*

北京航空航天大学出版社出版发行

北京市海淀区学院路 37 号(邮编 100191) http://www.buaapress.com.cn

发行部电话：(010)82317024 传真：(010)82328026

读者信箱：goodtextbook@126.com 邮购电话：(010)82316936

涿州市新华印刷有限公司印装 各地书店经销

*

开本：787×1 092 1/16 印张：14.25 字数：365 千字

2020 年 1 月第 1 版 2020 年 1 月第 1 次印刷 印数：4 000 册

ISBN 978-7-5124-3191-1 定价：39.00 元

前　言

“工科数学分析”的思想方法几乎渗透了大学四年及后续研究生的所有自然科学、工程技术相关的课程. 这门课程对培养学生抽象思维能力、逻辑推理能力、空间想象力和科学计算能力有着重要的作用.

自从 17 世纪下半叶，牛顿(Newton)和莱布尼茨(Leibniz)分别独立发明了微积分之后，微积分成为推动近代数学发展强大的引擎，同时也极大地推动了天文学、物理学、化学、生物学、工程学、经济学等自然科学、社会科学及应用科学各个分支的发展. 几乎所有现代技术都以微积分学作为基本数学工具.

为更好地适应新时期人才培养的需求，我们编写了本教材. 教材在突出数学分析课程核心内容的同时，力求做到语言简洁，逻辑清晰，满足学生课下自主阅读和学习的需求. 上册主要介绍一元微积分以及常微分方程基础；本书是下册，主要介绍级数与多元微积分的相关内容，章节编排接上册. 第 11 章介绍无穷级数收敛的概念及基本性质和收敛性的判别准则. 第 12 章主要介绍函数序列与函数项级数一致收敛的定义、判别方法及函数项级数的和函数的分析性质：连续性，可微性，可积性；介绍幂级数的相关性质及应用. 第 13 章主要介绍 Fourier 级数的基本概念及周期函数的 Fourier 级数的展开，并介绍 Fourier 级数的逐点收敛定理. 从第 14 章开始是多元函数相关的内容，主要介绍 n 维线性空间与 Euclid 空间的定义、基本性质和相关基础概念，在此基础上介绍多元函数的极限与连续. 第 15 章主要介绍多元函数微分学的相关内容，包括多元函数的偏导数与微分的定义、求导法则、方向导数、隐函数存在定理以及条件极值与 Lagrange 乘数法的基本原理及其应用. 第 16 章主要介绍二重积分、三重积分的定义及计算方法和相应的应用问题. 第 17 章主要介绍第一型曲线积分、第二型曲线积分的定义与计算以及 Green 公式及其应用. 第 18 章主要介绍第一型曲面积分、第二型曲面积分的定义与计算方法；两类曲面积分的关系以及 Gauss 公式与 Stokes 公式；最后介绍场论的基本概念：数量场的梯度、向量场的通量与散度、向量场的环量与旋度、有势场和势函数等概念和基本结论.

本册继续坚持理论内容的完整性，并注重课程与时俱进的理念，例如对 Fourier 级数的收敛性定理、隐函数的存在性定理等内容均给出了完整的证明. 随着大数据、人工智能等领域的飞速发展，学生将来面临的科学问题中数据的规模和维数会更高，因此在多元微积分的内容中直接以 n 元函数和向量值函数等作为课程内容，这样的处理对初学者可能会有一定的困难，但更利于学生理解和掌握描述高维空间问题的思想和方法，更好地满足其未来的实际工作需求.

限于编者的才学能力，书中将难免会存在疏漏，希望读者能将发现的问题及时反馈给我们. 我们也将在本教材的使用过程中及时完善并通过微信公众号发布.

作　者

2020年1月于北京航空航天大学

目　　录

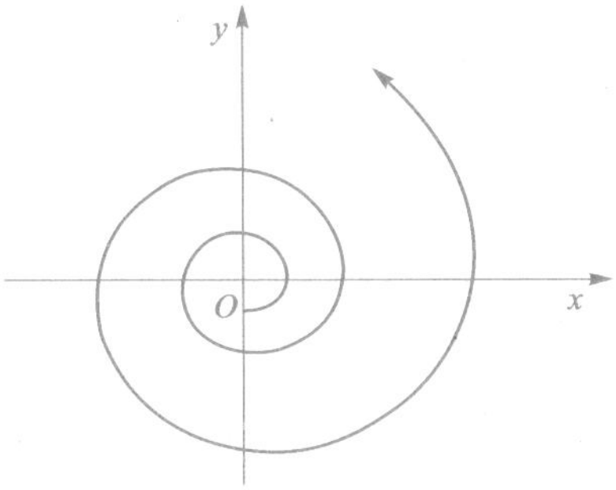

第 11 章　数项级数

《庄子》有云："一尺之棰，日取其半，万世不竭"，说的是 1 尺[*] 长的木棒，每天截取一半，可以一直取下去. 第 n 天截下来的木棒长度为 $\frac{1}{2^n}$ 尺，那么所有被截下来的木棒长度之和为

$$\frac{1}{2}+\frac{1}{4}+\cdots+\frac{1}{2^n}+\cdots$$

直观上看，所截下来的木棒的长度总和应该是 1 尺.

在古希腊学者提出的芝诺悖论中也有类似无穷个数相加的问题. 这一悖论声称"勇士 Achilles 永远都追不上乌龟"：设乌龟在 Achilles 前面 1 m 处，Achilles 的速度是乌龟的 2 倍，设为 1 m/s，则当 Achilles 向前跑了 1 m 的时候，乌龟向前走了 $\frac{1}{2}$ m，当 Achilles 追上这 $\frac{1}{2}$ m 时，乌龟又跑了 $\frac{1}{4}$ m，这样的过程能一直继续下去，因此 Achilles 永远也追不上乌龟. 这一结论显然是荒谬的. 事实上，如果考虑这一过程的总时间，Achilles 总共花费的时间是

$$1+\frac{1}{2}+\frac{1}{4}+\cdots+\frac{1}{2^n}+\cdots$$

这是一个有限的时间.

这两个例子中都遇到了无穷多个数求"和"的问题. 本章将介绍无穷个数求和有意义的条件及其相应运算规则与性质.

11.1　数项级数的收敛性

设 $x_1,x_2,\cdots,x_n,\cdots$ 是一个数列，将"和式"

$$x_1+x_2+\cdots+x_n+\cdots$$

称为一个数项级数，记为 $\sum\limits_{n=1}^{\infty}x_n$. 该和式中有无穷多项，因此也称为无穷级数，简称级数. 其中，x_n 称为级数的通项或一般项. 给定级数 $\sum\limits_{n=1}^{\infty}x_n$，对任意的正整数 n，称级数前 n 个通项的和

$$S_n=x_1+x_2+\cdots+x_n$$

为级数前 n 项的部分和.

---

* 尺，中国古代的长度单位，市制单位中，1 尺约等于 33 cm.

记 $S_0=0$,则级数的部分和 S_n 与级数的通项 x_n 满足

$$x_n=S_n-S_{n-1}\ (n=1,2,\cdots).$$

定义 11.1.1 若级数 $\sum_{n=1}^{\infty}x_n$ 的部分和数列 $\{S_n\}$ 收敛到一个实数 S,即有

$$\lim_{n\to\infty}S_n=S,$$

则称级数 $\sum_{n=1}^{\infty}x_n$ 收敛,并称 S 为级数 $\sum_{n=1}^{\infty}x_n$ 的和,记为

$$\sum_{n=1}^{\infty}x_n=S.$$

如果部分和数列 $\{S_n\}$ 发散,则称级数 $\sum_{n=1}^{\infty}x_n$ 发散.

该定义说明,当级数的部分和数列收敛时,级数中无穷个数相加的和才有意义,它就是部分和所形成的数列的极限. 因此,级数的收敛性本质上仍然是数列的收敛性.

例 11.1.1 由数列收敛的相关结论可知:

(1) 等比(几何)级数 $\sum_{n=1}^{\infty}q^n$ 当且仅当 $|q|<1$ 时收敛;

(2) p-级数 $\sum_{n=1}^{\infty}\frac{1}{n^p}$ 当且仅当 $p>1$ 时收敛.

这两个级数将是判断其他级数收敛性的重要参照对象.

由数列极限的性质,可得无穷级数的下列相应性质.

定理 11.1.1(级数收敛的必要条件) 若级数 $\sum_{n=1}^{\infty}x_n$ 收敛,则它的通项形成的数列 $\{x_n\}$ 是一个无穷小,即有

$$\lim_{n\to\infty}x_n=0.$$

证明 设级数 $\sum_{n=1}^{\infty}x_n$ 收敛,则它的部分和数列 $\{S_n\}$ 收敛到级数和 S. 因此有

$$\lim_{n\to\infty}x_n=\lim_{n\to\infty}(S_n-S_{n-1})=S-S=0.$$

这个定理是一个必要而非充分的条件,例如调和级数 $\sum_{n=1}^{\infty}\frac{1}{n}$ 发散,但它的通项也满足 $\lim_{n\to\infty}\frac{1}{n}=0$.

这个定理的逆否命题:若 $\lim_{n\to\infty}x_n\neq0$,则级数 $\sum_{n=1}^{\infty}x_n$ 发散,这是判断级数发散的一种简单方法. 使用该方法可判断:

例 11.1.2 级数 $\sum_{n=1}^{\infty}(-1)^n$ 和 $\sum_{n=1}^{\infty}n\sin\frac{1}{n}$ 都发散.

由数列极限的线性性质可得级数的线性性质.

定理 11.1.2(线性性质) 若级数 $\sum_{n=1}^{\infty}x_n$ 和 $\sum_{n=1}^{\infty}y_n$ 都收敛,则对任意的实数 λ,μ,级数 $\sum_{n=1}^{\infty}(\lambda x_n+\mu y_n)$ 收敛,且有 $\sum_{n=1}^{\infty}(\lambda x_n+\mu y_n)=\lambda\sum_{n=1}^{\infty}x_n+\mu\sum_{n=1}^{\infty}y_n$.

若改变级数通项中的有限项,则新级数的部分和与原级数的部分和从某一项开始只相差一个常数,两个相差一个常数的数列具有相同的敛散性. 由此可得如下结论.

定理 11.1.3 添加、去掉或改变级数里的有限项,不改变级数的敛散性.

当一个数列收敛时,它的任一子列都会收敛到同一个数. 由此性质可得如下结论,这一结论可以视为有限个数相加时"加法结合律"的推广.

定理 11.1.4 若级数 $\sum\limits_{n=1}^{\infty} x_n$ 收敛,则在和式中任意添加括号所得级数仍然收敛,且新级数与 $\sum\limits_{n=1}^{\infty} x_n$ 有相同的级数和.

证明　设级数 $\sum\limits_{n=1}^{\infty} x_n$ 的部分和数列为 $\{S_n\}$. 设添加括号之后的新级数的通项为

$$y_1 = x_1 + \cdots + x_{n_1},$$
$$y_2 = x_{n_1+1} + \cdots + x_{n_2},$$
$$\cdots$$
$$y_k = x_{n_{k-1}+1} + \cdots + x_{n_k},$$
$$\cdots$$

其中 $n_1 < n_2 < \cdots < n_k < \cdots$,则新级数 $\sum\limits_{n=1}^{\infty} y_n$ 的前 k 项的部分和为

$$T_k = y_1 + y_2 + \cdots + y_k = S_{n_k}.$$

即新级数的部分和数列 $\{T_k\}$ 是原级数部分和数列 $\{S_n\}$ 的一个子列,当 $\{S_n\}$ 收敛到级数和 S 时,数列 $\{T_k\}$ 也收敛到 S. 因此级数 $\sum\limits_{n=1}^{\infty} y_n$ 收敛,其和为 S. 定理证毕!

该定理的逆命题不成立. 如果加括号之后的级数收敛,不一定能得到原级数收敛. 例如级数 $\sum\limits_{n=1}^{\infty} (-1)^n$,可以添加合适的括号得到一个新级数

$$(-1+1) + (-1+1) + \cdots + (-1+1) + \cdots$$

这个加括号后得到的新级数收敛,但原级数不收敛. 但对特殊加括号的方式,可有如下结论.

定理 11.1.5 在级数 $\sum\limits_{n=1}^{\infty} x_n$ 中添加括号,如果每个括号中的各项符号相同,且得到的新级数收敛,则原级数收敛,并且它们有相同的和.

证明　设级数 $\sum\limits_{n=1}^{\infty} x_n$ 的部分和数列为 $\{S_n\}$. 设添加括号之后的新级数的通项为

$$y_1 = x_1 + \cdots + x_{n_1},$$
$$y_2 = x_{n_1+1} + \cdots + x_{n_2},$$
$$\cdots$$
$$y_k = x_{n_{k-1}+1} + \cdots + x_{n_k},$$
$$\cdots$$

其中 $n_1 < n_2 < \cdots < n_k < \cdots$. 设所得新级数 $\sum\limits_{n=1}^{\infty} y_n$ 的前 k 项的部分和为

$$T_k = y_1 + y_2 + \cdots + y_k.$$

对于任意的 $n_{k-1} < n \leqslant n_k (k=1,2,\cdots)$，由 $x_{n_{k-1}+1}, x_{n_{k-1}+2}, \cdots, x_{n_k}$ 不变号，知 S_n 介于 T_{k-1} 与 T_k 之间. 即总有下面两者之一成立：

$$T_{k-1} \leqslant S_n \leqslant T_k \text{ 或 } T_k \leqslant S_n \leqslant T_{k-1}.$$

如果级数 $\sum\limits_{n=1}^{\infty} y_n$ 收敛到 T，则有 $\lim\limits_{k\to\infty} T_k = T$. 由夹逼定理知 $\lim\limits_{n\to\infty} S_n = T$，因此级数 $\sum\limits_{n=1}^{\infty} x_n$ 也收敛，其和为 T. 定理证毕！

习题 11.1

1. 求下列级数的和：

(1) $\sum\limits_{n=1}^{\infty} \dfrac{(-1)^n}{2^n}$；　(2) $\sum\limits_{n=1}^{\infty} \dfrac{1}{n(n+m)}$（其中 m 为一给定正整数）；

(3) $\sum\limits_{n=2}^{\infty} \dfrac{1}{n^2-1}$；　(4) $\sum\limits_{n=1}^{\infty} \dfrac{1}{(2n-1)(2n+1)}$；　(5) $\sum\limits_{n=1}^{\infty} \dfrac{1}{(3n-2)(3n+1)}$；

(6) $\sum\limits_{n=1}^{\infty} \dfrac{2n-1}{2^n}$；　(7) $\sum\limits_{n=1}^{\infty} \dfrac{2n+1}{n^2(n+1)^2}$；　(8) $\sum\limits_{n=1}^{\infty} \ln \dfrac{n(2n+1)}{(n+1)(2n-1)}$；

(9) $\sum\limits_{n=1}^{\infty} (\sqrt{n+2} - 2\sqrt{n+1} + \sqrt{n})$.

2. 证明下列级数发散：

(1) $\sum\limits_{n=1}^{\infty} \dfrac{1}{\sqrt[n]{n}}$；　(2) $\sum\limits_{n=1}^{\infty} (-1)^n \dfrac{n}{n+1}$；

(3) $\sum\limits_{n=1}^{\infty} \left(1-\dfrac{1}{n}\right)^n$；　(4) $\sum\limits_{n=1}^{\infty} \dfrac{n-\ln n}{n+\sqrt{n}}$.

3. 设级数 $\sum\limits_{n=1}^{\infty} x_n$ 收敛，$\sum\limits_{n=1}^{\infty} y_n$ 发散，证明：级数 $\sum\limits_{n=1}^{\infty} (x_n + y_n)$ 发散.

4. 设级数 $\sum\limits_{n=1}^{\infty} x_n$ 收敛，证明：级数 $\sum\limits_{n=1}^{\infty} (x_n + x_{n+1})$ 也收敛，并举例说明逆命题不成立.

5. 设数列 $\{nx_n\}$ 与级数 $\sum\limits_{n=1}^{\infty} n(x_n - x_{n+1})$ 都收敛，证明：级数 $\sum\limits_{n=1}^{\infty} x_n$ 收敛.

6. 已知级数 $\sum\limits_{n=1}^{\infty} x_n$ 收敛，证明：

$$\lim_{n\to\infty} \frac{x_1 + 2x_2 + \cdots + nx_n}{n} = 0.$$

11.2　正项级数的敛散性

给出一个级数，并不总是能求出级数部分和的解析表达式，但有时可以利用级数通项的性质判断级数的敛散性. 本节将讨论如下定义的正项级数的敛散性的判别方法.

11.2.1　正项级数的概念

定义 11.2.1 若级数 $\sum_{n=1}^{\infty} x_n$ 中的所有项 x_n 都是非负的，则称此级数为一个正项级数.

前面定理 11.1.3 中已经提到：去掉或增加级数中的有限项，不会影响级数的敛散性. 因此一个级数只要从某一项开始的通项都是非负的，仍然可以将它视为一个正项级数，下面所有判别正项级数敛散性的方法都适用.

若级数 $\sum_{n=1}^{\infty} x_n$ 是一个正项级数，则它的部分和数列 $\{S_n\}$ 是单调增加的，由单调有界定理可知 $\{S_n\}$ 收敛当且仅当 $\{S_n\}$ 有上界. 由此可得如下正项级数收敛的充要条件.

定理 11.2.1（正项级数收敛的充要条件） 正项级数 $\sum_{n=1}^{\infty} x_n$ 收敛的充分必要条件是它的部分和数列 $\{S_n\}$ 有上界.

实际上从单调有界定理可知，一个正项级数如果不收敛，则它的部分和会趋于正无穷，即正项级数要么收敛到一个实数，要么趋于正无穷. 进一步，对收敛的正项级数来说，它的级数和是其部分和数列的上确界.

例 11.2.1 设 $x_n > 0, n=1,2,\cdots, S_n = x_1 + x_2 + \cdots + x_n$. 证明：级数 $\sum_{n=1}^{\infty} \frac{x_n}{S_n^2}$ 收敛.

证明　记 $u_n = \frac{x_n}{S_n^2}$，则显然有 $u_n \geqslant 0, n=1,2,\cdots$，且当 $n \geqslant 2$ 时，有

$$u_n = \frac{x_n}{S_n^2} < \frac{x_n}{S_n S_{n-1}} = \frac{S_n - S_{n-1}}{S_n S_{n-1}} = \frac{1}{S_{n-1}} - \frac{1}{S_n}.$$

因此，当 $n \geqslant 2$ 时有

$$u_1 + u_2 + \cdots + u_n < u_1 + \frac{1}{S_1} - \frac{1}{S_2} + \frac{1}{S_2} - \frac{1}{S_3} + \cdots + \frac{1}{S_{n-1}} - \frac{1}{S_n} < u_1 + \frac{1}{S_1}.$$

这证明了 $\sum_{n=1}^{\infty} \frac{x_n}{S_n^2}$ 的部分和数列有上界，又由于它是正项级数，因此该级数收敛.

11.2.2　正项级数的比较判别法

由定理 11.2.1 可得判别正项级数敛散性的系列方法. 首先有如下的比较判别法.

定理 11.2.2（正项级数的比较判别法） 设 $\sum_{n=1}^{\infty} x_n$，$\sum_{n=1}^{\infty} y_n$ 是两个正项级数，且有

$$0 \leqslant x_n \leqslant y_n, n = 1,2,\cdots.$$

那么

(1) 当 $\sum_{n=1}^{\infty} y_n$ 收敛时，有 $\sum_{n=1}^{\infty} x_n$ 收敛；

(2) 当 $\sum_{n=1}^{\infty} x_n$ 发散时，有 $\sum_{n=1}^{\infty} y_n$ 发散.

证明　(2)是(1)的逆否命题，因此只证明(1). 记 $\sum_{n=1}^{\infty} x_n$ 的部分和数列为 $\{S_n\}$，$\sum_{n=1}^{\infty} y_n$ 的

部分和数列为$\{T_n\}$，则有

$$S_n=x_1+x_2+\cdots+x_n\leqslant y_1+y_2+\cdots+y_n=T_n.$$

当$\sum\limits_{n=1}^{\infty}y_n$收敛时,由定理11.2.1知数列$\{T_n\}$有上界,因此数列$\{S_n\}$也有上界. 再由定理11.2.1知级数$\sum\limits_{n=1}^{\infty}x_n$收敛,结论(1)成立. 定理证毕!

由于改变级数的有限项不影响级数的敛散性,所以在使用比较判别法时,只要存在某个正整数N,使得当$n\geqslant N$时,有$0\leqslant x_n\leqslant y_n$,则结论也成立.

例 11.2.2 判断下列级数是否收敛:

(1) $\sum\limits_{n=1}^{\infty}\dfrac{1}{\sqrt{n(n^2+1)}}$;　　(2) $\sum\limits_{n=1}^{\infty}\dfrac{1}{(\ln\ln n)^{\ln n}}$.

解 (1) 由

$$\frac{1}{\sqrt{n(n^2+1)}}<\frac{1}{n^{3/2}},n=1,2,\cdots,$$

又由级数$\sum\limits_{n=1}^{\infty}\dfrac{1}{n^{3/2}}$收敛即知级数$\sum\limits_{n=1}^{\infty}\dfrac{1}{\sqrt{n(n^2+1)}}$收敛.

(2) 显然存在正整数N，使得$n>N$时,$\ln\ln\ln n>2$,且根据对数的运算性质有

$$\frac{1}{(\ln\ln n)^{\ln n}}=\frac{1}{n^{\ln\ln\ln n}}<\frac{1}{n^2},$$

又由级数$\sum\limits_{n=1}^{\infty}\dfrac{1}{n^2}$收敛即知级数$\sum\limits_{n=3}^{\infty}\dfrac{1}{(\ln\ln n)^{\ln n}}$收敛.

例 11.2.3 判断级数$\sum\limits_{n=1}^{\infty}\dfrac{3+(-1)^n}{3^n}$的敛散性.

解 由

$$0<\frac{3+(-1)^n}{3^n}\leqslant\frac{4}{3^n},n=1,2,\cdots,$$

以及级数$\sum\limits_{n=1}^{\infty}\dfrac{4}{3^n}$收敛,知级数$\sum\limits_{n=1}^{\infty}\dfrac{3+(-1)^n}{3^n}$收敛.

例 11.2.4 已知$a_n\geqslant 0(n=1,2,\cdots)$,且数列$\{na_n\}$有界,判断级数$\sum\limits_{n=1}^{\infty}a_n^2$的敛散性.

解 由于数列$\{na_n\}$有界,因此存在$M>0$,使得$|na_n|\leqslant M$对所有的正整数n成立. 进一步有

$$a_n^2\leqslant\frac{M}{n^2},n=1,2,\cdots,$$

由级数$\sum\limits_{n=1}^{\infty}\dfrac{M}{n^2}$收敛即知级数$\sum\limits_{n=1}^{\infty}a_n^2$收敛.

例 11.2.5 讨论下面级数的敛散性:

$$\sum_{n=1}^{\infty}\frac{x^n}{(1+x)(1+x^2)\cdots(1+x^n)}(x>0).$$

解　(1) 当 $x<1$ 时，有

$$\frac{x^n}{(1+x)(1+x^2)\cdots(1+x^n)}<x^n\ (n=1,2,\cdots).$$

由级数 $\sum\limits_{n=1}^{\infty}x^n$ 收敛，即知级数 $\sum\limits_{n=1}^{\infty}\dfrac{x^n}{(1+x)(1+x^2)\cdots(1+x^n)}$ 收敛.

(2) 当 $x\geqslant 1$ 时，有

$$\frac{x^n}{(1+x)(1+x^2)\cdots(1+x^n)}\leqslant\frac{1}{(1+x)(1+x^2)\cdots(1+x^{n-1})}\leqslant\frac{1}{2^{n-1}}\ (n=1,2,\cdots).$$

由级数 $\sum\limits_{n=1}^{\infty}\dfrac{1}{2^{n-1}}$ 收敛，即知级数 $\sum\limits_{n=1}^{\infty}\dfrac{x^n}{(1+x)(1+x^2)\cdots(1+x^n)}$ 收敛.

综上可知，当 $x>0$ 时级数均收敛.

使用定理 11.2.2 判断一个正项级数的敛散性，当比较对象难以观察到时，往往需要对通项进行放缩来寻找合适的级数进行比较.

下面的极限形式的比较判别法用起来会方便一点.

定理 11.2.3(极限形式的比较判别法) 设 $\sum\limits_{n=1}^{\infty}x_n$，$\sum\limits_{n=1}^{\infty}y_n$ 是两个正项级数，且有

$$\lim_{n\to\infty}\frac{x_n}{y_n}=l,$$

那么

(1) 若 $l=0$，则当 $\sum\limits_{n=1}^{\infty}y_n$ 收敛时，有 $\sum\limits_{n=1}^{\infty}x_n$ 收敛；

(2) 若 l 为正实数，则 $\sum\limits_{n=1}^{\infty}x_n$ 与 $\sum\limits_{n=1}^{\infty}y_n$ 同敛散；

(3) 若 l 为 $+\infty$，则当 $\sum\limits_{n=1}^{\infty}y_n$ 发散时，有 $\sum\limits_{n=1}^{\infty}x_n$ 发散.

证明　(1) 当 $l=0$ 时，由数列极限的保序性知，存在正整数 N，使得 $n>N$ 时，有

$$\frac{x_n}{y_n}<1,$$

即当 $n>N$ 时，$x_n<y_n$. 由定理 11.2.2 知，当 $\sum\limits_{n=1}^{\infty}y_n$ 收敛时有 $\sum\limits_{n=1}^{\infty}x_n$ 收敛.

(2) 当 l 为一个正实数时，同样由数列极限的保序性知，存在正整数 N，使得 $n>N$ 时，有

$$\frac{l}{2}<\frac{x_n}{y_n}<\frac{3l}{2},$$

即当 $n>N$ 时，$\dfrac{l}{2}y_n<x_n<\dfrac{3l}{2}y_n$. 如果级数 $\sum\limits_{n=1}^{\infty}x_n$ 收敛，则由定理 11.2.2 知级数 $\sum\limits_{n=1}^{\infty}\dfrac{l}{2}y_n$ 收敛，从而级数 $\sum\limits_{n=1}^{\infty}y_n$ 收敛. 反之，若 $\sum\limits_{n=1}^{\infty}y_n$ 发散，则 $\sum\limits_{n=1}^{\infty}\dfrac{l}{2}y_n$ 发散，从而 $\sum\limits_{n=1}^{\infty}x_n$ 发散. 类似地，如果级数 $\sum\limits_{n=1}^{\infty}y_n$ 收敛，则 $\sum\limits_{n=1}^{\infty}\dfrac{3l}{2}y_n$ 收敛，同样由定理 11.2.2 知，级数 $\sum\limits_{n=1}^{\infty}x_n$ 收敛. 反之，若 $\sum\limits_{n=1}^{\infty}x_n$ 发散，则 $\sum\limits_{n=1}^{\infty}\dfrac{3l}{2}y_n$ 发散，从而 $\sum\limits_{n=1}^{\infty}y_n$ 发散.

因此，$\sum_{n=1}^{\infty} x_n$ 与 $\sum_{n=1}^{\infty} y_n$ 有相同的敛散性.

(3) 类似可证.

例 11.2.6 判断下列级数是否收敛：

(1) $\sum_{n=1}^{\infty} \frac{1}{\sqrt{n^2+n}}$； (2) $\sum_{n=1}^{\infty} \sin\frac{1}{n}$； (3) $\sum_{n=1}^{\infty} \ln\left(1+\frac{1}{n^2}\right)$.

解 (1) 当 $n\to\infty$ 时，$\frac{1}{\sqrt{n^2+n}} \sim \frac{1}{n}$，因此级数 $\sum_{n=1}^{\infty} \frac{1}{\sqrt{n^2+n}}$ 与 $\sum_{n=1}^{\infty} \frac{1}{n}$ 有相同的敛散性. 由级数 $\sum_{n=1}^{\infty} \frac{1}{n}$ 发散知级数 $\sum_{n=1}^{\infty} \frac{1}{\sqrt{n^2+n}}$ 发散.

(2) 当 $n\to\infty$ 时，$\sin\frac{1}{n} \sim \frac{1}{n}$，因此级数 $\sum_{n=1}^{\infty} \sin\frac{1}{n}$ 与 $\sum_{n=1}^{\infty} \frac{1}{n}$ 有相同的敛散性. 由级数 $\sum_{n=1}^{\infty} \frac{1}{n}$ 发散知级数 $\sum_{n=1}^{\infty} \sin\frac{1}{n}$ 发散.

(3) 当 $n\to\infty$ 时，$\ln\left(1+\frac{1}{n^2}\right) \sim \frac{1}{n^2}$，因此级数 $\sum_{n=1}^{\infty} \ln\left(1+\frac{1}{n^2}\right)$ 与 $\sum_{n=1}^{\infty} \frac{1}{n^2}$ 有相同的敛散性. 由级数 $\sum_{n=1}^{\infty} \frac{1}{n^2}$ 收敛知，级数 $\sum_{n=1}^{\infty} \ln\left(1+\frac{1}{n^2}\right)$ 收敛.

例 11.2.7 判断级数 $\sum_{n=1}^{\infty} \left[\frac{1}{n} - \ln\left(1+\frac{1}{n}\right)\right]$ 的敛散性.

解 因为 $\ln(1+x) = x - \frac{1}{2}x^2 + o(x^2)\ (x\to 0)$，所以当 $n\to\infty$ 时，有

$$\frac{1}{n} - \ln\left(1+\frac{1}{n}\right) = \frac{1}{n} - \left[\frac{1}{n} - \frac{1}{2}\cdot\frac{1}{n^2} + o\left(\frac{1}{n^2}\right)\right] = \frac{1}{2}\cdot\frac{1}{n^2} + o\left(\frac{1}{n^2}\right).$$

可得

$$\lim_{n\to\infty} \frac{\frac{1}{n} - \ln\left(1+\frac{1}{n}\right)}{\frac{1}{n^2}} = \frac{1}{2}.$$

由 $\sum_{n=1}^{\infty} \frac{1}{n^2}$ 收敛知，级数 $\sum_{n=1}^{\infty} \left[\frac{1}{n} - \ln\left(1+\frac{1}{n}\right)\right]$ 收敛.

例 11.2.8 讨论级数 $\sum_{n=1}^{\infty} \frac{1}{1+a^n}$ 的敛散性 $(a>0)$.

解 分三种情况进行讨论：(1) $a<1$；(2) $a=1$；(3) $a>1$.

(1) 若 $a<1$，此时有

$$\lim_{n\to\infty} \frac{1}{1+a^n} = 1 \neq 0.$$

则由定理 11.1.1 知，级数 $\sum_{n=1}^{\infty} \frac{1}{1+a^n}$ 发散.

(2) 若 $a=1$，此时有

$$\lim_{n\to\infty}\frac{1}{1+a^n}=\frac{1}{2}\neq 0.$$

则由定理 11.1.1 知，级数 $\sum\limits_{n=1}^{\infty}\frac{1}{1+a^n}$ 发散.

(3) 若 $a>1$，此时有

$$\lim_{n\to\infty}\frac{\frac{1}{1+a^n}}{\frac{1}{a^n}}=\lim_{n\to\infty}\frac{a^n}{1+a^n}=1.$$

则由级数 $\sum\limits_{n=1}^{\infty}\frac{1}{a^n}$ 收敛知，级数 $\sum\limits_{n=1}^{\infty}\frac{1}{1+a^n}$ 收敛.

11.2.3　正项级数的根值判别法

比较判别法或极限形式的比较判别法都是通过寻找一个合适的级数与要考察的级数进行比较来判断其收敛性. 以经典级数作为比较对象，可以通过级数通项本身的性质得到更易于使用的判别敛散性的方法.

定理 11.2.4(Cauchy 判别法) 设 $\sum\limits_{n=1}^{\infty}x_n$ 是正项级数.

(1) 若存在 $0<q<1$ 以及正整数 N，使得对所有 $n>N$，都有 $\sqrt[n]{x_n}\leqslant q$ 成立，则级数 $\sum\limits_{n=1}^{\infty}x_n$ 收敛；

(2) 若存在无穷多个 n，使得 $\sqrt[n]{x_n}\geqslant 1$ 成立，则级数 $\sum\limits_{n=1}^{\infty}x_n$ 发散.

证明　(1) 由条件知，当 $n>N$ 时有

$$x_n\leqslant q^n.$$

由级数 $\sum\limits_{n=1}^{\infty}q^n$ 收敛知，级数 $\sum\limits_{n=1}^{\infty}x_n$ 收敛.

(2) 若存在无穷个 n，使得 $\sqrt[n]{x_n}\geqslant 1$ 成立，则有

$$\lim_{n\to\infty}x_n\neq 0.$$

因此级数 $\sum\limits_{n=1}^{\infty}x_n$ 发散.

定理 11.2.5(极限形式的 Cauchy 判别法) 设 $\sum\limits_{n=1}^{\infty}x_n$ 是正项级数，$q=\overline{\lim\limits_{n\to\infty}}\sqrt[n]{x_n}$，则有

(1) 当 $q<1$ 时，级数 $\sum\limits_{n=1}^{\infty}x_n$ 收敛；

(2) 当 $q>1$ 时，级数 $\sum\limits_{n=1}^{\infty}x_n$ 发散.

证明　(1) 当 $q<1$ 时，取 $q<q'<1$. 由数列上极限的保序性知，存在正整数 N 使得当 $n>N$ 时，$\sqrt[n]{x_n}\leqslant q'$. 由定理 11.2.4 知，级数 $\sum\limits_{n=1}^{\infty}x_n$ 收敛.

(2) 当 $q>1$ 时,由上极限的定义知,对任意正整数 N,都存在 $n>N$,使得$\sqrt[n]{x_n}\geqslant 1$. 因此,可以找到无穷多个正整数 n,使得$\sqrt[n]{x_n}\geqslant 1$. 由定理 11.2.4 知,级数 $\sum\limits_{n=1}^{\infty}x_n$ 发散.

注 当 $q=1$ 时,判别法失效,级数 $\sum\limits_{n=1}^{\infty}x_n$ 可能收敛,也可能发散. 例如级数$\sum\limits_{n=1}^{\infty}\dfrac{1}{n}$,$\sum\limits_{n=1}^{\infty}\dfrac{1}{n^2}$,它们的通项满足$\lim\limits_{n\to\infty}\sqrt[n]{\dfrac{1}{n}}=\lim\limits_{n\to\infty}\sqrt[n]{\dfrac{1}{n^2}}=1$,但两个级数一个发散,一个收敛.

当级数通项 x_n 的表达式含有一个量的 n 次幂时,往往可以考虑用 Cauchy 判别法.

例 11.2.9 判断下列级数的敛散性:

(1) $\sum\limits_{n=1}^{\infty}\dfrac{1}{[\ln(1+n)]^n}$; (2) $\sum\limits_{n=1}^{\infty}\left(\dfrac{2n-1}{3n+1}\right)^n$; (3) $\sum\limits_{n=1}^{\infty}\dfrac{n}{\ln^n(1+n)}$.

解 易见

$$\lim_{n\to\infty}\sqrt[n]{\frac{1}{[\ln(1+n)]^n}}=\lim_{n\to\infty}\frac{1}{\ln(1+n)}=0<1,$$

$$\lim_{n\to\infty}\sqrt[n]{\left(\frac{2n-1}{3n+1}\right)^n}=\lim_{n\to\infty}\frac{2n-1}{3n+1}=\frac{2}{3}<1,$$

$$\lim_{n\to\infty}\sqrt[n]{\frac{n}{\ln^n(1+n)}}=\lim_{n\to\infty}\frac{\sqrt[n]{n}}{\ln(1+n)}=0<1,$$

因此所考虑的三个级数都收敛.

例 11.2.10 判断下列级数的敛散性:

(1) $\sum\limits_{n=1}^{\infty}\dfrac{1}{2^n}\left(1+\dfrac{1}{n}\right)^n$; (2) $\sum\limits_{n=1}^{\infty}x_n=\dfrac{1}{2}+\dfrac{1}{3}+\dfrac{1}{2^2}+\dfrac{1}{3^2}+\dfrac{1}{2^3}+\dfrac{1}{3^3}+\cdots$.

解 (1) 易见

$$\lim_{n\to\infty}\sqrt[n]{\frac{1}{2^n}\left(1+\frac{1}{n}\right)^n}=\lim_{n\to\infty}\frac{1}{2}\left(1+\frac{1}{n}\right)=\frac{1}{2}<1.$$

因此,级数 $\sum\limits_{n=1}^{\infty}\dfrac{1}{2^n}\left(1+\dfrac{1}{n}\right)^n$ 收敛.

(2) 易见 $x_{2n-1}=\dfrac{1}{2^n}$,$x_{2n}=\dfrac{1}{3^n}$,$n=1,2,\cdots$. 因此有$\overline{\lim\limits_{n\to\infty}}\sqrt[n]{x_n}=\dfrac{1}{\sqrt{2}}<1$, 从而级数 $\sum\limits_{n=1}^{\infty}x_n$ 收敛.

11.2.4 正项级数的比值判别法

由比较判别法可以推出如下的引理:

引理 11.2.6 设 $\sum\limits_{n=1}^{\infty}x_n$,$\sum\limits_{n=1}^{\infty}y_n$ 是两个正项级数,如果存在正整数 N,使得当 $n>N$ 时,

$$\frac{x_{n+1}}{x_n}\leqslant\frac{y_{n+1}}{y_n}$$

成立,

那么

（1）当 $\sum_{n=1}^{\infty} y_n$ 收敛时，必有 $\sum_{n=1}^{\infty} x_n$ 收敛；

（2）当 $\sum_{n=1}^{\infty} x_n$ 发散时，必有 $\sum_{n=1}^{\infty} y_n$ 发散.

证明　由已知条件可知，当 $n \geqslant N$ 时，有

$$\frac{x_{N+1}}{x_N} \leqslant \frac{y_{N+1}}{y_N}, \frac{x_{N+2}}{x_{N+1}} \leqslant \frac{y_{N+2}}{y_{N+1}}, \cdots, \frac{x_n}{x_{n-1}} \leqslant \frac{y_n}{y_{n-1}},$$

将上面这些式子相乘，可得

$$\frac{x_n}{x_N} \leqslant \frac{y_n}{y_N} \text{ 或 } x_n \leqslant \frac{x_N}{y_N} y_n.$$

因为 $\sum_{n=1}^{\infty} \frac{x_N}{y_N} y_n$ 与 $\sum_{n=1}^{\infty} y_n$ 有相同的敛散性，由定理 11.2.2 即得要证的结论.

从上述引理出发，有如下的比值判别法.

定理 11.2.7（d'Alembert 判别法） 设 $\sum_{n=1}^{\infty} x_n$ 是正项级数.

（1）若存在 $0<q<1$ 以及正整数 N，使得当 $n>N$ 时，有 $\frac{x_{n+1}}{x_n} \leqslant q$，则 $\sum_{n=1}^{\infty} x_n$ 收敛；

（2）若存在正整数 N，使得当 $n > N$ 时，有 $\frac{x_{n+1}}{x_n} \geqslant 1$，则 $\sum_{n=1}^{\infty} x_n$ 发散.

证明　（1）在引理 11.2.6 中取 $y_n = q^n\ (0<q<1)$，则当 $n>N$ 时，有

$$\frac{x_{n+1}}{x_n} \leqslant q = \frac{y_{n+1}}{y_n}.$$

由 $\sum_{n=1}^{\infty} y_n$ 收敛知，级数 $\sum_{n=1}^{\infty} x_n$ 收敛.

（2）若存在正整数 N，使得当 $n>N$ 时，有 $\frac{x_{n+1}}{x_n} \geqslant 1$，则当 $n>N$ 时，$x_n \geqslant x_{n-1} \geqslant \cdots \geqslant x_N > 0$. 此时 $\lim_{n\to\infty} x_n \neq 0$，从而级数 $\sum_{n=1}^{\infty} x_n$ 发散.

定理 11.2.8（极限形式的 d'Alembert 判别法） 设 $\sum_{n=1}^{\infty} x_n$ 是正项级数，若 $q = \lim_{n\to\infty} \frac{x_{n+1}}{x_n}$ 存在，则

（1）当 $q<1$ 时，级数 $\sum_{n=1}^{\infty} x_n$ 收敛；

（2）当 $q > 1$ 时，级数 $\sum_{n=1}^{\infty} x_n$ 发散.

证明　（1）当 $q<1$ 时，存在 q' 满足 $q<q'<1$. 由数列极限的保序性知，存在正整数 N，使得当 $n>N$ 时，有

$$\frac{x_{n+1}}{x_n} < q'.$$

由定理 11.2.7 知，$\sum_{n=1}^{\infty} x_n$ 收敛.

(2) 当 $q>1$ 时，由数列极限的保序性知，存在 N，使得 $n>N$ 时，

$$\frac{x_{n+1}}{x_n} \geqslant 1.$$

由定理 11.2.7 知，$\sum_{n=1}^{\infty} x_n$ 发散.

注 (1) 当 $q=1$ 时，同样无法使用比值判别法判断 $\sum_{n=1}^{\infty} x_n$ 的敛散性.

(2) 也可以使用上下极限形式的 d'Alembert 比值判别法.

(3) 可以证明，当 $\lim\limits_{n\to\infty} \frac{x_{n+1}}{x_n}=q$ 时，一定有 $\lim\limits_{n\to\infty} \sqrt[n]{x_n}=q$. 这说明当一个正项级数可以用比值判别法来判断其敛散性时，一定也可以用 Cauchy 根值判别法来判断其敛散性. 但在有的情况下，比如级数的通项中含有阶乘时，使用比值判别法更方便一些.

例 11.2.11 判断下列级数的敛散性：

(1) $\sum_{n=1}^{\infty} \frac{(n!)^2}{2^{n^2}}$；　　(2) $\sum_{n=1}^{\infty} \frac{n^n}{3^n \cdot n!}$.

解 (1) 令 $x_n=\frac{(n!)^2}{2^{n^2}}$，则有

$$\lim_{n\to\infty} \frac{x_{n+1}}{x_n}=\lim_{n\to\infty} \frac{(n+1)^2}{2^{2n+1}}=0<1.$$

由 d'Alembert 判别法知，级数 $\sum_{n=1}^{\infty} \frac{(n!)^2}{2^{n^2}}$ 收敛.

(2) 令 $x_n=\frac{n^n}{3^n \cdot n!}$，则有

$$\lim_{n\to\infty} \frac{x_{n+1}}{x_n}=\lim_{n\to\infty} \frac{1}{3}\left(1+\frac{1}{n}\right)^n=\frac{\mathrm{e}}{3}<1.$$

由 d'Alembert 判别法知，级数 $\sum_{n=1}^{\infty} \frac{n^n}{3^n \cdot n!}$ 收敛.

11.2.5 正项级数的积分判别法

从定理 11.2.1 出发，还可以得到如下的 Cauchy 积分判别法.

定理 11.2.9(积分判别法) 设 $f(x)$ 是定义在 $[1,+\infty)$ 上的非负递减函数，则广义积分 $\int_1^{+\infty} f(x)\mathrm{d}x$ 与无穷级数 $\sum_{n=1}^{\infty} f(n)$ 有相同的敛散性.

证明 对任意正整数 n，由定积分的保序性可得

$$f(n+1)=\int_n^{n+1} f(n+1)\,\mathrm{d}x \leqslant \int_n^{n+1} f(x)\mathrm{d}x \leqslant \int_n^{n+1} f(n)\,\mathrm{d}x=f(n).$$

令 $\{S_n\}$ 为级数 $\sum_{n=1}^{\infty} f(n)$ 的部分和数列，则有

$$S_n - f(1) = \sum_{k=2}^{n} f(k) \leqslant \sum_{k=2}^{n} \int_{k-1}^{k} f(x)\mathrm{d}x = \int_{1}^{n} f(x)\mathrm{d}x, \tag{11.2.1}$$

$$S_{n-1} = \sum_{k=1}^{n-1} f(k) \geqslant \sum_{k=1}^{n-1} \int_{k}^{k+1} f(x)\mathrm{d}x = \int_{1}^{n} f(x)\mathrm{d}x. \tag{11.2.2}$$

当广义积分 $\int_1^{+\infty} f(x)\mathrm{d}x$ 收敛时，由非负函数广义积分收敛的充要条件知 $\int_1^n f(x)\mathrm{d}x$ 有上界，由式(11.2.1) 知数列 $\{S_n - f(1)\}$ 有上界. 因此 $\{S_n\}$ 有上界. 由定理 11.2.1 知，级数 $\sum\limits_{n=1}^{\infty} f(n)$ 收敛.

当级数 $\sum\limits_{n=1}^{\infty} f(n)$ 收敛时，由定理 11.2.1 知其部分和数列 $\{S_n\}$ 有上界，对任意的 $A>1$，总可以找到正整数 n，使得 $n>A$，由(11.2.2)可得

$$\int_1^A f(x)\mathrm{d}x \leqslant \int_1^n f(x)\mathrm{d}x \leqslant S_{n-1}.$$

从而变上限积分 $\int_1^A f(x)\mathrm{d}x$ 有上界，因此广义积分 $\int_1^{+\infty} f(x)\mathrm{d}x$ 收敛. 定理证毕!

根据 p 积分 $\int_1^{+\infty} \frac{1}{x^p}\mathrm{d}x$ 的敛散性以及定理 11.2.9 很容易验证 p 级数的敛散性. 取 $f(x) = \frac{1}{x^p}$，则 $f(x)$ 在区间 $[1, +\infty)$ 上非负、单调递减，且 $\sum\limits_{n=1}^{\infty} f(n) = \sum\limits_{n=1}^{\infty} \frac{1}{n^p}$. 由定理 11.2.9 以及广义积分 $\int_1^{+\infty} \frac{1}{x^p}\mathrm{d}x$ 的敛散性知，当且仅当 $p>1$ 时，$\sum\limits_{n=1}^{\infty} \frac{1}{n^p}$ 收敛.

例 11.2.12 讨论级数 $\sum\limits_{n=2}^{\infty} \frac{1}{n(\ln n)^p}$ 的敛散性.

解 取 $f(x) = \frac{1}{x(\ln x)^p}$，则 $f(x)$ 在区间 $[2, +\infty)$ 上非负单调递减，且

$$\sum_{n=2}^{\infty} f(n) = \sum_{n=2}^{\infty} \frac{1}{n(\ln n)^p}.$$

又由广义积分

$$\int_2^{+\infty} \frac{1}{x(\ln x)^p}\mathrm{d}x,$$

当 $p>1$ 时收敛，当 $p\leqslant 1$ 时发散，因此级数 $\sum\limits_{n=2}^{\infty} \frac{1}{n(\ln n)^p}$ 当且仅当 $p>1$ 时收敛.

11.2.6 Raabe 判别法和 Bertrand 判别法*

从根值判别法和比值判别法的推导过程中可以看出，这两种判别法都是使用等比级数作为参照对象得到的. 不难看出，这两种方法都有判别不了敛散性的级数，例如使用根值判别法和比值判别法都判断不了 p 级数的敛散性. 针对这一问题，本节给出另外两个判别法. 使用 p 级数作为比较的参照对象，可以得到如下的 Raabe 判别法.

定理 11.2.10(Raabe 判别法) 设 $\sum\limits_{n=1}^{\infty} x_n$ 是正项级数，且 $q = \lim\limits_{n\to\infty} n\left(\frac{x_n}{x_{n+1}} - 1\right)$ 存在，则有

(1) 当 $q>1$ 时,级数 $\sum\limits_{n=1}^{\infty}x_n$ 收敛;

(2) 当 $q<1$ 时,级数 $\sum\limits_{n=1}^{\infty}x_n$ 发散.

证明 (1) 当 $q>1$ 时,取 q'满足 $q>q'>1$,以及 $y_n=\dfrac{1}{n^{q'}}$,则有

$$\lim_{n\to\infty}n\left(\frac{y_n}{y_{n+1}}-1\right)=\lim_{n\to\infty}n\left[\left(\frac{n+1}{n}\right)^{q'}-1\right]=\lim_{n\to\infty}n\left[\left(1+\frac{1}{n}\right)^{q'}-1\right]=\lim_{n\to\infty}n\cdot q'\cdot\frac{1}{n}=q'.$$

由条件

$$q=\lim_{n\to\infty}n\left(\frac{x_n}{x_{n+1}}-1\right)>q'=\lim_{n\to\infty}n\left(\frac{y_n}{y_{n+1}}-1\right)$$

以及数列极限的保序性知,存在正整数 N,使得当 $n>N$ 时,

$$n\left(\frac{x_n}{x_{n+1}}-1\right)>n\left(\frac{y_n}{y_{n+1}}-1\right),$$

即有

$$\frac{x_{n+1}}{x_n}<\frac{y_{n+1}}{y_n}(n>N).$$

由级数 $\sum\limits_{n=1}^{\infty}y_n$ 收敛,再使用引理 11.2.6 即得级数 $\sum\limits_{n=1}^{\infty}x_n$ 收敛.

(2) 当 $q<1$ 时,取 q'满足 $q<q'<1$ 以及 $y_n=\dfrac{1}{n^{q'}}$. 与(1)类似可证明存在正整数 N,使得当 $n>N$ 时有

$$\frac{x_{n+1}}{x_n}>\frac{y_{n+1}}{y_n}.$$

由 $\sum\limits_{n=1}^{\infty}y_n$ 发散,使用引理 11.2.6 即得级数 $\sum\limits_{n=1}^{\infty}x_n$ 发散.

例 11.2.13 判断级数 $\sum\limits_{n=1}^{\infty}\dfrac{(2n-1)!!}{(2n)!!}\dfrac{1}{2n+1}$ 的敛散性.

解 令 $x_n=\dfrac{(2n-1)!!}{(2n)!!}\dfrac{1}{2n+1}$,则

$$\lim_{n\to\infty}\frac{x_{n+1}}{x_n}=\lim_{n\to\infty}\left(\frac{2n+1}{2n+2}\cdot\frac{2n+1}{2n+3}\right)=1.$$

因此,使用 d'Alembert 判别法无法判断这个级数的敛散性. 下面使用 Raabe 判别法. 不难验证

$$\lim_{n\to\infty}n\left(\frac{x_n}{x_{n+1}}-1\right)=\lim_{n\to\infty}n\left[\frac{(2n+2)(2n+3)}{(2n+1)^2}-1\right]=\lim_{n\to\infty}\frac{n(6n+5)}{(2n+1)^2}=\frac{3}{2}>1.$$

因此,级数 $\sum\limits_{n=1}^{\infty}\dfrac{(2n-1)!!}{(2n)!!}\dfrac{1}{2n+1}$ 收敛.

例 11.2.14 判断级数 $\sum\limits_{n=1}^{\infty}\left|\dbinom{\alpha}{n}\right|(\alpha>0)$ 的敛散性,其中

$$\binom{\alpha}{0}=1,\ \binom{\alpha}{n}=\frac{\alpha(\alpha-1)(\alpha-2)\cdots(\alpha-n+1)}{n!}(n\geqslant 1).$$

解　令 $x_n=\left|\binom{\alpha}{n}\right|$. 同样不难验证

$$\lim_{n\to\infty}\frac{x_{n+1}}{x_n}=\lim_{n\to\infty}\left|\frac{\alpha-n}{n+1}\right|=1.$$

因此，不能使用 d'Alembert 判别法判断此级数的敛散性. 下面使用 Raabe 判别法. 当 n 充分大时，必有 $n-\alpha>0$，从而

$$\lim_{n\to\infty}n\left(\frac{x_n}{x_{n+1}}-1\right)=\lim_{n\to\infty}n\left(\frac{n+1}{n-\alpha}-1\right)=1+\alpha>1.$$

因此，级数 $\sum\limits_{n=1}^{\infty}\left|\binom{\alpha}{n}\right|$ 收敛.

虽然 Raabe 判别法有时可以处理 d'Alembert 判别法失效(出现了 $\lim\limits_{n\to\infty}\frac{x_{n+1}}{x_n}=1$ 的情况)的一些情形，但是当 $\lim\limits_{n\to\infty}n\left(\frac{x_n}{x_{n+1}}-1\right)=1$ 时，Raabe 判别法也会失效. 例如前面提到的正项级数 $\sum\limits_{n=2}^{\infty}\frac{1}{n(\ln n)^p}$，对任意的 $p>0$，$\lim\limits_{n\to\infty}n\left(\frac{x_n}{x_{n+1}}-1\right)=1$，但级数当 $p>1$ 时收敛，$0<p<1$ 时发散. 进一步地，以 $\sum\limits_{n=2}^{\infty}\frac{1}{n(\ln n)^p}$ 为参照对象，可以建立如下的 Bertrand 判别法来判别一些 Raabe 判别法失效的级数.

定理 11.2.11(Bertrand 判别法)　设 $\sum\limits_{n=1}^{\infty}x_n$ 是正项级数，且

$$q=\lim_{n\to\infty}\ln n\left[n\left(\frac{x_n}{x_{n+1}}-1\right)-1\right]$$

存在，则

(1) 当 $q>1$ 时，级数 $\sum\limits_{n=1}^{\infty}x_n$ 收敛；

(2) 当 $q<1$ 时，级数 $\sum\limits_{n=1}^{\infty}x_n$ 发散.

Bertrand 判别法可以处理一些 Raabe 判别法处理不了的情况，但当 $q=1$ 时，Bertrand 判别法也失效. 虽然能进一步建立更有效的判别法，但这一过程是无限的. 下面的定理说明，找不到一个参照级数来建立能够解决所有正项级数收敛问题的判别法.

Bertrand 判别法的证明

定理 11.2.12　任给一个收敛的正项级数 $\sum\limits_{n=1}^{\infty}x_n(x_n>0,n=1,2,\cdots)$，都存在一个收敛的正项级数 $\sum\limits_{n=1}^{\infty}y_n$，使得

$$\lim_{n\to\infty}\frac{x_n}{y_n}=0.$$

证明 设 S_n 是级数 $\sum\limits_{n=1}^{\infty}x_n$ 的部分和数列，$S=\lim\limits_{n\to\infty}S_n$ 是级数的和. 令

$$r_0=S,\ r_n=S-S_n\ (n\geqslant 1).$$

易见有 $r_n-r_{n+1}=x_{n+1}>0(n=1,2,\cdots)$. 令

$$y_n=\sqrt{r_{n-1}}-\sqrt{r_n}\ (n=1,2,\cdots),$$

则级数 $\sum\limits_{n=1}^{\infty}y_n$ 是正项级数，它的前 n 项和为

$$T_n=y_1+y_2+\cdots+y_n=(\sqrt{r_0}-\sqrt{r_1})+\cdots+(\sqrt{r_{n-1}}-\sqrt{r_n})=\sqrt{S}-\sqrt{r_n}.$$

由 $\lim\limits_{n\to\infty}r_n=0$ 可得 $\lim\limits_{n\to\infty}T_n=\sqrt{S}$. 因此，级数 $\sum\limits_{n=1}^{\infty}y_n$ 收敛，且有

$$\lim_{n\to\infty}\frac{x_n}{y_n}=\lim_{n\to\infty}\frac{r_{n-1}-r_n}{\sqrt{r_{n-1}}-\sqrt{r_n}}=\lim_{n\to\infty}(\sqrt{r_{n-1}}+\sqrt{r_n})=0.$$

定理证毕！

习题 11.2

1. 设 $\sum\limits_{n=1}^{\infty}y_n$ 是在正项级数 $\sum\limits_{n=1}^{\infty}x_n$ 中添加括号得到的一个新级数. 证明：当级数 $\sum\limits_{n=1}^{\infty}y_n$ 收敛时，必有 $\sum\limits_{n=1}^{\infty}x_n$ 也收敛.

2. 讨论下列级数的敛散性：

(1) $\sum\limits_{n=1}^{\infty}\dfrac{3n}{n^3+1}$；　(2) $\sum\limits_{n=1}^{\infty}\dfrac{1}{n2^{\ln n}}$；

(3) $\sum\limits_{n=1}^{\infty}\dfrac{1}{n!}$；　(4) $\sum\limits_{n=1}^{\infty}\left(\dfrac{n^2}{2n^2+1}\right)^n$；

(5) $\sum\limits_{n=2}^{\infty}\dfrac{1}{(\ln n)^k}(k>0)$；　(6) $\sum\limits_{n=1}^{\infty}\dfrac{1}{n^{1+\frac{1}{n}}}$；

(7) $\sum\limits_{n=1}^{\infty}\dfrac{1}{n}\sin\dfrac{1}{n}$；　(8) $\sum\limits_{n=1}^{\infty}\dfrac{1}{2^{\sqrt{n}}}$；

(9) $\sum\limits_{n=1}^{\infty}n^k\mathrm{e}^{-n}$；　(10) $\sum\limits_{n=1}^{\infty}\dfrac{(\ln n)^k}{n^2}$；

(11) $\sum\limits_{n=1}^{\infty}\dfrac{[2+(-1)^n]^n}{2^{2n+1}}$；　(12) $\sum\limits_{n=1}^{\infty}(\sqrt{n^2+1}-\sqrt{n^2-1})$；

(13) $\sum\limits_{n=3}^{\infty}\left(-\ln\cos\dfrac{\pi}{n}\right)$；　(14) $\sum\limits_{n=1}^{\infty}(\sqrt[n]{n}-1)$.

3. 证明：若 $\lim\limits_{n\to\infty}nx_n=a\neq 0$，则级数 $\sum\limits_{n=1}^{\infty}x_n$ 发散.

4. 证明：若正项级数 $\sum\limits_{n=1}^{\infty}x_n$ 收敛，则级数 $\sum\limits_{n=1}^{\infty}x_n^2$ 收敛. 举例说明反之不成立.

5. 证明：若级数 $\sum\limits_{n=1}^{\infty}x_n^2$，$\sum\limits_{n=1}^{\infty}y_n^2$ 收敛，则级数 $\sum\limits_{n=1}^{\infty}(x_n+y_n)^2$ 和级数 $\sum\limits_{n=1}^{\infty}|x_ny_n|$ 都收敛.

6. 证明：若正项级数 $\sum_{n=1}^{\infty} x_n$ 收敛，则级数 $\sum_{n=1}^{\infty} \frac{\sqrt{x_n}}{n^p}\left(p > \frac{1}{2}\right)$ 收敛.

7. 设 $\sum_{n=1}^{\infty} x_n$ 是一个发散的正项级数，试证：$\sum_{n=1}^{\infty} \frac{x_n}{1+x_n}$ 发散.

8. 设 $I_n = \int_0^{\frac{\pi}{4}} \tan^n x \, dx, n = 1, 2, \cdots$.

(1) 求级数 $\sum_{n=1}^{\infty} \frac{I_n + I_{n+2}}{n}$ 的和；

(2) 设 $\lambda > 0$，证明级数 $\sum_{n=1}^{\infty} \frac{I_n}{n^{\lambda}}$ 收敛.

9. 讨论下列级数的敛散性：

(1) $\sum_{n=1}^{\infty} n \tan \frac{\pi}{2^n}$；　(2) $\sum_{n=1}^{\infty} \frac{n^k}{3^n}$；

(3) $\sum_{n=1}^{\infty} \frac{n^2}{\left(2+\frac{1}{n}\right)^n}$；　(4) $\sum_{n=1}^{\infty} \frac{n^{n+\frac{1}{n}}}{\left(n+\frac{1}{n}\right)^n}$；

(5) $\sum_{n=2}^{\infty} \frac{n^{\ln n}}{(\ln n)^n}$；　(6) $\sum_{n=1}^{\infty} \frac{2+(-1)^n}{2^n}$.

10. 设 $x_n > 0, \frac{x_{n+1}}{x_n} > 1 - \frac{1}{n} (n = 1, 2, \cdots)$. 证明：级数 $\sum_{n=1}^{\infty} x_n$ 发散.

11. 讨论下列级数的敛散性：

(1) $\sum_{n=1}^{\infty} \frac{100^n}{n!}$；　(2) $\sum_{n=1}^{\infty} \frac{(n!)^2}{(2n)!}$；

(3) $\sum_{n=1}^{\infty} \frac{n!}{n^n}$；　(4) $\sum_{n=1}^{\infty} \frac{2^n n!}{n^n}$；

(5) $\sum_{n=1}^{\infty} \frac{n^n}{(n!)^2}$；　(6) $\sum_{n=1}^{\infty} \frac{(2n)!}{2^{n(n+1)}}$.

12. 已知 $f(x)$ 在区间$[1, +\infty)$上二阶可导，且 $f''(x) < 0 (\forall x \in (0, +\infty))$，$\lim_{x \to +\infty} f(x) = A$. 证明：级数 $\sum_{n=1}^{\infty} f'(n)$ 收敛.

13. 讨论下列级数的敛散性：

(1) $\sum_{n=2}^{\infty} \frac{1}{\ln(n!)}$；　(2) $\sum_{n=1}^{\infty} \frac{1}{\ln(1+n)} \sin \frac{1}{n}$；　(3) $\sum_{n=2}^{\infty} \frac{1}{n \ln n \ln \ln n}$.

14. 使用 Raabe 判别法判断下列级数的敛散性：

(1) $\sum_{n=1}^{\infty} \frac{n!}{(a+1)(a+2)\cdots(a+n)} (a > 0)$；　(2) $\sum_{n=1}^{\infty} \left(\frac{1}{2}\right)^{1+\frac{1}{2}+\cdots+\frac{1}{n}}$；

(3) $\sum_{n=1}^{\infty} \frac{\sqrt{n!}}{(a+\sqrt{1})(a+\sqrt{2})\cdots(a+\sqrt{n})} (a > 0)$.

15. 设正项级数 $\sum_{n=1}^{\infty} x_n (x_n > 0, n = 1, 2, \cdots)$ 发散，证明：存在一个发散的正项级数 $\sum_{n=1}^{\infty} y_n$，

使得$\lim\limits_{n\to\infty}\dfrac{y_n}{x_n}=0$.

11.3 一般项级数的收敛性

上一节介绍了正项级数敛散性的判别法,当级数只有有限项为负或者为正时,都可以用正项级数的判别法来判断其敛散性. 这一节考虑一般项级数的收敛性.

11.3.1 Cauchy 收敛原理

级数的敛散性问题本质上是它的部分和数列的敛散性问题. 将数列的 Cauchy 收敛原理应用到级数的部分和数列上,可以得到级数的 Cauchy 收敛原理.

定理 11.3.1(Cauchy 收敛原理) 级数 $\sum\limits_{n=1}^{\infty}x_n$ 收敛的充分必要条件是:任取 $\varepsilon>0$,都存在正整数 N,使得当 $m>n>N$ 时,有

$$|x_{n+1}+x_{n+2}+\cdots+x_m|=\left|\sum_{i=n+1}^{m}x_i\right|<\varepsilon.$$

定理中级数收敛的充要条件还可以陈述为:任取 $\varepsilon>0$,都存在正整数 N,使得当 $n>N$ 时,对任意正整数 p,都有

$$|x_{n+1}+x_{n+2}+\cdots+x_{n+p}|=\left|\sum_{i=1}^{p}x_{n+i}\right|<\varepsilon.$$

在上面条件中,若取定 $p=1$,则有 $|x_{n+1}|<\varepsilon$. 由此也可以得到级数 $\sum\limits_{n=1}^{\infty}x_n$ 收敛有必要条件 $\lim\limits_{n\to\infty}x_n=0$.

例 11.3.1 设数列 $\{x_n\}$ 单调递减,且 $x_n>0(n=1,2,\cdots)$. 证明:若级数 $\sum\limits_{n=1}^{\infty}x_n$ 收敛,则有 $\lim\limits_{n\to\infty}nx_n=0$.

证明 任取 $\varepsilon>0$,因为级数 $\sum\limits_{n=1}^{\infty}x_n$ 收敛,由 Cauchy 收敛原理知,存在正整数 N,使得当 $n>N$ 时,对任意正整数 p,都有

$$x_{n+1}+x_{n+2}+\cdots+x_{n+p}<\frac{\varepsilon}{2}.$$

特别地,取 $p=n$,有

$$x_{n+1}+x_{n+2}+\cdots+x_{2n}<\frac{\varepsilon}{2}.$$

又因为 $\{x_n\}$ 单调递减,所以

$$nx_{2n}\leqslant x_{n+1}+x_{n+2}+\cdots+x_{2n}<\frac{\varepsilon}{2}.$$

因此当 $n>N$ 时,$2nx_{2n}<\varepsilon$. 这说明 $\lim\limits_{n\to\infty}2nx_{2n}=0$.

另一方面,又由

$$0 \leqslant (2n+1)x_{2n+1} = 2nx_{2n+1} + x_{2n+1} \leqslant 2nx_{2n} + x_{2n+1},$$

以及 $\lim\limits_{n\to\infty}(2nx_{2n}+x_{2n+1})=\lim\limits_{n\to\infty}2nx_{2n}+\lim\limits_{n\to\infty}x_{2n+1}=0$ 可知,

$$\lim_{n\to\infty}(2n+1)x_{2n+1}=0.$$

因此有 $\lim\limits_{n\to\infty}nx_n=0$.

级数的 Cauchy 收敛原理有如下重要的推论.

定理 11.3.2 若级数 $\sum\limits_{n=1}^{\infty}|x_n|$ 收敛,则必有级数 $\sum\limits_{n=1}^{\infty}x_n$ 收敛.

证明 设级数 $\sum\limits_{n=1}^{\infty}|x_n|$ 收敛,则任取 $\varepsilon>0$,由 Cauchy 收敛原理知,存在正整数 N,使得当 $n>N$ 时,对任意的正整数 p,都有

$$|x_{n+1}|+|x_{n+2}|+\cdots+|x_{n+p}|<\varepsilon.$$

由绝对值的性质可得

$$|x_{n+1}+x_{n+2}+\cdots+x_{n+p}|\leqslant|x_{n+1}|+|x_{n+2}|+\cdots+|x_{n+p}|<\varepsilon.$$

再次使用 Cauchy 收敛原理可知,级数 $\sum\limits_{n=1}^{\infty}x_n$ 收敛.

这一定理说明,利用正项级数敛散性的判别法可以对一般项级数的敛散性做一个粗略的判断. 但级数 $\sum\limits_{n=1}^{\infty}x_n$ 收敛不一定能得到级数 $\sum\limits_{n=1}^{\infty}|x_n|$ 收敛. 这引出了如下概念.

定义 11.3.1(绝对收敛与条件收敛) 如果级数 $\sum\limits_{n=1}^{\infty}|x_n|$ 收敛,则称级数 $\sum\limits_{n=1}^{\infty}x_n$ 绝对收敛. 如果级数 $\sum\limits_{n=1}^{\infty}x_n$ 收敛但级数 $\sum\limits_{n=1}^{\infty}|x_n|$ 发散,则称级数 $\sum\limits_{n=1}^{\infty}x_n$ 条件收敛.

11.3.2 Leibniz 判别法

下面介绍几个一般项级数敛散性的判别法. 首先讨论一类特殊的级数.

定义 11.3.2(交错级数) 如果级数 $\sum\limits_{n=1}^{\infty}x_n=\sum\limits_{n=1}^{\infty}(-1)^{n-1}u_n$,其中 $u_n>0(n=1,2,\cdots)$,则称级数 $\sum\limits_{n=1}^{\infty}x_n$ 为交错级数. 若还有 u_n 单调递减收敛于 0,则称 $\sum\limits_{n=1}^{\infty}x_n$ 为 Leibniz 级数.

定理 11.3.3(Leibniz 判别法) Leibniz 级数均收敛.

证明 设 $\sum\limits_{n=1}^{\infty}x_n=\sum\limits_{n=1}^{\infty}(-1)^{n-1}u_n$ 为一个 Leibniz 级数,则对任意的正整数 n,p 有

$$|x_{n+1}+x_{n+2}+\cdots+x_{n+p}|=|u_{n+1}-u_{n+2}+u_{n+3}-\cdots+(-1)^{p-1}u_{n+p}|.$$

当 p 为偶数时,

$$\begin{aligned}&u_{n+1}-u_{n+2}+u_{n+3}-\cdots+(-1)^{p-1}u_{n+p}\\&\quad=(u_{n+1}-u_{n+2})+(u_{n+3}-u_{n+4})+\cdots+(u_{n+p-1}-u_{n+p})\geqslant 0,\end{aligned}$$

且有

$$\begin{aligned}&u_{n+1}-u_{n+2}+u_{n+3}-\cdots+(-1)^{p-1}u_{n+p}\\&\quad=u_{n+1}-(u_{n+2}-u_{n+3})-\cdots-(u_{n+p-2}-u_{n+p-1})-u_{n+p}\leqslant u_{n+1}.\end{aligned}$$

因而有

$$|x_{n+1}+x_{n+2}+\cdots+x_{n+p}|=u_{n+1}-u_{n+2}+u_{n+3}-\cdots+(-1)^{p-1}u_{n+p}\leqslant u_{n+1}.$$

当 p 为奇数时,

$$\begin{aligned}&u_{n+1}-u_{n+2}+u_{n+3}-\cdots+(-1)^{p-1}u_{n+p}\\&\quad=(u_{n+1}-u_{n+2})+(u_{n+3}-u_{n+4})+\cdots+(u_{n+p-2}-u_{n+p-1})+u_{n+p}\geqslant 0,\end{aligned}$$

且有

$$\begin{aligned}&u_{n+1}-u_{n+2}+u_{n+3}-\cdots+(-1)^{p-1}u_{n+p}\\&\quad=u_{n+1}-(u_{n+2}-u_{n+3})-\cdots-(u_{n+p-1}-u_{n+p})\leqslant u_{n+1}.\end{aligned}$$

因而也有

$$|x_{n+1}+x_{n+2}+\cdots+x_{n+p}|=u_{n+1}-u_{n+2}+u_{n+3}-\cdots+(-1)^{p-1}u_{n+p}\leqslant u_{n+1}.$$

综上可知:不管 p 是奇数还是偶数,都有

$$|x_{n+1}+x_{n+2}+\cdots+x_{n+p}|\leqslant u_{n+1}.$$

任取 $\varepsilon>0$,由条件 $\lim\limits_{n\to\infty}u_n=0$ 知,存在正整数 N,使得当 $n>N$ 时,有 $u_n<\varepsilon$;从而当 $n>N$ 时,对任意正整数 p,都有

$$|x_{n+1}+x_{n+2}+\cdots+x_{n+p}|\leqslant u_{n+1}<\varepsilon.$$

由 Cauchy 收敛原理即得 $\sum\limits_{n=1}^{\infty}x_n$ 收敛. 定理得证!

注 (1) 由于级数的敛散性与前面的有限项无关,因此使用 Leibniz 判别法时,级数从某一项开始是交错级数且有 u_n 单调递减趋于 0 即可.

(2) 从证明过程可以看出,交错级数 $\sum\limits_{n=1}^{\infty}(-1)^{n-1}u_n$ 前 n 项的部分和 S_n 与级数和 S 之间满足关系 $|S-S_n|<u_{n+1}$.

例 11.3.2 讨论级数 $\sum\limits_{n=1}^{\infty}(-1)^{n-1}\dfrac{1}{n^p}(p>0)$ 的敛散性.

解 令 $x_n=(-1)^{n-1}\dfrac{1}{n^p}$. 易见 $\sum\limits_{n=1}^{\infty}x_n$ 是一个 Leibniz 级数,因此 $\sum\limits_{n=1}^{\infty}x_n$ 收敛.

当 $p>1$ 时,由 $\sum\limits_{n=1}^{\infty}|x_n|=\sum\limits_{n=1}^{\infty}\dfrac{1}{n^p}$ 收敛知,$\sum\limits_{n=1}^{\infty}x_n$ 绝对收敛.

当 $0<p\leqslant 1$ 时,因为 $\sum\limits_{n=1}^{\infty}|x_n|=\sum\limits_{n=1}^{\infty}\dfrac{1}{n^p}$ 发散,此时 $\sum\limits_{n=1}^{\infty}x_n$ 条件收敛.

类似地,$\sum\limits_{n=2}^{\infty}(-1)^{n-1}\dfrac{1}{(\ln n)^p}(p>0)$,$\sum\limits_{n=1}^{\infty}(-1)^{n-1}\dfrac{\ln n}{n}$,$\sum\limits_{n=1}^{\infty}(-1)^{n-1}(\sqrt{n+1}-\sqrt{n})$ 等级数都是 Leibniz 级数,从而它们都收敛.

例 11.3.3 讨论级数 $\sum\limits_{n=1}^{\infty}\sin(\sqrt{n^2+1}\,\pi)$ 的敛散性.

解 易知

$$\sin(\sqrt{n^2+1}\,\pi)=(-1)^n\sin(\sqrt{n^2+1}\,\pi-n\pi)=(-1)^n\sin\frac{\pi}{\sqrt{n^2+1}+n}.$$

$\sin\dfrac{\pi}{\sqrt{n^2+1}+n}$ 是一个非负的单调递减数列,且有

$$\lim_{n\to\infty}\sin\frac{\pi}{\sqrt{n^2+1}+n}=0,$$

所以，$\sum_{n=1}^{\infty}\sin(\sqrt{n^2+1}\pi)$ 是一个 Leibniz 级数，从而收敛.

又因为当 $n\to\infty$ 时，有

$$\sin\frac{\pi}{\sqrt{n^2+1}+n}\sim\frac{\pi}{\sqrt{n^2+1}+n}\sim\frac{\pi}{2n},$$

因此，$\sum_{n=1}^{\infty}\left|\sin(\sqrt{n^2+1}\pi)\right|=\sum_{n=1}^{\infty}\sin\frac{\pi}{\sqrt{n^2+1}+n}$ 与 $\sum_{n=1}^{\infty}\frac{\pi}{2n}$ 同敛散，由此知 $\sum_{n=1}^{\infty}\left|\sin(\sqrt{n^2+1}\pi)\right|$ 发散，从而级数 $\sum_{n=1}^{\infty}\sin(\sqrt{n^2+1}\pi)$ 条件收敛.

11.3.3 Dirichlet 判别法和 Abel 判别法

与广义积分的 Dirichlet 判别法和 Abel 判别法类似，无穷级数也有用于判断形如 $\sum_{n=1}^{\infty}x_ny_n$ 级数的 Dirichlet 判别法和 Abel 判别法. 为证明相应的判别法，首先给出分部求和公式.

引理 11.3.4(分部求和公式) 设 $\{a_k\}$，$\{b_k\}$ 是两个实数列，记 $A_k=a_1+a_2+\cdots+a_k$，则对任意的正整数 p，有

$$\sum_{k=1}^{p}a_kb_k=A_pb_p+\sum_{k=1}^{p-1}A_k(b_k-b_{k+1}).$$

证明 记 $A_0=0$，则有

$$\begin{aligned}\sum_{k=1}^{p}a_kb_k&=\sum_{k=1}^{p}(A_k-A_{k-1})b_k\\&=\sum_{k=1}^{p}A_kb_k-\sum_{k=1}^{p}A_{k-1}b_k\\&=\sum_{k=1}^{p}A_kb_k-\sum_{k=1}^{p-1}A_kb_{k+1}\\&=A_pb_p+\sum_{k=1}^{p-1}A_kb_k-\sum_{k=1}^{p-1}A_kb_{k+1}\\&=A_pb_p+\sum_{k=1}^{p-1}A_k(b_k-b_{k+1}).\end{aligned}$$

引理证毕！

根据分部求和公式，可证明如下的 Abel 引理.

引理 11.3.5(Abel 引理) 设 $\{a_k\}$，$\{b_k\}$ 是两个实数列，$A_k=a_1+a_2+\cdots+a_k$，如果有

(1) 数列 $\{b_k\}$ 单调；

(2) 存在 $M>0$，使得 $|A_k|\leqslant M$ 对所有的 k 成立，则对任意的正整数 p，有

$$\left|\sum_{k=1}^{p}a_kb_k\right|\leqslant M(|b_1|+2|b_p|).$$

证明 不妨设 $\{b_n\}$ 单调递减，由分部求和公式可得

$$\left|\sum_{k=1}^{p}a_kb_k\right|=\left|A_pb_p+\sum_{k=1}^{p-1}A_k(b_k-b_{k+1})\right|\leqslant|A_p\|b_p|+\sum_{k=1}^{p-1}|A_k|(b_k-b_{k+1})$$

$$\leqslant M|b_p|+\sum_{k=1}^{p-1}M(b_k-b_{k+1})=M(|b_p|+(b_1-b_p))\leqslant M(|b_1|+2|b_p|).$$

引理得证!

进一步可以证明数项级数的 Dirichlet 判别法和 Abel 判别法.

定理 11.3.6(Dirichlet 判别法) 设 $\{x_n\}$, $\{y_n\}$ 是两个实数列, $S_n=x_1+x_2+\cdots+x_n$, 如果

(1) 数列 $\{y_n\}$ 单调且有 $\lim\limits_{n\to\infty}y_n=0$;

(2) 存在 $M>0$, 使得 $|S_n|\leqslant M$ 对所有的 n 成立, 则级数 $\sum\limits_{n=1}^{\infty}x_ny_n$ 收敛.

证明 对任意正整数 n,p, 考虑数列 $\{x_{n+1},x_{n+2},\cdots,x_{n+p}\}$, $\{y_{n+1},y_{n+2},\cdots,y_{n+p}\}$, 注意到 $|x_{n+1}+x_{n+2}+\cdots+x_{n+k}|=|S_{n+k}-S_n|\leqslant 2M$ 对所有的 $0\leqslant k\leqslant p$ 成立, 应用 Abel 引理可得

$$\left|\sum_{k=1}^{p}x_{n+k}y_{n+k}\right|\leqslant 2M(|y_{n+1}|+2|y_{n+p}|).$$

任取 $\varepsilon>0$, 由条件 $\lim\limits_{n\to\infty}y_n=0$ 知, 存在正整数 N, 使得当 $n>N$ 时有 $|y_n|<\dfrac{\varepsilon}{6M}$. 那么, 当 $n>N$ 时, 对任意正整数 p, 都有

$$\left|\sum_{k=1}^{p}x_{n+k}y_{n+k}\right|\leqslant 2M\Big(|y_{n+1}|+2|y_{n+p}|\Big)<2M\left(\frac{\varepsilon}{6M}+\frac{2\varepsilon}{6M}\right)=\varepsilon.$$

由 Cauchy 收敛原理知, $\sum\limits_{n=1}^{\infty}x_ny_n$ 收敛.

注 对于 Leibniz 级数 $\sum\limits_{n=1}^{\infty}(-1)^{n-1}u_n$, 令 $x_n=(-1)^{n-1}$, $y_n=u_n$, 则由定理 11.3.6 可知 Leibniz 级数收敛, 因此 Leibniz 判别法可看作是 Dirichlet 判别法的特例.

例 11.3.4 讨论级数 $\sum\limits_{n=1}^{\infty}\dfrac{\sin nx}{n^p}$ $(0<x<\pi,p>0)$ 的敛散性.

解 给定 $x\in(0,\pi)$, 对任意的正整数 n, 由三角函数的积化和差公式可得

$$\left|\sum_{k=1}^{n}\sin kx\right|=\left|\frac{1}{2\sin\frac{x}{2}}\left(2\sin\frac{x}{2}\cdot\sin x+2\sin\frac{x}{2}\cdot\sin 2x+\cdots+2\sin\frac{x}{2}\cdot\sin nx\right)\right|$$

$$=\left|\frac{1}{2\sin\frac{x}{2}}\left\{\left[\cos\left(x-\frac{x}{2}\right)-\cos\left(x+\frac{x}{2}\right)\right]+\cdots+\left[\cos\left(nx-\frac{x}{2}\right)-\cos\left(nx+\frac{x}{2}\right)\right]\right\}\right|$$

$$=\left|\frac{1}{2\sin\frac{x}{2}}\left[\cos\frac{x}{2}-\cos\left(nx+\frac{x}{2}\right)\right]\right|\leqslant\frac{1}{\left|\sin\frac{x}{2}\right|}.$$

当 $p>0$ 时, 数列 $\left\{\dfrac{1}{n^p}\right\}$ 单调递减且有 $\lim\limits_{n\to\infty}\dfrac{1}{n^p}=0$. 应用 Dirichlet 判别法可得 $\sum\limits_{n=1}^{\infty}\dfrac{\sin nx}{n^p}$ 收敛.

接下来考察其绝对收敛性和条件收敛性.

当 $p>1$ 时,易见

$$\left|\frac{\sin nx}{n^p}\right| \leqslant \frac{1}{n^p}\ (n=1,2,\cdots).$$

由级数 $\sum_{n=1}^{\infty}\frac{1}{n^p}$ 收敛以及比较判别法知,级数 $\sum_{n=1}^{\infty}\left|\frac{\sin nx}{n^p}\right|$ 收敛,因此 $\sum_{n=1}^{\infty}\frac{\sin nx}{n^p}$ 绝对收敛.

当 $0<p\leqslant 1$ 时,易见

$$\left|\frac{\sin nx}{n^p}\right| \geqslant \frac{\sin^2 nx}{n^p} = \frac{1}{2n^p} - \frac{\cos 2nx}{2n^p}\ (n=1,2,\cdots).$$

这里级数 $\sum_{n=1}^{\infty}\frac{1}{2n^p}$ 发散. 使用 Dirichlet 判别法易证级数 $\sum_{n=1}^{\infty}\frac{\cos 2nx}{2n^p}$ 收敛(类似于级数 $\sum_{n=1}^{\infty}\frac{\sin nx}{n^p}$ 收敛的证明),因此级数

$$\sum_{n=1}^{\infty}\left(\frac{1}{2n^p} - \frac{\cos 2nx}{2n^p}\right)$$

发散. 由比较判别法知 $\sum_{n=1}^{\infty}\left|\frac{\sin nx}{n^p}\right|$ 发散,从而 $\sum_{n=1}^{\infty}\frac{\sin nx}{n^p}$ 条件收敛.

综上可得当 $p>1$ 时,$\sum_{n=1}^{\infty}\frac{\sin nx}{n^p}$ 绝对收敛;当 $0<p\leqslant 1$ 时,$\sum_{n=1}^{\infty}\frac{\sin nx}{n^p}$ 条件收敛.

使用例题中的方法也可以得到级数 $\sum_{n=1}^{\infty}\frac{\cos nx}{n^p}$ 的类似结论. 更一般地,使用 Dirichlet 判别法可以得到:若数列 $\{a_n\}$ 单调趋于 0,则当 $x\neq 2k\pi$ 时,级数 $\sum_{n=1}^{\infty}a_n\sin nx$ 和级数 $\sum_{n=1}^{\infty}a_n\cos nx$ 都收敛.

例 11.3.5 讨论级数 $\sum_{n=1}^{\infty}(-1)^n\frac{\sin^2 n}{n}$ 的敛散性.

解 因为

$$\sin^2 n = \frac{1-\cos 2n}{2},$$

所以有

$$\sum_{n=1}^{\infty}(-1)^n\frac{\sin^2 n}{n} = \sum_{n=1}^{\infty}\left[\frac{(-1)^n}{2n} - \frac{(-1)^n\cos 2n}{2n}\right] = \sum_{n=1}^{\infty}\left[\frac{(-1)^n}{2n} - \frac{\cos(2n+n\pi)}{2n}\right].$$

由于级数 $\sum_{n=1}^{\infty}\frac{(-1)^n}{2n}$ 和级数 $\sum_{n=1}^{\infty}\frac{\cos(2n+n\pi)}{2n} = \sum_{n=1}^{\infty}\frac{\cos(2+\pi)n}{2n}$ 都收敛,因此级数 $\sum_{n=1}^{\infty}(-1)^n\frac{\sin^2 n}{n}$ 收敛.

从例 11.3.4 的求解过程中可以得到 $\sum_{n=1}^{\infty}\frac{\sin^2 n}{n}$ 发散,因此 $\sum_{n=1}^{\infty}(-1)^n\frac{\sin^2 n}{n}$ 为条件收敛.

定理 11.3.7(Abel 判别法) 设 $\{x_n\}$,$\{y_n\}$ 是两个实数列,如果

(1) 数列$\{y_n\}$单调有界;

(2) 级数$\sum\limits_{n=1}^{\infty}x_n$收敛,则级数$\sum\limits_{n=1}^{\infty}x_n y_n$收敛.

证明 由于$\{y_n\}$单调有界,由单调有界定理可知,存在y,使得$\lim\limits_{n\to\infty}y_n=y$,则有$\{y_n-y\}$单调且趋于0,由Dirichlet判别法知,$\sum\limits_{n=1}^{\infty}x_n(y_n-y)$收敛. 又由$\sum\limits_{n=1}^{\infty}x_n$收敛知级数$\sum\limits_{n=1}^{\infty}yx_n$收敛,因此有级数$\sum\limits_{n=1}^{\infty}x_n y_n=\sum\limits_{n=1}^{\infty}[x_n(y_n-y)+yx_n]$收敛. 定理证毕!

注 类似于Dirichlet判别法的证明,该定理也可使用Abel引理进行证明.

例 11.3.6 讨论级数$\sum\limits_{n=1}^{\infty}\dfrac{\sin 3n}{n}\left(1+\dfrac{1}{n}\right)^n$的敛散性.

解 由例11.3.3知级数$\sum\limits_{n=1}^{\infty}\dfrac{\sin 3n}{n}$收敛,又由于数列$\left\{\left(1+\dfrac{1}{n}\right)^n\right\}$单调有界,所以由Abel判别法可知,$\sum\limits_{n=1}^{\infty}\dfrac{\sin 3n}{n}\left(1+\dfrac{1}{n}\right)^n$收敛.

当$n\to\infty$时,

$$\lim_{n\to\infty}\frac{\left|\dfrac{\sin 3n}{n}\left(1+\dfrac{1}{n}\right)^n\right|}{\left|\dfrac{\sin 3n}{n}\right|}=\frac{1}{\mathrm{e}}.$$

因此$\sum\limits_{n=1}^{\infty}\left|\dfrac{\sin 3n}{n}\left(1+\dfrac{1}{n}\right)^n\right|$与$\sum\limits_{n=1}^{\infty}\left|\dfrac{\sin 3n}{n}\right|$同敛散. 由例11.3.4的结论知级数$\sum\limits_{n=1}^{\infty}\left|\dfrac{\sin 3n}{n}\right|$发散,从而$\sum\limits_{n=1}^{\infty}\dfrac{\sin 3n}{n}\left(1+\dfrac{1}{n}\right)^n$条件收敛.

例 11.3.7 讨论级数$\sum\limits_{n=2}^{\infty}(-1)^n\dfrac{1}{\ln n}\left(1+\dfrac{1}{n}\right)^n(5-\arctan n)$的敛散性.

解 由Leibniz判别法知$\sum\limits_{n=2}^{\infty}(-1)^n\dfrac{1}{\ln n}$收敛;又因为数列$\left\{\left(1+\dfrac{1}{n}\right)^n\right\}$单调有界,由Abel判别法知$\sum\limits_{n=2}^{\infty}(-1)^n\dfrac{1}{\ln n}\left(1+\dfrac{1}{n}\right)^n$收敛;又因为数列$\{5-\arctan n\}$单调有界,最后由Abel判别法知级数$\sum\limits_{n=2}^{\infty}(-1)^n\dfrac{1}{\ln n}\left(1+\dfrac{1}{n}\right)^n(5-\arctan n)$收敛.

易见$n\to\infty$时,

$$\left|(-1)^n\frac{1}{\ln n}\left(1+\frac{1}{n}\right)^n(5-\arctan n)\right|=\frac{1}{\ln n}\left(1+\frac{1}{n}\right)^n(5-\arctan n)\sim\left(5-\frac{\pi}{2}\right)\mathrm{e}\frac{1}{\ln n}.$$

由极限形式的比较判别法及级数$\sum\limits_{n=2}^{\infty}\dfrac{1}{\ln n}$发散知,级数$\sum\limits_{n=2}^{\infty}(-1)^n\dfrac{1}{\ln n}\left(1+\dfrac{1}{n}\right)^n(5-\arctan n)$条件收敛.

习题 11.3

1. 利用Cauchy收敛原理,判断下列级数的敛散性:

(1) $\sum\limits_{n=1}^{\infty}\frac{\sin n!}{n!}$；　(2) $\sum\limits_{n=1}^{\infty}\frac{\sin n}{2^n}$；

(3) $\sum\limits_{n=1}^{\infty}\frac{\cos n+\sin n}{n(n+\sin n)}$；　(4) $\sum\limits_{n=1}^{\infty}\frac{1}{2n-1}$.

2. 若对任意的 $\varepsilon>0$ 和正整数 p，都存在 $N(\varepsilon,p)$，使得当 $n>N(\varepsilon,p)$ 时，总有

$$|x_{n+1}+x_{n+2}+\cdots+x_{n+p}|<\varepsilon$$

成立，问级数 $\sum\limits_{n=1}^{\infty}x_n$ 是否收敛.

3. 设 $x_n<z_n<y_n$，$n=1,2,\cdots$，证明：如果 $\sum\limits_{n=1}^{\infty}x_n$，$\sum\limits_{n=1}^{\infty}y_n$ 收敛，则有 $\sum\limits_{n=1}^{\infty}z_n$ 也收敛.

4. 设 $f(x)$ 在 $[-1,1]$ 上具有二阶连续导数，且 $\lim\limits_{x\to0}\frac{f(x)}{x}=0$. 证明：级数 $\sum\limits_{n=1}^{\infty}f\left(\frac{1}{n}\right)$ 绝对收敛.

5. 讨论下列级数的敛散性：

(1) $\sum\limits_{n=1}^{\infty}(-1)^{n-1}\sin\frac{1}{n}$；　(2) $\sum\limits_{n=1}^{\infty}(-1)^n\frac{\ln^2 n}{n}$；

(3) $\sum\limits_{n=1}^{\infty}(-1)^{n-1}\frac{\sqrt{n}}{n+1}$；　(4) $\sum\limits_{n=1}^{\infty}(-1)^{n-1}\frac{1}{\sqrt[n]{n}}$；

(5) $\sum\limits_{n=2}^{\infty}\frac{(-1)^{n-1}}{n\ln n}$；　(6) $\sum\limits_{n=1}^{\infty}(-1)^n\left[\mathrm{e}-\left(1+\frac{1}{n}\right)^n\right]$.

6. 设 $\{x_n\}$ 为单调递减非负数列，且有级数 $\sum\limits_{n=1}^{\infty}(-1)^{n-1}x_n$ 发散，问级数 $\sum\limits_{n=1}^{\infty}\left(\frac{1}{1+x_n}\right)^n$ 是否收敛？请说明理由.

7. 若级数 $\sum\limits_{n=1}^{\infty}(x_n-x_{n+1})$ 绝对收敛，级数 $\sum\limits_{n=1}^{\infty}y_n$ 收敛，证明：级数 $\sum\limits_{n=1}^{\infty}x_ny_n$ 收敛.

8. 讨论下列级数的敛散性：

(1) $\sum\limits_{n=2}^{\infty}\frac{\sin\frac{n\pi}{4}}{\ln n}$；　(2) $\sum\limits_{n=1}^{\infty}(-1)^n\frac{\cos 2n}{n^p}$；

(3) $\sum\limits_{n=2}^{\infty}\left(1+\frac{1}{2}+\frac{1}{3}+\cdots+\frac{1}{n}\right)\frac{\sin nx}{n}$；　(4) $\sum\limits_{n=1}^{\infty}(-1)^n\frac{\cos^2 n}{n^p}$；

(5) $\sum\limits_{n=2}^{\infty}\left(\frac{\sin nx}{\sqrt{n}}+\frac{\sin^2 nx}{n}\right)$；　(6) $\sum\limits_{n=1}^{\infty}\frac{\sin(n+1)x\cos(n-1)x}{n^p}$.

9. 已知级数 $\sum\limits_{n=1}^{\infty}\frac{x_n}{n^b}$ 收敛，证明：当 $a>b$ 时，级数 $\sum\limits_{n=1}^{\infty}\frac{x_n}{n^a}$ 也收敛.

10. 使用 Abel 引理证明 Abel 判别法.

11. 已知级数 $\sum\limits_{n=1}^{\infty}x_n$ 发散，证明：级数 $\sum\limits_{n=1}^{\infty}\left(1+\frac{1}{n}\right)x_n$ 也发散.

12. 讨论下列级数的敛散性：

(1) $\sum\limits_{n=2}^{\infty}\frac{\cos 3n}{n}\left(1+\frac{1}{n}\right)^n$；　(2) $\sum\limits_{n=1}^{\infty}(-1)^n\frac{\cos^2 n}{n}\arctan(3+n)$；

(3) $\sum_{n=2}^{\infty}(-1)^n \frac{\sin^2 n}{\ln n}\left(1+\frac{1}{n}\right)^n(3-\arctan n)$;

(4) $\sum_{n=1}^{\infty}(-1)^n \frac{\sin^2 5n}{n^p+\alpha}\left(1+\frac{1}{n}\right)^n \arctan 3n$,其中 $\alpha>0, p>0$.

11.4 更序问题和级数乘法*

这一节讨论级数的更序问题和两个级数相乘诱导的新级数及其敛散性的问题.

11.4.1 更序问题

将一个级数 $\sum_{n=1}^{\infty} x_n$ 的通项打乱次序进行重新排列,得到一个新的级数 $\sum_{n=1}^{\infty} y_n$,一个自然问题是:新级数与原级数是否有相同的敛散性以及是否有相同的和?通过这一节的讨论,可以发现:条件收敛和绝对收敛的级数在此问题上有着截然不同的表现.

设 $\sum_{n=1}^{\infty} x_n$ 是一个一般项级数,令

$$x_n^+=\frac{|x_n|+x_n}{2}=\max\{x_n,0\}, \quad n=1,2,\cdots,$$

$$x_n^-=\frac{|x_n|-x_n}{2}=\max\{-x_n,0\}, \quad n=1,2,\cdots,$$

则有 $x_n=x_n^+-x_n^-$, $|x_n|=x_n^++x_n^-$ $(n=1,2,\cdots)$.

定理 11.4.1 若级数 $\sum_{n=1}^{\infty} x_n$ 绝对收敛,则 $\sum_{n=1}^{\infty} x_n^+$ 和 $\sum_{n=1}^{\infty} x_n^-$ 都收敛;若 $\sum_{n=1}^{\infty} x_n$ 条件收敛,则 $\sum_{n=1}^{\infty} x_n^+$ 和 $\sum_{n=1}^{\infty} x_n^-$ 都发散到 $+\infty$.

证明 当 $\sum_{n=1}^{\infty} x_n$ 绝对收敛时,由

$$0 \leqslant x_n^+ \leqslant |x_n|, \quad 0 \leqslant x_n^- \leqslant |x_n| \ (n=1,2,\cdots),$$

以及比较判别法知,$\sum_{n=1}^{\infty} x_n^+$ 和 $\sum_{n=1}^{\infty} x_n^-$ 都收敛.

当 $\sum_{n=1}^{\infty} x_n$ 条件收敛时,若 $\sum_{n=1}^{\infty} x_n^+$ 收敛,则由 $x_n^-=x_n^+-x_n$ $(n=1,2,\cdots)$ 知 $\sum_{n=1}^{\infty} x_n^-$ 也收敛,由 $|x_n|=x_n^++x_n^-$ $(n=1,2,\cdots)$ 知 $\sum_{n=1}^{\infty}|x_n|$ 收敛,从而 $\sum_{n=1}^{\infty} x_n$ 绝对收敛,矛盾!因此必有 $\sum_{n=1}^{\infty} x_n^+$ 发散,又因为 $\sum_{n=1}^{\infty} x_n^+$ 是正项级数,因此它发散到 $+\infty$. 类似可证得 $\sum_{n=1}^{\infty} x_n^-$ 也发散到 $+\infty$. 定理证毕!

对于绝对收敛的级数,有如下的更序定理,它可以视为有限个数求和的交换律的一种推广.

---

* 选学内容。

定理 11.4.2(更序定理) 若级数 $\sum_{n=1}^{\infty} x_n$ 绝对收敛，则任意调整 $\sum_{n=1}^{\infty} x_n$ 中各项的次序得到的新级数 $\sum_{n=1}^{\infty} y_n$ 也绝对收敛，且其和不变.

证明　首先讨论 $\sum_{n=1}^{\infty} x_n$ 是正项级数的情形. 当 $\sum_{n=1}^{\infty} x_n$ 是一个正项级数时，任意调整 $\sum_{n=1}^{\infty} x_n$ 中各项次序得到的新级数 $\sum_{n=1}^{\infty} y_n$ 也是一个正项级数. 设 S 是 $\sum_{n=1}^{\infty} x_n$ 的和. 对任意的正整数 k，总可以找到一个正整数 n_k，使得 $\{y_n\}$ 的前 k 项都包含在 $\{x_n\}$ 的前 n_k 项中，则有 $\{y_n\}$ 的前 k 项和

$$T_k = y_1 + y_2 + \cdots + y_k \leqslant x_1 + x_2 + \cdots + x_{n_k} \leqslant S.$$

即 $\{y_n\}$ 的部分和数列 $\{T_k\}$ 有上界 S，从而 $\{T_k\}$ 有极限 $\lim_{k\to\infty} T_k = T \leqslant S$. 因此 $\sum_{n=1}^{\infty} y_n$ 收敛，并且它的和 $T \leqslant S$. 反过来，若 $\sum_{n=1}^{\infty} x_n$ 是 $\sum_{n=1}^{\infty} y_n$ 通过调整各项次序得到的级数，也有 $S \leqslant T$. 因此 $S = T$，即 $\sum_{n=1}^{\infty} x_n$ 与 $\sum_{n=1}^{\infty} y_n$ 有相同的和.

下面设 $\sum_{n=1}^{\infty} x_n$ 是一个绝对收敛的一般项级数，$\sum_{n=1}^{\infty} y_n$ 是 $\sum_{n=1}^{\infty} x_n$ 调整各项次序之后得到的一个新级数. 记

$$x_n^+ = \frac{|x_n| + x_n}{2},\quad x_n^- = \frac{|x_n| - x_n}{2}, n = 1, 2, \cdots,$$

$$y_n^+ = \frac{|y_n| + y_n}{2},\quad y_n^- = \frac{|y_n| - y_n}{2}, n = 1, 2, \cdots,$$

由 $\sum_{n=1}^{\infty} x_n$ 绝对收敛，可知 $\sum_{n=1}^{\infty} x_n^+$ 和 $\sum_{n=1}^{\infty} x_n^-$ 都收敛，又因为 $\sum_{n=1}^{\infty} y_n^+$ 和 $\sum_{n=1}^{\infty} y_n^-$ 是 $\sum_{n=1}^{\infty} x_n^+$ 和 $\sum_{n=1}^{\infty} x_n^-$ 分别调整相应次序得到的，由前面正项级数的讨论知 $\sum_{n=1}^{\infty} y_n^+$ 和 $\sum_{n=1}^{\infty} y_n^-$ 都收敛，并且有

$$\sum_{n=1}^{\infty} y_n^+ = \sum_{n=1}^{\infty} x_n^+,\quad \sum_{n=1}^{\infty} y_n^- = \sum_{n=1}^{\infty} x_n^-.$$

因此级数 $\sum_{n=1}^{\infty} |y_n| = \sum_{n=1}^{\infty} (y_n^+ + y_n^-)$ 收敛. 这证明了 $\sum_{n=1}^{\infty} y_n$ 绝对收敛. 同时还有

$$\sum_{n=1}^{\infty} y_n = \sum_{n=1}^{\infty} (y_n^+ - y_n^-) = \sum_{n=1}^{\infty} y_n^+ - \sum_{n=1}^{\infty} y_n^- = \sum_{n=1}^{\infty} x_n^+ - \sum_{n=1}^{\infty} x_n^- = \sum_{n=1}^{\infty} (x_n^+ - x_n^-) = \sum_{n=1}^{\infty} x_n.$$

定理证毕！

对于条件收敛的级数，这种类似于加法交换律的性质不再成立，请看如下例子：

例 11.4.1 已知 $\sum_{n=1}^{\infty} (-1)^{n-1} \frac{1}{n} = \ln 2$，求

$$1 - \frac{1}{2} - \frac{1}{4} + \frac{1}{3} - \frac{1}{6} - \frac{1}{8} + \frac{1}{5} - \cdots + \frac{1}{2k-1} - \frac{1}{4k-2} - \frac{1}{4k} + \cdots$$

的和.

解　设 $\sum_{n=1}^{\infty} (-1)^{n-1} \frac{1}{n}$ 的前 n 项部分和为 S_n，级数

$$1-\frac{1}{2}-\frac{1}{4}+\frac{1}{3}-\frac{1}{6}-\frac{1}{8}+\frac{1}{5}-\cdots+\frac{1}{2k-1}-\frac{1}{4k-2}-\frac{1}{4k}+\cdots$$

的前 n 项部分和为 T_n,则有

$$\begin{aligned}T_{3m}&=\left(1-\frac{1}{2}-\frac{1}{4}\right)+\cdots+\left(\frac{1}{2m-1}-\frac{1}{4m-2}-\frac{1}{4m}\right)\\&=\left(\frac{1}{2}-\frac{1}{4}\right)+\left(\frac{1}{6}-\frac{1}{8}\right)+\cdots+\left(\frac{1}{4m-2}-\frac{1}{4m}\right)\\&=\frac{1}{2}\left[1-\frac{1}{2}+\frac{1}{3}-\frac{1}{4}+\cdots+\frac{1}{2m-1}-\frac{1}{2m}\right]=\frac{S_{2m}}{2}.\end{aligned}$$

因此有

$$\lim_{m\to\infty}T_{3m}=\lim_{m\to\infty}\frac{S_{2m}}{2}=\frac{\ln2}{2},$$

$$\lim_{m\to\infty}T_{3m+1}=\lim_{m\to\infty}\left(T_{3m+1}+\frac{1}{2m+1}\right)=\frac{\ln2}{2},$$

$$\lim_{m\to\infty}T_{3m+2}=\lim_{m\to\infty}\left(T_{3m+1}+\frac{1}{2m+1}-\frac{1}{4m+2}\right)=\frac{\ln2}{2},$$

可得 $\lim\limits_{n\to\infty}T_n=\frac{1}{2}\ln2$,从而

$$1-\frac{1}{2}-\frac{1}{4}+\frac{1}{3}-\frac{1}{6}-\frac{1}{8}+\frac{1}{5}-\cdots+\frac{1}{2k-1}-\frac{1}{4k-2}-\frac{1}{4k}+\cdots=\frac{1}{2}\ln2.$$

实际上对于条件收敛的级数有如下的结论.

定理 11.4.3(Riemann 更序定理) 若级数 $\sum\limits_{n=1}^{\infty}x_n$ 条件收敛,则对任意给定的 α,$-\infty\leqslant\alpha\leqslant+\infty$,总可以适当地调整 $\sum\limits_{n=1}^{\infty}x_n$ 中各项的次序得到一个新级数 $\sum\limits_{n=1}^{\infty}y_n$,使得 $\sum\limits_{n=1}^{\infty}y_n$ 收敛到 α.

11.4.2 级数乘法

两个有限和式 $\sum\limits_{i=1}^{n}x_i$ 和 $\sum\limits_{j=1}^{m}y_j$ 的乘积等于所有 $x_iy_j(i=1,2,\cdots,n;j=1,2,\cdots,m)$ 的和. 自然地,考虑两个级数 $\sum\limits_{n=1}^{\infty}x_n$ 与 $\sum\limits_{n=1}^{\infty}y_n$ 的乘积时,也应该考虑所有项 $x_iy_j(i=1,2,\cdots;j=1,2,\cdots)$ 的和.

与两个有限和式相乘所得到的各项 x_iy_j 相加不同,在考虑所有 $x_iy_j(i=1,2,\cdots;j=1,2,\cdots)$ 的和时,知道级数的敛散性以及它的和与级数中各通项的顺序及添加括号的方式有关. 在考虑级数相乘时,最常用的是如下的正方形排列求和以及对角线排列求和两种新的求和方式.

设 $\sum\limits_{n=1}^{\infty}x_n$ 和 $\sum\limits_{n=1}^{\infty}y_n$ 是两个无穷级数. 令

$d_1=x_1y_1$;

$d_2=x_1y_2+x_2y_2+x_2y_1$;

$d_3=x_1y_3+x_2y_3+x_3y_3+x_3y_2+x_3y_1$;

…

$d_n=x_1y_n+x_2y_n+\cdots+x_ny_n+x_ny_{n-1}+\cdots+x_ny_1$；

…

这样得到一个新级数 $\sum_{n=1}^{\infty}d_n$. 它的前 n 项和正好是所有 $x_iy_j(1\leqslant i\leqslant n,1\leqslant j\leqslant n)$ 这 n^2 个元素的和，它是 $\sum_{n=1}^{\infty}x_n$ 和 $\sum_{n=1}^{\infty}y_n$ 对应各项相乘然后按正方形排列再求和所得的级数. 易见和式 $\sum_{n=1}^{\infty}d_n$ 中囊括了所有 $x_iy_j(i=1,2,\cdots;j=1,2,\cdots)$.

由数列极限的乘法性质不难验证，当 $\sum_{n=1}^{\infty}x_n$ 和 $\sum_{n=1}^{\infty}y_n$ 都收敛时，级数 $\sum_{n=1}^{\infty}d_n$ 也收敛，且有

$$\sum_{n=1}^{\infty}d_n=\left(\sum_{n=1}^{\infty}x_n\right)\left(\sum_{n=1}^{\infty}y_n\right).$$

下面再给出另一种由 $\sum_{n=1}^{\infty}x_n$ 和 $\sum_{n=1}^{\infty}y_n$ 相乘得到的级数. 令

$c_1=x_1y_1$；

$c_2=x_1y_2+x_2y_1$；

$c_3=x_1y_3+x_2y_2+x_3y_1$；

…

$c_n=x_1y_n+x_2y_{n-1}+\cdots+x_ny_1$；

…

由此得到一个新级数 $\sum_{n=1}^{\infty}c_n=\sum_{n=1}^{\infty}(x_1y_n+x_2y_{n-1}+\cdots+x_ny_1)$，称之为级数 $\sum_{n=1}^{\infty}x_n$ 和 $\sum_{n=1}^{\infty}y_n$ 的 Cauchy 乘积.

和式 $\sum_{n=1}^{\infty}c_n$ 中也囊括了所有 $x_iy_j(i=1,2,\cdots;j=1,2,\cdots)$. 但如果 $\sum_{n=1}^{\infty}x_n$ 和 $\sum_{n=1}^{\infty}y_n$ 都只是条件收敛时，则不能保证 Cauchy 乘积 $\sum_{n=1}^{\infty}c_n$ 是收敛的.

例 11.4.2 证明 $\sum_{n=1}^{\infty}(-1)^{n-1}\frac{1}{\sqrt{n}}$ 与它自身的 Cauchy 乘积 $\sum_{n=1}^{\infty}c_n$ 是发散的.

证明　记 $x_i=(-1)^{n-1}\frac{1}{\sqrt{n}}$. 易见

$$c_n=\sum_{i=1}^{n}x_ix_{n+1-i}=\sum_{i=1}^{n}(-1)^{n-1}\frac{1}{\sqrt{i}\sqrt{n+1-i}}=(-1)^{n-1}\sum_{i=1}^{n}\frac{1}{\sqrt{i}\sqrt{n+1-i}}.$$

进一步有

$$|c_n|=\sum_{i=1}^{n}\frac{1}{\sqrt{i}\sqrt{n+1-i}}\geqslant\sum_{i=1}^{n}\frac{2}{i+(n+1-i)}=\frac{2n}{n+1}.$$

由此易见 $\lim\limits_{n\to\infty}c_n\neq 0$. 因此 $\sum_{n=1'}^{\infty}c_n$ 发散.

但如果 $\sum_{n=1}^{\infty}x_n$ 和 $\sum_{n=1}^{\infty}y_n$ 有绝对收敛性,则有如下的结论.

定理 11.4.4(Cauchy 定理) 若级数 $\sum_{n=1}^{\infty}x_n$ 和 $\sum_{n=1}^{\infty}y_n$ 均绝对收敛,则将 $x_iy_j(i=1,2,\cdots;j=1,2,\cdots)$ 任意排列再求和得到的级数都是绝对收敛的,且其和为 $\left(\sum_{n=1}^{\infty}x_n\right)\left(\sum_{n=1}^{\infty}y_n\right)$.

证明 设 $\sum_{n=1}^{\infty}z_n$ 是将 $x_iy_j(i=1,2,\cdots;j=1,2,\cdots)$ 以某种方式排列后求和得到的一个级数. 记 $z_k=x_{i_k}y_{j_k}(k=1,2,\cdots)$. 对任意的正整数 n,令

$$N=\max_{1\leqslant k\leqslant n}\{i_k,j_k\},$$

则有

$$\sum_{k=1}^{n}|z_k|=\sum_{k=1}^{n}|x_{i_k}y_{j_k}|\leqslant\left(\sum_{i=1}^{N}|x_i|\right)\left(\sum_{j=1}^{N}|y_i|\right)\leqslant\left(\sum_{i=1}^{\infty}|x_i|\right)\left(\sum_{j=1}^{\infty}|y_j|\right).$$

这说明 $\sum_{n=1}^{\infty}|z_n|$ 的部分和数列有上界,因此 $\sum_{n=1}^{\infty}|z_n|$ 收敛,从而 $\sum_{n=1}^{\infty}z_n$ 绝对收敛.

由定理 11.4.2,因为 $\sum_{n=1}^{\infty}z_n$ 绝对收敛,所以 $\sum_{n=1}^{\infty}z_n$ 与将它重新排列后得到的如下级数

$$x_1y_1+x_1y_2+x_2y_2+x_2y_1+x_1y_3+x_2y_3+x_3y_3+x_3y_2+x_3y_1+x_1y_4+\cdots$$

收敛到同一个和. 而正方形排列得到的级数 $\sum_{n=1}^{\infty}d_n$ 是上述级数通过添加括号得到的,由定理 11.1.4 知,$\sum_{n=1}^{\infty}d_n$ 与上述 $\sum_{n=1}^{\infty}z_n$ 重排后得到的级数有相同的和,从而有

$$\sum_{n=1}^{\infty}z_n=\sum_{n=1}^{\infty}d_n=\left(\sum_{n=1}^{\infty}x_n\right)\left(\sum_{n=1}^{\infty}y_n\right).$$

定理证毕!

由前面讨论可知,当级数 $\sum_{n=1}^{\infty}x_n$ 和 $\sum_{n=1}^{\infty}y_n$ 都条件收敛时,不能保证其 Cauchy 乘积收敛,但是当 $\sum_{n=1}^{\infty}x_n$ 和 $\sum_{n=1}^{\infty}y_n$ 都绝对收敛时,其 Cauchy 乘积必定收敛.

习题 11.4

1. 证明:将 $\sum_{n=1}^{\infty}x_n$ 和 $\sum_{n=1}^{\infty}y_n$ 按正方形排列所得的乘积 $\sum_{n=1}^{\infty}d_n$ 收敛,且有

$$\sum_{n=1}^{\infty}d_n=\left(\sum_{n=1}^{\infty}x_n\right)\left(\sum_{n=1}^{\infty}y_n\right).$$

2. 定义函数

$$f(x)=\sum_{n=0}^{\infty}\frac{x^n}{n!}.$$

证明:(1) $f(x)$的定义域为$(-\infty,+\infty)$;(2) $f(x+y)=f(x)f(y)$对所有实数 x,y 成立.

3. 利用级数的 Cauchy 乘积证明:当$|q|<1$时,总有

$$\left(\sum_{n=0}^{\infty} q^n\right)\left(\sum_{n=0}^{\infty} q^n\right) = \sum_{n=0}^{\infty}(n+1)q^n = \frac{1}{(1-q)^2}.$$

4．利用极限

$$\lim_{n\to\infty}\left(1+\frac{1}{2}+\frac{1}{3}+\cdots+\frac{1}{n}-\ln n\right)=\gamma,$$

其中 γ 为 Euler 常数，求级数 $\sum_{n=1}^{\infty}(-1)^{n-1}\frac{1}{n}$ 经调整通项次序之后的如下级数的和：

$$1+\frac{1}{3}-\frac{1}{2}+\frac{1}{5}+\frac{1}{7}-\frac{1}{4}+\frac{1}{9}+\frac{1}{11}-\frac{1}{6}+\cdots.$$

5．将级数 $\sum_{n=1}^{\infty}(-1)^{n-1}\frac{1}{\sqrt{n}}$ 进行如下重排：按原来的次序先取级数中的前 p 个正项，再取级数中的 q 个负项，接下来再按原来的顺序取接下来的 p 个正项，接着取接下来的 q 个负项，依次下去得到一个新级数 $\sum_{n=1}^{\infty}x_n$．证明：

（1）当 $p=q$ 时，新级数收敛；

（2）当 $p>q$ 时，新级数趋于 $+\infty$；

（3）当 $p<q$ 时，新级数趋于 $-\infty$．

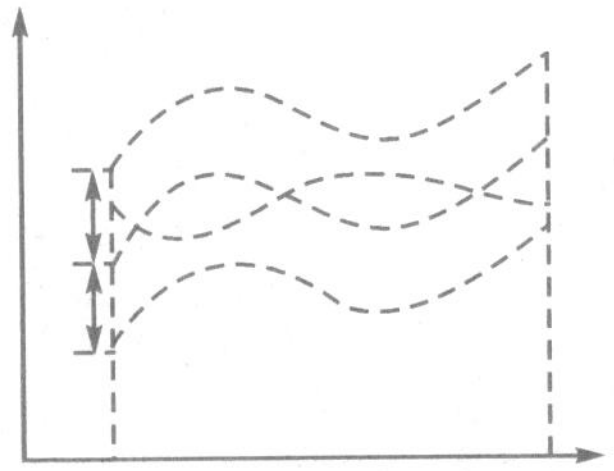

第 12 章　函数列与函数项级数

利用无穷级数的概念可以给出一个如下的函数：对任意的 $x\in\mathbb{R}$，由 d'Alembert 判别法不难证明级数

$$\sum_{n=0}^{\infty}\frac{x^n}{n!}$$

绝对收敛，从而级数收敛. 记 $f(x)$ 为级数的和，则通过这种方法定义了一个定义域为$\mathbb{R}$ 的函数 $y=f(x)$. 这样的函数可以看成是通过无穷个函数相加得来的. 本章将讨论这一类函数的性质.

12.1　函数列与函数项级数的收敛性

12.1.1　函数项级数的逐点收敛性

本节首先给出函数序列以及函数项级数的概念，然后讨论其收敛性. 设 $u_1(x)$，$u_2(x)$，…，$u_n(x)$，…都是定义在区间 I 上的函数，它们按照自然数顺序排列，称其为一个区间 I 上的函数序列，简称为函数列，记为$\{u_n(x)\}(n=1,2,\cdots)$. 类似于无穷级数的定义，给定区间 I 上的一个函数列$\{u_n(x)\}(n=1,2,\cdots)$，可以写出"和式"

$$u_1(x)+u_2(x)+\cdots+u_n(x)+\cdots.$$

将上述和式称为区间 I 上的一个函数项级数，记为 $\sum\limits_{n=1}^{\infty}u_n(x)$，其中 $u_n(x)$称为函数项级数的通项或一般项. 给定区间 I 上的函数项级数 $\sum\limits_{n=1}^{\infty}u_n(x)$，对任意的正整数 n，称

$$S_n(x)=u_1(x)+u_2(x)+\cdots+u_n(x)$$

为级数的前 n 项的部分和. 显然部分和序列$\{S_n(x)\}$是区间 I 上的一个函数列. 从数项级数的收敛性出发，可以给出如下函数项级数的逐点收敛性.

定义 12.1.1 设 $\sum\limits_{n=1}^{\infty}u_n(x)$ 是区间 I 上的一个函数项级数. 给定 $x_0\in I$，若数项级数 $\sum\limits_{n=1}^{\infty}u_n(x_0)$ 收敛，即极限$\lim\limits_{n\to\infty}S_n(x_0)$存在，则称函数项级数 $\sum\limits_{n=1}^{\infty}u_n(x)$ 在点 x_0 处收敛，或称 x_0 为函数项级数 $\sum\limits_{n=1}^{\infty}u_n(x)$ 的一个收敛点. 若级数 $\sum\limits_{n=1}^{\infty}u_n(x_0)$ 发散，则称$\sum\limits_{n=1}^{\infty}u_n(x)$ 在点 x_0 处发散，或称 x_0 为函数项级数 $\sum\limits_{n=1}^{\infty}u_n(x)$ 的一个发散点.

函数项级数 $\sum\limits_{n=1}^{\infty}u_n(x)$ 的收敛点的全体构成的集合称为该级数的收敛域.

设函数项级数 $\sum_{n=1}^{\infty}u_n(x)$ 的收敛域为 D，则通过级数和可以定义 D 上的一个函数

$$S(x)=\sum_{n=1}^{\infty}u_n(x),x\in D,$$

称 $S(x)$ 为级数 $\sum_{n=1}^{\infty}u_n(x)$ 的和函数. 由于函数项级数的这种收敛性是逐点考虑的，因此称这种收敛性是逐点收敛性.

本章主要探讨函数项级数和函数 $S(x)$ 的性质. 首先要解决的问题是 $S(x)$ 的定义域，实际上是求函数项级数的收敛域. 从收敛点的定义不难发现，求收敛域的问题本质上仍然是一个数项级数的敛散性的判别问题. 上一章中判断数项级数敛散性的各种判别法可以用于求函数项级数的收敛域.

例 12.1.1 由数项级数的相关结论可知：

(1) 函数项级数 $\sum_{n=1}^{\infty}x^n$ 的收敛域为 $(-1,1)$，和函数为 $S(x)=\dfrac{x}{1-x}$；

(2) 函数项级数 $\sum_{n=1}^{\infty}e^{-nx}$ 的收敛域为 $(0,\infty)$，和函数为 $S(x)=\dfrac{1}{e^x-1}$；

(3) 函数项级数 $\sum_{n=1}^{\infty}\dfrac{1}{n^x}$ 的收敛域为 $(1,+\infty)$；

(4) 函数项级数 $\sum_{n=2}^{\infty}\dfrac{1}{n(\ln n)^x}$ 的收敛域为 $(1,+\infty)$.

例 12.1.2 求级数 $\sum_{n=1}^{\infty}\dfrac{(-1)^n}{n}\left(\dfrac{1}{1+x}\right)^n$ 的收敛域.

解　令 $u_n(x)=\dfrac{(-1)^n}{n}\left(\dfrac{1}{1+x}\right)^n$，则有

$$\lim_{n\to\infty}\frac{|u_{n+1}(x)|}{|u_n(x)|}=\lim_{n\to\infty}\frac{n}{n+1}\cdot\frac{1}{|1+x|}=\frac{1}{|1+x|}.$$

再由 d'Alembert 判别法可知，当 $\dfrac{1}{|1+x|}<1$ 时，即当 $x\in(-\infty,-2)\cup(0,+\infty)$ 时，$\sum_{n=1}^{\infty}u_n(x)$ 绝对收敛，此时有 $\sum_{n=1}^{\infty}u_n(x)$ 收敛.

当 $\dfrac{1}{|1+x|}>1$ 时，由极限的保序性可知，存在 N，使得 $n>N$ 时，

$$\frac{|u_{n+1}(x)|}{|u_n(x)|}\geqslant 1,$$

即有

$$|u_{n+1}(x)|\geqslant|u_n(x)|(n>N).$$

由此可得 $\lim\limits_{n\to\infty}u_n(x)\neq 0$，从而当 $\dfrac{1}{|1+x|}>1$ 时，即当 $x\in(-2,0)$ 时，$\sum_{n=1}^{\infty}u_n(x)$ 发散.

当 $x=0$ 时，$\sum_{n=1}^{\infty}u_n(0)=\sum_{n=1}^{\infty}\dfrac{(-1)^n}{n}$ 收敛. 当 $x=-2$ 时，$\sum_{n=1}^{\infty}u_n(-2)=\sum_{n=1}^{\infty}\dfrac{1}{n}$ 发散.

综上可知,函数项级数 $\sum_{n=1}^{\infty}\frac{(-1)^n}{n}\left(\frac{1}{1+x}\right)^n$ 的收敛域为$(-\infty,-2)\cup[0,+\infty)$.

例 12.1.3 求级数 $\sum_{n=1}^{\infty}\frac{(2n-1)!!}{(2n)!!}\left(\frac{2x}{1+x^2}\right)^n$ 的收敛域.

解 令 $u_n(x)=\frac{(2n-1)!!}{(2n)!!}\left(\frac{2x}{1+x^2}\right)^n$,则有

$$\lim_{n\to\infty}\frac{|u_{n+1}(x)|}{|u_n(x)|}=\lim_{n\to\infty}\frac{2n+1}{2n+2}\cdot\frac{|2x|}{1+x^2}=\frac{|2x|}{1+x^2}.$$

再由 d'Alembert 判别法可知,当$\frac{|2x|}{1+x^2}<1$,即当 $x\neq\pm1$ 时,$\sum_{n=1}^{\infty}u_n(x)$ 绝对收敛,因此当 $x\neq\pm1$ 时,级数 $\sum_{n=1}^{\infty}u_n(x)$ 收敛.

当 $x=1$ 时,$\sum_{n=1}^{\infty}u_n(1)=\sum_{n=1}^{\infty}\frac{(2n-1)!!}{(2n)!!}$. 由

$$\lim_{n\to\infty}n\left(\frac{u_n(1)}{u_{n+1}(1)}-1\right)=\lim_{n\to\infty}n\left(\frac{2n+2}{2n+1}-1\right)=\frac{1}{2}<1,$$

以及 Raabe 判别法知 $\sum_{n=1}^{\infty}u_n(1)$ 发散.

当 $x=-1$ 时,$\sum_{n=1}^{\infty}u_n(1)=\sum_{n=1}^{\infty}(-1)^n\frac{(2n-1)!!}{(2n)!!}$. 由于$\frac{(2n-1)!!}{(2n)!!}$单调递减,又由

$$\frac{(2n-1)!!}{(2n)!!}=\sqrt{\frac{1^2\cdot3^2\cdot\cdots\cdot(2n-1)^2}{2^2\cdot4^2\cdot\cdots\cdot(2n)^2}}$$

$$=\sqrt{\frac{(1\cdot3)\cdot(3\cdot5)\cdot\cdots\cdot(2n-3)(2n-1)(2n-1)}{2^2\cdot4^2\cdot\cdots\cdot(2n)^2}}\leqslant\sqrt{\frac{2n-1}{(2n)^2}}<\frac{1}{\sqrt{2n}}$$

知$\lim_{n\to\infty}\frac{(2n-1)!!}{(2n)!!}=0$. 由 Leibniz 判别法知,$\sum_{n=1}^{\infty}u_n(1)=\sum_{n=1}^{\infty}(-1)^n\frac{(2n-1)!!}{(2n)!!}$ 收敛.

综上可知,$\sum_{n=1}^{\infty}\frac{(2n-1)!!}{(2n)!!}\left(\frac{2x}{1+x^2}\right)^n$ 的收敛域为$(-\infty,1)\cup(1,+\infty)$.

在前面关于连续性、可导性、可积性等概念的学习中已经知道,如果有限个函数 $u_1(x)$,$u_2(x)$,…,$u_n(x)$都是连续的(或可导的、可积的),则它们的和 $u_1(x)+u_2(x)+\cdots+u_n(x)$仍然是连续的(可导的、可积的),且有如下性质:

(1) $\lim_{x\to x_0}[u_1(x)+u_2(x)+\cdots+u_n(x)]=\lim_{x\to x_0}u_1(x)+\lim_{x\to x_0}u_2(x)+\cdots+\lim_{x\to x_0}u_n(x)$;

(2) $[u_1(x)+u_2(x)+\cdots+u_n(x)]'=u_1'(x)+u_2'(x)+\cdots+u_n'(x)$;

(3) $\int_a^b[u_1(x)+u_2(x)+\cdots+u_n(x)]dx=\int_a^b u_1(x)dx+\int_a^b u_2(x)dx+\cdots+\int_a^b u_n(x)dx$.

一个自然的问题是上面的类似性质能否推广到无穷多个函数的和上,即如下问题:

(1) 如果有 $u_n(x)(n=1,2,\cdots)$都连续,是否有 $S(x)=\sum_{n=1}^{\infty}u_n(x)$ 也连续?

(2) 如果有 $u_n(x)(n=1,2,\cdots)$都可导,是否有 $S(x)=\sum_{n=1}^{\infty}u_n(x)$ 也可导?

(3) 如果有 $u_n(x)(n=1,2,\cdots)$ 都可积，是否有 $S(x)=\sum\limits_{n=1}^{\infty}u_n(x)$ 也可积？

并且还有：(1)和函数的极限是否会是各个函数分别求极限之后的和？(2)和函数的导数是否会是各个函数的导数之和？(3)和函数的定积分是否会是各个函数分别求定积分之后的和？

从函数项级数的和函数的定义可以看出，函数项级数的和函数本质上就是部分和序列的极限，因此上述问题(1)～(3)实际上就是如下关于函数序列的问题：一个函数如果是一列连续(可导、可积)函数的极限，则它是否仍然是连续(可导、可积)的？

首先看几个相关的例子.

例 12.1.4 区间 $[0,1]$ 上的函数项级数 $x+\sum\limits_{n=2}^{\infty}(x^n-x^{n-1})$，它的部分和序列为 $\{S_n(x)=x^n, x\in[0,1]\}$，易见部分和序列的极限为

$$S(x)=\begin{cases}0, x\in[0,1),\\ 1, x=1.\end{cases}$$

这个函数项级数中的每一个通项都是 $[0,1]$ 上的连续函数，但和函数不是连续的.

实际上，上述函数项级数的每一个通项在 $[0,1]$ 区间上都是可导的，但和函数在端点 $x=1$ 处不连续，更没有(左)导数，因此和函数在 $[0,1]$ 区间也不是可导的.

逐项可积，极限不可积的例题

这几个例子说明，如果函数项级数仅仅是逐点收敛到其和函数，函数项级数的和函数不一定能具有函数项级数的通项所满足的那些分析性质. 这就需要引入比定义 12.1.1 中的逐点收敛性更强的收敛性.

12.1.2　函数列与函数项级数的一致收敛性

使用"$\varepsilon-N$"语言回顾一下前面介绍的逐点收敛性. "函数序列 $S_n(x)$ 在集合 D 上逐点收敛到 $S(x)$" 指的是 "对任意 $x_0\in D$，都有 $\lim\limits_{n\to\infty}S_n(x_0)=S(x_0)$"，亦即：对任意 $x_0\in D$，对任意 $\varepsilon>0$，存在正整数 $N(x_0,\varepsilon)$，使得当 $n>N(x_0,\varepsilon)$ 时，有 $|S_n(x_0)-S(x_0)|<\varepsilon$. 如果不加额外要求的话，一般会有 $N(x_0,\varepsilon)$ 同时与 x_0 和 ε 有关. 例如，考虑 $S_n(x)=x^n, x\in(0,1)$，可知 $\forall x\in(0,1), \lim\limits_{n\to\infty}S_n(x)=0$. 但对任意的 $x_0\in(0,1)$，对任意的 $1>\varepsilon>0$，为使 $n>N$ 时有 $|S_n(x_0)-0|<\varepsilon$，至少要取 $N(x_0,\varepsilon)$ 为 $\left[\dfrac{\ln\varepsilon}{\ln x_0}\right]$. 在固定 $\varepsilon>0$ 时，有 $\lim\limits_{x_0\to 1^-}N(x_0,\varepsilon)=+\infty$. 这说明在所给的这个函数列中，当 x_0 越来越靠近 1 时，x^n 趋于 0 的收敛速度会越来越慢.

例 12.1.5 考虑函数列 $S_n(x)=\dfrac{1}{n+x}, x\in[0,+\infty)$，则有 $\forall x\in[0,+\infty), \lim\limits_{n\to\infty}S_n(x)=0$，并且对任意的 $x\in[0,+\infty)$，对任意的 $\varepsilon>0$，取 $N=\left[\dfrac{1}{\varepsilon}\right]$，使得当 $n>N$ 时，都有

$$|S_n(x)-0|<\varepsilon.$$

例 12.1.5 中的函数序列 $\{S_n(x)\}$ 不仅仅在区间 $[0,+\infty)$ 上逐点收敛到 $S(x)=0$，而且在 $[0,+\infty)$ 上有如下一种整体的收敛性：对任意 $\varepsilon>0$，存在一个只与 ε 有关的 N，使得当 $n>N$ 时，对所有的 $x\in[0,+\infty)$，都有 $|S_n(x)-S(x)|<\varepsilon$. 这种收敛性称为一致收敛性. 注意到函数项级数的收敛性本质上是它的部分和序列的收敛性，这里首先给出函数序列的一致收敛

性的定义,再通过函数序列的一致收敛性的定义给出函数项级数的一致收敛性的定义.

定义 12.1.2(函数序列的一致收敛性) 设$\{S_n(x)\}$是区间 I 上的函数序列,$S(x)$是定义在区间 I 上的一个函数,若它们满足:对任意的 $\varepsilon>0$,都存在一个(只与 ε 有关的)正整数 $N(\varepsilon)$,使得当 $n>N(\varepsilon)$时,

$$|S_n(x)-S(x)|<\varepsilon$$

对所有的 $x\in I$ 成立,则称$\{S_n(x)\}$在区间 I 上一致收敛于$S(x)$. 记为

$$S_n(x)\xrightarrow{\text{uni}}S(x)(n\to\infty).$$

从定义可以直接看出,当$\{S_n(x)\}$在区间 I 上一致收敛于 $S(x)$时,一定有$\{S_n(x)\}$在区间 I 上逐点收敛于 $S(x)$,即对任意 $x\in I$, 必有$\lim\limits_{n\to\infty}S_n(x)=S(x)$.

图 12.1.1 给出了函数序列一致收敛的几何含义:对任意的 $\varepsilon>0$, 存在正整数 N,使得 $n>N$ 时,$S_n(x)$的函数图像落在带状区域$\{(x,y)\,|\,S(x)-\varepsilon<y<S(x)+\varepsilon,x\in I\}$内.

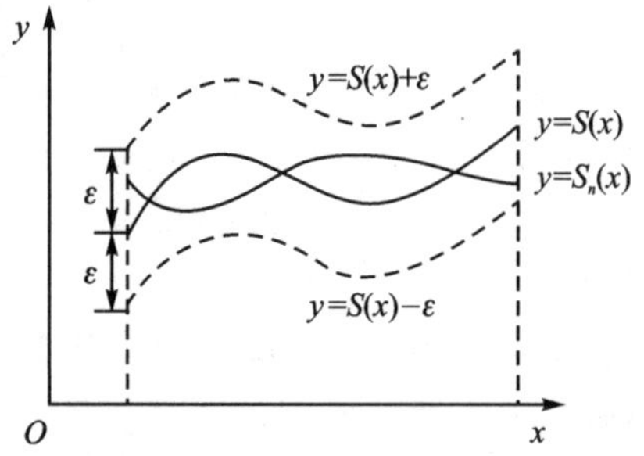

图 12.1.1 一致收敛函数列的几何含义

下面给出函数序列一致收敛的一个充要条件. 设$\{S_n(x)\}$是区间 I 上的一个函数列,$S(x)$是定义在 I 上的函数. 令

$$\beta_n=\sup_{x\in I}|S_n(x)-S(x)|.$$

这里的 β_n 可以视为函数 $S_n(x)$与函数 $S(x)$在区间 I 上的一种整体上的“距离”.

定理 12.1.1 函数序列$\{S_n(x)\}$在区间 I 上一致收敛到 $S(x)$的充分必要条件是$\lim\limits_{n\to\infty}\beta_n=0$.

证明 设$\{S_n(x)\}$在区间 I 上一致收敛到 $S(x)$,则对于任给的 $\varepsilon>0$,存在正整数 N,使得当 $n>N$ 时,有

$$|S_n(x)-S(x)|<\frac{\varepsilon}{2}$$

对所有 $x\in I$ 成立. 当 $n>N$ 时有

$$\beta_n=\sup_{x\in I}|S_n(x)-S(x)|\leqslant\frac{\varepsilon}{2}<\varepsilon.$$

因此有$\lim\limits_{n\to\infty}\beta_n=0$.

再设$\lim\limits_{n\to\infty}\beta_n=0$,则对于任给的 $\varepsilon>0$,存在正整数 N,使得当 $n>N$ 时,有 $\beta_n<\varepsilon$. 所以当 $n>N$ 时,对任意 $x\in I$,有

$$|S_n(x)-S(x)|\leqslant\beta_n<\varepsilon.$$

这说明$\{S_n(x)\}$在区间 I 上一致收敛到 $S(x)$. 定理证毕!

例 12.1.6 证明：$S_n(x)=\dfrac{x}{1+n^2x^2}$在$(-\infty,+\infty)$上一致收敛.

证明 易见对任意 $x\in(-\infty,+\infty)$，都有

$$\lim_{n\to\infty}S_n(x)=\lim_{n\to\infty}\frac{x}{1+n^2x^2}=0.$$

下面证明在$(-\infty,+\infty)$上有 $S_n(x)$一致收敛到 $S(x)\equiv 0$.

对任意正整数 n，对任意 $x\in(-\infty,+\infty)$，由均值不等式知

$$|S_n(x)-S(x)|=\frac{|x|}{1+n^2x^2}\leqslant\frac{|x|}{2n|x|}=\frac{1}{2n},$$

从而对任意正整数 n，有 $0\leqslant\beta_n\leqslant\dfrac{1}{2n}$. 由夹逼定理可得$\lim\limits_{n\to\infty}\beta_n=0$. 因此 $S_n(x)$在$(-\infty,+\infty)$上一致收敛到 $S(x)\equiv 0$.

例 12.1.7 判断 $S_n(x)=\dfrac{nx}{1+n^2x^2}$分别在区间$(0,1)$和$(1,+\infty)$上是否一致收敛.

解 对任意 $x\in(0,+\infty)$，易见

$$\lim_{n\to\infty}S_n(x)=\lim_{n\to\infty}\frac{nx}{1+n^2x^2}=0.$$

若$\{S_n(x)\}$一致收敛，则$\{S_n(x)\}$必须一致收敛到 $S(x)\equiv 0$.

首先考虑$\{S_n(x)\}$在$(0,1)$上的一致收敛性. 当 $n\geqslant 2$ 时，取 $x=\dfrac{1}{n}$，可得

$$\beta_n\geqslant\left|S_n\left(\frac{1}{n}\right)-S\left(\frac{1}{n}\right)\right|=\frac{1}{2}.$$

因此有$\lim\limits_{n\to\infty}\beta_n\neq 0$，从而 $S_n(x)=\dfrac{nx}{1+n^2x^2}$在区间$(0,1)$上不一致收敛.

接下来考虑$\{S_n(x)\}$在$(1,+\infty)$上的一致收敛性. 对任意的正整数 n 以及任意的 $x\in(1,+\infty)$，有

$$|S_n(x)-S(x)|\leqslant\frac{nx}{n^2x^2}=\frac{1}{nx}\leqslant\frac{1}{n},$$

因而有

$$\beta_n=\sup_{x\in I}|S_n(x)-S(x)|\leqslant\frac{1}{n},\ \forall n\geqslant 1.$$

由夹逼定理可得$\lim\limits_{n\to\infty}\beta_n=0$. 因此 $S_n(x)=\dfrac{nx}{1+n^2x^2}$在区间$(1,+\infty)$上一致收敛到 $S(x)\equiv 0$.

类似于数列的 Cauchy 收敛原理，有如下关于函数序列一致收敛的 Cauchy 收敛原理.

定理 12.1.2(函数序列一致收敛的 Cauchy 收敛原理) 函数序列$\{S_n(x)\}$在区间 I 上一致收敛的充分必要条件是：对任意 $\varepsilon>0$，存在(只与 ε 有关的)正整数 $N(\varepsilon)$，使得对任意的正整数 $n,m>N(\varepsilon)$，都有

$$|S_m(x)-S_n(x)|<\varepsilon$$

对所有的 $x\in I$ 成立.

证明 先证必要性. 设函数序列$\{S_n(x)\}$在区间 I 上一致收敛到函数 $S(x)$. 对任意的

$\varepsilon>0$,由一致收敛的定义知,存在正整数 $N(\varepsilon)$,使得当 $n>N(\varepsilon)$时,有

$$|S_n(x)-S(x)|<\frac{\varepsilon}{2}$$

对所有 $x\in I$ 成立,则对任意 $n,m>N(\varepsilon)$,对任意 $x\in I$,有

$$|S_m(x)-S_n(x)|\leqslant|S_m(x)-S(x)|+|S(x)-S_n(x)|<\frac{\varepsilon}{2}+\frac{\varepsilon}{2}=\varepsilon.$$

再证充分性. 设函数序列$\{S_n(x)\}$满足条件:对任意的 $\varepsilon>0$, 都存在正整数 $N(\varepsilon)$,使得对任意正整数 $n,m>N(\varepsilon)$,都有

$$|S_m(x)-S_n(x)|<\varepsilon$$

对所有的 $x\in I$ 成立,则对任意给定的 $x\in I$,数列$\{S_n(x)\}$是一个 Cauchy 基本列. 由数列的 Cauchy 收敛原理知数列$\{S_n(x)\}$收敛,设极限为 $S(x)$,即有

$$\lim_{n\to\infty}S_n(x)=S(x).$$

下面证明$\{S_n(x)\}$在区间 I 上一致收敛到函数 $S(x)$. 由条件知,对任意的 $\varepsilon>0$,存在正整数 $N(\varepsilon)$,使得当 $n,m>N(\varepsilon)$时,都有

$$|S_n(x)-S_m(x)|<\varepsilon$$

对所有 $x\in I$ 成立. 在上面的不等式中令 $m\to\infty$,则由极限的保序性可得 $|S_n(x)-S(x)|\leqslant\varepsilon$. 此即证得对任意 $\varepsilon>0$,存在正整数 $N(\varepsilon)$,使得当 $n>N(\varepsilon)$时,对任意 $x\in I$, 都有 $|S_n(x)-S(x)|\leqslant\varepsilon$. 因此$\{S_n(x)\}$在区间 I 上一致收敛到函数 $S(x)$. 定理证毕!

通过部分和序列的一致收敛性,可以定义函数项级数的一致收敛性.

定义 12.1.3 设 $\sum\limits_{n=1}^{\infty}u_n(x)$ 是区间 I 上的函数项级数. 如果 $\sum\limits_{n=1}^{\infty}u_n(x)$ 的部分和序列 $\{S_n(x)\}$ 在区间 I 上一致收敛,则称函数项级数 $\sum\limits_{n=1}^{\infty}u_n(x)$ 在区间 I 上一致收敛.

从定义可以看出,函数项级数的一致收敛问题本质上是其部分和函数列的一致收敛问题. 由部分和序列一致收敛的 Cauchy 收敛原理,可以直接得到如下关于函数项级数收敛的 Cauchy 收敛原理.

定理 12.1.3(函数项级数一致收敛的 Cauchy 收敛原理) 函数项级数 $\sum\limits_{n=1}^{\infty}u_n(x)$ 在区间 I 上一致收敛的充分必要条件是:对任意 $\varepsilon>0$, 存在正整数 $N(\varepsilon)$,使得当 $n>N(\varepsilon)$时,对任意正整数 p 以及任意 $x\in I$, 都有

$$\left|\sum_{i=1}^{p}u_{n+i}(x)\right|=|u_{n+1}(x)+u_{n+2}(x)+\cdots+u_{n+p}(x)|<\varepsilon.$$

特别地,当 $\sum\limits_{n=1}^{\infty}u_n(x)$ 在区间 I 上一致收敛时,在 Cauchy 收敛原理中取 $p=1$,可以得到如下函数项级数收敛的一个必要条件.

推论 12.1.4 若函数项级数 $\sum\limits_{n=1}^{\infty}u_n(x)$ 在区间 I 上一致收敛,则函数序列$\{u_n(x)\}$在区间 I 上一致收敛到函数 $u(x)\equiv0$.

这个推论的逆否命题告诉我们:若函数序列$\{u_n(x)\}$在区间 I 上不一致收敛到函数 $u(x)\equiv$

0，则函数项级数 $\sum_{n=1}^{\infty}u_n(x)$ 在区间 I 上不一致收敛．这是验证函数项级数不一致收敛的一个有效办法．

例 12.1.8 判断函数项级数 $\sum_{n=1}^{\infty}ne^{-nx}$ 在区间$(0,+\infty)$上的一致收敛性．

解　令 $u_n(x)=ne^{-nx}$．先观察函数列$\{u_n(x)\}$在$(0,+\infty)$是否一致收敛到 0．易见对任意的正整数 n，有

$$\beta_n=\sup_{x\in(0,+\infty)}|u_n(x)-u(x)|=\sup_{x\in(0,+\infty)}ne^{-nx}=n.$$

显然有$\lim\limits_{n\to\infty}\beta_n\neq 0$．因此$\{u_n(x)\}$在$(0,+\infty)$不一致收敛到 $u(x)=0$，从而函数项级数 $\sum_{n=1}^{\infty}ne^{-nx}$ 在区间$(0,+\infty)$上不一致收敛．

下面的例题说明：如果一个函数项级数的通项都是连续函数，则函数项级数的一致收敛性可以延拓到区间的端点．

例 12.1.9 设 $u_n(x)\in C[a,b]$，$n=1,2,\cdots$，并且函数项级数 $\sum_{n=1}^{\infty}u_n(x)$ 在(a,b)上一致收敛，则有：(1) $\sum_{n=1}^{\infty}u_n(a)$，$\sum_{n=1}^{\infty}u_n(b)$ 收敛；(2) $\sum_{n=1}^{\infty}u_n(x)$ 在区间$[a,b]$上一致收敛．

证明　(1) 由于 $\sum_{n=1}^{\infty}u_n(x)$ 在(a,b)上一致收敛，则对任意 $\varepsilon>0$，存在正整数 N，使得 $n>N$ 时，对任意正整数 p 以及任意 $x\in(a,b)$，有

$$\left|\sum_{i=1}^{p}u_{n+i}(x)\right|<\varepsilon.$$

由于 $u_n(x)$在 a 点右连续，在上面的不等式中令 $x\to a^+$ 可得

$$\left|\sum_{i=1}^{p}u_{n+i}(a)\right|\leqslant\varepsilon.$$

由数项级数的 Cauchy 收敛原理即得 $\sum_{n=1}^{\infty}u_n(a)$ 收敛．类似可证 $\sum_{n=1}^{\infty}u_n(b)$ 收敛．

(2) 的证明与(1)类似．由于 $\sum_{n=1}^{\infty}u_n(x)$ 在(a,b)上一致收敛，对任意 $\varepsilon>0$，存在正整数 N，使得当 $n>N$ 时，对任意正整数 p 以及任意 $x\in(a,b)$，有

$$\left|\sum_{i=1}^{p}u_{n+i}(x)\right|<\varepsilon.$$

由于 $u_n(x)$在$[a,b]$连续，在上式中分别令 $x\to a^+$，$x\to b^-$ 可得：对任意 $n>N$，任意正整数 p 以及任意 $x\in[a,b]$，有

$$\left|\sum_{i=1}^{p}u_{n+i}(x)\right|\leqslant\varepsilon.$$

由函数项级数的 Cauchy 收敛原理即得 $\sum_{n=1}^{\infty}u_n(x)$ 在$[a,b]$上一致收敛．

使用这个例题的逆否命题不难验证函数项级数 $\sum_{n=1}^{\infty}\frac{\cos nx}{n}$，$\sum_{n=2}^{\infty}\frac{\cos nx}{n\ln n}$ 在区间$(0,2\pi)$

上不一致收敛.

习题 12.1

函数项级数在开闭区间上一致收敛的进一步讨论

1. 求下列函数项级数的收敛域:

(1) $\sum\limits_{n=1}^{\infty}\dfrac{n-1}{n+1}\left(\dfrac{x}{3x+1}\right)^n$;　　(2) $\sum\limits_{n=1}^{\infty}n\left(x+\dfrac{1}{n}\right)^n$;

(3) $\sum\limits_{n=1}^{\infty}n\mathrm{e}^{-nx}$;　　(4) $\sum\limits_{n=1}^{\infty}\dfrac{x^n}{1+x^{2n}}$;

(5) $\sum\limits_{n=1}^{\infty}\left[\dfrac{x(x+n)}{n}\right]^n$;　　(6) $\sum\limits_{n=1}^{\infty}\dfrac{(n+x)^n}{n^{n+x}}$.

2. 举例说明即使区间 I 上一个由可导函数构成的序列 $\{S_n(x)\}$ 逐点收敛到一个可导函数 $S(x)$,仍可能有 $\lim\limits_{n\to\infty}S'_n(x)\neq S'(x)$.

3. 举例说明即使在闭区间 $[a,b]$ 上可积函数构成的序列 $\{S_n(x)\}$ 逐点收敛到一个可积函数 $S(x)$,仍可能有 $\lim\limits_{n\to\infty}\int_a^b S_n(x)\mathrm{d}x\neq\int_a^b S(x)\mathrm{d}x$.

4. 研究下列函数列在指定区间上的一致收敛性:

(1) $S_n(x)=(1-x)x^n, x\in[0,1]$;

(2) $S_n(x)=nx(1-x^2)^n, x\in[0,1]$;

(3) $S_n(x)=n(x^n-x^{2n}), x\in[0,1]$;

(4) $S_n(x)=\left(1+\dfrac{x}{n}\right)^n, x\in[0,a]$,其中 $a>0$;

(5) $S_n(x)=nx(1-x)^n, x\in[0,1]$;

(6) $S_n(x)=\dfrac{1}{1+nx}$, ① $x\in(0,+\infty)$,② $x\in[a,+\infty)$, 其中 $a>0$;

(7) $S_n(x)=\dfrac{x^n}{1+x^n}$, ① $x\in(0,1-a]$,② $x\in[1-a,1+a]$,③ $x\in[1+a,+\infty)$,其中 $a>0$;

(8) $S_n(x)=\mathrm{e}^{-(x-n)^2}$,① $x\in[-1,1]$,② $x\in(-\infty,+\infty)$.

5. 设 $S_n(x)=n^{\alpha}x\mathrm{e}^{-nx}$,其中 α 是参数. 求 α 的取值范围,使得函数序列 $\{S_n(x)\}$ 在 $[0,1]$ 上:

(1) 一致收敛;

(2) 积分运算与对 n 求极限的运算可以交换次序,即

$$\lim_{n\to\infty}\int_0^1 S_n(x)\mathrm{d}x=\int_0^1\left[\lim_{n\to\infty}S_n(x)\right]\mathrm{d}x;$$

(3) 求导运算与对 n 求极限的运算可以交换次序,即

$$\lim_{n\to\infty}S'_n(x)=\left[\lim_{n\to\infty}S_n(x)\right]'.$$

6. 设 $S(x)$ 在 (a,b) 有连续的导数,

$$S_n(x)=n\left[S\left(x+\frac{1}{n}\right)-S(x)\right],$$

证明:对任意的 $[c,d]\subset(a,b)$,都有函数序列 $\{S_n(x)\}$ 在 $[c,d]$ 上一致收敛.

7. 设 $S_0(x)$ 在有界闭区间 $[a,b]$ 上连续，令

$$S_n(x)=\int_a^x S_{n-1}(t)\,\mathrm{d}t,$$

证明：函数序列 $\{S_n(x)\}$ 在 $[a,b]$ 上一致收敛到 0.

8. 设 $S(x)$ 在 $[0,1]$ 上连续，且 $S(1)=0$，证明：$\{x^n S(x)\}$ 在 $[0,1]$ 上一致收敛到 0.

9. 已知 $f(x)$ 为连续函数，记

$$S_n(x)=\sum_{i=1}^{n}\frac{1}{n}f\left(x+\frac{i}{n}\right).$$

证明：在任意闭区间 $[a,b]$ 上都有 $\{S_n(x)\}$ 一致收敛.

10. 设 $u_n(x)(n=1,2,\cdots)$ 是 $[a,b]$ 上的单调递增函数，并且级数 $\sum\limits_{n=1}^{\infty}u_n(a)$ 和 $\sum\limits_{n=1}^{\infty}u_n(b)$ 收敛，证明：函数项级数 $\sum\limits_{n=1}^{\infty}u_n(x)$ 在 $[a,b]$ 上一致收敛.

11. 证明：函数项级数 $\sum\limits_{n=1}^{\infty}n\left(x+\dfrac{1}{n}\right)^n$ 在 $(-1,1)$ 上不一致收敛.

12. 证明：函数项级数 $\sum\limits_{n=1}^{\infty}\dfrac{\cos nx}{n}$ 在 $(0,2\pi)$ 上不一致收敛.

13. 证明：函数项级数 $\sum\limits_{n=1}^{\infty}\dfrac{1}{n^x}$ 在 $(1,+\infty)$ 上不一致收敛.

14. 证明：函数项级数 $\sum\limits_{n=1}^{\infty}\dfrac{\sin nx}{n}$ 在 $[0,2\pi]$ 上不一致收敛.

12.2　函数项级数一致收敛的判别法

上一节给出了函数项级数的 Cauchy 收敛原理，这一节从 Cauchy 收敛原理出发，进一步给出几个函数项级数一致收敛的判别法.

12.2.1　Weierstrass 判别法

定理 12.2.1(Weierstrass 判别法) *若存在一个收敛的正项级数 $\sum\limits_{n=1}^{\infty}a_n$，使得对所有正整数 n 以及所有 $x\in I$，都有 $|u_n(x)|\leqslant a_n$ 成立，则函数项级数 $\sum\limits_{n=1}^{\infty}u_n(x)$ 在区间 I 上一致收敛.*

证明　对任意的 $\varepsilon>0$，因为正项级数 $\sum\limits_{n=1}^{\infty}a_n$ 收敛，由数项级数的 Cauchy 收敛原理知，存在正整数 N，使得当 $n>N$ 时，对任意正整数 p，都有

$$a_{n+1}+a_{n+2}+\cdots+a_{n+p}<\varepsilon.$$

进一步地，由所给条件知，对任意 $x\in I$，有

$$|u_{n+1}(x)+u_{n+2}(x)+\cdots+u_{n+p}(x)|\leqslant a_{n+1}+a_{n+2}+\cdots+a_{n+p}<\varepsilon.$$

应用函数项级数一致收敛的 Cauchy 收敛原理即得 $\sum\limits_{n=1}^{\infty}u_n(x)$ 在区间 I 上一致收敛.

定理12.2.1中出现的正项级数 $\sum_{n=1}^{\infty} a_n$ 一般称为函数项级数 $\sum_{n=1}^{\infty} u_n(x)$ 的优级数、强级数或控制级数.

例 12.2.1 讨论级数 $\sum_{n=1}^{\infty} \frac{\cos nx}{n^2}$ 在$(-\infty,+\infty)$上的一致收敛性.

解 对任意正整数 n 以及任意 $x\in(-\infty,+\infty)$,有

$$\left|\frac{\cos nx}{n^2}\right| \leqslant \frac{1}{n^2}.$$

由级数 $\sum_{n=1}^{\infty} \frac{1}{n^2}$ 收敛知,函数项级数 $\sum_{n=1}^{\infty} \frac{\cos nx}{n^2}$ 在$(-\infty,+\infty)$上一致收敛.

例 12.2.2 讨论级数 $\sum_{n=1}^{\infty}(1-x)x^n$ 在区间$[0,a](0<a<1)$上的一致收敛性.

解 在区间$[0,a]$上有

$$|(1-x)x^n| \leqslant x^n \leqslant a^n.$$

由级数 $\sum_{n=1}^{\infty} a^n$ 收敛知,函数项级数 $\sum_{n=1}^{\infty}(1-x)x^n$ 在区间$[0,a]$上一致收敛.

例 12.2.3 讨论级数 $\sum_{n=1}^{\infty} x^{\alpha}\mathrm{e}^{-nx}(\alpha>0)$ 在区间$[0,+\infty)$上的一致收敛性.

解 令 $u_n(x)=x^{\alpha}\mathrm{e}^{-nx}$,则 $u_n'(x)=x^{\alpha-1}\mathrm{e}^{-nx}(\alpha-nx)$. 由导数的符号不难判断 $u_n(x)$在区间$\left(-\infty,\frac{\alpha}{n}\right]$上单调递增,在区间$\left[\frac{\alpha}{n},+\infty\right)$上单调递减,因此 $u_n(x)$在 $x=\frac{\alpha}{n}$处取到最大值. 于是在区间$[0,+\infty)$上有

$$0\leqslant u_n(x)\leqslant u_n\left(\frac{\alpha}{n}\right)=\left(\frac{\alpha}{\mathrm{e}}\right)^{\alpha}\frac{1}{n^{\alpha}}.$$

当 $\alpha>1$ 时,因为级数 $\sum_{n=1}^{\infty}\left(\frac{\alpha}{\mathrm{e}}\right)^{\alpha}\frac{1}{n^{\alpha}}$ 收敛,由 Weierstrass 判别法知, $\sum_{n=1}^{\infty} x^{\alpha}\mathrm{e}^{-nx}$ 在区间$[0,+\infty)$上一致收敛.

下面讨论 $0<\alpha\leqslant 1$ 时的情形. 使用 Cauchy 收敛原理证明此时函数项级数不一致收敛. 对于任意正整数 n,可知

$$|u_{n+1}(x)+u_{n+2}(x)+\cdots+u_{n+n}(x)|=x^{\alpha}[\mathrm{e}^{-(n+1)x}+\mathrm{e}^{-(n+2)x}+\cdots+\mathrm{e}^{-2nx}]\geqslant nx^{\alpha}\mathrm{e}^{-2nx}.$$

取 $\varepsilon_0=\mathrm{e}^{-2}$,则对任意的正整数 N,都可以取 $n>N$,以及 $p=n$, $x_0=\frac{1}{n}\in[0,+\infty)$,使得

$$\left|\sum_{i=1}^{p} u_{n+i}(x_0)\right|=\left|\sum_{i=1}^{n} u_{n+i}\left(\frac{1}{n}\right)\right|\geqslant n\left(\frac{1}{n}\right)^{\alpha}\mathrm{e}^{-2}\geqslant \mathrm{e}^{-2}=\varepsilon_0.$$

由函数项级数一致收敛的 Cauchy 收敛原理知,当 $0<\alpha\leqslant 1$ 时函数项级数 $\sum_{n=1}^{\infty} x^{\alpha}\mathrm{e}^{-nx}$ 在$[0,+\infty)$上不一致收敛.

从 Weierstrass 判别法的证明过程中可以看出,若一个函数项级数可以使用 Weiertrass 判别法判断它是一致收敛的,则不仅仅 $\sum_{n=1}^{\infty} u_n(x)$ 在区间 I 上一致收敛,而且有 $\sum_{n=1}^{\infty}|u_n(x)|$ 在

区间 I 上一致收敛. 这一要求实际上是比较高的,后面可以看到有函数项级数 $\sum\limits_{n=1}^{\infty}u_n(x)$ 是一致收敛的,但给定 x 之后,$\sum\limits_{n=1}^{\infty}u_n(x)$ 都不是绝对收敛的. 实际上还存在函数项级数 $\sum\limits_{n=1}^{\infty}u_n(x)$ 是一致收敛的,且对任意给定 x,$\sum\limits_{n=1}^{\infty}u_n(x)$ 也是绝对收敛的,但 $\sum\limits_{n=1}^{\infty}|u_n(x)|$ 不一致收敛. 这些情况下 Weirstrass 判别法都不适用.

12.2.2　函数项级数一致收敛的 Dirichlet 判别法和 Abel 判别法

类似于数项级数的 Dirichlet 判别法和 Abel 判别法,可以给出函数项级数的 Dirichlet 判别法和 Abel 判别法来判断形如 $\sum\limits_{n=1}^{\infty}u_n(x)v_n(x)$ 的函数项级数的一致收敛性. 首先介绍函数列一致有界的概念.

回顾数列有界的定义:如果存在 $M>0$,使得 $|a_n|\leqslant M$ 对所有 $n=1,2,\cdots$ 成立,则称数列 $\{a_n\}$ 有界.

定义 12.2.1(函数列的有界性) 设 $\{f_n(x)\}$ 是定义在区间 I 上的一个函数列.

(1) 若任意给定 $x\in I$,都存在 $M(x)>0$,使得 $|f_n(x)|\leqslant M(x)$ 对所有 $n=1,2,\cdots$ 成立,则称函数列 $\{f_n(x)\}$ 在区间 I 上逐点有界;

(2) 若存在 $M>0$,使得对任意的 $x\in I$ 以及任意 $n=1,2,\cdots$,都有 $|f_n(x)|\leqslant M$ 成立,则称函数列 $\{f_n(x)\}$ 在区间 I 上一致有界.

例 12.2.4 讨论下列函数列在指定区间上是否一致有界:

(1) $f_n(x)=x^n,x\in(0,1),n=1,2,\cdots$;

(2) $f_n(x)=nx^n,x\in(0,1),n=1,2,\cdots$.

解 (1) 对任意 $x\in(0,1)$ 以及任意 $n=1,2,\cdots$,都有

$$0<x^n<1,$$

因此函数列 $\{f_n(x)=x^n\}$ 在区间 $(0,1)$ 上一致有界.

(2) 任意给定 $x\in(0,1)$,都有 $\lim\limits_{n\to\infty}nx^n=0$,因此数列 $\{nx^n\}$ 有界,即存在 $M(x)$,使得 $|nx^n|\leqslant M(x)$ 对所有的正整数 n 成立. 因此函数列 $\{f_n(x)=nx^n\}$ 在区间 $(0,1)$ 上逐点有界. 又因为 $\lim\limits_{x\to 1-}nx^n=n$,对任意的 $M>0$,都可以先找到正整数 $n>M$,然后再找到 x 足够靠近 1,使得 $nx^n>M$. 因此函数列 $\{f_n(x)=nx^n\}$ 在区间 $(0,1)$ 上不一致有界.

定理 12.2.2(Dirichlet 判别法) 若区间 I 上定义的函数 $u_n(x),v_n(x)(n=1,2,\cdots)$ 满足下面两个条件:

(1) 对任意 $x\in I$,数列 $\{v_n(x)\}$ 单调,且函数列 $\{v_n(x)\}$ 在区间 I 上一致收敛于 0;

(2) 函数项级数 $\sum\limits_{n=1}^{\infty}u_n(x)$ 的部分和序列在区间 I 上一致有界,

则函数项级数 $\sum\limits_{n=1}^{\infty}u_n(x)v_n(x)$ 在区间 I 上一致收敛.

证明 令 $\{S_n(x)\}$ 为 $\sum\limits_{n=1}^{\infty}u_n(x)$ 的部分和序列,由条件知存在 $M>0$,使得对所有的正整

数 n 和所有 $x\in I$,有 $|S_n(x)|\leqslant M$ 成立. 进一步地,对所有的正整数 n 和 p,以及所有的 $x\in I$,有

$$\left|\sum_{i=1}^{p}u_{n+i}(x)\right|=|S_{n+p}(x)-S_n(x)|\leqslant 2M$$

成立.

由函数列 $\{v_n(x)\}$ 在区间 I 上一致收敛于 0 可得:对任意 $\varepsilon>0$,存在正整数 N,使得当 $n>N$ 时,$|u_n(x)|\leqslant\frac{\varepsilon}{6M}$ 对所有 $x\in I$ 成立,则当 $n>N$ 时,对任意正整数 p,以及任意 $x\in I$,由 Abel 引理,有

$$\left|\sum_{i=1}^{p}u_{n+i}(x)v_{n+i}(x)\right|\leqslant 2M(|v_{n+1}(x)|+2|v_{n+p}(x)|)<2M\left(\frac{\varepsilon}{6M}+\frac{2\varepsilon}{6M}\right)=\varepsilon.$$

应用函数项级数一致收敛的 Cauchy 收敛原理即得 $\sum\limits_{n=1}^{\infty}u_n(x)v_n(x)$ 在区间 I 上一致收敛.

例 12.2.5 证明:函数项级数 $\sum\limits_{n=1}^{\infty}\frac{\sin nx}{n}$,$\sum\limits_{n=1}^{\infty}\frac{\cos nx}{n}$ 在区间 $[\delta,2\pi-\delta]$ 上一致收敛,其中 $\delta\in(0,\pi)$.

证明 取 $u_n(x)=\sin nx$,$v_n(x)=\frac{1}{n}$,$n=1,2,\cdots$,则 $\sum\limits_{n=1}^{\infty}u_n(x)$ 的前 n 项的部分和满足

$$\left|\sum_{i=1}^{n}\sin kx\right|\leqslant\frac{1}{\left|\sin\frac{x}{2}\right|}\leqslant\frac{1}{\sin\frac{\delta}{2}}(n=1,2,\cdots).$$

因此,$\sum\limits_{n=1}^{\infty}u_n(x)$ 的部分和序列在 $[\delta,2\pi-\delta]$ 上一致有界. 显然 $\{v_n(x)\}$ 在取定 x 之后为一个单调数列,且 $\{v_n(x)\}$ 在区间 $[\delta,2\pi-\delta]$ 上一致收敛于 0. 应用 Dirichlet 判别法可知,$\sum\limits_{n=1}^{\infty}u_n(x)v_n(x)=\sum\limits_{n=1}^{\infty}\frac{\sin nx}{n}$ 在区间 $[\delta,2\pi-\delta]$ 上一致收敛.

类似可以证明 $\sum\limits_{n=1}^{\infty}\frac{\cos nx}{n}$ 在区间 $[\delta,2\pi-\delta]$ 上一致收敛.

同样使用 Abel 引理以及函数项级数一致收敛的 Cauchy 收敛原理,可以证明如下的 Abel 判别法.

定理 12.2.3(Abel 判别法) 若区间 I 上定义的函数 $u_n(x)$,$v_n(x)$ $(n=1,2,\cdots)$ 满足下面两个条件:

(1) 对任意 $x\in I$,数列 $\{v_n(x)\}$ 单调,且函数列 $\{v_n(x)\}$ 在区间 I 上一致有界;

(2) 函数项级数 $\sum\limits_{n=1}^{\infty}u_n(x)$ 在区间 I 上一致收敛,

则函数项级数 $\sum\limits_{n=1}^{\infty}u_n(x)v_n(x)$ 在区间 I 上一致收敛.

证明 由条件函数列 $\{v_n(x)\}$ 在区间 I 上一致有界知,存在 $M>0$,使得对任意正整数 n 和任意 $x\in I$,有 $|v_n(x)|\leqslant M$ 成立. 对任意 $\varepsilon>0$,因为 $\sum\limits_{n=1}^{\infty}u_n(x)$ 在区间 I 上一致收敛,存在正整数 N,使得当 $n>N$ 时,对任意正整数 p 和任意 $x\in I$,都有

$$\left|\sum_{i=1}^{p}u_{n+i}(x)\right|<\frac{\varepsilon}{3M}.$$

由 Abel 引理可知，当 $n>N$ 时，对任意正整数 p 和任意 $x\in I$，有

$$\left|\sum_{i=1}^{p}u_{n+i}(x)v_{n+i}(x)\right|<\frac{\varepsilon}{3M}(|v_{n+1}(x)|+2|v_{n+p}(x)|)\leqslant\frac{\varepsilon}{3M}(M+2M)=\varepsilon.$$

应用函数项级数一致收敛的 Cauchy 收敛原理即得 $\sum\limits_{n=1}^{\infty}u_n(x)v_n(x)$ 在区间 I 上一致收敛.

例 12.2.6 讨论函数项级数 $\sum\limits_{n=2}^{\infty}\dfrac{(-1)^n}{\ln n}\dfrac{(2+x^n)}{(1+x^n)}\arctan nx$ 在$[0,+\infty)$上的一致收敛性.

解 令 $u_n(x)=\dfrac{(-1)^n}{\ln n}$，$v_n(x)=\dfrac{2+x^n}{1+x^n}$，$w_n(x)=\arctan nx$. 由 Leibiniz 判别法知，函数项级数 $\sum\limits_{n=2}^{\infty}u_n(x)$ 在$[0,+\infty)$上一致收敛. 由于

$$v_n(x)=\frac{2+x^n}{1+x^n}=1+\frac{1}{1+x^n},$$

对给定的 $x\in[0,+\infty)$，$\{v_n(x)\}$ 是单调数列，且对所有的正整数 n 和 $x\in[0,+\infty)$ 有 $0\leqslant v_n(x)\leqslant 2$ 成立，因此 $\{v_n(x)\}$ 在$[0,+\infty)$上一致有界. 由函数项级数的 Abel 判别法知，$\sum\limits_{n=2}^{\infty}u_n(x)v_n(x)=\sum\limits_{n=2}^{\infty}\dfrac{(-1)^n}{\ln n}\dfrac{2+x^n}{1+x^n}$ 在$[0,+\infty)$上一致收敛.

进一步地，$\{w_n(x)\}$ 在任意取定 $x\in[0,+\infty)$ 后关于 n 单调，且 $\{w_n(x)\}$ 在$[0,+\infty)$上一致有界$\left(0\leqslant w_n(x)\leqslant\dfrac{\pi}{2}\right)$. 再一次使用 Abel 判别法可知，$\sum\limits_{n=2}^{\infty}\dfrac{(-1)^n}{\ln n}\dfrac{(2+x^n)}{(1+x^n)}\arctan nx$ 在$[0,+\infty)$上一致收敛.

习题 12.2

1. 讨论下列函数项级数在指定区间上的一致收敛性：

(1) $\sum\limits_{n=1}^{\infty}(1-x)^2x^n$，$x\in[0,1]$；

(2) $\sum\limits_{n=1}^{\infty}\dfrac{1}{(x+n)(x+n+1)}$，$x\in[0,+\infty)$；

(3) $\sum\limits_{n=1}^{\infty}\dfrac{nx}{1+n^5x^2}$，$x\in(-\infty,+\infty)$；

(4) $\sum\limits_{n=1}^{\infty}\dfrac{n^2}{\sqrt{n!}}(x^n+x^{-n})$，$x\in\left[\dfrac{1}{3},3\right]$；

(5) $\sum\limits_{n=1}^{\infty}\dfrac{\sin\left(n+\dfrac{x}{2}\right)}{\sqrt[3]{n^4+x^4}}$，$x\in[0,+\infty)$；

(6) $\sum\limits_{n=1}^{\infty}x^3e^{-nx^2}$，$x\in[0,+\infty)$；

(7) $\sum_{n=1}^{\infty} x e^{-nx^2}$,① $x \in [0,+\infty)$, ② $x \in [\delta,+\infty)$,其中 $\delta > 0$;

(8) $\sum_{n=1}^{\infty} 2^n \sin \frac{1}{3^n x}$,① $x \in (0,+\infty)$, ② $x \in [\delta,+\infty)$,其中 $\delta > 0$;

(9) $\sum_{n=2}^{\infty} \ln\left(1+\frac{|x|}{n(\ln n)^2}\right)$,① $x \in (-\infty,+\infty)$, ② $x \in [-l,l]$,其中 $l > 0$.

2. 证明:函数项级数 $\sum_{n=1}^{\infty}(-1)^n(1-x)x^n$ 在区间 $[0,1]$ 上一致收敛,且对任意 $x \in [0,1]$,$\sum_{n=1'}^{\infty}(-1)^n(1-x)x^n$ 绝对收敛,但 $\sum_{n=1}^{\infty}(1-x)x^n$ 在区间 $[0,1]$ 上不一致收敛.

3. 设 $\{a_n\}$ 单调且收敛于 0,证明:对任意的 $\delta \in (0,\pi)$,函数项级数 $\sum_{n=1}^{\infty} a_n \cos nx$ 与 $\sum_{n=1}^{\infty} a_n \sin nx$ 在区间 $[\delta, 2\pi-\delta]$ 上一致收敛.

4. 讨论下列函数项级数在指定区间上的一致收敛性:

(1) $\sum_{n=1}^{\infty} \frac{(-1)^n}{n+x^2}$,$x \in (-\infty,+\infty)$;

(2) $\sum_{n=1}^{\infty} (-1)^n \frac{x^2}{(1+x^2)^n}$,$x \in (-\infty,+\infty)$.

5. 设级数 $\sum_{n=1}^{\infty} a_n$ 收敛,证明:级数 $\sum_{n=1}^{\infty} a_n e^{-nx}$ 在 $[0,+\infty)$ 上一致收敛.

6. 级数 $\sum_{n=1}^{\infty} a_n$ 收敛,证明:级数 $\sum_{n=1}^{\infty} a_n x^n$ 在 $[0,1]$ 上一致收敛.

12.3 一致收敛函数列与一致收敛函数项级数的分析性质

本节将回答第一节中提出的问题:若一个函数项级数中的各个通项都是连续(可导、可积)的,则在什么条件下这个级数的和函数仍然连续(可导、可积)?

定理 12.3.1(函数列的极限函数的连续性) 设 $S_n(x)$,$n=1,2,\cdots$ 在区间 I 上连续,且函数列 $\{S_n(x)\}$ 在区间 I 上一致收敛到 $S(x)$,则 $S(x)$ 也在区间 I 上连续.

证明 对任意 $x_0 \in I$,需要证明 $\lim_{x \to x_0} S(x) = S(x_0)$.

由于函数序列 $\{S_n(x)\}$ 在区间 I 上一致收敛到 $S(x)$,则对任意的 $\varepsilon > 0$,存在正整数 N,使得当 $n \geqslant N$ 时,对任意的 $x \in I$,都有

$$|S_n(x) - S(x)| < \frac{\varepsilon}{3}.$$

特别地,取 $n = N$,则对任意 $x \in I$ 都有

$$|S_N(x) - S(x)| < \frac{\varepsilon}{3}.$$

因为函数 $S_N(x)$ 在区间 I 上连续,特别地,在点 x_0 点处连续,存在 $\delta > 0$,使得当 $|x - x_0| < \delta$ 时,

$$|S_N(x)-S_N(x_0)|<\frac{\varepsilon}{3},$$

则当$|x-x_0|<\delta$时，有

$$|S(x)-S(x_0)|\leqslant|S(x)-S_N(x)|+|S_N(x)-S_N(x_0)|+$$
$$|S_N(x_0)-S(x_0)|<\frac{\varepsilon}{3}+\frac{\varepsilon}{3}+\frac{\varepsilon}{3}=\varepsilon.$$

这就证明了$\lim\limits_{x\to x_0}S(x)=S(x_0)$. 定理证毕.

将定理 12.3.1 中的$\{S_n(x)\}$看成一个函数项级数$\sum\limits_{n=1}^{\infty}u_n(x)$的部分和序列，可以得到如下关于一致收敛函数项级数的和函数的结论.

一致收敛与连续的进一步解释

定理 12.3.2(函数项级数和函数的连续性) 设$u_n(x)(n=1,2,\cdots)$在区间I上连续，且函数项级数$\sum\limits_{n=1}^{\infty}u_n(x)$在区间$I$上一致收敛到和函数$S(x)$，则$S(x)$在区间$I$上连续.

在定理 12.3.2 的条件下，结论也可以写成

$$\lim_{x\to x_0}\sum_{n=1}^{\infty}u_n(x)=\sum_{n=1}^{\infty}\lim_{x\to x_0}u_n(x),$$

即求极限运算与无限求和运算可以交换次序.

例 12.3.1 设$S(x)=\sum\limits_{n=1}^{\infty}\dfrac{\cos nx}{n^2}$，证明：$S(x)$在$(-\infty,+\infty)$上连续.

证明 对任意的正整数n以及任意的$x\in(-\infty,+\infty)$，易见有

$$\left|\frac{\cos nx}{n^2}\right|\leqslant\frac{1}{n^2}$$

成立. 由级数$\sum\limits_{n=1}^{\infty}\dfrac{1}{n^2}$收敛知，函数项级数$\sum\limits_{n=1}^{\infty}\dfrac{\cos nx}{n^2}$在$(-\infty,+\infty)$上一致收敛. 又因为每个$\dfrac{\cos nx}{n^2}$都在$(-\infty,+\infty)$上连续，应用定理 12.3.2 即得和函数$S(x)$在$(-\infty,+\infty)$上连续. 结论得证！

例 12.3.2 已知$S(x)=\sum\limits_{n=0}^{\infty}\dfrac{x^n}{3^n}\cos(n\pi x^2)$，求$\lim\limits_{x\to 1}S(x)$.

解 对任意自然数n以及任意$x\in[-2,2]$，易见有

$$\left|\frac{x^n}{3^n}\cos(n\pi x^2)\right|\leqslant\left(\frac{2}{3}\right)^n$$

成立. 由级数$\sum\limits_{n=0}^{\infty}\left(\dfrac{2}{3}\right)^n$收敛知，函数项级数$\sum\limits_{n=0}^{\infty}\dfrac{x^n}{3^n}\cos(n\pi x^2)$在$[-2,2]$上一致收敛. 又因为$\dfrac{x^n}{3^n}\cos(n\pi x^2)$在$[-2,2]$上连续，因此和函数$S(x)$在$[-2,2]$上连续，从而有

$$\lim_{x\to 1}S(x)=S(1)=\sum_{n=0}^{\infty}\frac{1}{3^n}\cos n\pi=\sum_{n=0}^{\infty}\frac{(-1)^n}{3^n}=\frac{3}{4}.$$

例 12.3.3 证明：(1) $S(x)=\sum\limits_{n=1}^{\infty}n\mathrm{e}^{-nx}$在$(0,+\infty)$上连续；(2) $S(x)=\sum\limits_{n=2}^{\infty}\left(\dfrac{x}{\ln n}\right)^n$在$(-$

$\infty,+\infty)$ 上连续.

证明 (1) 在例 12.1.9 中已经证明了函数项级数 $\sum_{n=1}^{\infty} n\mathrm{e}^{-nx}$ 在$(0,+\infty)$上不是一致收敛的,因此不能直接应用定理 12.3.2 来证明其和函数连续. 但对任意 $x\in(0,+\infty)$,可取 $\delta>0$,使得 $x\in[\delta,+\infty)$. 而在区间$[\delta,+\infty)$上,对任意 $n=1,2,\cdots$以及 $x\in[\delta,+\infty)$,有

$$n\mathrm{e}^{-nx}\leqslant n\mathrm{e}^{-n\delta}.$$

使用根值判别法不难判断出级数 $\sum_{n=1}^{\infty} n\mathrm{e}^{-n\delta}$ 收敛,由 Weierstrass 判别法可得 $\sum_{n=1}^{\infty} n\mathrm{e}^{-nx}$ 在区间$[\delta,+\infty)$上一致收敛,从而和函数 $S(x)=\sum_{n=1}^{\infty} n\mathrm{e}^{-nx}$ 在区间 $[\delta,+\infty)$上连续. 特别地,在 x 点连续. 这就证明了 $S(x)=\sum_{n=1}^{\infty} n\mathrm{e}^{-nx}$ 在$(0,+\infty)$ 上连续.

(2) 易知级数 $\sum_{n=2}^{\infty}\left(\frac{x}{\ln n}\right)^n$ 在$(-\infty,+\infty)$ 上不一致收敛,因此不能直接应用定理 12.3.2 来说明和函数在$(-\infty,+\infty)$上连续. 但同(1)一样,对任意 $x\in(-\infty,+\infty)$,可以取 $M>0$,使得 $x\in(-M,M)$,而在区间$[-M,M]$上有

$$\left(\frac{x}{\ln n}\right)^n\leqslant\left(\frac{M}{\ln n}\right)^n,\quad n=2,3,\cdots;x\in[-M,M].$$

使用根值判别法不难验证级数 $\sum_{n=2}^{\infty}\left(\frac{M}{\ln n}\right)^n$ 收敛,因此 $\sum_{n=2}^{\infty}\left(\frac{x}{\ln n}\right)^n$ 在$[-M,M]$ 上一致收敛,从而和函数 $S(x)=\sum_{n=2}^{\infty}\left(\frac{x}{\ln n}\right)^n$ 在$[-M,M]$ 上连续,特别的在 x 点处连续,因此 $S(x)=\sum_{n=2}^{\infty}\left(\frac{x}{\ln n}\right)^n$ 在$(-\infty,+\infty)$ 上连续.

例 12.3.3 中的两个函数项级数有如下共同点:在一个开区间(a,b)上不是一致收敛的,但是在该开区间内,对任意闭区间 $[c,d]\subset(a,b)$上是一致收敛的. 这种情况下称函数项级数在开区间(a,b)上是内闭一致收敛的. 由于连续性是通过逐点定义的一种局部性质,因此在每个 $u_n(x)$都在开区间(a,b)上连续的前提下,使用例 12.3.3 中用到的方法可以得到,只要 $\sum_{n=1}^{\infty} u_n(x)$ 在开区间(a,b)上是内闭一致收敛的,则和函数 $S(x)$就在开区间(a,b)上连续.

一般来说,定理 12.3.1 和定理 12.3.2 的逆命题不成立,即区间 I 上的连续函数构成的函数序列$\{S_n(x)\}$逐点收敛到一个连续函数 $S(x)$并不意味着这一收敛过程是一致收敛. 但在一定的额外条件下,可以从极限函数 $S(x)$的连续性得到函数序列的一致收敛性,详见下面的 Dini 定理. 读者可以自行写出关于函数项级数的相应结论,此处不再赘述.

定理 12.3.3(Dini 定理) 设 $S_n(x)(n=1,2,\cdots)$在区间$[a,b]$上连续,且函数列$\{S_n(x)\}$逐点收敛到一个连续函数 $S(x)$. 若任意给定 $x\in[a,b]$,都有数列$\{S_n(x)\}$单调,则函数列$\{S_n(x)\}$在区间$[a,b]$上一致收敛到 $S(x)$.

证明 使用反证法. 假设函数列$\{S_n(x)\}$在区间$[a,b]$上不一致收敛到 $S(x)$,则存在 $\varepsilon_0>0$,使得对任意正整数 N,都存在 $n>N$ 以及 $x\in[a,b]$,使得

$$|S_n(x)-S(x)|\geqslant\varepsilon_0.$$

依次取

$N=1$,则可取 $n_1>1$ 以及 $x_1\in[a,b]$,使得 $|S_{n_1}(x_1)-S(x_1)|\geqslant\varepsilon_0$;

$N=n_1$,则可取 $n_2>n_1$ 以及 $x_2\in[a,b]$,使得 $|S_{n_2}(x_2)-S(x_2)|\geqslant\varepsilon_0$;

……

$N=n_{k-1}$,则可取 $n_k>n_{k-1}$ 以及 $x_k\in[a,b]$,使得 $|S_{n_k}(x_k)-S(x_k)|\geqslant\varepsilon_0$;

……

这样可以得到一列 $\{n_k\}$ 满足 $n_k\to\infty(k\to\infty)$ 以及 $x_k\in[a,b]$,使得

$$|S_{n_k}(x_k)-S(x_k)|\geqslant\varepsilon_0$$

对所有的 k 成立.

由 Bolzano - Weierstrass 定理知 $\{x_k\}$ 存在收敛子列. 为了叙述方便,不妨设 $\{x_k\}$ 自身收敛. 令 $\xi=\lim\limits_{k\to\infty}x_k$,则有 $\xi\in[a,b]$. 因为 $\lim\limits_{n\to\infty}S_n(\xi)=S(\xi)$,则对前面所给的 ε_0,存在 N,使得

$$|S_N(\xi)-S(\xi)|<\varepsilon_0.$$

又因为 $x_k\to\xi(k\to\infty)$,以及 $S_N(x)-S(x)$ 在 ξ 点处连续,所以有

$$\lim_{k\to\infty}|S_N(x_k)-S(x_k)|=|S_N(\xi)-S(\xi)|<\varepsilon_0.$$

由极限的保序性知,存在 K,使得 $k>K$ 时,$|S_N(x_k)-S(x_k)|<\varepsilon_0$. 但当 k 足够大时,有 $n_k>N$,又由数列 $\{S_n(x_k)\}$ 的单调性知

$$|S_{n_k}(x_k)-S(x_k)|\leqslant|S_N(x_k)-S(x_k)|<\varepsilon_0.$$

这与 $|S_{n_k}(x_k)-S(x_k)|\geqslant\varepsilon_0$ 矛盾. 定理证毕!

下面给出关于一致收敛函数列的极限函数的可积性的结论.

定理 12.3.4(函数列的极限函数的可积性) 设 $S_n(x)$,$n=1,2,\cdots$ 在区间 $[a,b]$ 上连续,且函数列 $\{S_n(x)\}$ 在区间 $[a,b]$ 上一致收敛到 $S(x)$,则 $S(x)$ 也在区间 $[a,b]$ 上可积,且有

$$\lim_{n\to\infty}\int_a^b S_n(x)\mathrm{d}x=\int_a^b S(x)\mathrm{d}x.$$

证明　由定理 12.3.1 知 $S(x)$ 在 $[a,b]$ 上连续,因此可积. 对任意的 $\varepsilon>0$,因为 $\{S_n(x)\}$ 在区间 $[a,b]$ 上一致收敛到 $S(x)$,所以存在正整数 N,使得当 $n>N$ 时,有

$$|S_n(x)-S(x)|<\frac{\varepsilon}{b-a},$$

从而当 $n>N$ 时,

$$\left|\int_a^b S_n(x)\mathrm{d}x-\int_a^b S(x)\mathrm{d}x\right|\leqslant\int_a^b|S_n(x)-S(x)|\mathrm{d}x<\int_a^b\frac{\varepsilon}{b-a}\mathrm{d}x=\varepsilon.$$

这就证明了

$$\lim_{n\to\infty}\int_a^b S_n(x)\mathrm{d}x=\int_a^b S(x)\mathrm{d}x.$$

定理 12.3.4 的结论也可以写成

$$\lim_{n\to\infty}\int_a^b S_n(x)\mathrm{d}x=\int_a^b\lim_{n\to\infty}S_n(x)\mathrm{d}x.$$

即在定理 12.3.4 的条件下求积分与关于 n 求极限可以交换次序.

将定理 12.3.4 中的 $\{S_n(x)\}$ 看成一个函数项级数 $\sum\limits_{n=1}^{\infty}u_n(x)$ 的部分和序列,可以得到如下关于一致收敛函数项级数的和函数的结论.

定理 12.3.5(函数项级数的逐项积分定理) 设 $u_n(x)(n=1,2,\cdots)$ 在区间 $[a,b]$ 上连续，且函数项级数 $\sum\limits_{n=1}^{\infty}u_n(x)$ 在区间 $[a,b]$ 上一致收敛到和函数 $S(x)$，则 $S(x)$ 在区间 $[a,b]$ 上可积，且有

$$\int_a^b S(x)\mathrm{d}x=\int_a^b\left[\sum_{n=1}^{\infty}u_n(x)\right]\mathrm{d}x=\sum_{n=1}^{\infty}\left[\int_a^b u_n(x)\mathrm{d}x\right].$$

注 将定理 12.3.4 和定理 12.3.5 的条件中的连续性改为可积性，结论仍然成立.

例 12.3.4 设 $S(x)=\sum\limits_{n=1}^{\infty}\dfrac{\cos nx}{n^2}$，求 $\int_0^{\pi}S(x)\mathrm{d}x$.

解 例 12.3.1 已经证明了函数项级数 $\sum\limits_{n=1}^{\infty}\dfrac{\cos nx}{n^2}$ 在 $(-\infty,+\infty)$ 上一致收敛，因此在 $[0,\pi]$ 上也一致收敛，且所有的 $\dfrac{\cos nx}{n^2}$ 都为连续函数，因此有

$$\int_0^{\pi}S(x)\mathrm{d}x=\sum_{n=1}^{\infty}\left[\int_0^{\pi}\frac{\cos nx}{n^2}\mathrm{d}x\right]=0.$$

例 12.3.5 证明：当 $x\in(-1,1)$ 时，等式

$$\sum_{n=1}^{\infty}\frac{(-1)^{n-1}}{2n-1}x^{2n-1}=x-\frac{x^3}{3}+\frac{x^5}{5}-\cdots=\arctan x$$

成立.

证明 显然等式对 $x=0$ 成立. 对任意给定的 $x\in(0,1)$，考虑函数项级数 $\sum\limits_{n=0}^{\infty}(-1)^n t^{2n}$. 因为对任意自然数 n，当 $t\in[0,x]$ 时都有 $|(-1)^n t^{2n}|\leqslant x^{2n}$，由 $\sum\limits_{n=1}^{\infty}x^{2n}$ 收敛知 $\sum\limits_{n=0}^{\infty}(-1)^n t^{2n}$ 在 $[0,x]$ 上一致收敛. 又因为 $(-1)^{n-1}t^{2n}$ 是 $[0,x]$ 上的连续函数，因此有

$$\sum_{n=1}^{\infty}\frac{(-1)^{n-1}}{2n-1}x^{2n-1}=\sum_{n=0}^{\infty}\left[\int_0^x(-1)^n t^{2n}\mathrm{d}t\right]=\int_0^x\left[\sum_{n=0}^{\infty}(-1)^n t^{2n}\right]\mathrm{d}t=\int_0^x\frac{1}{1+t^2}\mathrm{d}t=\arctan x.$$

这证明了当 $x\in(0,1)$ 时等式也成立. 类似还可以证明等式在 $x\in(-1,0)$ 时也成立. 结论得证！

接下来给出函数列的极限函数可导的一个充分条件.

定理 12.3.6(极限函数的可导性) 设函数 $S_n(x)(n=1,2,\cdots)$ 都是 $[a,b]$ 上的可导函数，且有：

(1) $S_n'(x)$ 在 $[a,b]$ 上连续；

(2) 函数序列 $\{S_n'(x)\}$ 在 $[a,b]$ 上一致收敛到某个 $g(x)$；

(3) 存在某个 $x_0\in[a,b]$，使得 $\{S_n(x_0)\}$ 收敛，

则 $\{S_n(x)\}$ 在 $[a,b]$ 上一致收敛到某个可导函数 $S(x)$，且有 $S'(x)=g(x)$.

证明 由条件(3)，假设 $\lim\limits_{n\to\infty}S_n(x_0)=A$. 令

$$S(x)=A+\int_{x_0}^{x}g(t)\mathrm{d}t.$$

由条件(1)和(2)知，$g(x)$ 为 $[a,b]$ 上的连续函数，因而有 $S'(x)=g(x)$. 为证明定理的结论，只需进一步证明 $\{S_n(x)\}$ 在区间 $[a,b]$ 上一致收敛到 $S(x)$.

对任意 $\varepsilon>0$，由 $\lim\limits_{n\to\infty}S_n(x_0)=A$ 知，存在正整数 N_1，使得当 $n>N_1$ 时，有

$$|S_n(x_0)-A|<\frac{\varepsilon}{2}.$$

又由 $\{S'_n(x)\}$ 在 $[a,b]$ 上一致收敛到 $g(x)$，可知存在正整数 N_2，使得当 $n>N_2$ 时，对任意 $x\in[a,b]$，都有

$$|S'_n(x)-g(x)|<\frac{\varepsilon}{2(b-a)},$$

从而当 $n>\max\{N_1,N_2\}$ 时，对任意的 $x\in[a,b]$ 有

$$\begin{aligned}|S_n(x)-S(x)|&=\left|S_n(x_0)+\int_{x_0}^{x}S'_n(t)\,\mathrm{d}t-\left[A+\int_{x_0}^{x}g(t)\,\mathrm{d}t\right]\right|\\&\leqslant|S_n(x_0)-A|+\left|\int_{x_0}^{x}[S'_n(t)-g(t)]\,\mathrm{d}t\right|\\&<\frac{\varepsilon}{2}+\int_a^b|S'_n(t)-g(t)|\,\mathrm{d}t\\&<\frac{\varepsilon}{2}+\int_a^b\frac{\varepsilon}{2(b-a)}\,\mathrm{d}t\\&=\frac{\varepsilon}{2}+\frac{\varepsilon}{2(b-a)}(b-a)=\varepsilon.\end{aligned}$$

这证明了 $\{S_n(x)\}$ 在区间 $[a,b]$ 上一致收敛到 $S(x)$. 定理证毕!

定理结论中的“$S'(x)=g(x)$”也可写为

$$(\lim_{n\to\infty}S_n(x))'=\lim_{n\to\infty}S'_n(x).$$

即在定理的条件下求导运算与关于 n 求极限的运算可以交换次序.

同样地，由定理 12.3.6 出发可以得到一个相应于函数项级数的和函数的结论.

定理 12.3.7(函数项级数的逐项可导定理) 若区间 $[a,b]$ 上的函数项级数 $\sum\limits_{n=1}^{\infty}u_n(x)$ 满足：

(1) $u'_n(x)\in C[a,b]$，$n=1,2,\cdots$；

(2) $\sum\limits_{n=1}^{\infty}u'_n(x)$ 在区间 $[a,b]$ 上一致收敛；

(3) 存在某个 $x_0\in[a,b]$，使得 $\sum\limits_{n=1}^{\infty}u_n(x_0)$ 收敛，

则函数项级数 $\sum\limits_{n=1}^{\infty}u_n(x)$ 在 $[a,b]$ 上一致收敛到一个可导函数，且有

$$\left(\sum_{n=1}^{\infty}u_n(x)\right)'=\sum_{n=1}^{\infty}u'_n(x).$$

定理 12.3.7 中的上述等式一般称为函数项级数可逐项求导. 特别需要注意的是，$\sum\limits_{n=1}^{\infty}u_n(x)$ 一致收敛保证不了逐项求导的性质. 例如，由 Dirichlet 判别法可知，$\sum\limits_{n=1}^{\infty}\dfrac{\sin nx}{n}$ 在区间 $\left[\dfrac{\pi}{3},\dfrac{2\pi}{3}\right]$ 上是一致收敛的，但逐项求导后得到的级数 $\sum\limits_{n=1}^{\infty}\left(\dfrac{\sin nx}{n}\right)'=\sum\limits_{n=1}^{\infty}\cos nx$ 是处处不收敛的，此时逐项求导不成立.

例 12.3.6 证明:$S(x)=\sum_{n=1}^{\infty}\frac{\sin nx}{n^4}$ 在$(-\infty,+\infty)$上有二阶连续导数,并求 $S''(x)$.

证明 令 $u_n(x)=\frac{\sin nx}{n^4}$,则 $u'_n(x)=\frac{\cos nx}{n^3}$,$u''_n(x)=-\frac{\sin nx}{n^2}$. 易见对所有的正整数 n,对所有的 $x\in(-\infty,+\infty)$,有

$$|u_n(x)|\leqslant\frac{1}{n^4},\quad |u'_n(x)|\leqslant\frac{1}{n^3},\quad |u''_n(x)|\leqslant\frac{1}{n^2}.$$

由于级数 $\sum_{n=1}^{\infty}\frac{1}{n^4}$, $\sum_{n=1}^{\infty}\frac{1}{n^3}$, $\sum_{n=1}^{\infty}\frac{1}{n^2}$ 都收敛,使用 Weierstrass 判别法可得函数项级数 $\sum_{n=1}^{\infty}\frac{\sin nx}{n^4}$,$\sum_{n=1}^{\infty}\frac{\cos nx}{n^3}$,$\sum_{n=1}^{\infty}\frac{-\sin nx}{n^2}$ 都在$(-\infty,+\infty)$上一致收敛. 又因为对任意的正整数 n,$\frac{\sin nx}{n^4}$,$\frac{\cos nx}{n^3}$,$\frac{-\sin nx}{n^2}$都是$(-\infty,+\infty)$上的连续函数,由定理 12.3.7 依次可知

(1) $\sum_{n=1}^{\infty}\frac{\sin nx}{n^4}$ 可导,且有$\left(\sum_{n=1}^{\infty}\frac{\sin nx}{n^4}\right)'=\sum_{n=1}^{\infty}\frac{\cos nx}{n^3}$;

(2) $\sum_{n=1}^{\infty}\frac{\cos nx}{n^3}$ 可导,且有$\left(\sum_{n=1}^{\infty}\frac{\cos nx}{n^3}\right)'=\sum_{n=1}^{\infty}\frac{-\sin nx}{n^2}$.

因此 $S(x)=\sum_{n=1}^{\infty}\frac{\sin nx}{n^4}$ 在$(-\infty,+\infty)$上二阶可导且有 $S''(x)=\sum_{n=1}^{\infty}\frac{-\sin nx}{n^2}$. 又因为 $\sum_{n=1}^{\infty}\frac{-\sin nx}{n^2}$ 在$(-\infty,+\infty)$上连续,因此 $S(x)$ 在$(-\infty,+\infty)$上有二阶连续导数.

与函数项级数的和函数连续性的情形类似,可导也是逐点定义的. 如果相应级数满足内闭一致收敛,虽然在开区间上并不一致收敛,但这时定理 12.3.6 和定理 12.3.7 的结论依然成立.

例 12.3.7 证明:Riemann 函数 $f(x)=\sum_{n=1}^{\infty}\frac{1}{n^x}$ 在$(1,+\infty)$上有任意阶连续导数.

证明 由习题 12.1.13 可知,函数项级数 $\sum_{n=1}^{\infty}\frac{1}{n^x}$ 在$(1,+\infty)$上不一致收敛,因此不能直接使用定理 12.3.7.

令 $u_n(x)=\frac{1}{n^x}(n=1,2,\cdots)$,则有 $u'_n(x)=-\frac{\ln n}{n^x}$,易见 $u_n(x)$,$u'_n(x)$都在$(1,+\infty)$上连续. 考虑任意的闭子区间 $[a,b]\subset(1,+\infty)$. 在区间$[a,b]$上,对任意正整数 n,以及任意 $x\in[a,b]$,有

$$|u_n(x)|=\frac{1}{n^x}\leqslant\frac{1}{n^a},\quad |u'_n(x)|=\frac{\ln n}{n^x}\leqslant\frac{\ln n}{n^a}.$$

因为级数 $\sum_{n=1}^{\infty}\frac{1}{n^a}$ 和 $\sum_{n=1}^{\infty}\frac{\ln n}{n^a}$ 都收敛,使用 Weierstrass 判别法可得 $\sum_{n=1}^{\infty}\frac{1}{n^x}$ 和 $\sum_{n=1}^{\infty}\left(\frac{1}{n^x}\right)'$ 都在$[a,b]$上一致收敛. 从定理 12.3.7 即知 $f(x)=\sum_{n=1}^{\infty}\frac{1}{n^x}$ 在$[a,b]$上可导,且有

$$f'(x)=\sum_{n=1}^{\infty}\frac{-\ln n}{n^x}.$$

由闭子区间$[a,b]$的任意性可知，$f(x)$在$(1,+\infty)$上可导且有

$$f'(x)=\sum_{n=1}^{\infty}\frac{-\ln n}{n^x}.$$

依此类推下去可以证明 $f(x)$在$(1,+\infty)$上有任意阶连续导数. 证明从略.

例 12.3.8 证明：对一切 $x\in(-1,1)$，有

$$\sum_{n=1}^{\infty}nx^n=x+2x^2+3x^3+\cdots=\frac{x}{(1-x)^2}.$$

证明　令 $u_n(x)=x^n(n=1,2,\cdots)$，则有 $u_n'(x)=nx^{n-1}$，易见 $u_n(x),u_n'(x)$都在$(-1,1)$上连续. 对任意闭子区间 $[-\rho,\rho]\subset(-1,1)$，不难验证对任意正整数 n，以及任意 $x\in[-\rho,\rho]$，有

$$|u_n(x)|\leqslant\rho^n,\quad |u'_n(x)|\leqslant n\rho^{n-1}.$$

由级数 $\sum\limits_{n=1}^{\infty}\rho^n$ 和 $\sum\limits_{n=1}^{\infty}n\rho^{n-1}$ 收敛，使用 Weierstrass 判别法可得 $\sum\limits_{n=1}^{\infty}x^n$ 和 $\sum\limits_{n=1}^{\infty}nx^{n-1}$ 都在$[-\rho,\rho]$上一致收敛. 由定理 12.3.7 可知，在$[-\rho,\rho]$上有

$$\sum_{n=1}^{\infty}nx^{n-1}=\left(\sum_{n=1}^{\infty}x^n\right)'=\left(\frac{x}{1-x}\right)'=\frac{1}{(1-x)^2}.$$

由闭子区间 $[-\rho,\rho]$ 的任意性可知，在$(-1,1)$上有

$$\sum_{n=1}^{\infty}nx^{n-1}=\frac{1}{(1-x)^2},$$

从而在$(-1,1)$上有

$$\sum_{n=1}^{\infty}nx^n=x\sum_{n=1}^{\infty}nx^{n-1}=\frac{x}{(1-x)^2}.$$

结论得证!

习题 12.3

1. 确定下列函数的定义域及其在定义域上的连续性：

(1) $S(x)=\sum\limits_{n=1}^{\infty}\left(x+\dfrac{1}{n}\right)^n$；　(2) $S(x)=\sum\limits_{n=1}^{\infty}\dfrac{x+(-1)^n n}{x^2+n^2}$；

(3) $S(x)=\sum\limits_{n=1}^{\infty}\dfrac{1}{n}e^{-n^2x^2}$；　(4) $S(x)=\sum\limits_{n=1}^{\infty}\dfrac{x^2}{(1+x^2)^n}$.

2. 证明：函数项级数 $\sum\limits_{n=1}^{\infty}[nxe^{-nx}-(n-1)xe^{-(n-1)x}]$ 在区间$[0,+\infty)$上不一致收敛，但其和函数在$[0,+\infty)$上连续.

3. 已知 $\sum\limits_{n=1}^{\infty}\dfrac{(-1)^{n-1}}{n}=\ln 2$，证明：$\lim\limits_{x\to1}\sum\limits_{n=1}^{\infty}\dfrac{(-1)^{n-1}}{n^x}=\ln 2$.

4. 证明：

$$\lim_{x\to1}\sum_{n=1}^{\infty}\frac{x^n(1-x)}{n(1-x^{2n})}=\frac{1}{2}\sum_{n=1}^{\infty}\frac{1}{n^2}.$$

5. 设 $u_n(x),v_n(x)$在区间(a,b)上连续，且$|u_n(x)|\leqslant v_n(x)$对一切正整数 n 成立. 证

明:若 $\sum_{n=1}^{\infty} v_n(x)$ 在区间(a,b)上逐点收敛于一个连续函数,则 $\sum_{n=1}^{\infty} u_n(x)$ 也逐点收敛于一个连续函数.(提示:使用 Dini 定理)

6. 设数项级数 $\sum_{n=1}^{\infty} a_n$ 收敛,证明:

(1) $\lim_{x\to 0+}\sum_{n=1}^{\infty}\frac{a_n}{n^x}=\sum_{n=1}^{\infty}a_n$; (2) $\int_0^1\left(\sum_{n=1}^{\infty}a_nx^n\right)\mathrm{d}x=\sum_{n=1}^{\infty}\frac{a_n}{n+1}$.

7. 设 $f(x)=\sum_{n=1}^{\infty}\frac{1}{2^n}\tan\frac{x}{2^n}$,(1) 证明:$f(x)$ 在 $\left[0,\frac{\pi}{2}\right]$ 连续;(2) 求$\int_{\frac{\pi}{6}}^{\frac{\pi}{2}}f(x)\mathrm{d}x$.

8. 设 $f(x)=\sum_{n=1}^{\infty}n\mathrm{e}^{-nx}\ (x>0)$,计算$\int_{\ln 2}^{\ln 3}f(x)\mathrm{d}x$.

9. 确定下列函数的定义域及其在定义域上的可微性:

(1) $S(x)=\sum_{n=1}^{\infty}\frac{(-1)^n}{n^x}$; (2) $S(x)=\sum_{n=3}^{\infty}nx\mathrm{e}^{-nx}$;

(3) $S(x)=\sum_{n=1}^{\infty}\frac{(-1)^n}{n+x}$; (4) $S(x)=\sum_{n=1}^{\infty}\frac{|x|}{n^2+x^2}$.

10. 证明:函数 $f(x)=\sum_{n=1}^{\infty}\frac{\cos nx}{n^2+1}$ 在$(0,2\pi)$上连续,且有连续的导函数.

11. 证明:函数 $f(x)=\sum_{n=1}^{\infty}n\mathrm{e}^{-nx}$ 在$(0,+\infty)$上有任意阶导函数.

12. 设 $f(x)=\sum_{n=1}^{\infty}\frac{1}{2^n+x}\ (x>0)$,证明:反常积分$\int_0^{+\infty}f(x)\mathrm{d}x$ 发散.

12.4 幂级数

将形如

$$\sum_{n=0}^{\infty}a_n(x-x_0)^n=a_0+a_1(x-x_0)+a_2(x-x_0)^2+\cdots+a_n(x-x_0)^n+\cdots$$

的函数项级数称为幂级数. 当 $x_0=0$ 时,得到一个特殊的幂级数

$$\sum_{n=0}^{\infty}a_nx^n=a_0+a_1x+a_2x^2+\cdots+a_nx^n+\cdots.$$

对任意幂级数,通过一个平移变换都可以转化为这种形式.本节将讨论幂级数这一特别的函数项级数,并讨论如何将一些常见的函数表示成幂级数的和函数.

12.4.1 幂级数的收敛性

关于幂级数的收敛性,首先有如下 Abel 定理. 这里只给出形如 $\sum_{n=0}^{\infty}a_nx^n$ 的幂级数的相应结论,对一般的幂级数的结论可以通过变量的代换得到.

定理 12.4.1(Abel 定理) 对幂级数 $\sum_{n=0}^{\infty}a_nx^n$ 有如下结论:

(1) 若有某点 $x_0\neq0$ 使得 $\sum\limits_{n=0}^{\infty}a_nx_0^n$ 收敛，则当 $|x|<|x_0|$ 时必有 $\sum\limits_{n=0}^{\infty}a_nx^n$ 绝对收敛；

(2) 若有某点 $x_1\neq0$ 使得 $\sum\limits_{n=0}^{\infty}a_nx_1^n$ 发散，则当 $|x|>|x_1|$ 时必有 $\sum\limits_{n=0}^{\infty}a_nx^n$ 发散.

证明　(1) 由 $\sum\limits_{n=0}^{\infty}a_nx_0^n$ 收敛可知 $\lim\limits_{n\to\infty}a_nx_0^n=0$，从而数列 $\{a_nx_0^n\}$ 有界，即存在 $M>0$ 使得 $|a_nx_0^n|\leqslant M,n=1,2,\cdots$. 对任意 $x\in(-|x_0|,|x_0|)$，有

$$|a_nx^n|=\left|a_nx_0^n\cdot\left(\frac{x}{x_0}\right)^n\right|\leqslant M\left|\frac{x}{x_0}\right|^n.$$

由 $\sum\limits_{n=0}^{\infty}M\left|\frac{x}{x_0}\right|^n$ 收敛知 $\sum\limits_{n=0}^{\infty}|a_nx^n|$ 收敛，因此 $\sum\limits_{n=0}^{\infty}a_nx^n$ 绝对收敛.

(2) 设 $\sum\limits_{n=0}^{\infty}a_nx_1^n$ 发散，若存在 x，使得 $|x|>|x_1|$，并且 $\sum\limits_{n=0}^{\infty}a_nx^n$ 收敛，则由 (1) 知 $\sum\limits_{n=0}^{\infty}a_nx_1^n$ 绝对收敛，矛盾！因此，当 $|x|>|x_1|$ 时必有 $\sum\limits_{n=0}^{\infty}a_nx^n$ 发散.

Abel 定理告诉我们，若取

$$R=\sup\{x\in\mathbb{R}\mid\sum_{n=0}^{\infty}a_nx^n\text{ 收敛}\},$$

则有：(1) 当 $|x|<R$ 时 $\sum\limits_{n=0}^{\infty}a_nx^n$ 绝对收敛；(2) 当 $|x|>R$ 时 $\sum\limits_{n=0}^{\infty}a_nx^n$ 发散. 将这里得到的 R 称为幂级数 $\sum\limits_{n=0}^{\infty}a_nx^n$ 的收敛半径，将区间 $(-R,R)$ 称为幂级数 $\sum\limits_{n=0}^{\infty}a_nx^n$ 的收敛区间. 特别地，当 $R=0$ 时，幂级数只在 $x=0$ 一点处收敛；当 $R=+\infty$ 时，幂级数在整个数轴 $(-\infty,+\infty)$ 上收敛.

对于一般的幂级数 $\sum\limits_{n=0}^{\infty}a_n(x-x_0)^n$，可以将通过平移 $t=x-x_0$ 后得到的幂级数 $\sum\limits_{n=0}^{\infty}a_nt^n$ 的收敛半径规定为 $\sum\limits_{n=0}^{\infty}a_n(x-x_0)^n$ 的收敛半径.

从定理 12.4.1 出发不难得到如下幂级数在收敛区间上的内闭一致收敛性.

推论 12.4.2 设 R 为幂级数 $\sum\limits_{n=0}^{\infty}a_nx^n$ 的收敛半径，则对任意闭子区间 $I\subset(-R,R)$，$\sum\limits_{n=0}^{\infty}a_nx^n$ 在 I 上一致收敛.

证明　设 $I=[a,b]\subset(-R,R)$. 取 $\xi=\max\{|a|,|b|\}$，显然有 $\xi<R$. 由 R 的选取可知，存在 $\xi<x<R$，使得 $\sum\limits_{n=0}^{\infty}a_nx^n$ 收敛，由定理 12.4.1 可知 $\sum\limits_{n=0}^{\infty}|a_n\xi^n|$ 收敛. 另一方面，对任意自然数 n 以及任意 $x\in[a,b]$，有

$$|a_nx^n|\leqslant|a_n\xi^n|,$$

由 Weierstrass 判别法即得 $\sum\limits_{n=0}^{\infty}a_nx^n$ 在 $I=[a,b]$ 上一致收敛.

从正项级数的 Cauchy 根值判别法出发,可以得到如下的 Cauchy - Hadamard 公式来求得幂级数的收敛半径.

定理 12.4.3(Cauchy - Hadamard 公式) 记 $A=\overline{\lim\limits_{n\to\infty}}\sqrt[n]{|a_n|}$,则幂级数 $\sum\limits_{n=0}^{\infty}a_nx^n$ 的收敛半径

$$R=\begin{cases}0, & 若 A=+\infty,\\ \dfrac{1}{A}, & 若 A\in(0,+\infty),\\ +\infty, & 若 A=0.\end{cases}$$

证明 这里只证明 $A=\overline{\lim\limits_{n\to\infty}}\sqrt[n]{|a_n|}$ 是一个正实数的情形,$A=0$ 和 $A=+\infty$的情形类似可证,具体过程留给读者. 对于级数 $\sum\limits_{n=0}^{\infty}a_nx^n$,有

$$\overline{\lim_{n\to\infty}}\sqrt[n]{|a_nx^n|}=A|x|,$$

则当$|x|<\dfrac{1}{A}$时,由 $A|x|<1$ 以及 Cauchy 根值判别法知 $\sum\limits_{n=0}^{\infty}a_nx^n$ 绝对收敛. 而当$|x|>\dfrac{1}{A}$时,因为$\overline{\lim\limits_{n\to\infty}}\sqrt[n]{|a_nx^n|}=A|x|>1$,于是$\{|a_nx^n|\}$中有无穷多项大于 1,从而$\lim\limits_{n\to\infty}a_nx^n\neq 0$,因此 $\sum\limits_{n=0}^{\infty}a_nx^n$ 发散. 由 A 的上述性质易得

$$R=\sup\left\{x \mid \sum_{n=0}^{\infty}a_nx^n\ 收敛\right\}=\frac{1}{A}=\frac{1}{\overline{\lim\limits_{n\to\infty}}\sqrt[n]{|a_n|}}.$$

定理证毕!

类似地,由 d'Alembert 比值判别法也可以得到如下另一种收敛半径的求法.

定理 12.4.4 若$\lim\limits_{n\to\infty}\left|\dfrac{a_{n+1}}{a_n}\right|=A$ 存在或为无穷大,则幂级数 $\sum\limits_{n=0}^{\infty}a_nx^n$ 的收敛半径

$$R=\begin{cases}0, & 若 A=+\infty,\\ \dfrac{1}{A}, & 若 A\in(0,+\infty),\\ +\infty, & 若 A=0.\end{cases}$$

此时有收敛半径 $R=\lim\limits_{n\to\infty}\left|\dfrac{a_n}{a_{n+1}}\right|$.

由收敛半径的特性,只需先求出一个幂级数 $\sum\limits_{n=0}^{\infty}a_nx^n$ 的收敛半径,再进一步判断收敛区间的端点 $x=R$ 和 $x=-R$ 两点的收敛性就可以求出幂级数 $\sum\limits_{n=0}^{\infty}a_nx^n$ 的收敛域.

例 12.4.1 求下列幂级数的收敛域:

(1) $\sum\limits_{n=0}^{\infty}\dfrac{x^n}{(n+2)3^n}$; (2) $\sum\limits_{n=1}^{\infty}\dfrac{n^n}{n!}x^n$; (3) $\sum\limits_{n=1}^{\infty}\dfrac{3^n+(-2)^n}{n}(x-1)^n$.

解 (1) 令 $a_n=\dfrac{1}{(n+2)3^n}$,则有

$$\lim_{n\to\infty}\sqrt[n]{|a_n|}=\lim_{n\to\infty}\sqrt[n]{\frac{1}{(n+2)3^n}}=\frac{1}{3},$$

由 Cauchy - Hadamard 公式可得 $\sum_{n=0}^{\infty}\frac{x^n}{(n+2)3^n}$ 的收敛半径为 3,收敛区间为$(-3,3)$. 再考虑端点 $x=\pm 3$ 的敛散性.

当 $x=3$ 时,级数 $\sum_{n=0}^{\infty}\frac{x^n}{(n+2)3^n}=\sum_{n=0}^{\infty}\frac{1}{(n+2)}$ 发散.

当 $x=-3$ 时,级数 $\sum_{n=0}^{\infty}\frac{x^n}{(n+2)3^n}=\sum_{n=0}^{\infty}\frac{(-1)^n}{(n+2)}$ 收敛.

因此, $\sum_{n=0}^{\infty}\frac{x^n}{(n+2)3^n}$ 的收敛域为$[-3,3)$.

(2) 令 $a_n=\frac{n^n}{n!}$,则幂级数 $\sum_{n=0}^{\infty}\frac{n^n}{n!}x^n$ 的收敛半径为 $\lim_{n\to\infty}\left|\frac{a_n}{a_{n+1}}\right|=\lim_{n\to\infty}\left(\frac{n}{n+1}\right)^n=\frac{1}{e}$. 收敛区间为$\left(-\frac{1}{e},\frac{1}{e}\right)$. 再考虑收敛区间的端点处级数的收敛性. 当 $x=-\frac{1}{e}$时,级数

$$\sum_{n=1}^{\infty}\frac{n^n}{n!}x^n=\sum_{n=0}^{\infty}\frac{n^n}{n!}(-e)^{-n}=\sum_{n=1}^{\infty}(-1)^n\frac{n^n}{n!}e^{-n}.$$

这是一个交错级数,记 $u_n=\frac{n^n}{n!}e^{-n}$,则有

$$\frac{u_{n+1}}{u_n}=\left(1+\frac{1}{n}\right)^n\cdot\frac{1}{e}<1.$$

因此,$\{u_n\}$单调递减. 又因为

$$\begin{aligned}\ln u_n&=\ln u_1+\sum_{i=2}^{n}\ln\frac{u_i}{u_{i-1}}=\ln u_1+\sum_{i=2}^{n}\left[(i-1)\ln\left(1+\frac{1}{i-1}\right)-1\right]\\&=\ln u_1+\sum_{i=1}^{n-1}\left[i\ln\left(1+\frac{1}{i}\right)-1\right],\end{aligned}$$

$n\ln\left(1+\frac{1}{n}\right)-1\sim-\frac{1}{2n}\ (n\to\infty)$,因此有 $\sum_{n=1}^{\infty}\left[n\ln\left(1+\frac{1}{n}\right)-1\right]\to-\infty$,从而有 $\ln u_n\to-\infty$ $(n\to\infty)$,因此有$\lim_{n\to\infty}u_n=0$. 由 Leibniz 判别法即得 $\sum_{n=0}^{\infty}\frac{n^n}{n!}x^n$ 在 $x=-\frac{1}{e}$ 时收敛. 当 $x=\frac{1}{e}$时,

$$\sum_{n=1}^{\infty}\frac{n^n}{n!}x^n=\sum_{n=1}^{\infty}\frac{n^n}{n!}e^{-n}.$$

记 $u_n=\frac{n^n}{n!}e^{-n}$,则有

$$\begin{aligned}\lim_{n\to\infty}n\left(\frac{u_n}{u_{n+1}}-1\right)&=\lim_{n\to\infty}n\left[e\left(1+\frac{1}{n}\right)^{-n}-1\right]=\lim_{n\to\infty}n\left[e^{1-n\ln\left(1+\frac{1}{n}\right)}-1\right]\\&=\lim_{n\to\infty}n\left[1-n\ln\left(1+\frac{1}{n}\right)\right]=\frac{1}{2}<1.\end{aligned}$$

因此,由 Raabe 判别法知,当 $x=\frac{1}{e}$ 时 $\sum_{n=1}^{\infty}\frac{n^n}{n!}x^n$ 发散.

综上可知,$\sum_{n=1}^{\infty}\frac{n^n}{n!}x^n$ 的收敛域为 $\left[-\frac{1}{e},\frac{1}{e}\right)$.

(3) 令 $a_n=\frac{3^n+(-2)^n}{n}$,则幂级数 $\sum_{n=0}^{\infty}\frac{3^n+(-2)^n}{n}(x-1)^n$ 的收敛半径为

$$\lim_{n\to\infty}\left|\frac{a_n}{a_{n+1}}\right|=\lim_{n\to\infty}\frac{n+1}{n}\cdot\frac{3^n+(-2)^n}{3^{n+1}+(-2)^{n+1}}=\frac{1}{3}.$$

注意这里收敛区间的中心在 $x=1$ 处,因此收敛区间为 $\left(\frac{2}{3},\frac{4}{3}\right)$.

下面考虑幂级数在收敛区间端点处的收敛性.

当 $x=\frac{2}{3}$ 时,幂级数

$$\sum_{n=1}^{\infty}\frac{3^n+(-2)^n}{n}(x-1)^n=\sum_{n=1}^{\infty}\frac{3^n+(-2)^n}{n}\left(-\frac{1}{3}\right)^n=\sum_{n=1}^{\infty}\left[\frac{(-1)^n}{n}+\frac{1}{n}\cdot\left(\frac{2}{3}\right)^n\right].$$

因为级数 $\sum_{n=1}^{\infty}\frac{(-1)^n}{n}$ 和 $\sum_{n=1}^{\infty}\frac{1}{n}\left(\frac{2}{3}\right)^n$ 都收敛,因此在 $x=\frac{2}{3}$ 时,级数 $\sum_{n=0}^{\infty}\frac{3^n+(-2)^n}{n}(x-1)^n$ 收敛.

当 $x=\frac{4}{3}$ 时,幂级数

$$\sum_{n=1}^{\infty}\frac{3^n+(-2)^n}{n}(x-1)^n=\sum_{n=1}^{\infty}\frac{3^n+(-2)^n}{n}\left(\frac{1}{3}\right)^n=\sum_{n=1}^{\infty}\left[\frac{1}{n}+\frac{(-1)^n}{n}\cdot\left(\frac{2}{3}\right)^n\right]$$

发散. 综上可得,幂级数 $\sum_{n=0}^{\infty}\frac{3^n+(-2)^n}{n}(x-1)^n$ 的收敛域为 $\left[\frac{2}{3},\frac{4}{3}\right)$.

例 12.4.2 求幂级数 $\sum_{n=0}^{\infty}\frac{x^{2n}}{4^n(n+1)^2}$ 的收敛域.

解 注意这里不能使用公式 $\lim_{n\to\infty}\left|\frac{a_n}{a_{n+1}}\right|$ 来求级数的收敛半径,但可用 Cauchy - Hadamard 公式来求出收敛半径,也可以直接使用数项级数的比值判别法. 这里采用后者.

令 $u_n(x)=\frac{x^{2n}}{4^n(n+1)^2}$,则有

$$\lim_{n\to\infty}\frac{u_{n+1}(x)}{u_n(x)}=\lim_{n\to\infty}\frac{(n+1)^2}{(n+2)^2}\cdot\frac{x^2}{4}=\frac{x^2}{4}.$$

注意这里是正项级数,因此由 d'Alembert 判别法知,当 $x^2<4$ 时 $\sum_{n=0}^{\infty}\frac{x^{2n}}{4^n(n+1)^2}$ 收敛,当 $x^2>4$ 时 $\sum_{n=0}^{\infty}\frac{x^{2n}}{4^n(n+1)^2}$ 发散. 而 $x^2=4$ 时,幂级数

$$\sum_{n=0}^{\infty}\frac{x^{2n}}{4^n(n+1)^2}=\sum_{n=0}^{\infty}\frac{1}{(n+1)^2}$$

收敛. 综上可知,$\sum_{n=0}^{\infty}\frac{x^{2n}}{4^n(n+1)^2}$ 的收敛域为 $[-2,2]$.

12.4.2 幂级数的性质

前面已经得知幂级数在它的收敛区间上绝对收敛，根据数项级数求和的性质以及 Cauchy 乘积的性质，不难得到如下关于幂级数的运算性质.

定理 12.4.5 设幂级数 $\sum\limits_{n=0}^{\infty}a_nx^n$ 的收敛半径为 R_a，$\sum\limits_{n=0}^{\infty}b_nx^n$ 的收敛半径为 R_b. 记 $R=\min\{R_a,R_b\}$，则当 $x\in(-R,R)$ 时，有

(1) $\sum\limits_{n=0}^{\infty}(a_n\pm b_n)x^n$ 收敛，且有 $\sum\limits_{n=0}^{\infty}(a_n\pm b_n)x^n=\sum\limits_{n=0}^{\infty}a_nx^n\pm\sum\limits_{n=0}^{\infty}b_nx^n$；

(2) $\sum\limits_{n=0}^{\infty}a_nx^n$ 和 $\sum\limits_{n=0}^{\infty}b_nx^n$ 的 Cauchy 乘积 $\sum\limits_{n=0}^{\infty}c_nx^n$ 收敛，且有

$$\sum_{n=0}^{\infty}c_nx^n=\left(\sum_{n=0}^{\infty}a_nx^n\right)\left(\sum_{n=0}^{\infty}b_nx^n\right),$$

其中 $c_n=a_0b_n+a_1b_{n-1}+\cdots+a_nb_0$.

对于两个幂级数相除所得的函数，在一定的条件下，也可以用幂级数表示出来. 相除得到的幂级数的系数可以通过上面的乘法公式用待定系数法求出来，但此时得到的幂级数的收敛半径可能会远远小于除式和被除式的收敛半径.

接下来讨论幂级数的和函数的分析性质. 首先观察其一致收敛性. 在推论 12.4.2 中已经得到了幂级数在收敛区间上的内闭一致收敛性，实际上这一结论可以进一步加强成在收敛域上的“内闭一致收敛性”，见如下的 Abel 第二定理.

定理 12.4.6(Abel 第二定理) 设幂级数 $\sum\limits_{n=0}^{\infty}a_nx^n$ 的收敛半径为 $R(0<R<+\infty)$，则

(1) 若 $\sum\limits_{n=0}^{\infty}a_nx^n$ 在 $x=R$ 处收敛，则 $\sum\limits_{n=0}^{\infty}a_nx^n$ 在 $[0,R]$ 上一致收敛；

(2) 若 $\sum\limits_{n=0}^{\infty}a_nx^n$ 在 $x=-R$ 处收敛，则 $\sum\limits_{n=0}^{\infty}a_nx^n$ 在 $[-R,0]$ 上一致收敛.

证明　这里只对(1)进行证明，(2)的证明类似可得. 对 $x\in[0,R]$，不难发现 $\sum\limits_{n=0}^{\infty}a_nx^n=\sum\limits_{n=0}^{\infty}(a_nR^n)\left(\dfrac{x}{R}\right)^n$. 由(1)的条件知 $\sum\limits_{n=0}^{\infty}a_nR^n$ 收敛，又由于 $\left(\dfrac{x}{R}\right)^n$ 在 $[0,R]$ 上一致有界，且对任意给定的 $x\in[0,R]$，$\left\{\left(\dfrac{x}{R}\right)^n\right\}$ 关于 n 单调，由 Abel 判别法知 $\sum\limits_{n=0}^{\infty}a_nx^n$ 在区间 $[0,R]$ 上一致收敛. 定理得证!

由于幂级数的每一个通项都是连续的(实际上还有任意阶的连续导数)，由一致收敛函数项级数的连续性定理可以得到幂级数在收敛域上的连续性.

幂级数的内闭一致收敛性

定理 12.4.7 设幂级数 $\sum\limits_{n=0}^{\infty}a_nx^n$ 的收敛半径为 R，则 $\sum\limits_{n=0}^{\infty}a_nx^n$ 的和函数在 $(-R,R)$ 连续；若还有 $\sum\limits_{n=0}^{\infty}a_nx^n$ 在 $x=R$(或 $x=-R$) 处收敛，则其和函数在 $x=R(x=-R)$ 处左(右)连续.

再根据一致收敛函数项级数的逐项积分性质,可以得到如下幂级数在收敛域内的逐项积分性质.

定理 12.4.8 对幂级数 $\sum\limits_{n=0}^{\infty}a_nx^n$ 的收敛域中的任何一点 x,有

$$\int_0^x\left(\sum_{n=0}^{\infty}a_nt^n\right)\mathrm{d}t=\sum_{n=0}^{\infty}\frac{a_n}{n+1}x^{n+1}.$$

使用 Cauchy - Hadamard 公式不难发现逐项可积所得的幂级数 $\sum\limits_{n=0}^{\infty}\frac{a_n}{n+1}x^n$ 与原幂级数 $\sum\limits_{n=0}^{\infty}a_nx^n$ 有相同的收敛半径. 但逐项积分后的幂级数的收敛域可能会有所改变,在端点处的收敛性可能会"变好",从不收敛变成收敛,但不会"变坏".

由函数项级数的可导性定理可以得到如下的幂级数在其收敛区间上的逐项可导性质.

定理 12.4.9 设幂级数 $\sum\limits_{n=0}^{\infty}a_nx^n$ 的收敛半径为 R,则 $\sum\limits_{n=0}^{\infty}a_nx^n$ 的和函数 $S(x)$ 在 $(-R,R)$ 上有任意阶连续导数,且有

$$S^{(k)}(x)=\sum_{n=k}^{\infty}n(n-1)\cdots(n-k+1)a_nx^{n-k}.$$

证明 对任意正整数 k,不难得出 $(a_nx^n)^{(k)}=n(n-1)\cdots(n-k+1)a_nx^{n-k}$. 由 Cauchy - Hadamard 公式不难验证幂级数 $\sum\limits_{n=k}^{\infty}n(n-1)(n-2)\cdots(n-k+1)a_nx^{n-k}$ 的收敛半径也是 R. 因此幂级数 $\sum\limits_{n=k}^{\infty}n(n-1)(n-2)\cdots(n-k+1)a_nx^{n-k}$ 在 $(-R,R)$ 上内闭一致收敛,由定理 12.3.7 可得 $S(x)$ 可以求任意次导数,且有

$$S^{(k)}(x)=\sum_{n=k}^{\infty}n(n-1)\cdots(n-k+1)a_nx^{n-k}\ (k=1,2,\cdots).$$

虽然逐次求导得到的幂级数

$$\sum_{n=k}^{\infty}n(n-1)(n-2)\cdots(n-k+1)a_nx^{n-k}$$

与原级数 $\sum\limits_{n=0}^{\infty}a_nx^n$ 有相同的收敛半径,但在端点处求完导数之后的幂级数收敛性可能会"变坏",不会"变好".

我们已经知道一些幂级数的和函数:

$$\sum_{n=0}^{\infty}x^n=1+x+x^2+\cdots+x^n+\cdots=\frac{1}{1-x},x\in(-1,1);$$

$$\sum_{n=0}^{\infty}(-1)^nx^n=1-x+x^2-\cdots+(-1)^nx^n+\cdots=\frac{1}{1+x},x\in(-1,1);$$

$$\sum_{n=0}^{\infty}x^{2n}=1+x^2+x^4+\cdots+x^{2n}+\cdots=\frac{1}{1-x^2},x\in(-1,1);$$

$$\sum_{n=0}^{\infty}(-1)^nx^{2n}=1-x^2+x^4-\cdots+(-1)^nx^{2n}+\cdots=\frac{1}{1+x^2},x\in(-1,1).$$

根据上面这面这些幂级数的和函数以及幂级数的性质,可以求出一些新的幂级数的和函数. 如在例12.3.5中已经求得

$$\sum_{n=1}^{\infty}\frac{(-1)^{n-1}}{2n-1}x^{2n-1}=x-\frac{x^3}{3}+\frac{x^5}{5}-\cdots=\arctan x,\quad x\in(-1,1).$$

实际上对于上述幂级数,根据幂级数的和函数在收敛域上的连续性可以得到,上述等式实际上在区间[−1,1]上成立.

例12.4.3 求幂级数 $\sum\limits_{n=1}^{\infty}nx^n$ 的和函数.

解　不难求得幂级数 $\sum\limits_{n=1}^{\infty}nx^n$ 的收敛域为(−1,1). 已知 $\sum\limits_{n=0}^{\infty}x^n=\frac{1}{1-x}(-1<x<1)$,则由幂级数的逐项求导公式可得,当 $x\in(-1,1)$ 时

$$\sum_{n=1}^{\infty}nx^{n-1}=\sum_{n=1}^{\infty}(x^n)'=\left(\sum_{n=1}^{\infty}x^n\right)'=\left(\sum_{n=0}^{\infty}x^n-1\right)'=\left(\frac{1}{1-x}-1\right)'=\frac{1}{(1-x)^2}.$$

因此当 $x\in(-1,1)$ 时有

$$\sum_{n=1}^{\infty}nx^n=x\sum_{n=1}^{\infty}nx^{n-1}=\frac{x}{(1-x)^2}.$$

例12.4.4 求幂级数 $\sum\limits_{n=0}^{\infty}(n+1)^2x^n$ 的和函数.

解　不难求得幂级数 $\sum\limits_{n=0}^{\infty}(n+1)^2x^n$ 的收敛域为(−1,1),且有

$$\sum_{n=0}^{\infty}(n+1)^2x^n=\sum_{n=0}^{\infty}(n+1)nx^n+\sum_{n=0}^{\infty}(n+1)x^n=\sum_{n=1}^{\infty}(n+1)nx^n+\sum_{n=1}^{\infty}nx^{n-1}.$$

当 $x\in(-1,1)$ 时有

$$\begin{aligned}\sum_{n=1}^{\infty}(n+1)nx^n&=x\sum_{n=1}^{\infty}(n+1)nx^{n-1}=x\sum_{n=1}^{\infty}(x^{n+1})''\\&=x\left(\sum_{n=1}^{\infty}x^{n+1}\right)''=x\left(\frac{1}{1-x}-1-x\right)''=\frac{2x}{(1-x)^3};\end{aligned}$$

$$\sum_{n=1}^{\infty}nx^{n-1}=\sum_{n=1}^{\infty}(x^n)'=\left(\sum_{n=1}^{\infty}x^n\right)'=\left(\frac{1}{1-x}-1\right)'=\frac{1}{(1-x)^2}.$$

因此有

$$\sum_{n=0}^{\infty}(n+1)^2x^n=\frac{2x}{(1-x)^3}+\frac{1}{(1-x)^2}=\frac{1+x}{(1-x)^3},-1<x<1.$$

12.4.3　函数的幂级数展开

前面已经看到幂级数有可逐项求导以及逐项积分的良好性质,这一小节考虑将常见函数表示成幂级数. 如果在一个区间 (x_0-R,x_0+R) 上,等式

$$f(x)=\sum_{n=0}^{\infty}a_n(x-x_0)^n$$

成立,则称 $f(x)$ 在区间 (x_0-R,x_0+R) 上可以幂级数展开. 由定理12.4.9可知:若 $f(x)$ 在一个区间 (x_0-R,x_0+R) 上可以幂级数展开,则在这个区间上 $f(x)$ 有任意阶导数. 进一步

再由

$$f^{(k)}(x)=\sum_{n=k}^{\infty}n(n-1)\cdots(n-k+1)a_n(x-x_0)^{n-k}\quad(k=1,2,\cdots)$$

可知

$$a_n=\frac{f^{(n)}(x_0)}{n!},\quad n=0,1,2,\cdots.$$

这说明如果 $f(x)$ 可以幂级数展开,则其展开式是唯一的,且有展开式

$$f(x)=\sum_{n=0}^{\infty}\frac{f^{(n)}(x_0)}{n!}(x-x_0)^n.$$

在讨论函数可以幂级数展开的充分条件之前,给出如下的概念.

定义 12.4.1 设 $f(x)$ 在 x_0 附近有任意阶导数,则称幂级数

$$\sum_{n=0}^{\infty}\frac{f^{(n)}(x_0)}{n!}(x-x_0)^n$$

为 $f(x)$ 生成的在 x_0 处的 Taylor 级数,记为

$$f(x)\sim\sum_{n=0}^{\infty}\frac{f^{(n)}(x_0)}{n!}(x-x_0)^n.$$

特别地,当 $x_0=0$ 时,也称所生成的 Taylor 级数为 $f(x)$ 的 Maclaurin 级数.

易见 $f(x)$ 生成的 Taylor 级数的部分和就是 $f(x)$ 在 x_0 处的 Taylor 多项式. 关于函数的 Taylor 级数有两个自然的问题:(1) 任给一个可以任意次求导的函数 $f(x)$,它生成的 Taylor 级数是否必在一个开区间上收敛? (2) 如果收敛的话,在这个开区间上是否会收敛到 $f(x)$? 针对这两个问题分别考虑两个例子. 取

$$f(x)=\sum_{n=0}^{\infty}\frac{\sin(2^n x)}{n!},$$

则可以验证 $f(x)$ 可以任意阶求导. 它在 $x=0$ 处生成的 Taylor 级数为

$$\sum_{n=0}^{\infty}\frac{(-1)^n e^{2^{2n+1}}}{(2n+1)!}x^{2n+1}.$$

这个幂级数只有在 $x=0$ 处收敛. 再考虑取

$$f(x)=\begin{cases}e^{-\frac{1}{x^2}}, & x\neq 0;\\ 0, & x=0.\end{cases}$$

则不难计算出 $f^{(n)}(0)=0,n=1,2,\cdots$,易见 $f(x)$ 在 $x=0$ 处生成的 Taylor 级数收敛(和函数为 0),但在任何一个包含 0 的开区间上不收敛到 $f(x)$. 因此上述两个问题的回答都是否定的. 只有当 $f(x)$ 生成的 Taylor 级数在一个区间上收敛,并且收敛到 $f(x)$ 时才有 $f(x)$ 可以幂级数展开,也称函数 $f(x)$ 能展开成 Taylor 级数.

对任意正整数 n,记

$$R_n(x)=f(x)-\sum_{k=0}^{n}\frac{f^{(k)}(x_0)}{k!}(x-x_0)^k.$$

不难验证 $f(x)$ 在区间 (x_0-R,x_0+R) 上能展开成 Taylor 级数当且仅当

$$\lim_{n\to\infty}R_n(x)=0,\forall x\in(x_0-R,x_0+R).$$

由上述函数能展开成 Taylor 级数的充要条件以及 Lagrange 余项的 Taylor 公式，不难得到函数 $f(x)$ 能展开成 Taylor 级数的一个如下充分条件.

定理 12.4.10 设 $f(x)$ 在区间 (x_0-R,x_0+R) 内有任意阶导数. 若 $\{f^{(n)}(x)\}$ 在区间 (x_0-R,x_0+R) 上一致有界，即存在 $M>0$，使得 $|f^{(n)}(x)|\leqslant M$ 对所有自然数 n 和所有 $x\in(x_0-R,x_0+R)$ 成立，则 $f(x)$ 在区间 (x_0-R,x_0+R) 内能展开成 Taylor 级数.

证明　由 Lagrange 余项的 Taylor 公式可知，对任意正整数 n，以及任意 $x\in(x_0-R,x_0+R)$，存在 $\theta\in(0,1)$，使得

$$|R_n(x)|=\left|\frac{f^{(n+1)}(x_0+\theta(x-x_0))}{(n+1)!}(x-x_0)^n\right|\leqslant\frac{MR^n}{(n+1)!}.$$

不难验证

$$\lim_{n\to\infty}\frac{MR^n}{(n+1)!}=0.$$

从而有

$$\lim_{n\to\infty}R_n(x)=0,\quad \forall x\in(x_0-R,x_0+R).$$

因此 $f(x)$ 在区间 (x_0-R,x_0+R) 内能展开成 Taylor 级数. 定理证毕!

例 12.4.5 将 e^x 展开成 Maclaurin 级数.

解　易见

$$e^x\sim\sum_{n=0}^{\infty}\frac{x^n}{n!}.$$

对任意的 $R>0$，当 $x\in(-R,R)$ 时有

$$|(e^x)^{(n)}|=e^x<e^R.$$

由定理 12.4.10 可知

$$e^x=\sum_{n=0}^{\infty}\frac{x^n}{n!},\quad x\in(-R,R).$$

由 R 的任意性可知

$$e^x=\sum_{n=0}^{\infty}\frac{x^n}{n!},\quad x\in(-\infty,+\infty).$$

例 12.4.6 将 $\sin x$ 展开成 Maclaurin 级数.

解　易见

$$\sin x\sim\sum_{n=0}^{\infty}\frac{(-1)^n}{(2n+1)!}x^{2n+1}.$$

又因为对任意正整数 n 和任意 $x\in(-\infty,+\infty)$ 有

$$|(\sin x)^{(n)}|=\left|\sin\left(x+\frac{n\pi}{2}\right)\right|\leqslant 1.$$

由定理 12.4.10 可知

$$\sin x=\sum_{n=0}^{\infty}\frac{(-1)^n}{(2n+1)!}x^{2n+1},\quad x\in(-\infty,+\infty).$$

类似地，还有

$$\cos x=\sum_{n=0}^{\infty}\frac{(-1)^n}{(2n)!}x^{2n},\quad x\in(-\infty,+\infty).$$

例 12.4.7 将 $f(x)=(1+x)^{\alpha}$ 展开成 Maclaurin 级数.

解 不难计算出

$$f(0)=1,f'(0)=\alpha,\cdots,f^{(n)}(0)=\alpha(\alpha-1)\cdots(\alpha-n+1).$$

因此有

$$f(x)\sim\sum_{n=0}^{\infty}\frac{\alpha(\alpha-1)\cdots(\alpha-n+1)}{n!}x^{n}.$$

这里只考虑 α 不是自然数的情形,α 是自然数的情形留给读者自行思考. 当 α 不是自然数时,不难计算出 $f(x)$的 Maclaurin 级数的收敛半径为 1. 但在收敛区间$(-1,1)$上$\lim\limits_{n\to\infty}R_n(x)=0$的验证比较繁难,其 Maclaurin 级数在端点的敛散性的判断也比较复杂. 在此不加证明地将结果陈列如下:

对任意 $x\in(-1,1)$,有

$$f(x)=(1+x)^{\alpha}=\sum_{n=0}^{\infty}\frac{\alpha(\alpha-1)\cdots(\alpha-n+1)}{n!}x^{n}.$$

当 $\alpha\leqslant-1$ 时,上式仅在区间$(-1,1)$上成立;

当 $-1<\alpha<0$ 时,上式在区间$(-1,1]$上成立;

当 $\alpha>0$ 时,上式在区间$[-1,1]$上成立.

上面几个例子都是通过求高阶导数的方式先将函数的 Maclaurin 级数求出来,再验证 $f(x)$在相应的收敛区间上是否等于其 Maclaurin 级数的和函数. 这种计算 Maclaurin 级数的方法一般情况下无疑会比较复杂,因而往往通过已知函数的 Maclaurin 级数以及幂级数的性质来计算函数的幂级数展开.

例 12.4.8 将 $\ln(1+x)$展开成 Maclaurin 级数.

解 由

$$\frac{1}{1+x}=\sum_{n=0}^{\infty}(-1)^{n}x^{n},\quad x\in(-1,1).$$

可知当 $x\in(-1,1)$时,

$$\ln(1+x)=\int_0^x\frac{1}{1+t}\mathrm{d}t=\int_0^x\Big[\sum_{n=0}^{\infty}(-1)^{n}t^{n}\Big]\mathrm{d}t=\sum_{n=0}^{\infty}\int_0^x(-1)^{n}t^{n}\mathrm{d}t=\sum_{n=0}^{\infty}\frac{(-1)^{n}}{n+1}x^{n+1}.$$

即有

$$\ln(1+x)=\sum_{n=1}^{\infty}\frac{(-1)^{n-1}}{n}x^{n},\quad x\in(-1,1).$$

不难算出上面幂级数的收敛域为$(-1,1]$,由 $\ln(1+x)$的连续性以及幂级数和函数的连续性可得上式在区间$(-1,1]$上成立.

类似地还有

$$\ln(1-x)=-\sum_{n=1}^{\infty}\frac{x^{n}}{n},\quad x\in[-1,1).$$

从例 12.4.7 的结论出发,可以得到如下函数的幂级数展开:

$$\sqrt{1+x}=1+\frac{1}{2}x+\sum_{n=2}^{\infty}(-1)^{n-1}\frac{(2n-3)!!}{(2n)!!}x^{n},\quad x\in[-1,1];$$

$$\frac{1}{\sqrt{1+x}}=1+\sum_{n=1}^{\infty}(-1)^{n}\frac{(2n-1)!!}{(2n)!!}x^{n},\quad x\in(-1,1];$$

$$\frac{1}{\sqrt{1-x^2}}=1+\sum_{n=1}^{\infty}\frac{(2n-1)!!}{(2n)!!}x^{2n},\quad x\in(-1,1];$$

$$\arcsin x=x+\sum_{n=1}^{\infty}\frac{(2n-1)!!}{(2n)!!}\frac{x^{2n+1}}{2n+1},\quad x\in[-1,1].$$

例 12.4.9 将 $f(x)=\dfrac{1}{1-x-2x^2}$ 展开成 Maclaurin 级数.

解 易见

$$f(x)=\frac{1}{1-x-2x^2}=\frac{1}{(1+x)(1-2x)}=\frac{1}{3}\left(\frac{1}{1+x}+\frac{2}{1-2x}\right).$$

进一步有

$$f(x)=\frac{1}{3}\left[\sum_{n=0}^{\infty}(-1)^n x^n+2\sum_{n=0}^{\infty}2^n x^n\right]=\sum_{n=0}^{\infty}\frac{(-1)^n+2^{n+1}}{3}x^n,\quad x\in\left(-\frac{1}{2},\frac{1}{2}\right).$$

例 12.4.10 将 $f(x)=\dfrac{e^x}{1-x}$ 展开成 Maclaurin 级数.

解

$$\begin{aligned}f(x)&=e^x\cdot\frac{1}{1-x}=\left(\sum_{n=0}^{\infty}\frac{x^n}{n!}\right)\left(\sum_{n=0}^{\infty}x^n\right)\\&=\sum_{n=0}^{\infty}\left(\frac{1}{0!}+\frac{1}{1!}+\cdots+\frac{1}{n!}\right)x^n,\quad x\in(-1,1).\end{aligned}$$

例 12.4.11 将 $f(x)=\ln x$ 在 $x=2$ 处展开成 Taylor 级数.

解 通过 $\ln(1+x)$的 Maclaurin 展开可得,当 $x\in(0,4]$时,

$$\ln x=\ln(2+x-2)=\ln 2+\ln\left(1+\frac{x-2}{2}\right)=\ln 2+\sum_{n=1}^{\infty}\frac{(-1)^{n-1}}{n}\cdot\left(\frac{x-2}{2}\right)^n,$$

即有

$$\ln x=\ln 2+\sum_{n=1}^{\infty}\frac{(-1)^{n-1}}{n\cdot 2^n}\cdot(x-2)^n,x\in(0,4].$$

使用已知函数的 Taylor 展开,也可以求出一些幂级数的和函数.

例 12.4.12 求幂级数 $\sum\limits_{n=0}^{\infty}\dfrac{x^{2n}}{(2n)!}$ 的和函数.

解 根据如下的 Taylor 展开式

$$e^x=\sum_{n=0}^{\infty}\frac{x^n}{n!}=1+x+\frac{x^2}{2!}+\frac{x^3}{3!}+\cdots,\quad x\in(-\infty,+\infty);$$

$$e^{-x}=\sum_{n=0}^{\infty}\frac{(-1)^n x^n}{n!}=1-x+\frac{x^2}{2!}-\frac{x^3}{3!}+\cdots,\quad x\in(-\infty,+\infty),$$

可知

$$\sum_{n=0}^{\infty}\frac{x^{2n}}{(2n)!}=\frac{1}{2}(e^x+e^{-x}),\quad x\in(-\infty,+\infty).$$

采用类似的方法还可以求得

$$\sum_{n=0}^{\infty}\frac{x^{4n}}{(4n)!}=\frac{1}{4}(e^x+e^{-x})+\frac{1}{2}\cos x,\quad x\in(-\infty,+\infty).$$

例 12.4.13 求级数 $\sum_{n=1}^{\infty}\frac{n^2}{n!}$ 的和.

解 先求幂级数 $\sum_{n=1}^{\infty}\frac{n^2}{n!}x^n$ 的和函数. 易见当 $x\in(-\infty,+\infty)$ 时

$$\sum_{n=1}^{\infty}\frac{n^2}{n!}x^n=\sum_{n=1}^{\infty}\frac{n}{(n-1)!}x^n=\sum_{n=0}^{\infty}\frac{n+1}{n!}x^n=\sum_{n=0}^{\infty}\frac{n}{n!}x^n+\sum_{n=0}^{\infty}\frac{1}{n!}x^n$$

$$=\sum_{n=1}^{\infty}\frac{1}{(n-1)!}x^n+\sum_{n=0}^{\infty}\frac{1}{n!}x^n=x\sum_{n=0}^{\infty}\frac{1}{n!}x^n+\sum_{n=0}^{\infty}\frac{1}{n!}x^n=x\mathrm{e}^x+\mathrm{e}^x.$$

特别地,取 $x=1$ 可得 $\sum_{n=1}^{\infty}\frac{n^2}{n!}=2\mathrm{e}$.

例 12.4.14 求级数 $\sum_{n=0}^{\infty}(-1)^n\frac{n+1}{(2n+1)!}$ 的和.

解 易见

$$\sum_{n=0}^{\infty}(-1)^n\frac{(n+1)}{(2n+1)!}=\frac{1}{2}\sum_{n=0}^{\infty}(-1)^n\frac{2(n+1)}{(2n+1)!}.$$

下面求幂级数 $\sum_{n=0}^{\infty}(-1)^n\frac{2(n+1)}{(2n+1)!}x^{2n+1}$ 的和函数. 易见有

$$\sum_{n=0}^{\infty}(-1)^n\frac{2(n+1)}{(2n+1)!}x^{2n+1}=\sum_{n=0}^{\infty}\left[(-1)^n\frac{x^{2n+2}}{(2n+1)!}\right]'=\left[\sum_{n=0}^{\infty}(-1)^n\frac{x^{2n+2}}{(2n+1)!}\right]'$$

$$=\left[x\sum_{n=0}^{\infty}(-1)^n\frac{x^{2n+1}}{(2n+1)!}\right]'=(x\sin x)'=\sin x+x\cos x.$$

令 $x=1$,即得 $\sum_{n=0}^{\infty}(-1)^n\frac{2(n+1)}{(2n+1)!}=\sin 1+\cos 1$. 因此

$$\sum_{n=0}^{\infty}(-1)^n\frac{n+1}{(2n+1)!}=\frac{1}{2}(\sin 1+\cos 1).$$

本节的最后举例说明幂级数在近似计算中的作用.

例 12.4.15 前面已经得到函数 $\arcsin x$ 的幂级数展开

$$\arcsin x=x+\sum_{n=1}^{\infty}\frac{(2n-1)!!}{(2n)!!}\cdot\frac{x^{2n+1}}{2n+1},x\in[-1,1].$$

特别地,取 $x=1$,可以得到关于 π 的一个级数表示

$$\frac{\pi}{2}=1+\sum_{n=1}^{\infty}\frac{(2n-1)!!}{(2n)!!}\cdot\frac{1}{2n+1}.$$

利用这个级数展开式,可以计算 π 的近似值. 但这个级数收敛的速度太慢,要达到一定的精度的计算量比较大. 为使收敛速度更快,可以考虑取 $x=\frac{1}{2}$,此时可以得到关于 π 的另一个级数表示:

$$\frac{\pi}{6}=\frac{1}{2}+\sum_{n=1}^{\infty}\frac{(2n-1)!!}{(2n)!!}\cdot\frac{1}{2n+1}\cdot\left(\frac{1}{2}\right)^{2n+1}.$$

进一步有

$$\pi = 3 + 6\sum_{n=1}^{\infty} \frac{(2n-1)!!}{(2n)!!} \cdot \frac{1}{2n+1} \cdot \left(\frac{1}{2}\right)^{2n+1}.$$

易知系数$\frac{(2n-1)!!}{(2n)!!} \cdot \frac{1}{2n+1}$单调递减，不难发现算到前 9 项

$$3 + 6\sum_{n=1}^{9} \frac{(2n-1)!!}{(2n)!!} \cdot \frac{1}{2n+1} \cdot \left(\frac{1}{2}\right)^{2n+1}$$

时，误差就小于 10^{-5}，这个部分和已精确到了 π 的小数点后第四位的近似值 3.1416.

习题 12.4

1. 求下列幂级数的收敛域：

(1) $\sum\limits_{n=1}^{\infty}\left(1+\frac{1}{n}\right)^{n^2}(x-1)^n$；

(2) $\sum\limits_{n=1}^{\infty}\left(1+\frac{1}{2}+\cdots+\frac{1}{n}\right)x^n$；

(3) $\sum\limits_{n=0}^{\infty}(-1)^n\frac{\ln(n+1)}{n+1}(x+1)^n$；

(4) $\sum\limits_{n=0}^{\infty}\frac{x^n}{a^{\sqrt{n}}}(a>0)$；

(5) $\sum\limits_{n=1}^{\infty}(-1)^n\frac{x^{2n}}{n\cdot 2^n}$；

(6) $\sum\limits_{n=0}^{\infty}\frac{(n!)^2}{(2n)!}x^n$；

(7) $\sum\limits_{n=1}^{\infty}\frac{\ln^2 n}{n^n}x^{n^2}$；

(8) $\sum\limits_{n=1}^{\infty}\left[\frac{(2n-1)!!}{2n!!}\right]^p\left(\frac{x-1}{2}\right)^n$.

2. 设正项级数 $\sum\limits_{n=1}^{\infty}a_n$ 发散，$A_n=\sum\limits_{k=1}^{n}a_k$，且 $\lim\limits_{n\to\infty}\frac{a_n}{A_n}=0$，求幂级数 $\sum\limits_{n=1}^{\infty}a_nx^n$ 和 $\sum\limits_{n=1}^{\infty}A_nx^n$ 的收敛半径.

3. 求下列幂级数的和函数：

(1) $\sum\limits_{n=0}^{\infty}\frac{x^{2n}}{2n+1}$；

(2) $\sum\limits_{n=1}^{\infty}(-1)^{n-1}n^2x^n$；

(3) $\sum\limits_{n=1}^{\infty}\frac{x^n}{n(n+1)}$；

(4) $\sum\limits_{n=1}^{\infty}n(n+1)x^n$；

(5) $\sum\limits_{n=1}^{\infty}n^3x^n$；

(6) $\sum\limits_{n=1}^{\infty}\frac{1}{3!}(n+1)(n+2)(n+3)x^n$.

4. 证明如下等式：

$$\int_0^1\left[-\frac{\ln(1-x)}{x}\right]dx=\sum_{n=1}^{\infty}\frac{1}{n^2}.$$

5. 证明：

$$\frac{\pi}{4}=1-\frac{1}{3}+\frac{1}{5}-\cdots+\frac{(-1)^{n-1}}{2n-1}+\cdots.$$

6. 设 $f(x)=\sum_{n=1}^{\infty}\frac{x^n}{n^2\ln(1+n)}$，证明：

(1) $f(x)$在$[-1,1]$上连续；

(2) $f(x)$在 $x=-1$ 处可导；

(3) $\lim_{x\to 1-}f'(x)=+\infty$,进一步证明 $f(x)$在 $x=1$ 处不可导.

7. 设 $S(x)=\sum_{n=1}^{\infty}\frac{x^n}{n^2}, 0\leqslant x\leqslant 1$. 证明:对任意的 $x\in(0,1)$,有

$$S(x)+S(1-x)+\ln x\cdot\ln(1-x)\equiv C,$$

其中 $C=S(1)=\sum_{n=1}^{\infty}\frac{1}{n^2}$.

8. 利用已知的幂级数展开,将下列函数展开成 Maclaurin 级数：

(1) e^{x^2}；　(2) $\cos^2 x$；

(3) $\ln\sqrt{\frac{1+x}{1-x}}$；　(4) $\frac{x}{1+x-2x^2}$；

(5) $(1+x)e^{-x}$；　(6) $(1+x)\ln(1+x)$；

(7) $x\arctan x-\ln\sqrt{1+x^2}$；　(8) $\int_0^x\frac{\sin t}{t}dt$；

(9) $\ln(x+\sqrt{1+x^2})$；　(10) $\arctan\frac{2x}{1-x^2}$.

9. 求下列函数在指定点的 Taylor 展开：

(1) $1+2-3x^2+5x^3$，　$x_0=1$；　(2) $\frac{1}{x^2}$，　$x_0=-1$；

(3) $\sin x$，　$x_0=\frac{\pi}{6}$；　(4) $\frac{x-1}{x+1}$，　$x_0=1$.

10. 应用$\frac{e^x-1}{x}$的 Maclaurin 展开证明：

$$\sum_{n=1}^{\infty}\frac{n}{(n+1)!}=1.$$

11. 利用幂级数展开,计算

$$\int_0^1\frac{\ln x}{1-x^2}dx.$$

12. 求下列函数的和函数：

(1) $\sum_{n=1}^{\infty}\frac{n^2+1}{2^n n}x^n$；　(2) $\sum_{n=1}^{\infty}\frac{(-1)^{n-1}}{n(n+1)}\left(\frac{2+x}{2-x}\right)^n$；

(3) $\sum_{n=1}^{\infty}\left(1+\frac{1}{2}+\cdots+\frac{1}{n}\right)x^n$.

13. 求下列级数的和：

(1) $\sum_{n=2}^{\infty} \frac{1}{2^n(n^2-1)}$；

(2) $\sum_{n=1}^{\infty}(-1)^n \frac{n}{2^n}$；

(3) $\sum_{n=1}^{\infty} \frac{n(n+2)}{4^{n+1}}$；

(4) $\sum_{n=1}^{\infty} \frac{(n+1)^2}{2^n}$；

(5) $\sum_{n=1}^{\infty}(-1)^n \frac{2^{n+1}}{n!}$.

14. 设曲线 $x^{\frac{1}{n}}+y^{\frac{1}{n}}=1(n>1)$ 在第一象限与坐标轴围成的面积为 I_n，证明：

(1) $I_n=2n\int_0^1(1-t^2)^2 t^{2n-1}\mathrm{d}t$；

(2) $\sum_{n=1}^{\infty} I_n<4$.

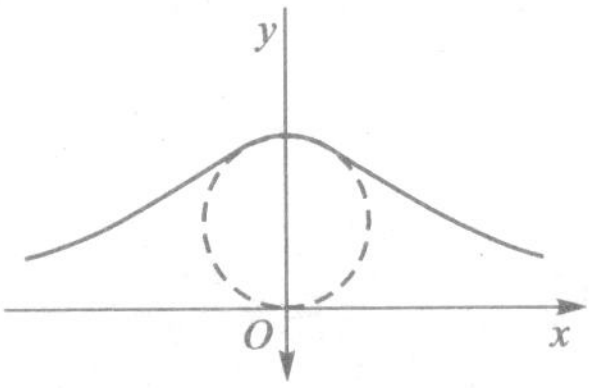

第 13 章　傅里叶(Fourier)级数

在学习本章之前，先介绍几个基础概念。

(1) 简谐振动. 物体在与位移成正比的恢复力的作用下，在其平衡位置附近按正弦规律作往复运动称为简谐振动. 以 y 表示位移，t 表示时间，简谐振动的数学表达式为

$$y=A\sin(\omega t+\varphi),$$

式中 A 为位移 y 的最大值，称为振幅，表示振动的强度；ω 为角频率，表示每秒振动幅角的增量；φ 称为初相位；$f=\dfrac{\omega}{2\pi}$表示每秒振动的周数，称为频率，它的倒数 $T=\dfrac{1}{f}=\dfrac{2\pi}{\omega}$，表示振动一周所需的时间，称为周期. 振幅 A、频率 f(或角频率 ω)和初相位 φ 称为简谐振动三要素.

(2) 部分三角函数公式.

$\sin\alpha\cos\beta=\dfrac{1}{2}[\sin(\alpha+\beta)+\sin(\alpha-\beta)]$，$\sin\alpha\sin\beta=-\dfrac{1}{2}[\cos(\alpha+\beta)-\cos(\alpha-\beta)]$，

$\cos\alpha\sin\beta=\dfrac{1}{2}[\sin(\alpha+\beta)-\sin(\alpha-\beta)]$，$\cos\alpha\cos\beta=\dfrac{1}{2}[\cos(\alpha+\beta)+\cos(\alpha-\beta)]$，

$\sin\theta+\sin\varphi=2\sin\dfrac{\theta+\varphi}{2}\cos\dfrac{\theta-\varphi}{2}$，　$\sin\theta-\sin\varphi=2\cos\dfrac{\theta+\varphi}{2}\sin\dfrac{\theta-\varphi}{2}$，

$\cos\theta+\cos\varphi=2\cos\dfrac{\theta+\varphi}{2}\cos\dfrac{\theta-\varphi}{2}$，　$\cos\theta-\cos\varphi=2\sin\dfrac{\theta+\varphi}{2}\sin\dfrac{\theta-\varphi}{2}$，

$\sin(\alpha+\beta)=\sin\alpha\cos\beta+\cos\alpha\sin\beta$，　$\sin(\alpha-\beta)=\sin\alpha\cos\beta-\cos\alpha\sin\beta$，

$\cos(\alpha+\beta)=\cos\alpha\cos\beta-\sin\alpha\sin\beta$.　$\cos(\alpha-\beta)=\cos\alpha\cos\beta+\sin\alpha\sin\beta$.

约定：本章所说的函数可积是指黎曼可积，绝对可积是指若 $f(x)$无界，其瑕积分绝对可积.

13.1　周期函数的 Fourier 级数

简谐振动是最简单的振动之一. 在对振动的研究中，人们发现：任何复杂的振动都可以分解为一系列简谐振动之和. 用数学语言描述该结论就是：在一定条件下，周期为 T 的函数 $f(t)$，可以表示成

$$f(t)=A_0+\sum_{n=1}^{\infty}A_n\sin(n\omega t+\varphi_n). \tag{13.1.1}$$

利用三角函数的性质

$$A_n\sin(n\omega t+\varphi_n)=A_n\sin\varphi_n\cos n\omega t+A_n\cos\varphi_n\sin n\omega t,$$

令

$$\frac{a_0}{2}=A_0,\ a_n=A_n\sin\varphi_n,\ b_n=A_n\cos\varphi_n,\ x=\omega t\ (n=1,2,3,\cdots),$$

则式(13.1.1)右端的级数可用表示为

$$\frac{a_0}{2}+\sum_{n=1}^{\infty}(a_n\cos nx+b_n\sin nx),$$

该级数由三角函数系$\{1,\sin x,\cos x,\sin 2x,\cos 2x,\cdots,\sin nx,\cos nx,\cdots\}$构成,因此称为三角级数.

上述三角函数系中的函数都是以 2π 为周期的函数. 本章研究的主要问题是:在什么条件下可将以 2π 为周期的函数 $f(x)$表示为三角级数,以及如何确定其中的系数 $a_0,a_n,b_n(n=1,2,3,\cdots)$.

首先要确定其系数. 这里要用到三角函数系的一个重要性质——正交性. 类似于向量空间理论中向量的正交性,若定义两个函数在区间$[a,b]$上的内积为 $<f(x),g(x)>=\int_a^b f(x)g(x)\mathrm{d}x$,可得如下两个函数正交的定义.

定义 13.1.1 设函数 $f(x),g(x)$在区间$[a,b]$上可积,若内积

$$<f(x),g(x)>=\int_a^b f(x)g(x)\mathrm{d}x=0,$$

则称函数 $f(x),g(x)$在区间$[a,b]$上正交.

根据三角函数基本公式,通过直接计算可得三角函数系具有如下性质:

$$\int_{-\pi}^{\pi}\cos nx\,\mathrm{d}x=\int_{-\pi}^{\pi}1\cdot\cos nx\,\mathrm{d}x=0,\ (n=1,2,3,\cdots).$$

$$\int_{-\pi}^{\pi}\sin nx\,\mathrm{d}x=\int_{-\pi}^{\pi}1\cdot\sin nx\,\mathrm{d}x=0,\ (n=1,2,3,\cdots).$$

$$\int_{-\pi}^{\pi}\cos mx\cos nx\,\mathrm{d}x=\begin{cases}0, & m\neq n,\\ \pi, & m=n,\end{cases}\quad m,n=1,2,3\cdots.$$

$$\int_{-\pi}^{\pi}\sin nx\sin mx\,\mathrm{d}x=\begin{cases}0, & m\neq n,\\ \pi, & m=n.\end{cases}\quad m,n=1,2,3\cdots.$$

$$\int_{-\pi}^{\pi}\sin nx\cos mx\,\mathrm{d}x=0,m,n=1,2,3\cdots.$$

$$\int_{-\pi}^{\pi}1\mathrm{d}x=\int_{-\pi}^{\pi}1\cdot 1\mathrm{d}x=2\pi.$$

即三角函数系中的任意两个函数在区间$[-\pi,\pi]$上满足正交性.

为确定三角级数中的系数,先假定函数 $f(x)$可以表示为

$$f(x)=\frac{a_0}{2}+\sum_{n=1}^{\infty}(a_n\cos nx+b_n\sin nx),$$

并假设上式右端的三角级数满足一致收敛的条件.

在上式两边同乘以 $\cos mx$ 得

$$f(x)\cos mx=\frac{a_0\cos mx}{2}+\sum_{n=1}^{\infty}(a_n\cos nx\cos mx+b_n\sin nx\cos mx).$$

由于上式右侧的级数仍然一致收敛,将上式两边在$[-\pi,\pi]$上积分,得

$$\int_{-\pi}^{\pi}f(x)\cos mx\,\mathrm{d}x=\int_{-\pi}^{\pi}\frac{a_0\cos mx}{2}\mathrm{d}x+$$
$$\sum_{n=1}^{\infty}a_n\int_{-\pi}^{\pi}\cos nx\cos mx\,\mathrm{d}x+\sum_{n=1}^{\infty}b_n\int_{-\pi}^{\pi}\sin nx\cos mx\,\mathrm{d}x.$$

根据三角函数的正交性,右端第三部分始终为 0;$m=0$ 时第一项不为 0,第二部分全部为 0;当 $m=n$ 时除第二部分的第 m 项外全为 0,因此可得

$$a_m=\frac{1}{\pi}\int_{-\pi}^{\pi}f(x)\cos mx\,\mathrm{d}x,\quad m=0,1,2,3,\cdots.$$

类似地,两侧同乘以 $\sin mx$ 并逐项积分可得

$$b_m=\frac{1}{\pi}\int_{-\pi}^{\pi}f(x)\sin mx\,\mathrm{d}x,\quad m=1,2,3\cdots.$$

定义 13.1.2 (Fourier 系数和 Fourier 级数) 设 $f(x)$ 是以 2π 为周期的函数,在区间 $[-\pi,\pi]$ 上可积或绝对可积,则称

$$\begin{cases}a_n=\dfrac{1}{\pi}\displaystyle\int_{-\pi}^{\pi}f(x)\cos nx\,\mathrm{d}x, & n=0,1,2,3,\cdots,\\ b_n=\dfrac{1}{\pi}\displaystyle\int_{-\pi}^{\pi}f(x)\sin nx\,\mathrm{d}x, & n=1,2,3\cdots.\end{cases}$$

为函数 $f(x)$ 的 Fourier 系数,并称以 a_n 和 b_n 为系数的三角级数为函数 $f(x)$ 的 Fourier 级数,记为

$$f(x)\sim\frac{a_0}{2}+\sum_{n=1}^{\infty}(a_n\cos nx+b_n\sin nx).$$

从该定义可以看出,只要以 2π 为周期的函数 $f(x)$ 在区间 $[-\pi,\pi]$ 上可积或绝对可积,就可以求出其 Fourier 系数和相应的 Fourier 级数,但无法确定 Fourier 级数是否收敛,即使该级数收敛也无法知道否收敛到 $f(x)$. 在级数与函数之间无法直接画等号,因此用记号“~”表示. Fourier 级数具有强烈的应用背景,在工程技术领域特别是通信、数字处理等领域有着重要应用.

下面给出一个关于 Fourier 级数收敛的常用结论,此结论将在下一节证明.

定理 13.1.1 设 $f(x)$ 是以 2π 为周期的函数,且在 $[-\pi,\pi]$ 上分段光滑,则对 $x\in[-\pi,\pi]$,$f(x)$ 的 Fourier 级数在点 x 收敛于 $f(x)$ 在点 x 的左、右极限的算数平均值

$$\frac{a_0}{2}+\sum_{n=1}^{\infty}(a_n\cos nx+b_n\sin nx)=\frac{f(x+0)+f(x-0)}{2}.$$

若 $f(x)$ 的导函数 $f'(x)$ 在 $[a,b]$ 上连续,则称 $f(x)$ 在 $[a,b]$ 上光滑,当 $f'(x)$ 在 $[a,b]$ 上除至多有限个第一类间断点外都连续,则称 $f(x)$ 在 $[a,b]$ 上分段光滑. 若 $f(x)$ 在区间 $[a,b]$ 上分段光滑,则对任意 $x\in[a,b]$,$f(x)$ 在该点的左、右极限 $f(x\pm0)$ 都存在,且有相应的广义单侧导数

$$\lim_{t\to0^+}\frac{f(x+t)-f(x+0)}{t}=f'(x+0),\quad \lim_{t\to0^+}\frac{f(x-t)-f(x-0)}{t}=f'(x-0).$$

13.1.1 周期为 2π 的函数的 Fourier 级数

求函数的 Fourier 展开式时,如果只给出函数 $f(x)$ 在一个周期 $[-\pi,\pi]$ 上的表达式,一般应延拓成周期为 2π 的周期函数.

例 13.1.1 求函数 $f(x)=\begin{cases}x, & x\in(-\pi,\pi]\\ \pi, & x=-\pi\end{cases}$ 的 Fourier 级数.

解 计算 Fourier 系数得

$$a_n=\frac{1}{\pi}\int_{-\pi}^{\pi}f(x)\cos nx\,\mathrm{d}x=\frac{1}{\pi}\int_{-\pi}^{\pi}x\cos nx\,\mathrm{d}x=0,\quad n=0,1,2,3,\cdots,$$

$$b_n=\frac{1}{\pi}\int_{-\pi}^{\pi}f(x)\sin nx\,\mathrm{d}x=\frac{2}{\pi}\int_{0}^{\pi}x\sin nx\,\mathrm{d}x$$

$$=\frac{2}{\pi}\left[-\frac{x\cos nx}{n}\Big|_0^{\pi}+\frac{1}{n}\int_0^{\pi}\cos nx\,\mathrm{d}x\right]=(-1)^{n+1}\frac{2}{n},\quad n=1,2,3,\cdots.$$

于是

$$f(x)\sim 2\sum_{n=1}^{\infty}(-1)^{n+1}\frac{\sin nx}{n}.$$

根据定理 13.1.1 可得

$$2\sum_{n=1}^{\infty}(-1)^{n+1}\frac{\sin nx}{n}=\begin{cases}x, & x\in(-\pi,\pi),\\ \dfrac{f(\pi+0)+f(\pi-0)}{2}, & x=-\pi,\pi,\end{cases}$$

$$=\begin{cases}f(x), & x\in(-\pi,\pi),\\ 0, & x=-\pi,\pi.\end{cases}$$

进一步,在上例函数的 Fourier 展开式中,取 $x=\dfrac{\pi}{2}$,可得

$$\frac{\pi}{2}=2\sum_{n=1}^{\infty}(-1)^{n+1}\frac{\sin nx}{n}=2\sum_{n=1}^{\infty}(-1)^{n+1}\frac{\sin\dfrac{n\pi}{2}}{n},$$

$$\frac{\pi}{4}=\sum_{k=1}^{\infty}(-1)^{2k}\frac{\sin\dfrac{2k-1}{2}\pi}{2k-1}=\sum_{k=1}^{\infty}\frac{(-1)^{k+1}}{2k-1}=1-\frac{1}{3}+\frac{1}{5}-\frac{1}{7}+\cdots.$$

例 13.1.2 求函数 $f(x)=x^2,x\in[-\pi,\pi]$的 Fourier 级数.

解　计算 Fourier 系数得

$$a_0=\frac{1}{\pi}\int_{-\pi}^{\pi}f(x)\,\mathrm{d}x=\frac{2}{\pi}\int_0^{\pi}x^2\,\mathrm{d}x=\frac{2}{3}\pi^2,$$

$$a_n=\frac{1}{\pi}\int_{-\pi}^{\pi}f(x)\cos nx\,\mathrm{d}x=\frac{2}{\pi}\int_0^{\pi}x^2\cos nx\,\mathrm{d}x=\frac{2}{\pi}\left(\frac{x^2\sin nx}{n}\Big|_0^{\pi}-\frac{2}{n}\int_0^{\pi}x\sin nx\,\mathrm{d}x\right)$$

$$=\frac{4\cos n\pi}{n^2}=(-1)^n\frac{4}{n^2},\quad n=1,2,3,\cdots,$$

$$b_n=\frac{1}{\pi}\int_{-\pi}^{\pi}f(x)\sin nx\,\mathrm{d}x=\frac{1}{\pi}\int_{-\pi}^{\pi}x^2\sin nx\,\mathrm{d}x=0,\quad n=1,2,3,\cdots.$$

所以有

$$x^2\sim\frac{\pi^2}{3}+4\sum_{n=1}^{\infty}(-1)^n\frac{\cos nx}{n^2}.$$

根据定理 13.1.1 可得

$$x^2=\frac{\pi^2}{3}+4\sum_{n=1}^{\infty}(-1)^n\frac{\cos nx}{n^2},\quad x\in[-\pi,\pi].$$

进一步,分别取 $x=0,x=\pi$ 可得

$$\frac{\pi^2}{12}=\sum_{n=1}^{\infty}(-1)^{n-1}\frac{1}{n^2},\quad \frac{\pi^2}{6}=\sum_{n=1}^{\infty}\frac{1}{n^2}.$$

从上面的计算过程可以发现,根据定积分的性质,当函数为奇函数时,其 Fourier 系数满足

$$a_n=\frac{1}{\pi}\int_{-\pi}^{\pi}f(x)\cos nx\,\mathrm{d}x=0,\quad n=0,1,2,3,\cdots,$$

$$b_n=\frac{1}{\pi}\int_{-\pi}^{\pi}f(x)\sin nx\,\mathrm{d}x=\frac{2}{\pi}\int_0^{\pi}f(x)\sin nx\,\mathrm{d}x,\quad n=1,2,3,\cdots.$$

此时 Fourier 级数的形式为

$$f(x)\sim\sum_{n=1}^{\infty}b_n\sin nx.$$

级数中仅含有正弦函数,因此称为正弦级数.

同理,当函数为偶函数时,Fourier 系数满足

$$a_n=\frac{2}{\pi}\int_0^{\pi}f(x)\cos nx\,\mathrm{d}x,\quad n=0,1,2,3,\cdots,$$

$$b_n=0,\quad n=1,2,3,\cdots.$$

此时 Fourier 级数的形式为

$$f(x)\sim\frac{a_0}{2}+\sum_{n=1}^{\infty}a_n\cos nx.$$

这种形式的级数称为余弦级数.

例 13.1.3 将函数 $f(x)=x^2,0<x<\pi$,分别展开为余弦级数和正弦级数.

解 (1) 将函数 $f(x)=x^2,0<x<\pi$ 进行偶延拓,即考虑

$$F(x)=\begin{cases}x^2, & x\in[0,\pi),\\ x^2, & x\in(-\pi,0),\end{cases}$$

的 Fourier 级数展开,此时即为例 13.1.2 的展开结果.

(2) 将函数 $f(x)=x^2,0<x<\pi$ 进行奇延拓,即考虑

$$F(x)=\begin{cases}x^2, & x\in[0,\pi),\\ -x^2, & x\in(-\pi,0),\end{cases}$$

的 Fourier 级数展开. 此时显然

$$a_n=0,n=0,1,2,3,\cdots.$$

$$\begin{aligned}b_n&=\frac{2}{\pi}\int_0^{\pi}x^2\sin nx\,\mathrm{d}x=\frac{2}{\pi}\left(-\frac{x^2\cos nx}{n}\Big|_0^{\pi}+\frac{2}{n}\int_0^{\pi}x\cos nx\,\mathrm{d}x\right)\\&=(-1)^{n-1}\frac{2\pi}{n}+\frac{4}{n^2\pi}\left(x\sin nx\Big|_0^{\pi}-\int_0^{\pi}\sin nx\,\mathrm{d}x\right)\\&=(-1)^{n-1}\frac{2\pi}{n}+\frac{4}{n^3\pi}[(-1)^n-1].\end{aligned}$$

即得

$$F(x)\sim 2\pi\sum_{n=1}^{\infty}\frac{(-1)^{n-1}}{n}\sin nx-\frac{8}{\pi}\sum_{n=1}^{\infty}\frac{\sin(2n-1)x}{(2n-1)^3},\quad x\in(-\pi,\pi).$$

再根据定理 13.1.1 可得

$$f(x)=2\pi\sum_{n=1}^{\infty}\frac{(-1)^{n-1}}{n}\sin nx-\frac{8}{\pi}\sum_{n=1}^{\infty}\frac{\sin(2n-1)x}{(2n-1)^3},\quad x\in(0,\pi).$$

例 13.1.4 将函数 e^{ax}（a 为给定的实数）在 $(0,2\pi)$ 上展开为 Fourier 级数，并求 $\sum_{n=1}^{\infty}\frac{1}{1+n^2}$.

解 首先计算 Fourier 系数，根据分部积分构造循环的技巧可得

$$a_n=\frac{1}{\pi}\int_0^{2\pi}e^{ax}\cos nx\,dx=\frac{1}{\pi}\frac{e^{ax}}{a^2+n^2}(a\cos nx+n\sin nx)\Big|_0^{2\pi}$$

$$=\frac{e^{2\pi a}-1}{\pi}\frac{a}{a^2+n^2},\quad n=0,1,2,3,\cdots,$$

$$b_n=\frac{1}{\pi}\int_0^{2\pi}e^{ax}\sin nx\,dx=\frac{1}{\pi}\frac{e^{ax}}{a^2+n^2}(a\sin nx-n\cos nx)\Big|_0^{2\pi}$$

$$=\frac{e^{2\pi a}-1}{\pi}\frac{-n}{a^2+n^2},\quad n=1,2,3,\cdots,$$

则有

$$e^{ax}=\frac{e^{2\pi a}-1}{\pi}\left(\frac{1}{2a}+\sum_{n=1}^{\infty}\frac{a\cos nx-n\sin nx}{a^2+n^2}\right),\quad x\in(0,2\pi).$$

根据定理 13.1.1，当 $x=0$ 时，级数收敛，其值为

$$\frac{f(0+0)+f(2\pi-0)}{2}=\frac{1+e^{2\pi a}}{2}.$$

因此，在函数的 Fourier 级数中取 $a=1,x=0$，可得

$$\frac{1+e^{2\pi}}{2}=\frac{e^{2\pi}-1}{\pi}\left(\frac{1}{2}+\sum_{n=1}^{\infty}\frac{1}{1+n^2}\right),$$

由此可得

$$\sum_{n=1}^{\infty}\frac{1}{1+n^2}=\frac{\pi}{2}\frac{e^{2\pi}+1}{e^{2\pi}-1}-\frac{1}{2}.$$

13.1.2 周期为 2l 的函数的 Fourier 级数

设 $f(x)$ 是周期为 $2l$ 的函数，它在 $[-l,l]$ 上可积或绝对可积. 作变换

$$t=\frac{\pi x}{l}\quad 或\quad x=\frac{lt}{\pi},$$

则

$$F(t)=f\left(\frac{lt}{\pi}\right)=f(x)$$

是关于 t 的周期为 2π 的周期函数，且 $F(t)$ 在 $[-\pi,\pi]$ 上可积或绝对可积. $F(t)$ 的 Fourier 系数可表示为

$$a_n=\frac{1}{\pi}\int_{-\pi}^{\pi}F(t)\cos nt\,dt=\frac{1}{l}\int_{-l}^{l}f(x)\cos\frac{n\pi x}{l}dx,\quad n=0,1,2,3\cdots,$$

$$b_n=\frac{1}{\pi}\int_{-\pi}^{\pi}F(t)\sin nt\,dt=\frac{1}{l}\int_{-l}^{l}f(x)\sin\frac{n\pi x}{l}dx,\quad n=1,2,3,\cdots.$$

所以 $F(t)$ 的 Fourier 级数是

$$F(t)\sim\frac{a_0}{2}+\sum_{n=1}^{\infty}(a_n\cos nt+b_n\sin nt).$$

因为 $t=\frac{\pi x}{l}$,所以 $f(x)$ 对应的 Fourier 级数是

$$f(x)\sim\frac{a_0}{2}+\sum_{n=1}^{\infty}\left(a_n\cos\frac{n\pi x}{l}+b_n\sin\frac{n\pi x}{l}\right).$$

从上面系数的表达式可以看出,周期为 2π 的函数是周期为 $2l$ 函数的特例,因此定理 13.1.1 的收敛性条件对周期为 $2l$ 函数的 Fourier 级数仍然成立. 同样,也可以研究周期为 $2l$ 的函数的正弦级数和余弦级数.

例 13.1.5 将函数 $f(x)=\begin{cases}x, & x\in[0,1),\\ 2-x, & x\in[1,2],\end{cases}$ 在 $[0,2]$ 上展开为正弦级数和余弦级数.

解 (1) 展开为正弦级数. 将 $f(x)$ 先做奇延拓,再做周期延拓,延拓为周期为 $2l$ 的函数,其中 $l=2$,则

$$a_n=0,\quad n=0,1,2,3\cdots,$$

$$b_n=\frac{2}{l}\int_0^l f(x)\sin\frac{n\pi x}{l}\mathrm{d}x\overset{l=2}{=}\left[\int_0^1 x\sin\frac{n\pi x}{2}\mathrm{d}x+\int_1^2(2-x)\sin\frac{n\pi x}{2}\mathrm{d}x\right],\quad n=1,2,3,\cdots.$$

对 $\int_1^2(2-x)\sin\frac{n\pi x}{2}\mathrm{d}x$ 做变换 $t=2-x$,得

$$\int_1^2(2-x)\sin\frac{n\pi x}{2}\mathrm{d}x=-\int_1^0 t\sin\left(n\pi-\frac{n\pi t}{2}\right)\mathrm{d}t=(-1)^{n-1}\int_0^1 t\sin\frac{n\pi t}{2}\mathrm{d}t,$$

于是

$$b_n=[1+(-1)^{n-1}]\int_0^1 x\sin\frac{n\pi x}{2}\mathrm{d}x,\quad n=1,2,3,\cdots.$$

因此当 $n=2k$ 时,$b_{2k}=0$;当 $n=2k-1$ 时

$$b_{2k-1}=2\int_0^1 x\sin\frac{(2k-1)\pi x}{2}\mathrm{d}x=\frac{8}{(2k-1)^2\pi^2}(-1)^{k-1},\quad k=1,2,3,\cdots.$$

从而

$$f(x)=\frac{8}{\pi^2}\sum_{k=1}^{\infty}\frac{(-1)^{k-1}}{(2k-1)^2}\sin\frac{(2k-1)\pi x}{2},\quad x\in[0,2].$$

(2) 展开为余弦级数. 将 $f(x)$ 先做偶延拓,再做周期延拓,延拓为周期为 $2l$ 的函数,其中 $l=2$,则

$b_n=0,\quad n=1,2,3\cdots,$

$a_0=\frac{2}{l}\int_0^l f(x)\mathrm{d}x=\int_0^1 x\mathrm{d}x+\int_1^2(2-x)\mathrm{d}x=1,$

$a_n=\frac{2}{l}\int_0^l f(x)\cos\frac{n\pi x}{l}\mathrm{d}x\overset{l=2}{=\!=}\left[\int_0^1 x\cos\frac{n\pi x}{2}\mathrm{d}x+\int_1^2(2-x)\cos\frac{n\pi x}{2}\mathrm{d}x\right],n=1,2,3,\cdots.$

做变换 $t=2-x$ 得

$$a_n=[1+(-1)^n]\int_0^1 x\cos\frac{n\pi x}{2}\mathrm{d}x$$

$$=[1+(-1)^n]\left(\frac{2}{\pi}\right)^2\left[\frac{\pi}{2n}\sin\frac{n\pi}{2}+\frac{1}{n^2}\cos\frac{n\pi}{2}-\frac{1}{n^2}\right].$$

因此，当 $n=2m-1$ 时，$b_{2m-1}=0$；当 $n=2m$ 时

$$a_{2m}=\frac{8}{\pi^2}\frac{1}{(2m)^2}[(-1)^m-1]=\begin{cases}0, & m=2k,\\ -\dfrac{4}{\pi^2}\dfrac{1}{(2k-1)^2}, & m=2k-1,\end{cases}(k=1,2,3,\cdots).$$

从而

$$f(x)=\frac{1}{2}-\frac{4}{\pi^2}\sum_{k=1}^{\infty}\frac{1}{(2k-1)^2}\cos(2k-1)\pi x,\quad x\in[0,2].$$

延拓与展开式的进一步讨论

习题 13.1

1. 证明：勒让德(Legendre)多项式

$$\begin{cases}p_0(x)=1,\\ p_n(x)=\dfrac{1}{2^n n!}\dfrac{\mathrm{d}^n(x^2-1)^n}{\mathrm{d}x^n},n\in\mathbb{N}^*,\end{cases}$$

是$[-1,1]$上的正交函数系.

2. 求下列函数的 Fourier 级数：

(1) $f(x)=\begin{cases}x, & \leqslant x\leqslant\pi,\\ 0, & -\pi<x<0;\end{cases}$　　(2) $f(x)=x\sin x,\quad x\in[-\pi,\pi]$；

(3) $f(x)=\begin{cases}x^2 & 0<x<\pi,\\ 0, & x=\pi,\\ -x^2, & \pi<x\leqslant 2\pi;\end{cases}$　　(4) $f(x)=|x|,\quad x\in[-\pi,\pi]$；

(5) $f(x)=\begin{cases}0, & -\pi\leqslant x<0,\\ \sin x, & 0\leqslant x<\pi;\end{cases}$　　(6) $f(x)=x\cos x,\quad x\in(-\pi,\pi)$.

3. 设 $f(x)$是周期为 2π 的可积或绝对可积函数，证明：

(1) 如果 $f(x)$在$[-\pi,\pi]$中满足 $f(x+\pi)=f(x)$，那么 $f(x)$的 Fourier 级数系数满足

$$a_{2n-1}=b_{2n-1}=0,\quad n\in\mathbb{N}^*;$$

(2) 如果 $f(x)$在$[-\pi,\pi]$中满足 $f(x+\pi)=-f(x)$，那么 $f(x)$的 Fourier 级数系数满足

$$a_{2n}=b_{2n}=0,\quad n\in\mathbb{N}^*.$$

4. 求下列函数的 Fourier 级数：

(1) 将函数 $f(x)=\dfrac{\pi}{2}-x$ 在$[0,\pi]$上展开为余弦级数；

(2) 将函数 $f(x)=\cos\dfrac{x}{2}$在$[0,\pi]$上展开为正弦级数；

(3) 将函数 $f(x)=\begin{cases}1-x, & 0<x\leqslant 2,\\ x-3, & 2<x<4,\end{cases}$在$(0,4)$上展开为余弦级数；

(4) 将函数 $f(x)=1+x$ 在$(0,\pi)$上分别展开为正弦级数和余弦级数.

5. 求下列函数的 Fourier 级数：

(1) $f(x)=\begin{cases}0, & -5\leqslant x<0,\\ 3 & 0\leqslant x<5;\end{cases}$ (2) $f(x)=\begin{cases}x, & 0\leqslant x\leqslant 1,\\ 1, & 1<x<2,\\ 3-x, & \leqslant x\leqslant 3;\end{cases}$

(3) $f(x)=\begin{cases}0, & -1\leqslant x<0,\\ x^2, & 0\leqslant x<1;\end{cases}$ (4) $f(x)=\begin{cases}2x+1, & -3\leqslant x<0,\\ 1, & 0\leqslant x<3.\end{cases}$

6. (1) 在$(-\pi,\pi)$上展开$|x|$为 Fourier 级数,并证明$\dfrac{\pi^2}{8}=\sum\limits_{n=1}^{\infty}\dfrac{1}{(2n-1)^2}$；

(2) 在$(-\pi,\pi)$上展开$|\sin x|$为 Fourier 级数,并证明$\dfrac{1}{2}=\sum\limits_{n=1}^{\infty}\dfrac{1}{4n^2-1}$；

(3) 在$(0,2\pi)$上展开$f(x)=\dfrac{1}{12}(3x^2-6\pi x+2\pi^2)$的 Fourier 级数,并证明$\sum\limits_{n=1}^{\infty}\dfrac{1}{n^2}=\dfrac{\pi^2}{6}$.

7. 设α不是整数,$f(x)=\cos\alpha x$，　$x\in[-\pi,\pi]$.

(1) 将$f(x)$展开成 Fourier 级数；

(2) 证明：$\dfrac{\pi}{\sin a\pi}=\dfrac{1}{a}+\sum\limits_{n=1}^{\infty}(-1)^n\dfrac{2a}{a^2-n^2}$；

(3) 证明：$\dfrac{1}{\sin x}=\dfrac{1}{x}+\sum\limits_{n=1}^{\infty}(-1)^n\dfrac{2x}{x^2-n^2\pi^2}$，　$0<x<\pi$.

13.2　Fourier 级数的逐点收敛定理

本节讨论 Fourier 级数的逐点收敛性问题. 首先给出以下结论.

定理 13.2.1(Riemann－Lebesgue 引理) 若$f(x)$在$[a,b]$上 Riemann 可积或绝对可积,则有

$$\lim_{\lambda\to+\infty}\int_a^b f(x)\cos\lambda x\,\mathrm{d}x=0,$$

$$\lim_{\lambda\to+\infty}\int_a^b f(x)\sin\lambda x\,\mathrm{d}x=0.$$

证明　按$f(x)$的可积性分为两种情况讨论.

(1) 若$f(x)$在$[a,b]$上可积,则必有界. 设存在$M>0$,使得$|f(x)|<M$. 取$n=[\sqrt{\lambda}]$,将区间$[a,b]$分为n等份,得分割π:$x_i=a+\dfrac{b-a}{n}i$,$i=0,1,2,\cdots n$.

记$\Delta x_i=x_i-x_{i-1}$,m_i,M_i分别为$f(x)$在$[x_{i-1},x_i]$上的下、上确界,令$\omega_i=M_i-m_i$,则有

$$\begin{aligned}\left|\int_a^b f(x)\cos\lambda x\,\mathrm{d}x\right|&=\left|\sum_{i=1}^{n}\int_{x_{i-1}}^{x_i}f(x)\cos\lambda x\,\mathrm{d}x\right|\\&=\left|\sum_{i=1}^{n}\left[\int_{x_{i-1}}^{x_i}(f(x)-m_i)\cos\lambda x\,\mathrm{d}x+\int_{x_{i-1}}^{x_i}m_i\cos\lambda x\,\mathrm{d}x\right]\right|\\&\leqslant\sum_{i=1}^{n}\left[\int_{x_{i-1}}^{x_i}|f(x)-m_i|\,\mathrm{d}x+|m_i|\left|\int_{x_{i-1}}^{x_i}\cos\lambda x\,\mathrm{d}x\right|\right]\end{aligned}$$

$$\leqslant \sum_{i=1}^{n} \omega_i \Delta x_i + \frac{2}{|\lambda|} \sum_{i=1}^{n} |m_i|$$

$$\leqslant \sum_{i=1}^{n} \omega_i \Delta x_i + \frac{2}{\sqrt{\lambda}} M.$$

上面利用了 $\left|\int_{x_{i-1}}^{x_i} \cos \lambda x \mathrm{d}x\right| = \left|\frac{1}{\lambda}\right| |\sin\lambda x_i - \sin \lambda x_{i-1}| \leqslant \left|\frac{2}{\lambda}\right|.$

由于 $f(x)$在$[a,b]$上 Riemann 可积，且当 $\lambda \to +\infty$时有 $n \to +\infty$，所以当 $\lambda \to +\infty$时

$$\sum_{i=1}^{n} \omega_i \Delta x_i + \frac{2}{\sqrt{\lambda}} M \to 0,$$

即 $\lim\limits_{\lambda \to +\infty} \int_a^b f(x) \cos \lambda x \mathrm{d}x = 0.$

(2) 设 $f(x)$在区间$[a,b]$上在广义积分意义下绝对可积. 不妨设 b 为唯一瑕点，则对任意取定的 $\varepsilon > 0$，存在 $\delta > 0$，当 $0 < \eta < \delta$ 时，

$$\int_{b-\eta}^{b} |f(x)| \mathrm{d}x < \frac{\varepsilon}{2}.$$

对于固定的 η，由于 $f(x)$在$[a,b-\eta]$上可积，应用第一种情况下已证的结果，存在实数 $A > 0$，当 $\lambda > A$ 时，有

$$\left|\int_a^{b-\eta} f(x) \cos \lambda x \mathrm{d}x\right| < \frac{\varepsilon}{2}.$$

因此

$$\left|\int_a^b f(x) \cos \lambda x \mathrm{d}x\right| \leqslant \int_a^{b-\eta} |f(x)| \mathrm{d}x + \left|\int_{b-\eta}^{b} f(x) \cos \lambda x \mathrm{d}x\right| < \varepsilon.$$

所以，此时 $\lim\limits_{\lambda \to +\infty} \int_a^b f(x) \cos \lambda x \mathrm{d}x = 0$ 也成立.

同理有 $\lim\limits_{\lambda \to +\infty} \int_a^b f(x) \sin \lambda x \mathrm{d}x = 0$. 定理证毕！

由该引理可得下面结论.

定理 13.2.2 设 $f(x)$在$[-\pi, \pi]$上可积或者绝对可积，则其 Fourier 级数的系数满足

$$\lim_{n \to \infty} a_n = \lim_{n \to \infty} b_n = 0.$$

为讨论 Fourier 级数的逐点收敛性，可以固定 x_0，此时得到一个数项级数，记其部分和数列为

$$S_n(x_0) = \frac{a_0}{2} + \sum_{k=1}^{n} (a_k \cos kx_0 + b_k \sin kx_0).$$

将 Fourier 级数的系数表达式代入，有

$$\begin{aligned} S_n(x_0) &= \frac{a_0}{2} + \sum_{k=1}^{n} (a_k \cos kx_0 + b_k \sin kx_0) \\ &= \frac{1}{2\pi} \int_{-\pi}^{\pi} f(x) \mathrm{d}x + \frac{1}{\pi} \sum_{k=1}^{n} \int_{-\pi}^{\pi} [f(x) \cos kx \cos kx_0 + f(x) \sin kx \sin kx_0] \mathrm{d}x \\ &= \frac{1}{\pi} \int_{-\pi}^{\pi} f(x) \left[\frac{1}{2} + \sum_{k=1}^{n} (\cos kx \cos kx_0 + \sin kx \sin kx_0)\right] \mathrm{d}x \end{aligned}$$

$$=\frac{1}{\pi}\int_{-\pi}^{\pi} f(x)\left[\frac{1}{2}+\sum_{k=1}^{n}\cos k(x-x_0)\right]\mathrm{d}x.$$

利用三角恒等式

$$\frac{1}{2}+\sum_{k=1}^{n}\cos kt=\frac{\sin\left(n+\frac{1}{2}\right)t}{2\sin\frac{t}{2}},\quad t\neq 2m\pi,$$

可得

$$S_n(x_0)=\frac{1}{\pi}\int_{-\pi}^{\pi} f(x)\frac{\sin\left(n+\frac{1}{2}\right)(x-x_0)}{2\sin\frac{(x-x_0)}{2}}\mathrm{d}x.$$

作变换 $t=x-x_0$，再根据被积函数是以 2π 为周期的周期函数可得

$$\begin{aligned}S_n(x_0)&=\frac{1}{\pi}\int_{-\pi-x_0}^{\pi-x_0} f(x_0+t)\frac{\sin\left(n+\frac{1}{2}\right)t}{2\sin\frac{t}{2}}\mathrm{d}t\\&=\frac{1}{\pi}\int_{-\pi}^{\pi} f(x_0+t)\frac{\sin\left(n+\frac{1}{2}\right)t}{2\sin\frac{t}{2}}\mathrm{d}t\\&=\frac{1}{\pi}\int_{-\pi}^{0} f(x_0+t)\frac{\sin\left(n+\frac{1}{2}\right)t}{2\sin\frac{t}{2}}\mathrm{d}t+\frac{1}{\pi}\int_{0}^{\pi} f(x_0+t)\frac{\sin\left(n+\frac{1}{2}\right)t}{2\sin\frac{t}{2}}\mathrm{d}t\\&=\frac{1}{\pi}\int_{0}^{\pi}[f(x_0+t)+f(x_0-t)]\frac{\sin\left(n+\frac{1}{2}\right)t}{2\sin\frac{t}{2}}\mathrm{d}t.\end{aligned}$$

这个积分称为 Dirichlet 积分.

定理 13.2.3 (Fourier 级数的局部化定理) 设 $f(x)$ 以 2π 为周期，且在 $[-\pi,\pi]$ 上可积或绝对可积，则 $f(x)$ 的 Fourier 级数在点 x_0 是否收敛，仅与 $f(x)$ 在点 x_0 的充分小邻域中的值有关.

证明 对任意 $0<\delta<\pi$，把 Dirichlet 积分拆分为两项，即

$$S_n(x_0)=\frac{1}{\pi}\left(\int_0^{\delta}+\int_{\delta}^{\pi}\right),$$

则在区间 $[\delta,\pi]$ 上 $\dfrac{1}{2\sin\frac{t}{2}}$ 是有界连续函数，因此函数

$$\frac{f(x_0+t)+f(x_0-t)}{2\sin\frac{t}{2}}$$

在区间 $[\delta,\pi]$ 上可积或绝对可积. 根据 Riemann - Lebesgue 引理，上面 Dirichlet 积分中拆分

出的第二项,当 $n\to\infty$ 时趋于 0. 因此,当 $n\to\infty$ 时,$S_n(x_0)$ 极限是否存在以及收敛到什么值,由下面积分

$$\frac{1}{\pi}\int_0^{\delta}[f(x_0+t)+f(x_0-t)]\frac{\sin\left(n+\frac{1}{2}\right)t}{2\sin\frac{t}{2}}\mathrm{d}t$$

决定. 显然这个积分的值仅与 $f(x)$ 在点 x_0 的充分小邻域内的取值有关.

根据上述准备,可以得到下面的 Fourier 级数收敛的充分条件.

定理 13.2.4 (Dini 判别法) 设 $f(x)$ 以 2π 为周期,且在 $[-\pi,\pi]$ 上可积或绝对可积,对于给定的实数 s,令

$$\varphi(t)=f(x_0+t)+f(x_0-t)-2s,$$

如若存在 $\delta>0$,使得函数 $\frac{\varphi(t)}{t}$ 在 $[0,\delta]$ 上可积或绝对可积,则 $f(x)$ 的 Fourier 级数在点 x_0 收敛于 s.

证明　因为

$$\frac{2}{\pi}\int_0^{\pi}\frac{\sin\left(n+\frac{1}{2}\right)t}{2\sin\frac{t}{2}}\mathrm{d}t=\frac{2}{\pi}\int_0^{\pi}\left[\frac{1}{2}+\sum_{k=1}^{n}\cos kt\right]\mathrm{d}t=1.$$

所以

$$\begin{aligned}S_n(x_0)-s&=\frac{1}{\pi}\int_0^{\pi}[f(x_0+t)+f(x_0-t)-2s]\frac{\sin\left(n+\frac{1}{2}\right)t}{2\sin\frac{t}{2}}\mathrm{d}t\\&=\frac{1}{\pi}\int_0^{\pi}\frac{\varphi(t)}{2\sin\frac{t}{2}}\cdot\sin\left(n+\frac{1}{2}\right)t\,\mathrm{d}t.\end{aligned}$$

由假定,$\frac{\varphi(t)}{t}$ 在 $[0,\delta]$ 上可积或绝对可积,再由 $\frac{\varphi(t)}{2\sin\frac{t}{2}}=\frac{\varphi(t)}{t}\cdot\frac{t}{2\sin\frac{t}{2}}$ 以及 t 趋于 0 时 $\frac{t}{2\sin\frac{t}{2}}$ 极限存在,可得 $\frac{\varphi(t)}{2\sin\frac{t}{2}}$ 在 $[0,\delta]$ 上可积或绝对可积,从而在 $[0,\pi]$ 上可积或绝对可积.

根据 Riemann - Lebesgue 引理,当 $n\to\infty$ 时,

$$\frac{1}{\pi}\int_0^{\pi}\frac{\varphi(t)}{2\sin\frac{t}{2}}\cdot\sin\left(n+\frac{1}{2}\right)t\,\mathrm{d}t\to 0,$$

即

$$\lim_{n\to\infty}S_n(x_0)=s.$$

定理证毕!

显然上节给出的定理 13.1.1 是该定理的一个推论. 因为取

$$s=\frac{1}{2}[f(x_0+0)+f(x_0-0)],$$

由 $f(x)$分段光滑，$\frac{\varphi(t)}{t}$在 t 趋于 0 时极限存在，因此$\frac{\varphi(t)}{t}$在$[0,\delta]$上可积或绝对可积，结论得证.

在此仅讨论了 Fourier 级数的逐点收敛性问题，关于 Fourier 级数的一致收敛性问题及逐项求积分、逐项求导等问题，不再详细讨论.

习题 13.2

1. 求极限

(1) $\lim\limits_{n\to\infty}\int_0^1 \frac{\sin^2 n\pi x}{1+x^2}\mathrm{d}x$； (2) $\lim\limits_{n\to\infty}\int_0^1 \sqrt{x}\sin^2 nx\,\mathrm{d}x$.

2. 设 $f(x)$在$[-\pi,\pi]$上可导，$f'(x)$可积或绝对可积，证明：如果 $f(-\pi)=f(\pi)$，则 $f(x)$的 Fourier 系数满足

$$a_n=o\left(\frac{1}{n}\right),\quad b_n=o\left(\frac{1}{n}\right),\quad n\to\infty.$$

3. 根据常值函数 $f(x)=1$ 的 Fourier 级数，证明：

$$\frac{1}{\pi}\int_0^{\pi}\frac{\sin\left(n+\frac{1}{2}\right)t}{\sin\frac{t}{2}}\mathrm{d}t=1.$$

4. 设 $f(x)$以 2π 为周期，且在$[-\pi,\pi]$上可积或绝对可积，如果 $f(x)$在点 x_0 附近满足 α ($\alpha\in(0,1]$)阶 Lipschitz 条件，即存在 $\delta>0,L>0$，使得

$$|f(x_0+t)-f(x_0+0)|\leqslant Lt^{\alpha},\ |f(x_0-t)-f(x_0-0)|\leqslant Lt^{\alpha},\ \forall t\in(0,\delta),$$

则(1)当点 x_0 为 $f(x)$的第一类间断点时，$f(x)$的 Fourier 级数收敛于

$$\frac{1}{2}[f(x_0+0)+f(x_0-0)];$$

(2) 当 $f(x)$在点 x_0 连续时，$f(x)$的 Fourier 级数收敛于 $f(x_0)$.

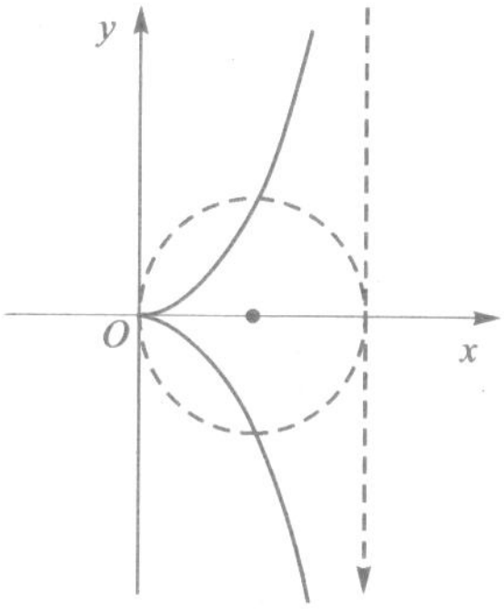

第 14 章　多元函数的极限与连续

在单变量函数的相关问题中，实数集的基本性质对一元实函数的各种性质都有决定性的影响. 从本章开始，要研究多个变量的函数，即多元函数. 首先需要研究它们的定义域及其基本性质.

14.1　Euclid 空间的点集及基本概念

记$\mathbb{R}$为全体实数，定义集合

$$\mathbb{R}^n=\{(x_1,x_2,\cdots,x_n):x_i\in\mathbb{R},i=1,2,\cdots,n\},$$

称$\mathbb{R}^n$中的元素$\boldsymbol{x}=(x_1,x_2,\cdots,x_n)$为向量或点，其中$x_i$称为$\boldsymbol{x}$的第$i$个分量或坐标. 特别地，$\mathbb{R}^n$中的$\boldsymbol{0}$元素就是每一个分量都是零的向量，记为$\boldsymbol{0}=(0,0,\cdots,0)$.

设$\boldsymbol{x}=(x_1,x_2,\cdots,x_n)$，$\boldsymbol{y}=(y_1,y_2,\cdots,y_n)$为$\mathbb{R}^n$中的任意两个向量，$\lambda$为任意实数，则可以在$\mathbb{R}^n$中定义加法和数乘运算为

$$\boldsymbol{x}+\boldsymbol{y}=(x_1+y_1,x_2+y_2,\cdots,x_n+y_n),$$
$$\lambda\boldsymbol{x}=(\lambda x_1,\lambda x_2,\cdots,\lambda x_n).$$

在集合$\mathbb{R}^n$上定义了上述两个线性运算后，就称为n维向量空间.

在向量空间中引入内积运算

$$\langle\boldsymbol{x},\boldsymbol{y}\rangle=x_1y_1+x_2y_2+\cdots+x_ny_n=\sum_{i=1}^n x_iy_i.$$

定义了内积运算的向量空间$\mathbb{R}^n$称为n维 Euclid 空间，简称欧氏空间.

不难验证内积具有以下性质：

(1)（正定性）$\langle\boldsymbol{x},\boldsymbol{x}\rangle\geqslant\boldsymbol{0}$，当且仅当$\boldsymbol{x}=\boldsymbol{0}$时等号成立；

(2)（对称性）$\langle\boldsymbol{x},\boldsymbol{y}\rangle=\langle\boldsymbol{y},\boldsymbol{x}\rangle$；

(3)（线性性）对任意实数λ,μ有$\langle\lambda\boldsymbol{x}+\mu\boldsymbol{y},\boldsymbol{z}\rangle=\lambda\langle\boldsymbol{x},\boldsymbol{z}\rangle+\mu\langle\boldsymbol{y},\boldsymbol{z}\rangle$.

根据上述三条性质，对任意实数λ都有

$$\langle\lambda\boldsymbol{x}+\boldsymbol{y},\lambda\boldsymbol{x}+\boldsymbol{y}\rangle\geqslant\boldsymbol{0},$$

即

$$\lambda^2\langle\boldsymbol{x},\boldsymbol{x}\rangle+2\lambda\langle\boldsymbol{x},\boldsymbol{y}\rangle+\langle\boldsymbol{y},\boldsymbol{y}\rangle\geqslant\boldsymbol{0}.$$

由判别式不大于零，即可得下面向量形式的 Cauchy - Schwarz 不等式

$$\langle\boldsymbol{x},\boldsymbol{y}\rangle^2\leqslant\langle\boldsymbol{x},\boldsymbol{x}\rangle\langle\boldsymbol{y},\boldsymbol{y}\rangle.$$

定义 14.1.1 对n维 Euclid 空间$\mathbb{R}^n$上的任意向量$\boldsymbol{x}$，定义

$$\|x\|=\sqrt{\langle x,x\rangle}$$

为向量 x 的范数.

由内积的相应性质可以证明范数的以下性质：

(1)(正定性)$\|x\|\geqslant 0$,当且仅当 $x=0$ 时等号成立；

(2)(数乘性)对任意实数 λ,$\|\lambda x\|=|\lambda|\|x\|$;

(3)(三角不等式)$\|x+y\|\leqslant\|x\|+\|y\|$.

前两个性质比较明显,这里仅证明性质(3).将上述 Cauchy - Schwarz 不等式,两边开方得

$$|\langle x,y\rangle|\leqslant\|x\|\|y\|.$$

利用该不等式可得

$$\begin{aligned}\|x+y\|^2&=\langle x+y,x+y\rangle=\langle x,x\rangle+2\langle x,y\rangle+\langle y,y\rangle\\&\leqslant\|x\|^2+2\|x\|\|y\|+\|y\|^2\\&=(\|x\|+\|y\|)^2.\end{aligned}$$

由不等式$|\langle x,y\rangle|\leqslant\|x\|\|y\|$,当 x,y 都是非零向量时,必存在 $\theta\in[0,\pi]$ 满足

$$\cos\theta=\frac{\langle x,y\rangle}{\|x\|\|y\|},$$

称 θ 为向量 x,y 之间的夹角.

定义 n 维 Euclid 空间$\mathbb{R}^n$上任意两点 x,y 间的距离为$\|x-y\|$. 根据范数的性质,显然距离满足:非负性(当且仅当两点重合时距离为零);对称性;三角不等式

$$\|x-z\|\leqslant\|x-y\|+\|y-z\|.$$

实际上,向量的范数还可以有其他形式的定义.在定义 14.1.1 给出的范数形式下,二维 Euclid 空间$\mathbb{R}^2$上任意两点 $x=(x_1,x_2)$,$y=(y_1,y_2)$间的距离为

$$\|x-y\|=\sqrt{\langle x-y,x-y\rangle}=\sqrt{(x_1-y_1)^2+(x_2-y_2)^2}.$$

这正是平面解析几何中使用的距离公式,因此可以如二维和三维空间中那样用几何观点来帮助思考$\mathbb{R}^n$中的问题.

有了距离的定义后,就可以相应地定义$\mathbb{R}^n$中的邻域并研究极限等概念.

定义 14.1.2 设 $a=(a_1,a_2,\cdots,a_n)\in\mathbb{R}^n$,$r>0$,称集合

$$\begin{aligned}B_r(a)&=\{x\in\mathbb{R}^n\mid\|x-a\|<r\}\\&=\{x\in\mathbb{R}^n\mid\sqrt{(x_1-a_1)^2+(x_2-a_2)^2+\cdots+(x_n-a_n)^2}<r\}\end{aligned}$$

为$\mathbb{R}^n$中以 a 点为球心,以 r 为半径的开球.

这个定义是实数域内邻域概念的推广.在$\mathbb{R}$中,以 a 为中心,r 为半径的开球就是开区间$(a-r,a+r)$. 在$\mathbb{R}^2$中,以(a_1,a_2)为中心,以 r 为半径的开球是不含边界的圆盘.$\mathbb{R}^3$中的开球就是通常意义下不包含球面的球体.

设集合 $E\in\mathbb{R}^n$,若存在 $r>0$,使得 $E\in B_r(0)$,则称集合 E 是一个有界集.

定义 14.1.3 设$\{x_k\}$是$\mathbb{R}^n$中的一个点列,若存在给定的点$a\in\mathbb{R}^n$,使得对任意给定的 $\varepsilon>0$,都存在正整数 $K>0$,使得对任意的 $k>K$,都有

$$\|x_k-a\|<\varepsilon(\text{或 } x_k\in B_\varepsilon(a)),$$

则称点列$\{x_k\}$收敛于 a,记为$\lim\limits_{k\to\infty}x_k=a$,称 a 为点列的极限.

该定义描述的是点列的收敛性，是数列收敛的推广，它们之间有密切的联系.

设

$$\boldsymbol{x}_k=(x_1^k,x_2^k,\cdots,x_n^k),\boldsymbol{a}=(a_1,a_2,\cdots,a_n),$$

如果对 $i=1,2,\cdots,n$，都有 $\lim\limits_{k\to\infty}x_i^k=a_i$，则称点列 $\{\boldsymbol{x}_k\}$ 按分量收敛于 $\boldsymbol{a}$.

定理 14.1.1 $\lim\limits_{k\to\infty}\boldsymbol{x}_k=\boldsymbol{a}$ 的充分必要条件是 $\lim\limits_{k\to\infty}\boldsymbol{x}_i^k=a_i(i=1,2,\cdots,n)$.

证明　显然有不等式

$$|x_i^k-a_i|\leqslant\|x_k-\boldsymbol{a}\|\leqslant\sum_{i=1}^{n}|x_i^k-a_i|,\quad i=1,\cdots,n.$$

由此不难由数列的极限定义以及点列的极限定义得出结论.

在实数列极限的相关概念中，Cauchy 基本列具有重要的性质. 下面给出关于点列的 Cauchy 基本列的定义.

定义 14.1.4 设 $\{\boldsymbol{x}_k\}$ 是 $\mathbb{R}^n$ 中的一个点列，若对任意给定的 $\varepsilon>0$，都存在正整数 $K>0$，对任意的 $k,l>K$，都有

$$\|\boldsymbol{x}_k-\boldsymbol{x}_l\|<\varepsilon,$$

则称点列 $\{\boldsymbol{x}_k\}$ 是一个基本列.

在实数中基本列和收敛数列是等价的，在 $\mathbb{R}^n$ 中也有同样的结论.

定理 14.1.2(Cauchy 收敛定理) 点列 $\{\boldsymbol{x}_k\}$ 收敛的充分必要条件是 $\{\boldsymbol{x}_k\}$ 是基本列.

证明　设 $\{\boldsymbol{x}_k\}$ 收敛于 $\boldsymbol{a}$，则对任意 $\varepsilon>0$，都存在正整数 $K>0$，使得当 $k>K$ 时，都有

$$\|\boldsymbol{x}_k-\boldsymbol{a}\|<\frac{\varepsilon}{2}.$$

因此，当 $k,l>K$ 时，由三角不等式得

$$\|\boldsymbol{x}_k-\boldsymbol{x}_l\|\leqslant\|\boldsymbol{x}_k-\boldsymbol{a}\|+\|\boldsymbol{x}_l-\boldsymbol{a}\|<\varepsilon,$$

即 $\{\boldsymbol{x}_k\}$ 是基本列.

若 $\{\boldsymbol{x}_k\}$ 是基本列，则由不等式

$$|x_i^k-x_i^l|\leqslant\|\boldsymbol{x}_k-\boldsymbol{x}_l\|,\quad i=1,\cdots,n,$$

可知对 $\{\boldsymbol{x}_k\}$ 的每一个分量所对应的数列 $\{x_i^k\}$ 都是基本列，因此收敛. 再根据定理 14.1.1 可得 $\{\boldsymbol{x}_k\}$ 收敛.

在研究函数连续性时，已经知道有界闭区间上的连续函数具有许多重要的性质，因此有必要将有界闭区间的概念推广到更高维的空间上.

设 $\boldsymbol{E}$ 是 $\mathbb{R}^n$ 中的点集，它在 $\mathbb{R}^n$ 上的补集 $\mathbb{R}^n\backslash\boldsymbol{E}$ 记为 $\boldsymbol{E}^c$. 关于集合有如下定义.

序列极限的讨论

定义 14.1.5(开集和闭集) 设 $\boldsymbol{E}$ 是 $\mathbb{R}^n$ 中的点集，如果对任意的 $\boldsymbol{x}\in\boldsymbol{E}$，均存在 $\varepsilon>0$，使得 $B_\varepsilon(\boldsymbol{x})\subset\boldsymbol{E}$，则称 $\boldsymbol{E}$ 为开集；如果一个集合的补集是开集，则称该集合为闭集.

约定 $\mathbb{R}^n$ 和空集都是开集，显然根据定义它们也是闭集.

例 14.1.1　证明：$\mathbb{R}^n$ 中的开球 $B_r(\boldsymbol{a})$ 是开集.

证明　设 $\boldsymbol{x}\in B_r(\boldsymbol{a})$，则 $d=\|\boldsymbol{x}-\boldsymbol{a}\|<r$，令 $\varepsilon=r-d$，则当 $\boldsymbol{y}\in B_\varepsilon(\boldsymbol{x})$ 时，由三角不等式可得

$$\|\boldsymbol{y}-\boldsymbol{a}\|\leqslant\|\boldsymbol{y}-\boldsymbol{x}\|+\|\boldsymbol{x}-\boldsymbol{a}\|<\varepsilon+d=r,$$

即 $y\in B_r(a)$，由 y 的任意性知，$B_\varepsilon(x)\subset B_r(a)$，因此 $B_r(a)$ 是开集.

关于开集和闭集有下面重要的性质.

性质 14.1.1

(1) 有限多个开集的交仍是开集，任意多个开集的并仍是开集；

(2) 有限多个闭集的并仍是闭集，任意多个闭集的交还是闭集.

证明 (1) 设 $E_1,E_2,\cdots,E_k$ 是开集，任给 $x\in\bigcap_{i=1}^{k}E_i$，由开集的定义知，存在 $\varepsilon_i>0$，使得 $B_{\varepsilon_i}(x)\subset E_i$，$i=1,2,\cdots,k$.

取 $\varepsilon=\min\{\varepsilon_i\mid i=1,2,\cdots,k\}$，显然 $B_\varepsilon(x)\in\bigcap_{i=1}^{k}E_i$，因此 $\bigcap_{i=1}^{k}E_i$ 是开集.

对任意多个开集的并集，任给 $x\in\bigcup_{i=1}^{\infty}E_i$，则至少存在一个开集 E_i，使得 $x\in E_i$，因此存在 $\varepsilon>0$，使得 $B_\varepsilon(x)\subset E_i$，即得 $B_\varepsilon(x)\subset\bigcup_{i=1}^{\infty}E_i$，所以 $\bigcup_{i=1}^{\infty}E_i$ 是开集.

(2) 根据 De Morgan 公式，$(\bigcup E_i)^c=\bigcap E_i^c$，$(\bigcap E_i)^c=\bigcup E_i^c$，再利用开集和闭集的关系及结论(1)可得.

一般地，一个点集 E 可能既不是开集，也不是闭集，但对于任意点 $x\in\mathbb{R}^n$，点和集合之间的关系无非下列三种情况之一.

定义 14.1.6 (内点，外点，边界点) 设 E 是 $\mathbb{R}^n$ 中的点集，$x\in\mathbb{R}^n$，

如果存在包含 x 的开球 $B_\varepsilon(x)$，使得 $B_\varepsilon(x)\subset E$，则称 x 为 E 的内点，内点的全体称为 E 的内部，记为 E°；

如果存在包含 x 的开球 $B_\varepsilon(x)$，使得 $B_\varepsilon(x)\subset E^c$，则称 x 为 E 的外点；

如果包含 x 的任意开球中既有 E 中的点，也有不属于 E 中的点，则称 x 为 E 的边界点，边界点全体称为 E 的边界，记为 ∂E.

例 14.1.2 在 $\mathbb{R}^2$ 中，设

$$E=\{(x,y)\mid x^2+y^2\leqslant 1\},$$

则

$$E^\circ=\{(x,y)\mid x^2+y^2<1\},$$

$$\partial E=\{(x,y)\mid x^2+y^2=1\}.$$

定义 14.1.7(聚点) 设 E 是 $\mathbb{R}^n$ 中的点集，$a\in\mathbb{R}^n$，如果对任何 $\varepsilon>0$，在包含 a 的空心开球 $B_\varepsilon(a)\backslash a$ 内总有 E 中的点，则称 a 为 E 的聚点.

E 的聚点可以属于 E，也可以不属于 E. 例如 0，1 均为区间 $(0,1]$ 的聚点，但 0 属于这个集合，1 不属于. 同样 E 中的点可以是聚点也可以不是，若 E 中的一点不是 E 的聚点，则称该点为 E 的孤立点.

根据聚点的定义可以得到聚点的以下性质：

(1) 点 a 为 E 的聚点当且仅当以 a 为球心的任何球 $B_\varepsilon(a)$ 中都有 E 的无限多个点.

(2) 点 a 为 E 的聚点当且仅当可从 E 中选出互不相同的点组成的点列 $\{x_k\}$ 满足

$$\lim_{k\to\infty}x_k=a.$$

定义 14.1.8(导集和闭包) 集合 E 的聚点的全体称为 E 的导集，记作 E'. 记 $\bar{E}=E\cup E'$，称为 E 的闭包.

定理 14.1.3 集合 E 是闭集当且仅当 $E'\subset E$.

证明 设 E 是闭集，则 E^c 是开集，任取一点 $a\in E^c$，存在 $B_r(a)\subset E^c$，即 $B_r(a)$ 中没有 E

中的点，因此 $\boldsymbol{a}$ 不是 $\boldsymbol{E}$ 的聚点，说明 $\boldsymbol{E}$ 的聚点都在 $\boldsymbol{E}$ 中，即 $\boldsymbol{E}'\subset\boldsymbol{E}$.

反之，若 $\boldsymbol{E}'\subset\boldsymbol{E}$，任取 $\boldsymbol{a}\in\boldsymbol{E}^c$，则 $\boldsymbol{a}$ 必不是 $\boldsymbol{E}$ 的聚点，因此必存在 $r>0$ 使得 $B_r(\boldsymbol{a})$ 中不包含 $\boldsymbol{E}$ 中的点，所以 $B_r(\boldsymbol{a})\subset\boldsymbol{E}^c$，因此 $\boldsymbol{E}^c$ 是开集，$\boldsymbol{E}$ 是闭集.

定理 14.1.4 集合 $\boldsymbol{E}$ 是闭集当且仅当 $\boldsymbol{E}$ 中任何收敛点列的极限仍在 $\boldsymbol{E}$ 中.

证明　设 $\boldsymbol{E}$ 是闭集，$\{\boldsymbol{x}_k\}\subset\boldsymbol{E}$，且 $\lim\limits_{k\to\infty}\boldsymbol{x}_k=\boldsymbol{a}$. 如果 $\boldsymbol{a}\notin\boldsymbol{E}$，则存在 $\varepsilon_0>0$，使得 $B_{\varepsilon_0}(\boldsymbol{a})\subset\boldsymbol{E}^c$，但由 $\lim\limits_{k\to\infty}\boldsymbol{x}_k=\boldsymbol{a}$，对于该 ε_0，必存在正整数 K，使得当 $k>K$ 时 $\boldsymbol{x}_k\in B_{\varepsilon_0}(\boldsymbol{a})$，这与 $\boldsymbol{x}_k\in\boldsymbol{E}$ 矛盾，因此必有 $\boldsymbol{a}\in\boldsymbol{E}$.

反之，如果 $\boldsymbol{E}$ 中任何收敛点列的极限仍在 $\boldsymbol{E}$ 中，则任取 $\boldsymbol{a}\in\boldsymbol{E}'$，根据聚点的性质(2)，必存在 $\{\boldsymbol{x}_k\}\subset\boldsymbol{E}$，且 $\lim\limits_{k\to\infty}\boldsymbol{x}_k=\boldsymbol{a}$，因此 $\boldsymbol{a}\in\boldsymbol{E}$. 由 $\boldsymbol{a}$ 的任意性知 $\boldsymbol{E}'\subset\boldsymbol{E}$，由定理 14.1.3 知 $\boldsymbol{E}$ 是闭集.

定理 14.1.5 集合 $\boldsymbol{E}$ 的导集 $\boldsymbol{E}'$ 和闭包 $\bar{\boldsymbol{E}}$ 都是闭集.

证明　设 $\boldsymbol{a}\in(\boldsymbol{E}')^c$，则 $\boldsymbol{a}$ 不是 $\boldsymbol{E}$ 的聚点，因此存在 $\varepsilon_0>0$，使得去心开球 $B_{\varepsilon_0}(\boldsymbol{a})\backslash\boldsymbol{a}$ 中的点都不是 $\boldsymbol{E}$ 的点，即 $B_{\varepsilon_0}(\boldsymbol{a})$ 中的点都不是 $\boldsymbol{E}$ 的聚点，因此 $B_{\varepsilon_0}(\boldsymbol{a})\subset(\boldsymbol{E}')^c$，所以 $(\boldsymbol{E}')^c$ 是开集，从而 $\boldsymbol{E}'$ 是闭集.

设 $\boldsymbol{a}\in(\bar{\boldsymbol{E}})^c$，则 $\boldsymbol{a}$ 既不是 $\boldsymbol{E}$ 中的点也不是 $\boldsymbol{E}$ 的聚点，因此存在 $\varepsilon_0>0$，使得 $B_{\varepsilon_0}(\boldsymbol{a})$ 中的点都不是 $\boldsymbol{E}$ 中的点. 进一步地，这个开球中的所有点也不是 $\boldsymbol{E}$ 的聚点，说明 $B_{\varepsilon_0}(\boldsymbol{a})\subset(\bar{\boldsymbol{E}})^c$，即 $(\bar{\boldsymbol{E}})^c$ 是开集，从而 $\bar{\boldsymbol{E}}$ 是闭集.

最后，给出道路连通集和区域的概念. 给定一个映射

$$\varphi=(\varphi_1(t),\varphi_2(t),\cdots,\varphi_n(t)):[a,b]\to\mathbb{R}^n,$$

如果所有的 $\varphi_i(t)(i=1,2,\cdots,n)$ 都连续，则称 φ 为一个连续映射，它的像称为一条连续曲线.

定义 14.1.9(道路连通) 设 $\boldsymbol{E}$ 是 $\mathbb{R}^n$ 中的点集，如果任给 $\boldsymbol{p},\boldsymbol{q}\in\boldsymbol{E}$，均存在 $\boldsymbol{E}$ 中的连续映射(连续曲线)将 $\boldsymbol{p},\boldsymbol{q}$ 连结，则称 $\boldsymbol{E}$ 是道路连通的. 其中曲线可表示为

$$x_i=\varphi_i(t),i=1,\cdots,n,t\in[a,b],$$

使得

$$\boldsymbol{p}=(\varphi_1(\boldsymbol{a}),\varphi_2(\boldsymbol{a}),\cdots,\varphi_n(\boldsymbol{a})),\boldsymbol{q}=(\varphi_1(b),\varphi_2(b),\cdots,\varphi_n(b)),\varphi([a,b])\subset\boldsymbol{E}.$$

定义 14.1.10(区域) 在 $\mathbb{R}^n$ 中，道路连通的开集称为(开)区域，区域的闭包称为闭区域.

实际上关于集合的连通性还有更一般的连通集的定义，但可以证明道路连通的集合一定是连通集，在此不再赘述.

习题 14.1

1. 证明：对任意集合 $\boldsymbol{E}$，其内部 $\boldsymbol{E}^\circ$ 是开集.

2. 证明：$\mathbb{R}^n$ 中的有限点集是闭集.

3. 判断下列平面点集是开集、闭集、有界集中的哪类，并分别指出其聚点和边界点.

(1) $\{(x,y)\mid xy=0\}$；　(2) $\{(x,y)\mid y>x^2\}$；

(3) $\{(x,y)\mid x^2+y^2=1\}$；　(4) $\{(x,y)\mid x^2+y^2\leqslant1\}$.

4. 证明：(1) n 维开矩形 $\{x\in\mid a_i<x_i<b_i,i=1,2,\cdots,n\}$ 和 n 维开球 $\{x\in\mid(x_i-a_i)^2<r^2,i=1,2,\cdots,n\}$ 都是开集.

(2) n 维闭矩形 $\{x\in\mid a_i\leqslant x_i\leqslant b_i,i=1,2,\cdots,n\}$ 和 n 维闭球 $\{x\in\mid(x_i-a_i)^2\leqslant r^2,i=1,$

$2,\cdots,n\}$都是闭集.

5. 证明聚点的以下性质:

(1) 点 $\boldsymbol{a}$ 为 $\boldsymbol{E}$ 的聚点当且仅当以 $\boldsymbol{a}$ 为球心的任何球中 $B_{\varepsilon}(\boldsymbol{a})$都有 $\boldsymbol{E}$ 的无限多个点.

(2) 点 $\boldsymbol{a}$ 为 $\boldsymbol{E}$ 的聚点当且仅当可从 $\boldsymbol{E}$ 中选出互不相同的点组成的点列$\{\boldsymbol{x}_k\}$满足

$$\lim_{k\to\infty}\boldsymbol{x}_k=\boldsymbol{a}.$$

6. 证明:集合 $\boldsymbol{E}$ 是闭集当且仅当 $\boldsymbol{E}=\bar{\boldsymbol{E}}$.

7. 证明:$\mathbb{R}^n$中的开球是区域.

14.2 Euclid 空间的基本定理

上一节给出了$\mathbb{R}^n$中点列极限的定义,并证明了相应的 Cauchy 收敛定理,接下来将实数理论中的一些重要结果推广到更高维的空间中.

首先给出闭区间套定理在$\mathbb{R}^n$中的推广形式,一般称为闭集套定理.

定理 14.2.1(闭集套定理) 设$\{\boldsymbol{E}_k\}$是$\mathbb{R}^n$上的非空闭集序列,满足

$$\boldsymbol{E}_1\supset\boldsymbol{E}_2\cdots\boldsymbol{E}_k\supset\boldsymbol{E}_{k+1}\cdots,$$

且$\lim\limits_{k\to\infty}\operatorname{diam}\boldsymbol{E}_k=0$,则$\bigcap\limits_{k=1}^{\infty}\boldsymbol{E}_k$ 中只有唯一的一点. 其中

$$\operatorname{diam}\boldsymbol{E}=\sup\{\|\boldsymbol{x}-\boldsymbol{y}\|,\boldsymbol{x},\boldsymbol{y}\in\boldsymbol{E}\}$$

称为集合 $\boldsymbol{E}$ 的直径.

证明 由于$\{\boldsymbol{E}_k\}$都是非空集合,因此可在每个集合中取出一点 $\boldsymbol{x}_k\in\boldsymbol{E}_k$,得点列 $\boldsymbol{x}_1,\boldsymbol{x}_2,\cdots,\boldsymbol{x}_k,\cdots$. 再由 $\boldsymbol{E}_1\supset\boldsymbol{E}_2\supset\cdots\supset\boldsymbol{E}_k\supset\boldsymbol{E}_{k+1}\cdots$知,对任意 k 都有$\{\boldsymbol{x}_k,\boldsymbol{x}_{k+1},\boldsymbol{x}_{k+2},\cdots\}\subset\boldsymbol{E}_k$ 因此对任意 $l,m>k$,都有 $\boldsymbol{x}_l,\boldsymbol{x}_m\in\boldsymbol{E}_k$,所以

$$\|\boldsymbol{x}_l-\boldsymbol{x}_m\|<\operatorname{diam}(\boldsymbol{E}_k)\to 0(k\to\infty).$$

这说明$\{\boldsymbol{x}_k\}$是一基本点列,因此收敛于一点 $\boldsymbol{a}$.

因为$\{\boldsymbol{E}_k\}$都是闭集,且当 $l>k$ 时,$\boldsymbol{x}_l\in\boldsymbol{E}_k$,根据定理 14.1.4 知,$\boldsymbol{a}\in\boldsymbol{E}_k$ 对一切正整数 k 成立,因此 $\boldsymbol{a}\in\bigcap_{k=1}^{\infty}\boldsymbol{E}_k$.

如果还有 $\boldsymbol{b}\in\bigcap_{k=1}^{\infty}\boldsymbol{E}_k$,则 $\boldsymbol{a},\boldsymbol{b}\in\boldsymbol{E}_k(k=1,2,\cdots)$,从而$\|\boldsymbol{a}-\boldsymbol{b}\|\leqslant\operatorname{diam}(\boldsymbol{E}_k)$. 当 $k\to\infty$时有$\|\boldsymbol{a}-\boldsymbol{b}\|=\boldsymbol{0}$,所以必有 $\boldsymbol{a}=\boldsymbol{b}$,因此$\bigcap_{k=1}^{\infty}\boldsymbol{E}_k$ 中只有一个点.

定理 14.2.2(Bolzano - Weierstrass 定理) $\mathbb{R}^n$上有界点列$\{\boldsymbol{x}_k\}$,必有收敛子列.

证明 由点列$\{\boldsymbol{x}_k\}$有界知,其每一个分量都是有界数列,记其向量形式为

$$\{(x_1^{(k)},x_2^{(k)},\cdots,x_n^{(k)})\}.$$

由数列的 Bolzano - Weierstrass 定理知,每个分量中都可选出一个收敛子列.

首先,从第一个分量$\{x_1^{(k)}\}$中选出收敛于 a_1 的子列,记为$\{x_1^{(k_j^1)}\}(j=1,2,\cdots)$,其他分量按相同规律选取,记向量列的子列为

$$\{(x_1^{(k_j^1)},x_2^{(k_j^1)},\cdots,x_n^{(k_j^1)})\}.$$

然后,从数列$\{x_2^{(k_j^1)}\}$中选出收敛于 a_2 子列$\{x_2^{(k_j^2)}\}$,得新的向量列的子列

$$\{(x_1^{(k_j^2)},x_2^{(k_j^2)},\cdots,x_n^{(k_j^2)})\}.$$

注意其中第一个分量对应的数列$\{x_1^{(k_j^2)}\}$是收敛数列$\{x_1^{(k_j^1)}\}$的子列，因此 $j\to\infty$ 时其极限仍为 a_1.

按分量依次取下去，最后再从$\{x_n^{(k_j^{n-1})}\}$中选出收敛于 a_n 子列$\{x_n^{(k_j^n)}\}$，最后得$\{x_k\}$的一个子列

$$\{(x_1^{(k_j^n)},x_2^{(k_j^n)},\cdots,x_n^{(k_j^n)})\}.$$

根据选取方法有$\lim\limits_{j\to\infty}x_i^{(k_j^n)}=a_i,i=1,2,\cdots,n$. 由定理 14.1.1 知

$$\lim_{k_j^n\to\infty}(x_1^{(k_j^n)},x_2^{(k_j^n)},\cdots,x_n^{(k_j^n)})=(a_1,\cdots,a_n).$$

在实数理论中，还有单调有界定理、确界原理以及有限覆盖定理，但$\mathbb{R}^n$中的点与点之间没有实数间那种自然的大小关系，因此前两个定理没有直接对应的结论，但有限覆盖定理仍有其相应的推广形式.

定义 14.2.1 设 $\boldsymbol{S}$ 为$\mathbb{R}^n$上的点集. 如果$\mathbb{R}^n$中的一组开集$\{\boldsymbol{U}_\alpha\}$满足$\bigcup_\alpha \boldsymbol{U}_\alpha\supset\boldsymbol{S}$，那么称$\{\boldsymbol{U}_\alpha\}$为 $\boldsymbol{S}$ 的一个开覆盖.

如果 $\boldsymbol{S}$ 的任意一个开覆盖$\{\boldsymbol{U}_\alpha\}$中总存在一个有限子覆盖，即存在$\{\boldsymbol{U}_\alpha\}$中的有限个开集$\{\boldsymbol{U}_{\alpha_i}\}_{i=1}^P$，满足$\bigcup_{i=1}^P\boldsymbol{U}_{\alpha_i}\supset\boldsymbol{S}$，则称 $\boldsymbol{S}$ 为紧致集.

关于紧致集与有界闭集之间的关系，给出以下结论.

定理 14.2.3 设 $\boldsymbol{E}$ 为$\mathbb{R}^n$中子集，则以下几条等价：

(1) $\boldsymbol{E}$ 为紧致集；

(2) $\boldsymbol{E}$ 中任何无穷点列均有收敛子列，且该子列极限仍在 E 中；

(3) $\boldsymbol{E}$ 为有界闭集.

证明　(1)⇒(2)(反证法). 设存在 $\boldsymbol{E}$ 中一无穷点列$\{\boldsymbol{x}_n\}$，但它无收敛于 $\boldsymbol{E}$ 中的子列，即对任意的 $\boldsymbol{x}\in\boldsymbol{E}$，都不是$\{\boldsymbol{x}_n\}$的某个子列的极限，也即存在开球 $B_{r(\boldsymbol{x})}(\boldsymbol{x})$，使得 $B_{r(\boldsymbol{x})}(\boldsymbol{x})$中最多含有$\{\boldsymbol{x}_n\}$的有限项. 显然$\bigcup_{\boldsymbol{x}\in\boldsymbol{E}}B_{r(\boldsymbol{x})}(\boldsymbol{x})$是 $\boldsymbol{E}$ 的一个开覆盖，由 $\boldsymbol{E}$ 为紧致集知，存在 $\boldsymbol{x}_1,\boldsymbol{x}_2,\cdots,\boldsymbol{x}_k$，使得

$$\boldsymbol{E}\subset\bigcup_{i=1}^k\boldsymbol{B}_{r(\boldsymbol{x}_i)}(\boldsymbol{x}_i),$$

由于每个开球 $B_{r(\boldsymbol{x}_i)}(\boldsymbol{x}_i)(i=1,\cdots,k)$中只有$\{\boldsymbol{x}_n\}$的有限项，因此 $\boldsymbol{E}$ 中只有$\{\boldsymbol{x}_n\}$的有限项. 矛盾！

(2)⇒(3)(反证法). 假设 $\boldsymbol{E}$ 无界，则存在$\{\boldsymbol{x}_n\}\subset E$，使得$\|\boldsymbol{x}_n\|\to+\infty(n\to\infty)$，显然$\{\boldsymbol{x}_n\}$中无收敛子列. 矛盾！所以 $\boldsymbol{E}$ 为有界集. 再根据任意 $\boldsymbol{E}$ 中任意收敛子列的极限仍在 $\boldsymbol{E}$ 中，由定理 14.1.4 知 $\boldsymbol{E}$ 为闭集.

(3)⇒(1)(反证法). 设 $\boldsymbol{E}$ 为有界闭集，且存在 $\boldsymbol{E}$ 的开覆盖$\{\boldsymbol{U}_\alpha\}$，其任何有限个开集均无法覆盖 $\boldsymbol{E}$. 因为 $\boldsymbol{E}$ 有界，所以必存在闭正方体 $\boldsymbol{I}_1\supset\boldsymbol{E}$. 将 $\boldsymbol{I}_1$ 等分为 2^n 份，则至少存在一个等分 $\boldsymbol{I}_2\subset\boldsymbol{I}_1$，使得 $\boldsymbol{I}_2\cap\boldsymbol{E}$ 不能被$\{\boldsymbol{U}_\alpha\}$有限覆盖. 依次类推，得一闭立方体序列 $\boldsymbol{I}_1\supset\boldsymbol{I}_2\supset\cdots$，满足 diam $I_k\to0,(k\to\infty)$，任意 $k\geqslant1$，$\boldsymbol{I}_k\cap\boldsymbol{E}$ 不能被有限覆盖. 由闭集套定理，存在唯一点 $\boldsymbol{a}\in\bigcup_{k=1}^\infty\boldsymbol{I}_k\cap\boldsymbol{E}$. 由$\{\boldsymbol{U}_\alpha\}$是 E 的开覆盖，所以存在 α_0 使得 $\boldsymbol{a}\in U_{\alpha_0}$. 于是对充分大的 k 必有 $\boldsymbol{I}_k\subset$

$\boldsymbol{U}_{a_0}$,这与 $\boldsymbol{I}_k\cap\boldsymbol{E}$ 不能被有限覆盖矛盾!

习题 14.2

1. 证明:$\mathbb{R}^n$上的有界无限点集至少有一个聚点.
2. 用 $\Delta_k=[a_k,b_k]\times[c_k,d_k]$表示$\mathbb{R}^2$上的闭矩形,写出并证明$\mathbb{R}^2$上的闭矩形套定理.
3. 证明:有限个紧致集合的交集和并集仍为紧致集合.

14.3 多元函数的极限与连续

前面研究的一元函数中因变量的变化仅与一个自变量有关,但在很多情况下因变量的变化会受到多个自变量变化的影响,这就需要使用多元函数. 实际上,在给出了一般集合之间映射的基础上,多元函数的概念会更容易理解.

定义 14.3.1 设 $\boldsymbol{D}\subset\mathbb{R}^n$,$\boldsymbol{D}$ 到$\mathbb{R}$ 的映射

$$f:\boldsymbol{D}\to\mathbb{R}$$

称为 n 元函数,其中 $\boldsymbol{D}$ 称为函数 f 的定义域,$f(\boldsymbol{D})\in\mathbb{R}$ 称为 f 的值域.

设点 $\boldsymbol{x}=(x_1,\cdots,x_n)\in\mathbb{R}^n$, 则 f 在 $\boldsymbol{x}$ 处的函数值可以记为

$$z=f(\boldsymbol{x})\text{ 或 }z=f(x_1,\cdots,x_n),z\in\mathbb{R},$$

称 $\boldsymbol{x}$ 为自变量,z 为因变量. 定义域在$\mathbb{R}^2$中的二元函数,一般记作 $z=f(x,y)$, 其图像是三维空间中的曲面. 多元函数和一元函数的许多重要区别,都能通过二元函数很好地体现,因此以二元函数为例来研究多元函数.

在$\mathbb{R}^n$中通过引入范数来刻画点与点之间的距离,因此可以用类似一元函数极限的定义给出多元函数极限的定义.

定义 14.3.2 设 $\boldsymbol{D}\subset\mathbb{R}^n$,$z=f(\boldsymbol{x})$是定义在 $\boldsymbol{D}$ 上的 n 元函数,$\boldsymbol{a}\in\mathbb{R}^n$是 $\boldsymbol{D}$ 的一个聚点,A 是一个实数. 如果对任意给定的 $\varepsilon>0$, 都存在 $\delta>0$,对任意 $\boldsymbol{x}\in\boldsymbol{D}$,当 $0<\|\boldsymbol{x}-\boldsymbol{a}\|<\delta$ 时,都有

$$|f(\boldsymbol{x})-A|<\varepsilon,$$

称函数 f 在 $\boldsymbol{a}$ 点有极限,且极限为 A,记作

$$\lim_{x\to a}f(\boldsymbol{x})=A\text{ 或 }f(\boldsymbol{x})\to A(\boldsymbol{x}\to\boldsymbol{a}).$$

一般称该极限为函数 $f(\boldsymbol{x})$在 $\boldsymbol{a}$ 点的重极限.

例 14.3.1 证明:$\displaystyle\lim_{(x,y)\to(0,0)}\frac{x^2y^2}{x^2+y^2}=0$.

证明 显然函数在$\mathbb{R}^2\backslash(0,0)$内有定义. 由于

$$\left|\frac{x^2y^2}{x^2+y^2}-0\right|\leqslant\frac{1}{2}|xy|\leqslant\frac{1}{4}(x^2+y^2)<\|(x,y)-(0,0)\|^2.$$

因此对任意 $\varepsilon>0$,都存在 $\delta=\sqrt{\varepsilon}$, 则对任意$(x,y)\in\mathbb{R}^2\backslash(0,0)$,当 $0<\|(x,y)\|<\delta$ 时,都有

$$\left|\frac{x^2y^2}{x^2+y^2}-0\right|<\varepsilon,$$

所以结论成立.

一元函数的 Heine 定理建立了函数极限与相应数列极限的联系,这个结论对多元函数仍然成立.

定理 14.3.1 设 $D\subset\mathbb{R}^n$，D 上函数 $z=f(\boldsymbol{x})$，在聚点 $\boldsymbol{a}$ 处存在极限

$$\lim_{\boldsymbol{x}\to\boldsymbol{a}}f(\boldsymbol{x})=A$$

的充分必要条件是：对任何点列 $\{\boldsymbol{x}_k\}\subset\boldsymbol{D}$，$\boldsymbol{x}_k\neq\boldsymbol{a}(k=1,2,\cdots)$ 且 $\boldsymbol{x}_k\to\boldsymbol{a}(k\to\infty)$，都有

$$\lim_{k\to\infty}f(\boldsymbol{x}_k)=A.$$

这个定理证明的思路与一元函数中的相应定理相同，在此略去.

在一元函数中常常根据这个定理构造具有不同极限的子列来证明函数极限不存在，同时还有结论：若函数在一点处的左右极限都存在但左右极限不相等，则函数极限也不存在. 这一思路也可应用到多元函数. 定义 14.3.2 和定理 14.3.1 说明，函数在一点极限存在必须满足 $\boldsymbol{x}$ 沿任意方式和路径趋于 $\boldsymbol{a}$ 点时极限都存在且相等，因此通常可通过证明沿某个方向的极限不存在，或沿某两个方向的极限不相等，或极限与方向有关等办法来证明极限不存在.

例 14.3.2 研究极限 $\lim\limits_{(x,y)\to(0,0)}\dfrac{xy}{x^2+y^2}$ 的存在性.

解　当点 (x,y) 沿直线 $y=mx$ 趋于 $(0,0)$ 时，有

$$\lim_{\substack{x\to0\\y=mx}}\frac{xy}{x^2+y^2}=\lim_{x\to0}\frac{m^2x^2}{(m^2+1)x^2}=\frac{m^2}{m^2+1},$$

这说明当 (x,y) 沿不同的直线趋于 $(0,0)$ 点时，函数有不同的极限，因此极限不存在.

例 14.3.3 研究极限 $\lim\limits_{(x,y)\to(0,0)}\dfrac{x^2y}{x^4+y^2}$ 的存在性.

解　当点 (x,y) 沿直线 $y=mx$ 趋于 $(0,0)$ 时，有

$$\lim_{\substack{x\to0\\y=mx}}\frac{x^2y}{x^4+y^2}=\lim_{x\to0}\frac{mx^3}{(m^2+x^2)x^2}=\lim_{x\to0}\frac{mx}{m^2+x^2}=0.$$

这说明当 (x,y) 沿不同的直线趋于 $(0,0)$ 点时，函数极限为 0. 注意这并不能说明函数有极限为 0.

选取 (x,y) 沿 $y=x^2$ 趋于 $(0,0)$ 点时，有

$$\lim_{\substack{x\to0\\y=x^2}}\frac{x^2y}{x^4+y^2}=\lim_{x\to0}\frac{x^4}{2x^4}=\frac{1}{2}.$$

因此当点沿直线 $y=mx$ 和沿抛物线 $y=x^2$ 趋于 $(0,0)$ 点时，函数有不同的极限，因此函数极限不存在.

一元函数极限的性质，如唯一性、局部有界性、极限的四则运算、Cauchy 定理、复合函数的极限等在多元函数中依然成立. 在一元函数中有 $x\to\infty$ 时的极限，在多元函数中也可以考虑 $\|\boldsymbol{x}\|\to+\infty$ 时的极限，在此不再一一陈述.

多元函数的极限是研究当 $\boldsymbol{x}$ 趋于 $\boldsymbol{a}$ 点时函数值的变化情况，如果将 $\boldsymbol{x}$ 趋于 $\boldsymbol{a}$ 的过程分解为分量依次趋近的过程，那么每个过程就是一个一元函数的极限问题. 下面以二元函数为例给出其定义.

定义 14.3.3 设 $D\subset\mathbb{R}^2$，$z=f(x,y)$ 是定义在 D 上的二元函数，(x_0,y_0) 是给定的点，如果对于每个固定的 $y\neq y_0$，极限 $\lim\limits_{x\to x_0}f(x,y)$ 存在，若极限

$$\lim_{y\to y_0}\lim_{x\to x_0}f(x,y)=\lim_{y\to y_0}(\lim_{x\to x_0}f(x,y))$$

也存在，则称此极限为函数 $f(x,y)$ 在点 (x_0,y_0) 先对 x 后对 y 的**累次极限**.

类似可定义先对 y 后对 x 的累次极限

$$\lim_{x\to x_0}\lim_{y\to y_0} f(x,y).$$

累次极限包含两个一元函数的极限过程，两个过程都必须存在极限才有累次极限存在，重极限和累次极限有着重要的区别和联系.

例 14.3.4 研究下列函数在(0,0)点的重极限和累次极限：

(1) $f(x,y)=\dfrac{y^2}{x^2+y^2}$；　　(2) $f(x,y)=(x+y)\sin\dfrac{1}{x}\sin\dfrac{1}{y}$；

(3) $f(x,y)=\dfrac{x^3+y^3}{x^2+y}$；　　(4) $f(x,y)=\dfrac{x^2y^2}{x^3+y^3}$.

解 (1) 当(x,y)沿直线 $y=kx$ 趋于点(0,0)时,有

$$\lim_{\substack{x\to 0\\ y=kx}}\frac{y^2}{x^2+y^2}=\frac{k^2}{1+k^2},$$

其极限值依赖于 k,因此重极限不存在. 但是

$$\lim_{y\to 0}\lim_{x\to 0}\frac{y^2}{x^2+y^2}=\lim_{y\to 0}\frac{y^2}{y^2}=1,$$

$$\lim_{x\to 0}\lim_{y\to 0}\frac{y^2}{x^2+y^2}=\lim_{x\to 0}\frac{0}{x^2}=0.$$

两个累次极限存在但不相等.

(2) 因为

$$0\leqslant\left|(x+y)\sin\frac{1}{x}\sin\frac{1}{y}\right|\leqslant|x|+|y|\leqslant 2\sqrt{x^2+y^2},\quad (x\neq 0,y\neq 0),$$

由重极限的定义不难验证

$$\lim_{(x,y)\to(0,0)}(x+y)\sin\frac{1}{x}\sin\frac{1}{y}=0.$$

当 $x\neq\dfrac{1}{k\pi}$,$k=\pm1,\pm2,\cdots$,$y\to 0$ 时,$(x+y)\sin\dfrac{1}{x}\sin\dfrac{1}{y}$的极限不存在,因此$\lim\limits_{x\to 0}\lim\limits_{y\to 0}f(x,y)$不存在,同理可得$\lim\limits_{y\to 0}\lim\limits_{x\to 0}f(x,y)$不存在.

(3) 当(x,y)沿 $y=x$ 趋于点(0,0)时,有

$$\lim_{\substack{x\to 0\\ y=x}}f(x,y)=\lim_{x\to 0}\frac{2x^3}{x^2+x}=0.$$

当(x,y)沿 $y=-x^2+x^3$ 趋于点(0,0)时,有

$$\lim_{\substack{x\to 0\\ y=-x^2+x^3}}f(x,y)=\lim_{x\to 0}[1+x^3(x-1)^3]=1.$$

因此重极限 $\lim\limits_{(x,y)\to(0,0)}f(x,y)$不存在,而

$$\lim_{y\to 0}\lim_{x\to 0}\frac{x^3+y^3}{x^2+y}=\lim_{y\to 0}y^2=0,$$

$$\lim_{x\to 0}\lim_{y\to 0}\frac{x^3+y^3}{x^2+y}=\lim_{y\to 0}x=0.$$

(4) 当(x,y)沿 $y=x$ 趋于点(0,0)时,有

$$\lim_{\substack{x\to 0\\ y=x}} f(x,y)=\lim_{x\to 0}\frac{x^4}{2x^3}=0.$$

当(x,y)沿 $y=-x+x^2$ 趋于点$(0,0)$时,有

$$\lim_{\substack{x\to 0\\ y=-x+x^2}} f(x,y)=\lim_{x\to 0}\frac{x^4(x-1)^2}{x^3[1+(x-1)^3]}=\frac{1}{3}.$$

因此 $\lim\limits_{(x,y)\to(0,0)} f(x,y)$不存在. 两个累次极限为

$$\lim_{y\to 0}\lim_{x\to 0}\frac{x^2y^2}{x^3+y^3}=\lim_{y\to 0}0=0;\quad \lim_{x\to 0}\lim_{y\to 0}\frac{x^2y^2}{x^3+y^3}=\lim_{x\to 0}0=0.$$

上述例题说明二重极限存在时两个累次极限不一定存在,反之亦然. 两个不同顺序累次极限的存在性也可不同,但当重极限和累次极限都存在时,有如下结论.

定理 14.3.2 二元函数 $f(x,y)$,在点(x_0,y_0)的二重极限和两个累次极限

$$\lim_{(x,y)\to(x_0,y_0)} f(x,y),\ \lim_{y\to y_0}\lim_{x\to x_0} f(x,y),\ \lim_{x\to x_0}\lim_{y\to y_0} f(x,y)$$

都存在,则有

$$\lim_{(x,y)\to(x_0,y_0)} f(x,y)=\lim_{y\to y_0}\lim_{x\to x_0} f(x,y)=\lim_{x\to x_0}\lim_{y\to y_0} f(x,y).$$

证明 设 $\lim\limits_{(x,y)\to(x_0,y_0)} f(x,y)=A$,则对任意 $\varepsilon>0$,存在 $\delta>0$,对任意$(x,y)\in \boldsymbol{D}$,当 $0<\|(x,y)-(x_0,y_0)\|<\delta$ 时,都有

$$|f(x,y)-A|<\varepsilon,$$

因为累次极限存在,则对任意满足不等式 $0<\|(x,y)-(x_0,y_0)\|<\delta$ 的(x,y),存在极限

$$\lim_{y\to y_0} f(x,y)=\varphi(x).$$

在不等式 $|f(x,y)-A|<\varepsilon$ 中,令 $y\to y_0$ 可得

$$|\varphi(x)-A|=\lim_{y\to y_0}|f(x,y)-A|\leqslant\varepsilon,$$

再通过函数极限的定义不难证得$\lim\limits_{x\to x_0}\varphi(x)=A$,即$\lim\limits_{x\to x_0}\lim\limits_{y\to y_0} f(x,y)=A$.

同理可得$\lim\limits_{y\to y_0}\lim\limits_{x\to x_0} f(x,y)=A$.

根据一元函数极限与连续的关系,可以得到多元函数连续的概念.

定义 14.3.4 设 $\boldsymbol{D}\subset\mathbb{R}^n$,$z=f(\boldsymbol{x})$是定义在 $\boldsymbol{D}$ 上的 n 元函数,$\boldsymbol{a}\in\boldsymbol{D}$ 是一个给定的聚点. 如果

$$\lim_{\boldsymbol{x}\to\boldsymbol{a}} f(\boldsymbol{x})=f(\boldsymbol{a})$$

则称函数 $f(\boldsymbol{x})$在 $\boldsymbol{a}$ 点连续. 对于 $\boldsymbol{D}$ 的孤立点 $\boldsymbol{a}$,约定函数 $f(\boldsymbol{x})$在 $\boldsymbol{a}$ 点处连续. $f(\boldsymbol{x})$在 $\boldsymbol{D}$ 上不连续的点称为间断点.

若函数 $f(\boldsymbol{x})$在 $\boldsymbol{D}$ 上每一点都连续,则称 $f(\boldsymbol{x})$在 $\boldsymbol{D}$ 上连续,或称 $f(\boldsymbol{x})$是 $\boldsymbol{D}$ 上的连续函数.

不难证明函数 $f(\boldsymbol{x})$在 $\boldsymbol{a}$ 点连续用"$\varepsilon-\delta$"语言可定义为:任给 $\varepsilon>0$,存在 $\delta>0$,使得对任意的 $\boldsymbol{x}\in\boldsymbol{D}$,当$\|\boldsymbol{x}-\boldsymbol{a}\|<\delta$ 时,都有

$$|f(\boldsymbol{x})-f(\boldsymbol{a})|<\varepsilon.$$

多元函数连续的定义本质上与一元函数相同,前面关于一元函数连续性中得到的性质,如连续函数的四则运算性质、局部有界集、局部保号性、复合函数的连续性等,除具体表示形式稍有不

同外,结论仍然成立.

例 14.3.5 设 $\boldsymbol{x}=(x_1,x_2,\cdots,x_n)$,定义函数

$$f_i(x_1,x_2,\cdots,x_n)=x_i(i=1,2,\cdots,n)$$

为 $\boldsymbol{x}$ 在第 i 个坐标轴上的投影,则 $f_i(i=1,2,\cdots,n)$是$\mathbb{R}^n$上的连续函数.

证明 对任意的 $1\leqslant i\leqslant n$,任取 $a=(a_1,a_2,\cdots,a_n)$,则有 $f_i(a_1,a_2,\cdots,a_n)=a_i$,于是

$$|f_i(x_1,x_2,\cdots,x_n)-f_i(a_1,a_2,\cdots,a_n)|=|x_i-a_i|\leqslant\|\boldsymbol{x}-\boldsymbol{a}\|.$$

不难通过定义证明 f_i 在$\mathbb{R}^n$上连续.

例 14.3.6 设 $\boldsymbol{x}=(x_1,x_2,\cdots,x_n)$,$a_1,a_2,\cdots,a_n$ 为给定的 n 个实数,定义多元线性函数

$$f(x_1,x_2,\cdots,x_n)=a_1x_1+a_2x_2+\cdots+a_nx_n.$$

根据投影函数的连续性和连续函数的四则运算性质,显然多元线性函数连续.

例 14.3.7 证明:行列式函数 $\det \boldsymbol{M}_{n\times n}\to\mathbb{R}$ 是连续函数(这里将 $M_{n\times n}$ 视为$\mathbb{R}^{n^2}$).

证明 设 $\boldsymbol{X}=(x_{ij})_{n\times n}\in\boldsymbol{M}_{n\times n}$ 为一方阵. 考察行列式

$$\det \boldsymbol{X}=\sum_{\pi}(-1)^{\pi}x_{1\pi(1)}\cdots x_{n\pi(n)},$$

其中 π 是取遍$\{1,2,\cdots,n\}$的所有置换,显然它可以看作投影函数经过四则运算得到的函数,因此连续.

例 14.3.8 由变量 $x_1,x_2,\cdots,x_n$ 与数通过有限次的加、乘运算得到的代数式称为 n 元多项式,由上述例子知 n 元多项式都是连续函数. 进一步,设 $P(\boldsymbol{x})=P(x_1,x_2,\cdots,x_n)$,$Q(\boldsymbol{x})=Q(x_1,x_2,\cdots,x_n)$都是 n 元多项式,则有

$$\lim_{\boldsymbol{x}\to\boldsymbol{a}}P(\boldsymbol{x})Q(\boldsymbol{x})=P(\boldsymbol{a})Q(\boldsymbol{a}),\lim_{x\to a}\frac{P(\boldsymbol{x})}{Q(\boldsymbol{x})}=\frac{P(\boldsymbol{a})}{Q(\boldsymbol{a})}\quad(Q(\boldsymbol{a})\neq0).$$

例 14.3.9 求极限$\lim\limits_{\substack{x\to0\\y\to0}}\dfrac{x^2+y^2}{\sqrt{1+x^2+y^2}-1}$.

解

$$\begin{aligned}\lim_{\substack{x\to0\\y\to0}}\frac{x^2+y^2}{\sqrt{1+x^2+y^2}-1}&=\lim_{\substack{x\to0\\y\to0}}\frac{(x^2+y^2)(\sqrt{1+x^2+y^2}+1)}{1+x^2+y^2-1}\\&=\lim_{\substack{x\to0\\y\to0}}(\sqrt{1+x^2+y^2}+1)=2.\end{aligned}$$

例 14.3.10 研究函数 $f(x,y)=\begin{cases}\dfrac{\sin xy}{\sqrt{x^2+y^2}}, & x^2+y^2\neq0,\\ 0, & x^2+y^2=0\end{cases}$ 的连续性.

解 当 $x^2+y^2\neq0$ 时,$f(x,y)=\dfrac{\sin xy}{\sqrt{x^2+y^2}}$在点$(x,y)$连续.

当 $x^2+y^2=0$ 时,因为

$$\left|\frac{\sin xy}{\sqrt{(x^2+y^2)}}\right|\leqslant\left|\frac{xy}{\sqrt{x^2+y^2}}\right|\leqslant\frac{1}{2}\sqrt{x^2+y^2},$$

于是 $\lim\limits_{(x,y)\to(0,0)}f(x,y)=0=f(0,0)$,即 $f(x,y)$在点$(0,0)$连续,所以函数在其定义域内连续.

习题 14.3

1. 确定下列函数的定义域：

(1) $f(x,y)=\sqrt{1-x^2-y^2}$；　(2) $f(x,y)=\sqrt{x-y}$；

(3) $f(x,y,z)=\arccos\dfrac{x^2+y^2}{z}$；　(4) $f(x,y,z)=\ln(x+y+z)$；

(5) $f(x,y)=\arcsin\dfrac{y}{x}$；　(6) $f(x,y)=\sqrt{1-x^2}+\sqrt{y^2-1}$.

2. 计算下列极限：

(1) $\lim\limits_{(x,y)\to(0,0)}\dfrac{\sin xy}{x}$；　(2) $\lim\limits_{(x,y)\to(+\infty,+\infty)}\left(\dfrac{xy}{x^2+y^2}\right)^{x^2}$；

(3) $\lim\limits_{(x,y)\to(+\infty,0)}\left(1+\dfrac{2}{x}\right)^{x^2/(x+y)}$；　(4) $\lim\limits_{(x,y)\to(0,0)}\dfrac{x^2+y^2}{|x|+|y|}$；

(5) $\lim\limits_{(x,y)\to(+\infty,+\infty)}(x^2+y^2)\mathrm{e}^{-(x+y)}$；　(6) $\lim\limits_{(x,y)\to(0,1)}\dfrac{1-xy}{x^2+y^2}$.

3. 讨论下列函数在(0,0)点的重极限与累次极限：

(1) $f(x,y)=y\sin\dfrac{1}{x}$；　(2) $f(x,y)=(x^2+y^2)^{x^2y^2}$；

(3) $f(x,y)=\dfrac{\sin(xy)}{y}$；　(4) $f(x,y)=\dfrac{\sin xy}{\sqrt{x^2+y^2}}$；

(5) $f(x,y)=\dfrac{x^2+y^2}{\sqrt{1+x^2+y^2}-1}$；　(6) $f(x,y)=\dfrac{\ln(x^2+y^2)}{x^2+y^2}$；

(7) $f(x,y)=\dfrac{x^2+y^2}{x^2y^2+(x-y)^2}$；　(8) $f(x,y)=\dfrac{x+y}{x-y}$；

(9) $f(x,y)=|y|^{|x|}$；　(10) $f(x,y)=\dfrac{\ln(1+xy)}{x+\tan y}$.

4. 讨论下列二元函数在其定义域内的连续性：

(1) $f(x,y)=\begin{cases}\dfrac{x^2y^2}{x^2+y^2}, & x^2+y^2\neq 0,\\ 0, & x^2+y^2=0;\end{cases}$　(2) $f(x,y)=\begin{cases}\dfrac{\ln(1+xy)}{x}, & x\neq 0,\\ y, & x=0;\end{cases}$

(3) $f(x,y)=\begin{cases}\dfrac{1}{\sqrt{x^2+y^2}}, & x^2+y^2\neq 0,\\ 0, & x^2+y^2=0.\end{cases}$

5. 举例说明存在$[a,b]\times[c,d]$上的函数 $f(x,y)$，对于任意给定的 $x_0\in[a,b]$，函数 $f(x_0,y)$在$[c,d]$上连续，对于任意给定的 $y_0\in[c,d]$，函数 $f(x,y_0)$在$[a,b]$上连续，但函数 $f(x,y)$在$[a,b]\times[c,d]$上不连续.

6. 设二元函数 $f(x,y)$在集合 $\boldsymbol{D}\in\mathbb{R}^2$ 上对于每一个自变量 x 和 y 都连续. 证明：当下列条件之一满足时，$f(x,y)$是 $\boldsymbol{D}$ 上的连续函数.

(1) 对任意给定的 x，函数 $f(x,y)$关于 y 单调；

(2) 关于变量 y 满足 Lipschitz 条件，即存在常数 L，对任意(x,y')，$(x,y'')\in\boldsymbol{D}$，都有

$$|f(x,y')-f(x,y'')|\leqslant L|y'-y''|;$$

(3) $f(x,y)$在$\boldsymbol{D}$上关于x连续,且关于y一致连续,即对$\forall x_0$和$\forall\varepsilon>0$,都有$\exists\delta>0$,当$|x-x_0|<\delta$时,对任意$y,(x,y),(x_0,y)\in\boldsymbol{D}$,都有

$$|f(x,y)-f(x_0,y)|<\varepsilon.$$

14.4 多元连续函数的性质

类似于一元函数,多元连续函数也有一致连续的定义.

定义 14.4.1 设$\boldsymbol{D}\subset\mathbb{R}^n$,$z=f(\boldsymbol{x})$是定义在$\boldsymbol{D}$上的$n$元函数,如果$\forall\varepsilon>0$,总$\exists\delta>0$,使得对任意$\boldsymbol{x},\boldsymbol{y}\in\boldsymbol{D}$,当$\|\boldsymbol{x}-\boldsymbol{y}\|<\delta$时,都有

$$|f(\boldsymbol{x})-f(\boldsymbol{y})|<\varepsilon,$$

则称函数$f(\boldsymbol{x})$在$\boldsymbol{D}$上一致连续.

例 14.4.1 证明:函数$f(x,y)=\dfrac{xy}{x^2+y^2}$在其定义域内连续但不一致连续.

证明 当$x^2+y^2\neq 0$时,xy和x^2+y^2均连续,因此根据连续函数的性质知$f(x,y)$连续. 但$\exists\varepsilon_0=\dfrac{1}{3}$,使得对$\forall\delta>0$,总存在$0<|x|<\delta$满足$\|(x,x)-(x,0)\|=|x|<\delta$,却有

$$|f(x,x)-f(x,0)|=\frac{1}{2}>\varepsilon_0,$$

因此函数在其定义域内不一致连续.

定义在有界闭区间上的连续函数有许多良好的性质:一致连续性,有界性,最值可达性以及介值性等,多元函数也具有这些性质. 进一步,对于一般的映射也有相应的结论,因此下面以多元映射的形式来给出相应的结论.

定义 14.4.2 设$\boldsymbol{D}\subset\mathbb{R}^n$,$f:\boldsymbol{D}\to\mathbb{R}^m$是$\boldsymbol{D}$到$\mathbb{R}^m$的映射. 给定$\boldsymbol{x}_0\in D$,若对$\forall\varepsilon>0$,总$\exists\delta>0$,使得对任意$\boldsymbol{x}\in\boldsymbol{D}$,当$\|\boldsymbol{x}-\boldsymbol{x}_0\|<\delta$时,都有

$$\|f(\boldsymbol{x})-f(\boldsymbol{x}_0)\|<\varepsilon,$$

则称映射f在$\boldsymbol{x}_0$点连续. 如果f在$\boldsymbol{D}$上每一点都连续,则称f是$\boldsymbol{D}$上的连续映射.

显然当$m=1$时,f就是n元函数,若还有$n=1$那就是一元函数. 一般地,把$m>1$时的映射称为向量值函数,此时函数的"值"是m维空间中的点. 映射$\boldsymbol{z}=f(\boldsymbol{x})$中的$\boldsymbol{x}$和$\boldsymbol{z}$都用向量表示,则映射$\mathbb{R}^n\to\mathbb{R}^m$的映射可表示为

$$\begin{pmatrix}z_1\\\vdots\\z_m\end{pmatrix}=\begin{pmatrix}f_1(x_1,x_2,\cdots,x_n)\\\vdots\\f_m(x_1,x_2,\cdots,x_n)\end{pmatrix},$$

其中每一个$z_i=f_i(x_1,x_2,\cdots,x_n)(i=1,\cdots,m)$都是一个$n$元函数.

与多元函数一致连续类似,可以定义映射一致连续,在此不再赘述.

根据定理 14.1.1 可以得到下面的结论.

定理 14.4.1 设$\boldsymbol{D}\subset\mathbb{R}^n$,$f$是$\boldsymbol{D}$到$\mathbb{R}^m$的映射$f:\boldsymbol{D}\to\mathbb{R}^m$,则$f$是$\boldsymbol{D}$上连续映射的充分必要条件是$f$的每一个分量$f_i(x_1,x_2,\cdots,x_n)$都是$\boldsymbol{D}$上的连续函数.

例 14.4.2 线性映射

$$\begin{pmatrix} z_1 \\ \vdots \\ z_m \end{pmatrix} = \boldsymbol{A} \begin{pmatrix} x_1 \\ \vdots \\ x_n \end{pmatrix},$$

其中 $\boldsymbol{A}$ 是 $m\times n$ 的矩阵，确定了一个$\mathbb{R}^n \to \mathbb{R}^m$的映射，显然它是一个连续映射.

定理 14.4.2 设 f 是$\mathbb{R}^n$到$\mathbb{R}^m$的映射 $f:\mathbb{R}^n \to \mathbb{R}^m$，则以下条件等价：

(1) f 是连续映射；

(2) 对$\mathbb{R}^n$上任意收敛点列 $\boldsymbol{x}_n \to \boldsymbol{x}_0 (n\to\infty)$，均有 $f(\boldsymbol{x}_n) \to f(\boldsymbol{x}_0)(n\to\infty)$；

(3) 对任意开集 $\boldsymbol{E} \subset \mathbb{R}^m$，其原像 $f^{-1}(\boldsymbol{E})$是$\mathbb{R}^n$中开集.

证明　先证(1)⇔(2). 设 f 在 $\boldsymbol{x}_0$ 处连续，则对 $\forall\,\varepsilon>0$，$\exists\,\delta>0$，使得 $\|\boldsymbol{x}-\boldsymbol{x}_0\|<\delta$ 时，都有

$$\|f(\boldsymbol{x}) - f(\boldsymbol{x}_0)\| < \boldsymbol{\varepsilon}.$$

由 $\lim\limits_{n\to\infty}\boldsymbol{x}_n=\boldsymbol{x}_0$，当 n 充分大时有 $\|\boldsymbol{x}_n-\boldsymbol{x}_0\|<\delta$，从而有 $\|f(\boldsymbol{x}_n)-f(\boldsymbol{x}_0)\|<\varepsilon$，得

$$\lim_{n\to\infty} f(\boldsymbol{x}_n) = f(\boldsymbol{x}_0).$$

反之，若 f 在 $\boldsymbol{x}_0$ 处不连续，则存在 $\varepsilon_0>0$，使得对 $\delta=\dfrac{1}{n}>0$，都存在 $\boldsymbol{x}_n$，满足 $\|\boldsymbol{x}_n-\boldsymbol{x}_0\|<\dfrac{1}{n}$，但是 $\|f(\boldsymbol{x}_n)-f(\boldsymbol{x}_0)\|>\varepsilon_0$，显然 $\boldsymbol{x}_n\to\boldsymbol{x}_0$，但 $f(\boldsymbol{x}_n)\not\to f(\boldsymbol{x}_0)(n\to\infty)$. 矛盾！

再证(1)⇔(3). 设 f 是连续映射，$\boldsymbol{E}\subset\mathbb{R}^m$是开集，则对任意 $\boldsymbol{x}_0\in f^{-1}(\boldsymbol{E})$，有 $\boldsymbol{y}_0=f(\boldsymbol{x}_0)\in \boldsymbol{E}$，由于 $\boldsymbol{E}$ 是开集，因此存在 $\varepsilon>0$，使得 $B_\varepsilon(\boldsymbol{y}_0)\subset\boldsymbol{E}$. 由连续性知，$\exists\,\delta>0$，使得 $\|\boldsymbol{x}-\boldsymbol{x}_0\|<\delta$ 时，有 $\|f(\boldsymbol{x})-f(\boldsymbol{x}_0)\|<\varepsilon$. 即存在 $B_\delta(\boldsymbol{x}_0)$，满足 $f(B_\delta(\boldsymbol{x}_0))\subset\boldsymbol{E}$，这说明 $B_\delta(\boldsymbol{x}_0)\subset f^{-1}(\boldsymbol{E})$. 因此，$f^{-1}(\boldsymbol{E})$是开集.

反之，如果开集 $\boldsymbol{E}$ 的原像 $f^{-1}(\boldsymbol{E})$还是开集，对任意 $\boldsymbol{x}_0\in\mathbb{R}^m$，记 $\boldsymbol{y}_0=f(\boldsymbol{x}_0)$，则对 $\forall\,\varepsilon>0$，开球 $B_\varepsilon(\boldsymbol{y}_0)$的原像 $f^{-1}(B_\varepsilon(\boldsymbol{y}_0))$是$\mathbb{R}^m$中包含 $\boldsymbol{x}_0$ 的开集，从而 $\exists\,\delta>0$，使得

$$B_\delta(\boldsymbol{x}_0) \subset f^{-1}(B_\varepsilon(\boldsymbol{y}_0)) \Rightarrow f(B_\delta(\boldsymbol{x}_0)) \subset B_\varepsilon(\boldsymbol{y}_0),$$

即对任意 $\boldsymbol{x}$ 满足 $\|\boldsymbol{x}-\boldsymbol{x}_0\|<\delta$ 时，有 $\|f(\boldsymbol{x})-f(\boldsymbol{x}_0)\|<\boldsymbol{\varepsilon}$，$f$ 在 $\boldsymbol{x}_0$ 处连续，由其任意性得 f 是连续映射.

关于连续映射与集合的紧致性之间的关系有：

定理 14.4.3 连续映射将紧致集映射成紧致集.

证明　设 $\boldsymbol{D}$ 为$\mathbb{R}^n$中的紧致集，则 $f(\boldsymbol{D})\subset\mathbb{R}^m$，取 $f(\boldsymbol{D})$的开覆盖$\{\boldsymbol{V}_\alpha\}$，则$\{f^{-1}(\boldsymbol{V}_\alpha)\}$为 $\boldsymbol{D}$ 的开覆盖. 由 $\boldsymbol{D}$ 为紧致集知，存在 $\alpha_1,\alpha_2,\cdots,\alpha_k$，使得

$$\boldsymbol{D} \subset \bigcup\nolimits_{i=1}^{k} f^{-1}(\boldsymbol{V}_{\alpha_i}),$$

即

$$f^{-1}(\boldsymbol{D}) \subset \bigcup\nolimits_{i=1}^{k} \boldsymbol{V}_{\alpha_i},$$

所以 $f(\boldsymbol{D})$也是紧致集.

这里使用了紧致集的定义和在连续映射下开集的原像为开集的性质，也可以根据定理 14.2.3 和定理 14.4.2 中的相关结论来证明. 有了连续映射的这个性质后，可以很容易地证明紧致集上连续映射的下列重要性质. 实际上有限闭区间上连续函数的相关性质可以看作下述结论的特例.

定理 14.4.4 设 $\boldsymbol{D}$ 为$\mathbb{R}^n$中的紧致集，f 是 $\boldsymbol{D}$ 上的连续函数，则下列结论成立：

(1) (有界性)f 在 $\boldsymbol{D}$ 上有界;

(2) (最值性)f 在 $\boldsymbol{D}$ 上可以取到最大值和最小值;

(3) (一致连续性)f 在 $\boldsymbol{D}$ 上一致连续.

证明 设 $\boldsymbol{D}$ 为$\mathbb{R}^n$中的紧致集,则 $f(\boldsymbol{D})$是$\mathbb{R}$中的紧致集,因此是$\mathbb{R}$中的有界闭集,从而可以得到 $f(\boldsymbol{D})$有界,且存在最大值和最小值,(1)(2)得证.

(3) 设 $\boldsymbol{D}$ 为紧致集,f 在 $\boldsymbol{D}$ 上连续但不一致连续,则 $\exists \varepsilon_0>0$,使得对任意 $\delta=\frac{1}{n}>0$,都存在 $\boldsymbol{x}'_n,\boldsymbol{x}''_n\in\boldsymbol{D}$,满足

$$\|\boldsymbol{x}'_n-\boldsymbol{x}''_n\|<\frac{1}{n},\qquad |f(\boldsymbol{x}'_n)-f(\boldsymbol{x}''_n)|>\varepsilon_0,$$

由 $\boldsymbol{D}$ 为紧致集知,$\{\boldsymbol{x}'_n\}$,$\{\boldsymbol{x}''_n\}$都存在收敛子列,不妨设它们本身收敛,极限分别为 $\boldsymbol{x}'_0,\boldsymbol{x}''_0$,则 $\varepsilon_0<|f(\boldsymbol{x}'_0)-f(\boldsymbol{x}''_0)|\leqslant|f(\boldsymbol{x}'_0)-f(\boldsymbol{x}'_n)|+|f(\boldsymbol{x}'_n)-f(\boldsymbol{x}''_n)|+|f(\boldsymbol{x}''_0)-f(\boldsymbol{x}''_n)|$. 根据$\|\boldsymbol{x}'_n-\boldsymbol{x}''_n\|\to\boldsymbol{0},\boldsymbol{x}'_n\to\boldsymbol{x}'_0,\boldsymbol{x}''_n\to\boldsymbol{x}''_0(n\to\infty)$及 f 的连续性知,上式右端在 $n\to\infty$时趋于零,显然矛盾!

该定理中关于一致连续的结论对连续映射仍然成立,其证明只需将上面证明中的绝对值改为范数即可.

定理 14.4.5 设 $\boldsymbol{D}$ 为$\mathbb{R}^n$中的紧致集,$f:\boldsymbol{D}\to\mathbb{R}^m$是连续映射,则 f 在 D 上一致连续.

关于多元函数的介值性定理,相关结论如下.

定理 14.4.6 连续映射把道路连通的集合映射为道路连通的集合.

证明 设 $\boldsymbol{D}\subset\mathbb{R}^n$是道路连通集,$f:\boldsymbol{D}\to\mathbb{R}^m$是连续映射. 任取 $\boldsymbol{y}_1,\boldsymbol{y}_2\in f(\boldsymbol{D})$,则存在 $\boldsymbol{x}_1$,$\boldsymbol{x}_2\in\boldsymbol{D}$ 使得 $\boldsymbol{y}_1=f(x_1)$,$\boldsymbol{y}_2=f(x_2)$. 由道路连通的定义,存在连续映射 $\sigma:[0,1]\to D$ 使得 $\sigma(0)=\boldsymbol{x}_1,\sigma(1)=\boldsymbol{x}_2,\sigma([0,1])\subset\boldsymbol{D}$. 根据连续函数的性质,复合映射

$$f\circ\sigma:[0,1]\to\mathbb{R}^m$$

连续,且

$$f\circ\sigma(0)=f(\boldsymbol{x}_1)=y_1,\quad f\circ\sigma(1)=f(\boldsymbol{x}_2)=y_2,\quad f\circ\sigma([0,1])\subset f(\boldsymbol{D}).$$

因此 $f\circ\sigma$ 就是 $f(\boldsymbol{D})$中连接 y_1,y_2 的道路. 由 y_1,y_2 的任意性知 $f(\boldsymbol{D})$是道路连通集.

推论 14.4.7 (1) 连续函数将道路连通的紧致集映射成区间;(2) 连续函数将闭区域映射成闭区间.

定理 14.4.8 设 $\boldsymbol{D}$ 为$\mathbb{R}^n$中连通的紧致集,f 是 $\boldsymbol{D}$ 上的连续函数,则对于满足条件

$$f(x_1)\leqslant y\leqslant f(x_2)$$

的任意 y,一定存在 $x\in\boldsymbol{D}$,使得 $y=f(x)$.

证明 由 f 连续,$\boldsymbol{D}$ 道路连通,知 $f(\boldsymbol{D})\subset\mathbb{R}$也道路连通,从而 $f(\boldsymbol{D})$是区间. 由

$$[f(\boldsymbol{x}_1),f(\boldsymbol{x}_2)]\subset f(\boldsymbol{D})\text{ 和 }f(\boldsymbol{x}_1)\leqslant\boldsymbol{y}\leqslant f(\boldsymbol{x}_2),$$

知 $\boldsymbol{y}\in f(\boldsymbol{D})$,即存在 $\boldsymbol{x}\in\boldsymbol{D}$,使得 $\boldsymbol{y}=f(\boldsymbol{x})$. 根据最值存在性知 f 在 $\boldsymbol{D}$ 上能取得最大值 M 和最小值 m,因此 $f(\boldsymbol{D})$就是区间$[a,b]$.

习题 14.4

1. 证明：函数 $f(x,y)=\dfrac{1}{1-xy}$，$(x,y)\in \boldsymbol{D}=[0,1)\times[0,1)$，在 $\boldsymbol{D}$ 上连续但不一致连续.

2. 证明：函数 $r=\sqrt{x^2+y^2}$ 在 $\mathbb{R}^2$ 上一致连续.

3. 证明：连续映射的复合仍为连续映射.

4. 证明：$\mathbb{R}^n$ 不能写为两个不交非空开集的并.

5. 设 $\boldsymbol{D}\subset\mathbb{R}^n$，$f$ 是 $\boldsymbol{D}$ 上的连续函数，则对 $\mathbb{R}^n$ 中的任意子集 $\boldsymbol{E}$，有 $f(\bar{\boldsymbol{E}})\subset\overline{f(\boldsymbol{E})}$.

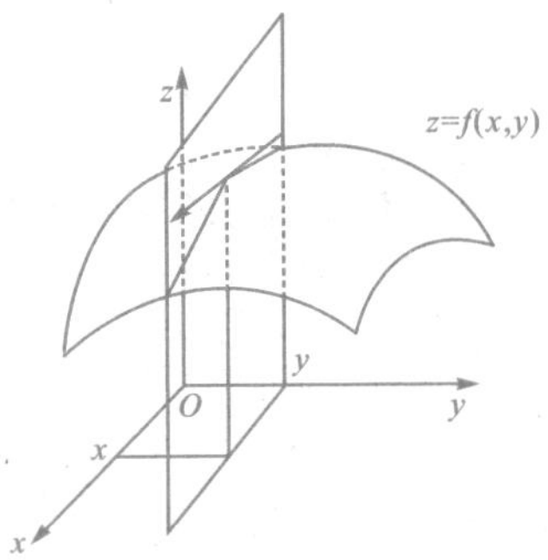

第 15 章　多元函数的微分

前一章研究了多元函数的连续性，本章将研究多元函数的可微性. 微分学的基本方法就是对函数做线性化，因此本章大部分内容的思想和一元函数的相应内容是一致的，但具体形式和方法会有不同，应注意其区别与联系.

15.1　全微分与偏导数

在一元函数中，可微是非常重要的概念. 对于多元函数，也可以定义可微性及函数的微分.

15.1.1　多元函数的全微分与偏导数

定义 15.1.1 设开集 $\boldsymbol{D}\subset\mathbb{R}^n$，$f:\boldsymbol{D}\to\mathbb{R}$. 任取一点 $\boldsymbol{x}_0\in\boldsymbol{D}$，对于 $\boldsymbol{D}$ 中 $\boldsymbol{x}_0$ 附近的点 $\boldsymbol{x}$，如果

$$f(\boldsymbol{x})-f(\boldsymbol{x}_0)=\lambda_1\Delta x_1+\lambda_2\Delta x_2+\cdots+\lambda_n\Delta x_n+o(\|\Delta x\|)$$

成立，其中 $\lambda_1,\lambda_2,\cdots,\lambda_n$ 是与 $\boldsymbol{x}$ 无关的常数，$\Delta\boldsymbol{x}=\boldsymbol{x}-\boldsymbol{x}_0=(\Delta x_1,\Delta x_2,\cdots,\Delta x_n)$，$o(\|\Delta\boldsymbol{x}\|)$ 是 $\|\Delta\boldsymbol{x}\|\to 0$ 时的高阶无穷小，则称函数 $f(\boldsymbol{x})$ 在 $\boldsymbol{x}_0$ 处可微，并称线性主要部分 $\sum\limits_{k=1}^{n}\lambda_k\Delta\boldsymbol{x}_k$ 为 $f(\boldsymbol{x})$ 在 $\boldsymbol{x}_0$ 处的全微分，有时也简称为微分. 与一元函数的微分一样，经常用 $\mathrm{d}x_k$ 表示自变量增量的第 k 个分量 Δx_k，这样函数的微分常记作

$$\mathrm{d}f(\boldsymbol{x}_0)=\sum_{k=1}^{n}\lambda_k\mathrm{d}x_k.$$

如果函数 $f(\boldsymbol{x})$ 在 $\boldsymbol{D}$ 上处处可微，则称 $f(\boldsymbol{x})$ 在是 $\boldsymbol{D}$ 上的可微函数.

对于函数 $z=f(\boldsymbol{x})$，一般记 $\Delta z=f(\boldsymbol{x})-f(\boldsymbol{x}_0)$，称为函数在点 $\boldsymbol{x}_0$ 处的全增量. 此时函数微分定义中的关键式子可表示为

$$\Delta z=\mathrm{d}f(\boldsymbol{x}_0)+o(\|\Delta\boldsymbol{x}\|).$$

从定义可以看出，多元函数的微分是函数全增量的线性主要部分，是自变量增量的一个线性函数. 当函数 $f(\boldsymbol{x})$ 在 $\boldsymbol{x}_0$ 处可微时，不难证明函数在 $\boldsymbol{x}_0$ 处一定是连续的. 这些和一元函数的微分是一致的.

下面来确定微分中常数 $\lambda_1,\lambda_2,\cdots,\lambda_n$ 的取值. 设 $f(\boldsymbol{x})$ 在 $x_0=(x_1,x_2,\cdots,x_n)$ 处可微，令 $\Delta\boldsymbol{x}=(\Delta x_1,0,\cdots,0)$，根据可微的定义可得

$$f(x_1+\Delta x_1,x_2,\cdots,x_n)-f(x_1,x_2,\cdots,x_n)=\lambda_1\Delta x_1+o(|\Delta x_1|)\ (|\Delta x_1|\to 0),$$

即

$$\frac{f(x_1+\Delta x_1,x_2,\cdots,x_n)-f(x_1,x_2,\cdots,x_n)}{\Delta x_1}=\lambda_1+o(1)(|\Delta x_1|\to 0),$$

由此可得

$$\lim_{\Delta x_1\to 0}\frac{f(x_1+\Delta x_1,x_2,\cdots,x_n)-f(x_1,x_2,\cdots,x_n)}{\Delta x_1}=\lambda_1.$$

同理可得

$$\lim_{\Delta x_i\to 0}\frac{f(x_1,x_2,\cdots,x_i+\Delta x_i,\cdots,x_n)-f(x_1,x_2,\cdots,x_n)}{\Delta x_i}=\lambda_i\quad(i=2,\cdots,n).$$

微分中的系数实际上是固定其他变量，让一个变量变化时得到的一元函数的导数，因此称为偏导数，其定义如下.

定义 15.1.2 设开集 $\boldsymbol{D}\subset\mathbb{R}^n$，$f:\boldsymbol{D}\to\mathbb{R}$. 对于 $\boldsymbol{D}$ 中给定的点 $\boldsymbol{x}_0=(x_1,x_2,\cdots,x_n)$，如果极限

$$\lim_{\Delta x_i\to 0}\frac{f(x_1,x_2,\cdots,x_i+\Delta x_i,\cdots,x_n)-f(x_1,x_2,\cdots,x_i,\cdots,x_n)}{\Delta x_i}\quad(i=1,\cdots,n)$$

存在，则称函数 $f(\boldsymbol{x})$ 在 $\boldsymbol{x}_0$ 处关于第 i 个分量可偏导，并称该极限为函数 $f(\boldsymbol{x})$ 在 $\boldsymbol{x}_0$ 处关于 x_i 的偏导数，记为

$$\frac{\partial f}{\partial x_i}(\boldsymbol{x}_0)\quad 或\quad f_{x_i}(\boldsymbol{x}_0).$$

如果函数 $f(\boldsymbol{x})$ 在 $\boldsymbol{D}$ 上处处关于 x_i 可偏导，则 $\boldsymbol{D}$ 的每一点 $\boldsymbol{x}$ 与这点处关于 x_i 的偏导数之间就建立了一个 n 元函数，称为 $f(\boldsymbol{x})$ 关于 x_i 的偏导函数，简称偏导数，记为

$$\frac{\partial f}{\partial x_i}(\boldsymbol{x})\left(\frac{\partial f}{\partial x_i}(x_1,x_2,\cdots,x_n)\right)或\ f_{x_i}(\boldsymbol{x})(f_{x_i}(x_1,x_2,\cdots,x_n)).$$

偏导数的定义说明，对某个分量求偏导，在求导时只需要将该分量看作变量，其他分量看成常数即可. 在多元函数中只让一个分量变化，固定其他分量，此时多元函数就变成了一元函数，因此求偏导数的运算完全可以使用一元函数求导数的方法.

例 15.1.1 求 $z=x^2+3xy+y^2$ 在点(1,2)处的偏导数.

解 $\dfrac{\partial z}{\partial x}=2x+3y$，　　$\dfrac{\partial z}{\partial y}=3x+2y$.

$$\left.\frac{\partial z}{\partial x}\right|_{\substack{x=1\\y=2}}=2\cdot 1+3\cdot 2=8,\qquad \left.\frac{\partial z}{\partial y}\right|_{\substack{x=1\\y=2}}=3\cdot 1+2\cdot 2=7.$$

例 15.1.2 求 $r=\sqrt{x^2+y^2+z^2}$ 的偏导数.

解 $\dfrac{\partial r}{\partial x}=\dfrac{x}{\sqrt{x^2+y^2+z^2}}=\dfrac{x}{r}$；$\dfrac{\partial r}{\partial y}=\dfrac{y}{\sqrt{x^2+y^2+z^2}}=\dfrac{y}{r}$；$\dfrac{\partial r}{\partial z}=\dfrac{z}{\sqrt{x^2+y^2+z^2}}=\dfrac{z}{r}$.

定义 15.1.3 设开集 $\boldsymbol{D}\subset\mathbb{R}^n$，$f:\boldsymbol{D}\to\mathbb{R}$. 对于 $\boldsymbol{E}$ 中给定的点 $\boldsymbol{x}_0=(x_1,x_2,\cdots,x_n)$，如果函数 $f(\boldsymbol{x})$ 在 $\boldsymbol{x}_0$ 处关于每个分量都可偏导，则称向量

$$\left(\frac{\partial f}{\partial x_1}(\boldsymbol{x}_0),\frac{\partial f}{\partial x_2}(\boldsymbol{x}_0),\cdots,\frac{\partial f}{\partial x_n}(\boldsymbol{x}_0)\right)$$

为 $f(\boldsymbol{x})$ 在 $\boldsymbol{x}_0$ 的梯度，记为 $\mathrm{grad}f(\boldsymbol{x}_0)$.

根据梯度的定义，如果函数 $f(\boldsymbol{x})$ 在 $\boldsymbol{x}_0$ 可微，则微分就是这点处的梯度和自变量增量 $\Delta\boldsymbol{x}$ 的内积，即

$$\mathrm{d}f(\boldsymbol{x}_0)=\mathrm{grad}f(\boldsymbol{x}_0)\cdot(\Delta x_1,\Delta x_2,\cdots,\Delta x_n).$$

从前面偏导数的引出过程中不难观察出，对各个分量的偏导数存在是函数可微的必要条

件.在一元函数中可微和可导的条件是等价的,但对于多元函数可微和偏导数存在不是等价的关系.下面以二元函数为例说明函数在一点连续、可偏导、可微间的关系.

15.1.2　二元函数的偏导数与微分

二元函数的偏导数和微分概念的具体形式如下.

把二元函数记作 $z=f(x,y)$,则函数在点 (x,y) 处对自变量 x 的偏导数定义为

$$f_x(x,y)=\lim_{\Delta x\to 0}\frac{f(x+\Delta x,y)-f(x,y)}{\Delta x},$$

也记作

$$\frac{\partial z}{\partial x},\quad \frac{\partial f}{\partial x},\quad z_x.$$

类似地,对 y 的偏导函数按定义应为

$$f_y(x,y)=\lim_{\Delta y\to 0}\frac{f(x,y+\Delta y)-f(x,y)}{\Delta y},$$

也记作

$$\frac{\partial z}{\partial y},\quad \frac{\partial f}{\partial y},\quad z_y.$$

一元函数在某点处的导数表示曲线在该点处切线的斜率.二元函数 $z=f(x,y)$ 在空间中表示一个曲面,在 (x_0,y_0) 处对 x 求偏导即是把 y 取成常量 y_0,这时 $z=f(x,y_0)$ 是关于 x 的一元函数,所以 $\left.\frac{\partial z}{\partial x}\right|_{(x_0,y_0)}$ 表示曲面 $z=f(x,y)$ 与平面 $y=y_0$ 的交线在 (x_0,y_0) 处沿 x 轴正向的切线斜率,如图 15.1.1 所示.同理,$\left.\frac{\partial z}{\partial y}\right|_{(x_0,y_0)}$ 表示曲面 $z=f(x,y)$ 与平面 $x=x_0$ 的交线在该点处沿 y 轴正向的切线斜率.

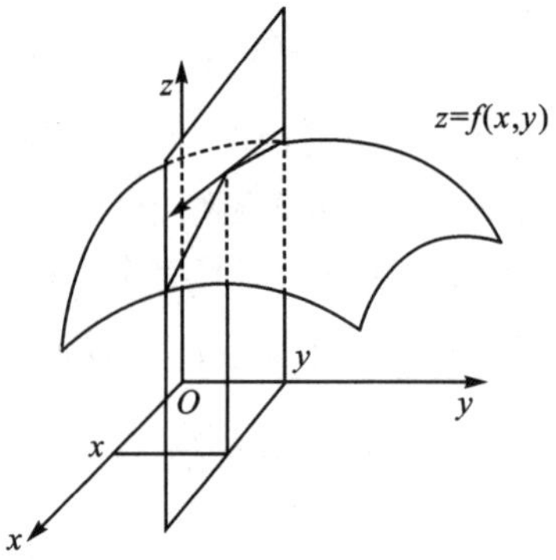

图 15.1.1

如果函数 $z=f(x,y)$ 在点 (x,y) 处的两个偏导数都存在,则函数 $z=f(x,y)$ 在点 (x,y) 可微的含义为

$$\Delta z=f(x+\Delta x,y+\Delta y)-f(x,y)=f_x(x,y)\Delta x+f_y(x,y)\Delta y+o(\rho),$$

其中 $\rho=\sqrt{(\Delta x)^2+(\Delta y)^2}$.该条件等价于

$$\lim_{(\Delta x,\Delta y)\to(0,0)}\frac{f(x+\Delta x,y+\Delta y)-f(x,y)-f_x(x,y)\Delta x-f_y(x,y)\Delta y}{\sqrt{(\Delta x)^2+(\Delta y)^2}}=0.$$

此时可将二元函数的全微分表示为

$$dz=f_x(x,y)dx+f_y(x,y)dy \text{ 或 } df(x,y)=f_x(x,y)dx+f_y(x,y)dy.$$

例 15.1.3 研究函数

$$f(x,y)=\begin{cases}\dfrac{xy}{x^2+y^2}, & x^2+y^2\neq 0,\\ 0, & x^2+y^2=0,\end{cases}$$

在(0,0)点的连续性、在(0,0)点偏导数的存在性以及在(0,0)点的可微性.

解　(1) 连续性. 当点 $P(x,y)$ 沿直线 $y=kx$ 趋于点(0,0)时,有

$$\lim_{\substack{(x,y)\to(0,0)\\ y=kx}}\frac{xy}{x^2+y^2}=\lim_{x\to 0}\frac{kx^2}{x^2+k^2x^2}=\frac{k}{1+k^2},$$

函数在点(0,0)处不以 $f(0,0)=0$ 为极限,因此函数在点(0,0)不连续.

(2) 根据偏导数的定义有

$$f_x(0,0)=\lim_{\Delta x\to 0}\frac{f(\Delta x,0)-f(0,0)}{\Delta x}=\lim_{\Delta x\to 0}\frac{0}{\Delta x}=0,$$

$$f_y(0,0)=\lim_{\Delta y\to 0}\frac{f(0,\Delta y)-f(0,0)}{\Delta y}=\lim_{\Delta y\to 0}\frac{0}{\Delta y}=0.$$

(3) 因为

$$\lim_{(\Delta x,\Delta y)\to(0,0)}\frac{f(\Delta x,\Delta y)-f(0,0)-f_x(0,0)\Delta x-f_y(0,0)\Delta y}{\sqrt{(\Delta x)^2+(\Delta y)^2}}$$

$$=\lim_{(\Delta x,\Delta y)\to(0,0)}\frac{\Delta x\Delta y}{[(\Delta x)^2+(\Delta y)^2]^{\frac{3}{2}}},$$

显然该极限不存在,所以该式不等于零,函数在(0,0)点不可微.

从这个例子可以看出,与一元函数可导必连续不同,多元函数的偏导数存在不能保证函数连续,偏导数存在也只是函数可微的必要条件. 但关于函数可微性有如下充分条件.

定理 15.1.1 设函数 $f(x,y)$ 在点 (x_0,y_0) 的某个邻域内存在偏导数,且偏导数在 (x_0,y_0) 处连续,则 $z=f(x,y)$ 在 (x_0,y_0) 点可微.

证明　根据 $\Delta z=f(x_0+\Delta x,y_0+\Delta y)-f(x_0,y_0)$

$$=f(x_0+\Delta x,y_0+\Delta y)-f(x_0,y_0+\Delta y)+f(x_0,y_0+\Delta y)-f(x_0,y_0),$$

又由偏导数存在,即固定一个变量,让另一个变量变化时得到的一元函数可导. 由一元函数的微分中值定理得

$$\Delta z=f_x(x_0+\theta_1\Delta x,y_0+\Delta y)\Delta x+f_y(x_0,y_0+\theta_2\Delta y)\Delta y\,(0<\theta_1,\theta_2<1).$$

因为 $f_x(x,y),f_y(x,y)$ 在 (x_0,y_0) 点连续,所以

$$f_x(x_0+\theta_1\Delta x,y_0+\Delta y)=f_x(x_0,y_0)+\alpha,$$

$$f_y(x_0,y_0+\theta_2\Delta y)=f_y(x_0,y_0)+\beta.$$

其中 α,β 是 $\sqrt{\Delta x^2+\Delta y^2}\to 0$ 时的无穷小. 又由

$$\Delta z=f_x(x_0,y_0)\Delta x+f_y(x_0,y_0)\Delta y+\alpha\Delta x+\beta\Delta y,$$

以及

$$\left|\frac{\alpha\Delta x}{\sqrt{\Delta x^2+\Delta y^2}}\right|\leqslant|\alpha|\to 0,\left|\frac{\beta\Delta x}{\sqrt{\Delta x^2+\Delta y^2}}\right|\leqslant|\beta|\to 0\,((\Delta x,\Delta y)\to(0,0)).$$

所以 $\alpha\Delta x+\beta\Delta y=o(\sqrt{\Delta x^2+\Delta y^2})$,故 $f(x,y)$ 在 (x_0,y_0) 可微.

偏导数连续是可微的充分条件,但不是必要条件. 存在函数在一点可微,但偏导数不连续,比如下面例题.

例 15.1.4 研究函数

$$f(x,y)=\begin{cases}(x^2+y^2)\sin\dfrac{1}{\sqrt{x^2+y^2}}, & x^2+y^2\neq 0,\\ 0, & x^2+y^2=0\end{cases}$$

在(0,0)点的可微性以及在(0,0)点偏导数的连续性.

解 当$(x,y)=(0,0)$时,根据偏导数的定义可得

$$f_x(0,0)=\lim_{\Delta x\to 0}\frac{f(\Delta x,0)-f(0,0)}{\Delta x}=\lim_{\Delta x\to 0}\frac{(\Delta x)^2\sin\dfrac{1}{|\Delta x|}}{\Delta x}=0,$$

同理可得 $f_y(0,0)=0$.

进一步地,由

$$\lim_{\substack{\Delta x\to 0\\ \Delta y\to 0}}\frac{f(\Delta x,\Delta y)-f(0,0)-f_x(0,0)\Delta x-f_y(0,0)\Delta y}{\sqrt{\Delta x^2+\Delta y^2}}$$

$$=\lim_{\substack{\Delta x\to 0\\ \Delta y\to 0}}\frac{(\Delta x^2+\Delta y^2)\sin\dfrac{1}{\sqrt{\Delta x^2+\Delta y^2}}}{\sqrt{\Delta x^2+\Delta y^2}}=0,$$

可知函数在(0,0)可微.

当$(x,y)\neq(0,0)$时,根据求导法则

$$f_x(x,y)=2x\sin\frac{1}{\sqrt{x^2+y^2}}+(x^2+y^2)\cdot\cos\frac{1}{\sqrt{x^2+y^2}}\cdot\left(\frac{1}{\sqrt{x^2+y^2}}\right)\left(\frac{1}{\sqrt{x^2+y^2}}\right)'$$

$$=2x\sin\frac{1}{\sqrt{x^2+y^2}}-\frac{x}{\sqrt{x^2+y^2}}\cos\frac{1}{\sqrt{x^2+y^2}},$$

$$f_y(x,y)=2y\sin\frac{1}{\sqrt{x^2+y^2}}-\frac{y}{\sqrt{x^2+y^2}}\cos\frac{1}{\sqrt{x^2+y^2}}.$$

因为 $f_x(x,y)$和 $f_y(x,y)$在(0,0)点的极限都不存在,所以在(0,0)点均不连续.

例 15.1.5 计算$(1.007)^{2.98}$的近似值

解 设 $f(x,y)=x^y$,问题可转化为计算函数在 $x=1.007,y=2.98$ 时的近似值.

取 $x=1,y=3,\Delta x=0.007,\Delta y=-0.02$. 不难算出

$$f_x(x,y)=yx^{y-1},\ f_y(x,y)=x^y\ln x,$$

进一步可计算出 $f(1,3)=1,f_x(1,3)=3,f_y(1,3)=0$,所以

$$(1.007)^{2.98}=(1+0.007)^{3-0.02}\approx 1+3\cdot(0.007)+0\cdot(-0.02)=1.021.$$

15.1.3 方向导数

在空间$\mathbb{R}^n$中,任何单位向量 $\boldsymbol{u}$ 都可表示一个方向,给定一点 $\boldsymbol{x}_0\in\mathbb{R}^n$和一个方向 $\boldsymbol{u}$ 就可以确定一条直线,即点集

$$\{\boldsymbol{x}\mid \boldsymbol{x}=\boldsymbol{x}_0+t\boldsymbol{u},t\in\mathbb{R}\},$$

当 $t>0$ 时就是和 $\boldsymbol{u}$ 同方向的射线.

定义 15.1.4 设开集 $\boldsymbol{D}\subset\mathbb{R}^n$,$f:\boldsymbol{D}\to\mathbb{R}$. $\boldsymbol{u}$ 为给定的单位向量,$\boldsymbol{x}_0\in\boldsymbol{D}$,如果极限

$$\lim_{t\to 0+}\frac{f(\boldsymbol{x}_0+t\boldsymbol{u})-f(\boldsymbol{x}_0)}{t}$$

存在，则称该极限为 $f(\boldsymbol{x})$ 在 $\boldsymbol{x}_0$ 处沿方向 $\boldsymbol{u}$ 的方向导数，记作 $\frac{\partial f}{\partial \boldsymbol{u}}(\boldsymbol{x}_0)$.

注　这里用一元函数 $\varphi(t)=f(\boldsymbol{x}_0+t\boldsymbol{u})$ 在 $t=0$ 处的右导数定义方向导数，则 $\varphi(t)=f(\boldsymbol{x}_0+t\boldsymbol{u})$ 在 $t=0$ 处的左导数对应的是 $\boldsymbol{x}_0$ 点处沿方向 $-\boldsymbol{u}$ 的方向导数的相反数. 特别地，x_0 处如果有某个偏导数存在，则在数值上偏导数就是沿相应坐标轴的正方向的方向导数，偏导数的相反数是沿相应坐标轴负向的方向导数.

空间 $\mathbb{R}^n$ 中任何点处都有无穷多个方向 $\boldsymbol{u}$. 根据方向导数的定义，沿不同方向的方向导数的存在性会有不同. 方向导数的存在性与偏导数的存在性之间也互不蕴含，例如函数 $f(\boldsymbol{x})=\|\boldsymbol{x}\|$ 在零点沿任意方向的方向导数都存在，但偏导数不存在. 在可微的条件之下，方向导数和偏导数之间的关系有如下结论.

定理 15.1.2 设函数 $f(\boldsymbol{x})$ 在点 $\boldsymbol{x}_0=(x_1,x_2,\cdots,x_n)$ 可微，则 $f(\boldsymbol{x})$ 在 $\boldsymbol{x}_0$ 处沿任意方向 $\boldsymbol{l}$ 的方向导数都存在，且

$$\frac{\partial f}{\partial \boldsymbol{l}}(\boldsymbol{x}_0)=f_{x_1}(\boldsymbol{x}_0)u_1+\cdots+f_{x_n}(\boldsymbol{x}_0)u_n,$$

其中 $\boldsymbol{u}=(u_1,u_2,\cdots,u_n)$ 是方向 $\boldsymbol{l}$ 的单位向量.

证明　设 $\boldsymbol{x}$ 为经过 $\boldsymbol{x}_0$ 沿方向 $\boldsymbol{u}$ 的直线上的上任意一点，则可记

$$\Delta\boldsymbol{x}=\boldsymbol{x}-\boldsymbol{x}_0=\|\Delta\boldsymbol{x}\|(u_1,\cdots,u_n),$$

由 $f(\boldsymbol{x})$ 在 $\boldsymbol{x}_0$ 点可微知，$\|\Delta\boldsymbol{x}\|\to 0$ 时，

$$f(\boldsymbol{x})-f(\boldsymbol{x}_0)=f_{x_1}(\boldsymbol{x}_0)\Delta x_1+\cdots+f_{x_n}(\boldsymbol{x}_0)\Delta x_n+o(\|\Delta\boldsymbol{x}\|).$$

由此可得

$$\lim_{\|\Delta x\|\to 0}\frac{f(\boldsymbol{x})-f(\boldsymbol{x}_0)}{\|\Delta\boldsymbol{x}\|}=\lim_{\|\Delta x\|\to 0}\left[f_{x_1}(\boldsymbol{x}_0)\frac{\Delta x_1}{\|\Delta\boldsymbol{x}\|}+\cdots+f_{x_n}(\boldsymbol{x}_0)\frac{\Delta x_n}{\|\Delta\boldsymbol{x}\|}+o(1)\right].$$

这说明当 $\|\Delta\boldsymbol{x}\|\to 0$ 时，$\boldsymbol{x}$ 沿方向 $\boldsymbol{u}$ 趋于 $\boldsymbol{x}_0$，上式左端极限存在，就是沿 $\boldsymbol{u}$ 的方向导数，因此有

$$\frac{\partial f}{\partial \boldsymbol{l}}(\boldsymbol{x}_0)=f_{x_1}(\boldsymbol{x}_0)u_1+\cdots+f_{x_n}(\boldsymbol{x}_0)u_n.$$

该结果表明当函数在 $\boldsymbol{x}_0$ 处可微时，方向导数可以表示为该点处的梯度与方向 $\boldsymbol{l}$ 的单位向量的内积，即有

$$\frac{\partial f}{\partial \boldsymbol{l}}(\boldsymbol{x}_0)=\mathrm{grad}f(\boldsymbol{x}_0)\cdot\boldsymbol{u}.$$

记梯度方向与方向 $\boldsymbol{u}$ 之间的夹角为 θ，因为 $\boldsymbol{u}$ 为单位向量，则方向导数还可以表示为

$$\frac{\partial f}{\partial \boldsymbol{l}}(\boldsymbol{x}_0)=\|\mathrm{grad}f(\boldsymbol{x}_0)\|\cos\theta.$$

这说明当函数可微时，沿各个方向都存在方向导数，在梯度方向上 θ 取 0，此时方向导数取得最大值，而沿负梯度方向方向导数取得最小值.

例 15.1.6 求函数 $z=xe^{2y}$ 在点 $P(1,0)$ 沿从点 $P(1,0)$ 指向点 $Q(2,-1)$ 的方向导数.

解　记向量 $\boldsymbol{l}=\overrightarrow{PQ}=(1,-1)$ 的方向，其对应的单位向量为 $\boldsymbol{u}=\left(\frac{1}{\sqrt{2}},-\frac{1}{\sqrt{2}}\right)$. 因为函数可微，且

$$\left.\frac{\partial z}{\partial x}\right|_{(1,0)}=\left.e^{2y}\right|_{(1,0)}=1,\quad \left.\frac{\partial z}{\partial y}\right|_{(1,0)}=\left.2xe^{2y}\right|_{(1,0)}=2,$$

所以所求方向导数为

$$\left.\frac{\partial z}{\partial l}\right|_{(1,0)}=1\cdot\frac{1}{\sqrt{2}}+2\cdot\left(-\frac{1}{\sqrt{2}}\right)=-\frac{\sqrt{2}}{2}.$$

梯度下降法

习题 15.1

1. 证明:若函数 $f(x,y)$ 在点 (x_0,y_0) 可微,则函数在点 (x_0,y_0) 连续且两个偏导数都存在.

2. 求下列函数的偏导数:

(1) $z=x^2\cos y$;　　(2) $z=x^y$;

(3) $u=\dfrac{1}{\sqrt{x^2+y^2+z^2}}$;　　(4) $z=\ln\tan\dfrac{x}{y}$;

(5) $z=\dfrac{x}{\sqrt{x^2+y^2}}$;　　(6) $z=y^{\ln x}$.

3. 求下列函数的全微分:

(1) $z=3x^2y+\dfrac{x}{y}$;　　(2) $z=\ln(2+x^2+y^2)$;

(3) $z=\dfrac{x+y}{x-y}$;　　(4) $z=e^x\sin(x+y)$;

(5) $u=\sqrt{x^2+y^2+z^2}$;　　(6) $u=x+\sin\dfrac{y}{2}+e^{yz}$.

4. 计算全增量与全微分.

(1) 求函数 $z=x^2y^2$ 在点 $(2,-1)$ 处,当 $\Delta x=0.02,\Delta y=-0.01$ 时的全增量与全微分;

(2) 求 $z=\ln(xy)$ 在点 $(2,1)$ 的全微分.

(3) $u=\cos(x_1^2+x_2^2+\cdots+x_n^2)$ 在点 $(x_1,x_2,\cdots,x_n)$ 处的全微分.

5. 判断函数

$$f(x,y)=\begin{cases}\dfrac{2xy^3}{x^2+y^4}, & x^2+y^2\neq 0,\\ 0, & x^2+y^2=0\end{cases}$$

在 $(0,0)$ 点的可微性.

6. 求 $f(x,y,z)=x^2+y^2+z^2$ 在点 $(1,1,1)$ 沿方向 $\boldsymbol{l}:(2,1,2)$ 的方向导数.

7. 计算 $\sqrt{(1.02)^3+(1.97)^3}$ 的近似值.

8. 设函数 $u=\ln\left(\dfrac{1}{r}\right)$,其中 $r=\sqrt{(x-a)^2+(y-b)^2+(z-c)^2}$,求 u 的梯度.

9. 证明:函数

$$f(x,y)=\begin{cases}\dfrac{xy}{\sqrt{x^2+y^2}}, & x^2+y^2\neq 0,\\ 0, & x^2+y^2=0\end{cases}$$

在 $(0,0)$ 点连续、可偏导,但不可微.

10. 证明:函数

$$f(x,y)=\begin{cases}\dfrac{2xy^2}{x^2+y^4}, & x^2+y^2\neq 0,\\ 0, & x^2+y^2=0\end{cases}$$

在(0,0)点沿各个方向的方向导数都存在，但函数在(0,0)点既不连续也不可微.

15.2　向量值函数的微分与链式法则

15.2.1　向量值函数的微分

设开集 $\boldsymbol{D}\subset\mathbb{R}^n$，向量值函数 $f:\boldsymbol{D}\to\mathbb{R}^m$ 的分量为 $f_1(\boldsymbol{x}),f_2(\boldsymbol{x}),\cdots,f_m(\boldsymbol{x})$，其向量形式为

$$f(\boldsymbol{x})=\begin{pmatrix}f_1(\boldsymbol{x})\\ \vdots\\ f_m(\boldsymbol{x})\end{pmatrix}.$$

定义 15.2.1 设 $f(\boldsymbol{x})$ 为如上所示的向量值函数，点 $\boldsymbol{x}_0=(x_1,x_2,\cdots,x_n)\in\boldsymbol{D}$. 如果存在 $m\times n$ 阶矩阵 $\boldsymbol{A}=(a_{ij})_{m\times n}$，使得对于 $\boldsymbol{D}$ 中 $\boldsymbol{x}_0$ 附近的点 $\boldsymbol{x}=\boldsymbol{x}_0+\Delta\boldsymbol{x}$ 有

$$f(\boldsymbol{x})-f(\boldsymbol{x}_0)=\boldsymbol{A}\Delta\boldsymbol{x}+r(\Delta\boldsymbol{x}),\ \lim_{\|\Delta\boldsymbol{x}\|\to 0}\frac{\|r(\Delta\boldsymbol{x})\|}{\|\Delta\boldsymbol{x}\|}=0,$$

则称 $f(\boldsymbol{x})$ 在 $\boldsymbol{x}_0$ 处可微，并称线性映射 $\boldsymbol{A}\Delta\boldsymbol{x}$ 为 $f(\boldsymbol{x})$ 在 $\boldsymbol{x}_0$ 处的微分. 同样地，用 $\mathrm{d}\boldsymbol{x}$ 表示自变量的增量 $\Delta\boldsymbol{x}$，将微分记作

$$\mathrm{d}f(\boldsymbol{x}_0)=\boldsymbol{A}\mathrm{d}x.$$

根据向量与分量之间的关系，可得向量值函数 $f(\boldsymbol{x})$ 在点 $\boldsymbol{x}_0$ 可微与其分量 $f_i(\boldsymbol{x})$ 在点 $\boldsymbol{x}_0$ 可微的关系.

定理 15.2.1 向量值函数 $f(\boldsymbol{x})$ 在点 $\boldsymbol{x}_0=(x_1,x_2,\cdots,x_n)$ 可微的充分必要条件是它的分量函数 $f_i(x_1,x_2,\cdots,x_n)(i=1,\cdots,m)$ 在点 $\boldsymbol{x}_0$ 都可微.

证明　向量值函数 $f(\boldsymbol{x})$ 在点 $\boldsymbol{x}_0$ 可微，等价于其每一个分量函数都满足

$$f_i(\boldsymbol{x})-f_i(\boldsymbol{x}_0)=\sum_{k=1}^{n}\boldsymbol{a}_{ik}\Delta\boldsymbol{x}_k+r_i(\Delta x),\ \lim_{\|\Delta\boldsymbol{x}\|\to 0}\frac{|r_i(\Delta\boldsymbol{x})|}{\|\Delta\boldsymbol{x}\|}=\boldsymbol{0},(i=1,\cdots,m).$$

该结论成立等价于每一个分量函数 $f_i(\boldsymbol{x})(i=1,2,\cdots,m)$ 在点 $\boldsymbol{x}_0$ 可微.

进一步，由 $f_i(\boldsymbol{x})(i=1,\cdots,m)$ 在点 $\boldsymbol{x}_0$ 可微知，其系数满足

$$\boldsymbol{a}_{ik}=\frac{\partial f_i(\boldsymbol{x}_0)}{\partial x_k},(i=1,2,\cdots,m;k=1,2,\cdots,n).$$

记

$$\boldsymbol{J}f(\boldsymbol{x}_0)=\begin{bmatrix}\dfrac{\partial f_1(\boldsymbol{x}_0)}{\partial x_1} & \cdots & \dfrac{\partial f_1(\boldsymbol{x}_0)}{\partial x_n}\\ \vdots & \ddots & \vdots\\ \dfrac{\partial f_m(\boldsymbol{x}_0)}{\partial x_1} & \cdots & \dfrac{\partial f_m(\boldsymbol{x}_0)}{\partial x_n}\end{bmatrix},$$

称为向量值函数 $f(\boldsymbol{x})$ 在点 $\boldsymbol{x}_0$ 的 Jacobi 矩阵. 这说明映射微分中的 $m\times n$ 阶矩阵 $\boldsymbol{A}=$

$(a_{ij})_{m\times n}$ 就是其 Jacobi 矩阵,因此

$$\mathrm{d}f(\boldsymbol{x}_0)=\boldsymbol{J}f(\boldsymbol{x}_0)\mathrm{d}x.$$

例 15.2.1 求向量值函数

$$f(x,y,z)=\begin{pmatrix}x^3+z\mathrm{e}^y\\ y^3+z\ln x\\ z^3+x\ln y\end{pmatrix}$$

在点(1,1,1)处的 Jacobi 矩阵和微分.

解 向量值函数在点(1,1,1)处的 Jacobi 矩阵为

$$\boldsymbol{J}f(1,1,1)=\begin{bmatrix}\dfrac{\partial f_1(x,y,z)}{\partial x} & \dfrac{\partial f_1(x,y,z)}{\partial y} & \dfrac{\partial f_1(x,y,z)}{\partial z}\\ \dfrac{\partial f_2(x,y,z)}{\partial x} & \dfrac{\partial f_2(x,y,z)}{\partial y} & \dfrac{\partial f_2(x,y,z)}{\partial z}\\ \dfrac{\partial f_3(x,y,z)}{\partial x} & \dfrac{\partial f_3(x,y,z)}{\partial y} & \dfrac{\partial f_3(x,y,z)}{\partial z}\end{bmatrix}_{(1,1,1)}$$

$$=\begin{bmatrix}3x^2 & z\mathrm{e}^y & \mathrm{e}^y\\ \dfrac{z}{x} & 3y^2 & \ln x\\ \ln y & \dfrac{x}{y} & 3z^2\end{bmatrix}_{(1,1,1)}=\begin{bmatrix}3 & \mathrm{e} & \mathrm{e}\\ 1 & 3 & 0\\ 0 & 1 & 3\end{bmatrix}.$$

从而函数在点(1,1,1)处的微分为

$$\mathrm{d}f(1,1,1)=\begin{bmatrix}3 & \mathrm{e} & \mathrm{e}\\ 1 & 3 & 0\\ 0 & 1 & 3\end{bmatrix}\begin{bmatrix}\mathrm{d}x\\ \mathrm{d}y\\ \mathrm{d}z\end{bmatrix}.$$

映射的 Jacobi 矩阵由其每个分量函数的偏导数组成,有时 Jacobi 矩阵也称为向量值函数的导数. 根据多元函数偏导数连续性与可微的关系,有如下结论.

定理 15.2.2 向量值函数 $f(\boldsymbol{x})$ 在开集 $\boldsymbol{D}$ 上存在 Jacobi 矩阵 $\boldsymbol{J}f(\boldsymbol{x})$,且 $\boldsymbol{J}f(\boldsymbol{x})$ 的每个分量元素在点 $\boldsymbol{x}_0$ 都连续,则向量值函数 $f(\boldsymbol{x})$ 在 $\boldsymbol{x}_0$ 点可微.

15.2.2 复合函数求导的链式法则

在一元函数中有关于复合函数求导的链式法则. 研究向量值函数的微分或一般形式的多元函数求导时,也有相应复合函数求导的链式法则.

定理 15.2.3 设开集 $\boldsymbol{E}\subset\mathbb{R}^l$,开集 $\boldsymbol{D}\subset\mathbb{R}^m$,映射 $g:\boldsymbol{E}\to\boldsymbol{D}$,映射 $f:\boldsymbol{D}\to\mathbb{R}^n$,记复合映射为 $h=f\circ g:\boldsymbol{E}\to\mathbb{R}^n$. 如果 g 在 $\boldsymbol{u}_0\in\boldsymbol{E}$ 处可微,f 在 $\boldsymbol{x}_0=g(\boldsymbol{u}_0)\in\boldsymbol{D}$ 处可微,则复合映射 h 在 $\boldsymbol{u}_0$ 处可微,且有

$$\boldsymbol{J}h(\boldsymbol{u}_0)=\boldsymbol{J}f(\boldsymbol{x}_0)\boldsymbol{J}g(\boldsymbol{u}_0)$$

证明 由 g,f 分别在 $\boldsymbol{u}_0,\boldsymbol{x}_0$ 处可微知

$$g(\boldsymbol{u})-g(\boldsymbol{u}_0)=\boldsymbol{J}g(\boldsymbol{u}_0)(\boldsymbol{u}-\boldsymbol{u}_0)+\boldsymbol{r}_g(\boldsymbol{u},\boldsymbol{u}_0),$$
$$f(\boldsymbol{x})-f(\boldsymbol{x}_0)=\boldsymbol{J}f(\boldsymbol{x}_0)(\boldsymbol{x}-\boldsymbol{x}_0)+\boldsymbol{r}_f(\boldsymbol{x},\boldsymbol{x}_0).$$

其中 $\boldsymbol{r}_g(\boldsymbol{u},\boldsymbol{u}_0)$,$\boldsymbol{r}_f(\boldsymbol{x},\boldsymbol{x}_0)$ 是相应维数的向量,且分别满足

$$\boldsymbol{r}_g(\boldsymbol{u},\boldsymbol{u}_0)=o(\|\boldsymbol{u}-\boldsymbol{u}_0\|)(\boldsymbol{u}\to\boldsymbol{u}_0),\boldsymbol{r}_f(\boldsymbol{x},\boldsymbol{x}_0)=o(\|\boldsymbol{x}-\boldsymbol{x}_0\|)(\boldsymbol{x}\to\boldsymbol{x}_0),$$

根据 $\boldsymbol{x}=g(\boldsymbol{u})$ 及其在 $\boldsymbol{u}_0$ 的可微性知,$g(\boldsymbol{u})\to g(\boldsymbol{u}_0)=\boldsymbol{x}_0$,因此将其代入第二个等式得

$$\begin{aligned}f\circ g(\boldsymbol{u})-f\circ g(\boldsymbol{u}_0)&=\boldsymbol{J}f(\boldsymbol{x}_0)(g(\boldsymbol{u})-g(\boldsymbol{u}_0))+\boldsymbol{r}_f(g(\boldsymbol{u}),g(\boldsymbol{u}_0))\\&=\boldsymbol{J}f(\boldsymbol{x}_0)\cdot\boldsymbol{J}g(\boldsymbol{u}_0)(\boldsymbol{u}-\boldsymbol{u}_0)+\boldsymbol{J}f(\boldsymbol{x}_0)\cdot\boldsymbol{r}_g(\boldsymbol{u},\boldsymbol{u}_0)+\boldsymbol{r}_f(g(\boldsymbol{u}),g(\boldsymbol{u}_0)).\end{aligned}$$

由

$$\begin{aligned}\|\boldsymbol{J}f(\boldsymbol{x}_0)\cdot\boldsymbol{r}_g(\boldsymbol{u},\boldsymbol{u}_0)+\boldsymbol{r}_f(g(\boldsymbol{u}),g(\boldsymbol{u}_0))\|&\leqslant\|\boldsymbol{J}f(\boldsymbol{x}_0)\cdot\boldsymbol{r}_g(\boldsymbol{u},\boldsymbol{u}_0)\|+\|\boldsymbol{r}_f(g(\boldsymbol{u}),g(\boldsymbol{u}_0))\|\\&\leqslant\|\boldsymbol{J}f(\boldsymbol{x}_0)\|\cdot\|\boldsymbol{r}_g(\boldsymbol{u},\boldsymbol{u}_0)\|+o(\|g(\boldsymbol{u})-g(\boldsymbol{u}_0)\|)\\&=\|\boldsymbol{J}f(\boldsymbol{x}_0)\|\cdot\|\boldsymbol{r}_g(\boldsymbol{u},\boldsymbol{u}_0)\|+o(\|\boldsymbol{J}g(\boldsymbol{u}_0)\|\|\boldsymbol{u}-\boldsymbol{u}_0\|+o(\|\boldsymbol{u}-\boldsymbol{u}_0\|)\\&=o(\|\boldsymbol{u}-\boldsymbol{u}_0\|).\end{aligned}$$

定理证毕!

特别地:

(1) 若 $z=f(x,y)$,且 $x=\varphi(t)$,$y=\psi(t)$,则

$$\frac{\mathrm{d}z}{\mathrm{d}t}=\frac{\partial f}{\partial x}\varphi'(t)+\frac{\partial f}{\partial y}\psi'(t).$$

(2) 若 $z=f(x,y,t)$,且 $x=\varphi(s,t)$,$y=\psi(s,t)$,则

$$\frac{\partial z}{\partial s}=\frac{\partial f}{\partial x}\frac{\partial\varphi}{\partial s}+\frac{\partial f}{\partial y}\frac{\partial\psi}{\partial s},$$

$$\frac{\partial z}{\partial t}=\frac{\partial f}{\partial x}\frac{\partial\varphi}{\partial t}+\frac{\partial f}{\partial y}\frac{\partial\psi}{\partial t}+\frac{\partial f}{\partial t}.$$

在后一个等式中,左边的$\frac{\partial z}{\partial t}$表示函数 $z=f(x,y,t)$关于最终自变量中的 t 分量求偏导,右边$\frac{\partial f}{\partial t}$表示函数 $f(x,y,t)$关于其第三个中间变量 t 求偏导,两者意义不同. 为避免混淆,有时使用以下记号表示

$$f_1=\frac{\partial f}{\partial x}(x,y,t),\quad f_2=\frac{\partial f}{\partial y}(x,y,t),\quad f_3=\frac{\partial f}{\partial t}(x,y,t).$$

另外需要注意的是,在多元函数的情况下,链式求导法则的公式中虽然仅涉及相关函数的偏导数,但这些函数在相应点处的可微性不能少.

在定理 15.2.3 的证明中,实际上证得了如下结论:

$$f\circ g(\boldsymbol{u})-f\circ g(\boldsymbol{u}_0)=\boldsymbol{J}f(\boldsymbol{x}_0)\cdot\boldsymbol{J}g(\boldsymbol{u}_0)(\boldsymbol{u}-\boldsymbol{u}_0)+o(\|\boldsymbol{u}-\boldsymbol{u}_0\|).$$

因此,映射 $h=f\circ g$ 关于变量 $\boldsymbol{u}$ 的微分可表示为

$$\mathrm{d}h(\boldsymbol{u}_0)=\boldsymbol{J}f(\boldsymbol{x}_0)\cdot\boldsymbol{J}g(\boldsymbol{u}_0)\mathrm{d}\boldsymbol{u},$$

由 $\boldsymbol{x}=g(\boldsymbol{u})$ 及 g 在 $\boldsymbol{u}_0$ 的可微性知,$\mathrm{d}\boldsymbol{x}=\boldsymbol{J}g(\boldsymbol{u}_0)\mathrm{d}\boldsymbol{u}$,因此得

$$\mathrm{d}h(\boldsymbol{u}_0)=\boldsymbol{J}f(\boldsymbol{x}_0)\mathrm{d}\boldsymbol{x}.$$

这说明向量值函数与一元函数类似,其一阶微分也具有形式不变性.

例 15.2.2 设 $u=f(x,y)$,$v=g(x,y,u)$,$w=h(x,u,v)$,求$\frac{\partial w}{\partial x}$,$\frac{\partial w}{\partial y}$.

解　w 可表示为如下关于 x,y 的复合函数:

$$w=h(x,f(x,y),g(x,y,f(x,y))),$$

则有

$$\frac{\partial w}{\partial x}=h_1+h_2\frac{\partial f}{\partial x}+h_3\left(g_1+g_3\frac{\partial f}{\partial x}\right),$$

$$\frac{\partial w}{\partial y}=h_2\frac{\partial f}{\partial y}+h_3\left(g_2+g_3\frac{\partial f}{\partial y}\right).$$

例 15.2.3 设 $u=f(x,y)$, $x=r\cos\theta$, $y=r\sin\theta$,证明:

$$\left(\frac{\partial u}{\partial x}\right)^2+\left(\frac{\partial u}{\partial y}\right)^2=\left(\frac{\partial u}{\partial r}\right)^2+\frac{1}{r^2}\left(\frac{\partial u}{\partial\theta}\right)^2$$

证明 由链式法则得

$$\frac{\partial u}{\partial r}=\frac{\partial u}{\partial x}\frac{\partial x}{\partial r}+\frac{\partial u}{\partial y}\frac{\partial y}{\partial r}=\frac{\partial u}{\partial x}\cos\theta+\frac{\partial u}{\partial y}\sin\theta,$$

$$\frac{\partial u}{\partial\theta}=\frac{\partial u}{\partial x}\frac{\partial x}{\partial\theta}+\frac{\partial u}{\partial y}\frac{\partial y}{\partial\theta}=-\frac{\partial u}{\partial x}r\sin\theta+\frac{\partial u}{\partial y}r\cos\theta,$$

$$\left(\frac{\partial u}{\partial r}\right)^2+\frac{1}{r^2}\left(\frac{\partial u}{\partial\theta}\right)^2=\left(\frac{\partial u}{\partial x}\cos\theta+\frac{\partial u}{\partial y}\sin\theta\right)^2+\frac{1}{r^2}\left(-\frac{\partial u}{\partial x}r\sin\theta+\frac{\partial u}{\partial y}r\cos\theta\right)^2$$

$$=\left(\frac{\partial u}{\partial x}\right)^2+\left(\frac{\partial u}{\partial y}\right)^2.$$

习题 15.2

幂指形函数的求导方法比较

1. 利用复合函数求导法则,求下列偏导数:

(1) $z=u^2\ln v$, $u=\dfrac{x}{y}$, $v=3x-2y$,求$\dfrac{\partial z}{\partial x}$.

(2) $u=\dfrac{y}{x}$, $x=\mathrm{e}^t$, $y=1-\mathrm{e}^{2t}$,求$\dfrac{\mathrm{d}u}{\mathrm{d}t}$.

(3) $z=\mathrm{e}^u\sin v$, $u=xy$, $v=x+y$,求$\dfrac{\partial z}{\partial y}$.

(4) $u=f\left(xy,\dfrac{x}{y}\right)$,求$\dfrac{\partial u}{\partial x}$, $\dfrac{\partial u}{\partial y}$.

(5) $z=h(u,x,y)$, $y=g(u,v,x)$, $x=f(u,v)$;求$\dfrac{\partial z}{\partial u}$, $\dfrac{\partial z}{\partial v}$.

(6) $z=f(u,x,y)$, $x=g(v,w)$, $y=h(u,v)$;求$\dfrac{\partial z}{\partial u}$, $\dfrac{\partial z}{\partial v}$, $\dfrac{\partial z}{\partial w}$.

(7) $w=f(x,y,z)$, $x=u+v$, $y=u-v$, $z=uv$;求$\dfrac{\partial w}{\partial u}$, $\dfrac{\partial w}{\partial v}$.

2. 利用链式法则求下列复合映射 $f\circ g$ 在指定点的 Jacobi 矩阵:

(1) $f(x,y)=(x,y,x^2y)$, $g(s,t)=(s+t,s^2-t^2)$,在点$(s,t)=(2,1)$.

(2) $f(x,y,z)=(x+y+z,xy,x^2+y^2+z^2)$, $g(u,v,w)=(\mathrm{e}^{v^2+w^2},\sin uw,\sqrt{uv})$,在点$(u,v,w)=(2,1,3)$.

3. 如果函数 $f(x,y)$满足:对于任意实数 t 及 x,y,成立

$$f(tx,ty)=t^nf(x,y),$$

则称 f 为 n 次齐次函数. 证明:n 次齐次函数满足方程

$$x\frac{\partial f}{\partial x}+y\frac{\partial f}{\partial y}=nf.$$

4. 设 $z=f(x,y)$，f 为可微的一元函数，证明：$x\frac{\partial z}{\partial x}-y\frac{\partial z}{\partial y}=0$.

5. 若二元函数 $z=f(x,y)$满足方程 $x\frac{\partial z}{\partial x}+y\frac{\partial z}{\partial y}=0$. 证明：该函数在极坐标系下只是 θ 的函数.

15.3　高阶偏导数、中值定理及 Taylor 公式

15.3.1　高阶偏导数

设函数 $z=f(\boldsymbol{x})$在区域 $\boldsymbol{D}\subset\mathbb{R}^n$内具有偏导数

$$\frac{\partial f}{\partial x_i},i=1,2,\cdots,n,$$

一般称为一阶偏导数. 它们仍然是 n 元函数，如果这些一阶偏导函数的偏导数也存在，可对 $\frac{\partial f}{\partial x_i}$关于它的每一个分量求偏导，若对第 j 个分量求偏导有

$$\frac{\partial}{\partial x_j}\left(\frac{\partial f}{\partial x_i}\right),$$

称为 f 的一个二阶偏导数，记为

$$\frac{\partial^2 f}{\partial x_j\partial x_i},$$

当 i,j 分别取 $1,2,\cdots,n$ 的值时，这样的二阶偏导数有 n^2 个. 一般把 $i\neq j$ 时的偏导数称为混合偏导数，把 $i=j$ 时的偏导数称为纯偏导数，并记作

$$\frac{\partial^2 f}{\partial x_i^2}.$$

当二阶偏导数还可偏导时，继续求二阶偏导函数的偏导数就可以得到三阶偏导数，依次类推可以得到更高阶的偏导数. 二阶及二阶以上的偏导数统称为高阶偏导数.

对二元函数 $z=f(x,y)$，按照对变量求导次序的不同，有下列四个二阶偏导：

$$\frac{\partial}{\partial x}\left(\frac{\partial z}{\partial x}\right)=\frac{\partial^2 z}{(\partial x)^2}=f_{xx}(x,y),\quad \frac{\partial}{\partial y}\left(\frac{\partial z}{\partial x}\right)=\frac{\partial^2 z}{\partial y\partial x}=f_{xy}(x,y),$$

$$\frac{\partial}{\partial x}\left(\frac{\partial z}{\partial y}\right)=\frac{\partial^2 z}{\partial x\partial y}=f_{yx}(x,y),\quad \frac{\partial}{\partial y}\left(\frac{\partial z}{\partial y}\right)=\frac{\partial^2 z}{(\partial y)^2}=f_{yy}(x,y).$$

例 15.3.1 设 $z=x^3y^2-3xy^3-xy+1$，求$\frac{\partial^2 z}{\partial x^2},\frac{\partial^3 z}{\partial x^3},\frac{\partial^2 z}{\partial y\partial x}$和$\frac{\partial^2 z}{\partial x\partial y}$.

解　$\frac{\partial z}{\partial x}=3x^2y^2-3y^3-y$，　$\frac{\partial z}{\partial y}=2x^3y-9xy^2-x$；

$\frac{\partial^2 z}{\partial x^2}=6xy^2$，　$\frac{\partial^3 z}{\partial x^3}=6y^2$；

$$\frac{\partial^2 z}{\partial x\partial y}=6x^2y-9y^2-1,\qquad \frac{\partial^2 z}{\partial y\partial x}=6x^2y-9y^2-1.$$

从二阶偏导数的定义可知,两个混合偏导数分别由两个不同函数求偏导而来,在该例中有$\frac{\partial^2 z}{\partial y\partial x}=\frac{\partial^2 z}{\partial x\partial y}$.一般来说不能保证这两者相同,但在如下条件下这是确定的结论.

定理 15.3.1 如果函数 $z=f(x,y)$的两个二阶混合偏导数 $f_{xy}(x,y)$,$f_{yx}(x,y)$在(x_0,y_0)连续,那么在(x_0,y_0)点这两个二阶混合偏导数相等,即

$$f_{xy}(x_0,y_0)=f_{yx}(x_0,y_0).$$

证明 令

$$I=[f(x_0+\Delta x,y_0+\Delta y)-f(x_0+\Delta x,y_0)]-[f(x_0,y_0+\Delta y)-f(x_0,y_0)],$$

$$\varphi(x)=f(x,y_0+\Delta y)-f(x,y_0),$$

$$\psi(y)=f(x_0+\Delta x,y)-f(x_0,y),$$

则 $I=\varphi(x_0+\Delta x)-\varphi(x_0)$,且有

$$\varphi'(x)=f_x(x,y_0+\Delta y)-f_x(x,y_0),$$

$$\psi'(y)=f_y(x_0+\Delta x,y)-f_y(x_0,y).$$

根据微分中值定理可得,存在 $\alpha_1,\alpha_2\in(0,1)$,使得

$$\begin{aligned}I&=\varphi(x_0+\Delta x)-\varphi(x_0)=\varphi'(x_0+\alpha_1\Delta x)\Delta x\\&=[f_x(x_0+\alpha_1\Delta x,y_0+\Delta y)-f_x(x_0+\alpha_1\Delta x,y_0)]\Delta x\\&=f_{xy}(x_0+\alpha_1\Delta x,y_0+\alpha_2\Delta y)\Delta x\Delta y.\end{aligned}$$

同理可得

$$I=\psi(y_0+\Delta y)-\psi(y_0)=f_{yx}(x_0+\beta_1\Delta x,y_0+\beta_2\Delta y)\Delta x\Delta y.$$

因此可得

$$f_{xy}(x_0+\alpha_1\Delta x,y_0+\alpha_2\Delta y)=f_{yx}(x_0+\beta_1\Delta x,y_0+\beta_2\Delta y).$$

两个二阶混合偏导数 $f_{xy}(x_0,y_0)$,$f_{yx}(x_0,y_0)$在(x_0,y_0)连续,在上式两边令 $\Delta x,\Delta y\to 0$,即可得

$$f_{xy}(x_0,y_0)=f_{yx}(x_0,y_0).$$

定理证毕!

例 15.3.2 证明:函数 $u=\frac{1}{r}$满足方程$\frac{\partial^2 u}{\partial x^2}+\frac{\partial^2 u}{\partial y^2}+\frac{\partial^2 u}{\partial z^2}=0$,其中 $r=\sqrt{x^2+y^2+z^2}$.

证明

$$\frac{\partial u}{\partial x}=-\frac{1}{r^2}\cdot\frac{\partial r}{\partial x}=-\frac{1}{r^2}\cdot\frac{x}{r}=-\frac{x}{r^3},$$

$$\frac{\partial^2 u}{\partial x^2}=-\frac{1}{r^3}+\frac{3x}{r^4}\cdot\frac{\partial r}{\partial x}=-\frac{1}{r^3}+\frac{3x^2}{r^5}.$$

同理

$$\frac{\partial^2 u}{\partial y^2}=-\frac{1}{r^3}+\frac{3y^2}{r^5},\qquad \frac{\partial^2 u}{\partial z^2}=-\frac{1}{r^3}+\frac{3z^2}{r^5}.$$

因此

$$\frac{\partial^2 u}{\partial x^2}+\frac{\partial^2 u}{\partial y^2}+\frac{\partial^2 u}{\partial z^2}=\left(-\frac{1}{r^3}+\frac{3x^2}{r^5}\right)+\left(-\frac{1}{r^3}+\frac{3y^2}{r^5}\right)+\left(-\frac{1}{r^3}+\frac{3z^2}{r^5}\right)$$

$$=-\frac{3}{r^3}+\frac{3(x^2+y^2+z^2)}{r^5}=-\frac{3}{r^3}+\frac{3r^2}{r^5}=0\,.$$

例 15.3.3 设 $z=f(\sin x,\cos y,\mathrm{e}^{x+y})$，其中 f 具有二阶连续偏导数，求 $\frac{\partial z}{\partial x}$，$\frac{\partial^2 z}{\partial y\partial x}$.

解

$$\frac{\partial z}{\partial x}=f_1\cos x+f_3\mathrm{e}^{x+y},$$

$$\frac{\partial^2 z}{\partial y\partial x}=\frac{\partial}{\partial y}\left(\frac{\partial z}{\partial x}\right)=\frac{\partial}{\partial y}(f_1\cos x+f_3\mathrm{e}^{x+y}).$$

注意到 f_1 是 $f_1(\sin x,\cos y,\mathrm{e}^{x+y})$ 的简写，f_3 是 $f_3(\sin x,\cos y,\mathrm{e}^{x+y})$ 的简写，它们都是三元复合函数，因此得

$$\frac{\partial^2 z}{\partial y\partial x}=[f_{12}(-\sin y)+f_{13}\mathrm{e}^{x+y}]\cos x+[f_{32}(-\sin y)+f_{33}\mathrm{e}^{x+y}]\mathrm{e}^{x+y}+f_3\mathrm{e}^{x+y}.$$

15.3.2　中值定理

一元函数的微分中值定理和泰勒公式有着重要的应用，向量值函数也有相应的结果. 在给出向量值函数微分中值定理和泰勒公式之前，首先介绍凸区域的概念.

设 $\boldsymbol{p},\boldsymbol{q}\subset\mathbb{R}^n$，令

$$\sigma(t)=\boldsymbol{p}+t(\boldsymbol{q}-\boldsymbol{p}),\ t\in[0,1],$$

$\sigma:[0,1]\to\mathbb{R}^n$ 的像为 $\mathbb{R}^n$ 中连接 $\boldsymbol{p},\boldsymbol{q}$ 的直线段.

定义 15.3.1 设 $\boldsymbol{D}\subset\mathbb{R}^n$ 是区域，若连接 $\boldsymbol{D}$ 中任意两点的直线段都完全属于 $\boldsymbol{D}$ 中，则称 $\boldsymbol{D}$ 为凸区域.

例 15.3.4 $\mathbb{R}^n$ 中的闭球 $B_r(\boldsymbol{a})=\{\boldsymbol{x}\in\mathbb{R}^n\mid\|\boldsymbol{x}-\boldsymbol{a}\|\leqslant r\}$ 是凸区域.

证明　对任意 $\boldsymbol{p},\boldsymbol{q}\subset B_r(\boldsymbol{a})$，则连接它们的线段上的点 $\boldsymbol{x}=\boldsymbol{p}+t(\boldsymbol{q}-\boldsymbol{p})$，满足

$$\begin{aligned}\|\boldsymbol{x}-\boldsymbol{a}\|&=\|(1-t)(\boldsymbol{p}-\boldsymbol{a})+t(\boldsymbol{q}-\boldsymbol{a})\|\\&\leqslant(1-t)\|\boldsymbol{p}-\boldsymbol{a}\|+t\|\boldsymbol{q}-\boldsymbol{a}\|\\&\leqslant(1-t)r+tr=r.\end{aligned}$$

定理 15.3.2 设 $\boldsymbol{D}\subset\mathbb{R}^n$ 是凸区域，$f:\boldsymbol{D}\to\mathbb{R}$ 可微，则任给 $\boldsymbol{a},\boldsymbol{b}\in\boldsymbol{D}$，存在 $\boldsymbol{\xi}\in\boldsymbol{D}$，使得

$$f(\boldsymbol{b})-f(\boldsymbol{a})=\boldsymbol{J}f(\boldsymbol{\xi})(\boldsymbol{b}-\boldsymbol{a}),$$

其中 $\boldsymbol{\xi}=\boldsymbol{a}+\theta(\boldsymbol{b}-\boldsymbol{a})$，$\theta\in(0,1)$，是连接 $\boldsymbol{a},\boldsymbol{b}$ 的直线段上的一点.

证明　设 $\sigma:[0,1]\to\boldsymbol{D}$ 为连接 $\boldsymbol{a},\boldsymbol{b}$ 的直线段，则复合函数 $\varphi(t)=f\circ\sigma(t)$ 是可微的一元函数. 由一元函数的微分中值定理可得，存在 $\theta\in(0,1)$ 使得

$$\varphi(1)-\varphi(0)=\varphi'(\theta)(1-0).$$

根据复合函数求导法则，上式即

$$f(\boldsymbol{b})-f(\boldsymbol{a})=\boldsymbol{J}f(\boldsymbol{\xi})(\boldsymbol{b}-\boldsymbol{a}),$$

其中 $\boldsymbol{\xi}=\boldsymbol{a}+\theta(\boldsymbol{b}-\boldsymbol{a})$.

类似于一元函数，根据上面的微分中值定理，可得下面的推论.

推论 15.3.3 设 $\boldsymbol{D}\subset\mathbb{R}^n$ 是区域，$f:\boldsymbol{D}\to\mathbb{R}$ 可微，如果 $\boldsymbol{J}f\equiv0$，则 f 为常数.

证明　如果 $\boldsymbol{D}$ 是凸区域，则直接应用定理 15.3.2 证得. 对一般区域，则 $\boldsymbol{D}$ 是道路连通的

开集,对 $\boldsymbol{D}$ 中给定的点 $\boldsymbol{x}_0$ 和 $\boldsymbol{D}$ 中任意点 $\boldsymbol{x}$,设 $\sigma:[0,1]\to\boldsymbol{D}$ 是连接 $\boldsymbol{x}_0,\boldsymbol{x}$ 的连续曲线.

因为 $\boldsymbol{D}$ 是开集,故存在 $r>0$ 使得 $B_r(\boldsymbol{x}_0)\subset\boldsymbol{D}$. 由 σ 的连续性知,存在 $\delta>0$,使得 $\sigma:[0,\delta]\subset B_r(\boldsymbol{x}_0)$,由于 $B_r(\boldsymbol{x}_0)$ 是凸区域,所以 f 在 $B_r(\boldsymbol{x}_0)$ 上是常数,于是有

$$f(\sigma(\delta))=f(\boldsymbol{x}_0).$$

令

$$t_0=\sup\{t\mid 当\ 0\leqslant s\leqslant t\ 时, f\circ\sigma(s)=f(\boldsymbol{x}_0)\}.$$

如果 $t_0<1$,可取 $r'>0$ 使得 $B_{r'}(\sigma(t_0))\subset\boldsymbol{D}$. 根据上面的讨论,存在 $\delta'>0$ 且 $t_0+\delta'<1$,使得 $\sigma(t_0+\delta')\subset B_{r'}(\sigma(t_0))$,从而有 $f(\sigma(t_0+\delta'))=f(\sigma(\delta))=f(\boldsymbol{x}_0)$,与 t_0 的定义矛盾. 所以得

$$f(\boldsymbol{x})=f(\sigma(1))=f(\sigma(0))=f(\boldsymbol{x}_0).$$

15.3.3 Taylor 公式

为给出多元函数的 Taylor 公式,先给出以下的结论和记号.

定理 15.3.4 设 n,k 是两个正整数,则

$$(x_1+x_2+\cdots+x_n)^k=\sum_{\alpha_1+\cdots+\alpha_n=k}\frac{k!}{\alpha_1!\cdots\alpha_n!}x_1^{\alpha_1}\cdots x_n^{\alpha_n}$$

其中 $\alpha_1,\alpha_2,\cdots,\alpha_n$ 是非负整数.

该结论是二项式定理的推广,使用二项式定理和数学归纳法就可以证得, 不再详述.

称 $\boldsymbol{\alpha}=(\alpha_1,\alpha_2,\cdots,\alpha_n)$ 为一个多重指标,记

$$|\boldsymbol{\alpha}|=\alpha_1+\alpha_2+\cdots+\alpha_n,\quad \boldsymbol{\alpha}!=\alpha_1!\cdots\alpha_n!,$$

若 $\boldsymbol{x}=(x_1,\cdots,x_n)$,则记 $\boldsymbol{x}^{\boldsymbol{\alpha}}=x_1^{\alpha_1}\cdots x_n^{\alpha_n}$,由此引理中的结论可记作

$$(x_1+\cdots+x_n)^k=\sum_{|\alpha|=k}\frac{k!}{\boldsymbol{\alpha}!}\boldsymbol{x}^{\boldsymbol{\alpha}}.$$

使用多重指标 $\boldsymbol{\alpha}=(\alpha_1,\alpha_2,\cdots,\alpha_n)$,还可将高阶偏导数记作

$$\mathrm{D}^{\boldsymbol{\alpha}}f(\boldsymbol{x})=\frac{\partial^{|\boldsymbol{\alpha}|}f}{\partial x_1^{\alpha_1}\cdots\partial x_n^{\alpha_n}}(\boldsymbol{x})$$

定理 15.3.5 设 $\boldsymbol{D}\subset\mathbb{R}^n$ 是凸区域,$f:\boldsymbol{D}\to\mathbb{R}$ 具有 $m+1$ 阶连续偏导数,$\boldsymbol{a}=(a_1,a_2,\cdots,a_n)\in\boldsymbol{D}$,则任给 $\boldsymbol{x}\in\boldsymbol{D}$,存在 $\theta\in(0,1)$ 使得

$$f(\boldsymbol{x})=\sum_{k=0}^{m}\sum_{|\boldsymbol{\alpha}|=k}\frac{\mathrm{D}^{\boldsymbol{\alpha}}f(\boldsymbol{a})}{\boldsymbol{\alpha}!}(\boldsymbol{x}-\boldsymbol{a})^{\boldsymbol{\alpha}}+R_m$$

其中

$$R_m=\sum_{|\boldsymbol{\alpha}|=m+1}\frac{\mathrm{D}^{\boldsymbol{\alpha}}f(\boldsymbol{a}+\theta(\boldsymbol{x}-\boldsymbol{a}))}{\boldsymbol{\alpha}!}(\boldsymbol{x}-\boldsymbol{a})^{\boldsymbol{\alpha}}.$$

证明 令 $\varphi(t)=f(\boldsymbol{a}+t(\boldsymbol{x}-\boldsymbol{a})),t\in[0,1]$,则由链式法则可得 $\varphi(t)$ 具有 $m+1$ 阶连续导数. 使用数学归纳法可得

$$\varphi^{(k)}(t)=\sum_{|\boldsymbol{\alpha}|=k}\frac{k!}{\boldsymbol{\alpha}!}\mathrm{D}^{\boldsymbol{\alpha}}f(\boldsymbol{a}+t(\boldsymbol{x}-\boldsymbol{a}))(\boldsymbol{x}-\boldsymbol{a})^{\boldsymbol{\alpha}}.$$

特别地,当 $t=0$ 时,

$$\varphi^{(k)}(0)=\sum_{|\boldsymbol{\alpha}|=k}\frac{k!}{\boldsymbol{\alpha}!}\mathrm{D}^{\boldsymbol{\alpha}}f(\boldsymbol{a})(\boldsymbol{x}-\boldsymbol{a})^{\boldsymbol{\alpha}}.$$

已知 $\varphi(t)$在 0 点展开并在 $x=1$ 点取值的 Taylor 公式为

$$\varphi(1)=\varphi(0)+\varphi'(0)+\frac{1}{2!}\varphi''(0)+\cdots+\frac{1}{m!}\varphi^{(m)}(0)+\frac{1}{(m+1)!}\varphi^{(m+1)}(\theta),\theta\in(0,1),$$

将 $\varphi(t)$在 0 点的各阶导数代入,即得所证结论.

注　(1) 定理中的公式称为 Lagrange 余项的 Taylor 公式.

(2) Taylor 公式的前三项具体形式为

$$f(\boldsymbol{a})+\boldsymbol{J}f(\boldsymbol{a})(\boldsymbol{x}-\boldsymbol{a})+\frac{1}{2}(x_1-a_1,\cdots,x_n-a_n)\begin{bmatrix}\dfrac{\partial^2 f(\boldsymbol{a})}{\partial x_1^2} & \cdots & \dfrac{\partial^2 f(\boldsymbol{a})}{\partial x_1\partial x_n}\\ \vdots & \ddots & \vdots\\ \dfrac{\partial^2 f(\boldsymbol{a})}{\partial x_n\partial x_1} & \cdots & \dfrac{\partial^2 f(\boldsymbol{a})}{\partial x_n^2}\end{bmatrix}\begin{pmatrix}x_1-a_1\\ \vdots\\ x_n-a_n\end{pmatrix},$$

其中二次项处的矩阵一般记作 $\mathrm{Hess}(f)=\left[\dfrac{\partial^2 f(\boldsymbol{a})}{\partial x_i\partial x_j}\right]_{n\times n}$,称为 $f(\boldsymbol{x})$在 $\boldsymbol{a}$ 处的 Hessian 矩阵.

(3) 与一元函数相同,多元函数 Taylor 展开的系数唯一.

(4) 二元函数 $f(x,y)$在点(x_0,y_0)处关于点$(x_0+\Delta x,y_0+\Delta y)$的 Taylor 公式一般表示为

$$\begin{aligned}&f(x_0+\Delta x,y_0+\Delta y)\\&=f(x_0,y_0)+\left(\Delta x\frac{\partial}{\partial x}+\Delta y\frac{\partial}{\partial y}\right)f(x_0,y_0)+\\&\quad\frac{1}{2!}\left(\Delta x\frac{\partial}{\partial x}+\Delta y\frac{\partial}{\partial y}\right)^2 f(x_0,y_0)+\cdots+\\&\quad\frac{1}{k!}\left(\Delta x\frac{\partial}{\partial x}+\Delta y\frac{\partial}{\partial y}\right)^k f(x_0,y_0)+\\&\quad\frac{1}{(k+1)!}\left(\Delta x\frac{\partial}{\partial x}+\Delta y\frac{\partial}{\partial y}\right)^{k+1} f(x_0+\theta\Delta x,y_0+\theta\,\Delta y),\end{aligned}$$

其中 $0<\theta<1$,

$$\begin{aligned}\left(\Delta x\frac{\partial}{\partial x}+\Delta y\frac{\partial}{\partial y}\right)^k f(x_0,y_0)&=D^k f(x_0,y_0)(\Delta x,\Delta y)^k\\&=\sum_{i+j=k}\frac{k!}{i!\,j!}\frac{\partial^k f}{\partial x^i\partial y^j}(x_0,y_0)\Delta x^i\Delta y^j.\end{aligned}$$

(5) 在定理的条件下,有余项满足 $R_m=o(\|\boldsymbol{x}-\boldsymbol{a}\|^m)$. 相应的 Taylor 公式称为 Peano 余项的 Taylor 公式.

例 15.3.4　求函数 $f(x,y)=x^y$ 在点(1,4)的二阶 Peano 余项 Taylor 公式.

解　由 $x_0=1,y_0=4$ 知,$f(1,4)=1$,

$f_x(x,y)=yx^{y-1}$, $f_x(1,4)=4$,　　$f_y(x,y)=x^y\ln x$, $f_y(1,4)=0$,

$f_{xx}(x,y)=y(y-1)x^{y-1}$, $f_{xx}(1,4)=12$,　　$f_{yy}(x,y)=x^y(\ln x)^2$, $f_{yy}(1,4)=0$,

$f_{xy}(x,y)=x^{y-1}+yx^{y-1}\ln x$, $f_{xy}(1,4)=1$.

所求 Taylor 公式为

$$x^y=1+4(x-1)+6(x-1)^2+(x-1)(y-4)+o((x-1)^2+(y-4)^2).$$

习题 15.3

1. 求下列函数的二阶偏导数：

(1) $z=\tan\frac{x}{y}$； (2) $u=e^{xyz}$；

(3) $z=f\left(x,\frac{x}{y}\right)$； (4) $u=\frac{1}{\sqrt{x^2+y^2+z^2}}$；

(5) $u=\sqrt{x_1^2+x_2^2+\cdots+x_n^2}$； (6) $u=\ln(x_1+x_2+\cdots+x_n)$.

2. 验证函数 $z=\ln\sqrt{x^2+y^2}$ 满足方程 $\frac{\partial^2 z}{\partial x^2}+\frac{\partial^2 z}{\partial y^2}=0$.

3. 设 $y=\varphi(x+at)+\psi(x-at)$，验证 $\frac{\partial^2 y}{\partial t^2}=a^2\frac{\partial^2 y}{\partial x^2}$.

4. 设 f,x,y 都是具有二阶连续偏导数的二元函数，记 $u=f(x(s,t),y(s,t))$，求 $\frac{\partial^2 u}{\partial s^2}$，$\frac{\partial^2 u}{\partial t^2}$，$\frac{\partial^2 u}{\partial s\partial t}$.

5. 求下列函数在指定点的 Peano 余项 Taylor 公式：

(1) $f(x,y)=2x^2-xy-y^2-6x-3y+5$ 在点 $(1,-2)$ 展到 n 阶；

(2) $f(x,y)=e^{(x+y)}$ 在点 $(0,0)$ 展到 n 阶；

(3) $f(x,y)=\sin x\ln(1+y)$ 在点 $(0,0)$ 展到 3 阶；

(4) $f(x,y)=\sin(x^2+y^2)$ 在点 $(0,0)$ 展到 4 阶.

15.4 隐函数定理

隐函数是指自变量和因变量混合在一起，用方程 $F(x,y)=0$ 表示 y 与 x 之间的函数关系的函数形式. 在一元函数的导数理论中已经介绍了隐函数的求导方法，本节介绍方程 $F(x,y)=0$ 可以确定一个函数关系的条件，以及隐函数的连续性、可微性等性质.

首先通过一个二元函数所给出的方程为例，给出隐函数存在定理.

定理 15.4.1 设开集 $\boldsymbol{D}\subset\mathbb{R}^2$，$F:\boldsymbol{D}\to\mathbb{R}$ 满足：

(1) $F(x,y)$ 连续且具有连续偏导数；

(2) 在点 (x_0,y_0) 处有 $F(x_0,y_0)=0$；

(3) $F_y(x_0,y_0)\neq 0$.

则在 D 中存在一个包含 (x_0,y_0) 的开矩形 $I\times J$，使得

(a) 对于每一个 $x\in I=\{x\mid |x-x_0|<\alpha\}$，都存在唯一的 $y=f(x)\in J$ 满足 $F(x,f(x))=0$ 和 $y_0=f(x_0)$；

(b) 函数 $y=f(x)$ 在 $x\in I$ 上连续；

(c) 函数 $y=f(x)$ 在 $x\in I$ 上具有连续的导数，且

$$\frac{dy}{dx}=-\frac{F_x(x,y)}{F_y(x,y)}.$$

证明　(1) 不妨设 $F_y(x_0,y_0)>0$. 根据条件(1)和连续函数的保号性知,$\boldsymbol{D}$ 中存在一个包含(x_0,y_0)的开矩形$(a,b)\times(c,d)$使得对这一矩形中的任意点(x,y)都有 $F_y(x,y)>0$. 因为对任意给定的 $x\in(a,b)$,$F(x,y)$关于 y 在区间$[c,d]$严格单调递增. 由条件(2)可得

$$F(x_0,c)<0,\quad F(x_0,d)>0.$$

在(x_0,c),(x_0,d)两点根据连续函数保号性知,存在 $I=\{x\mid |x-x_0|<\alpha\}$,使得对任意 $x\in I$ 都有

$$F(x,c)<0,\quad F(x,d)>0.$$

由连续函数零点存在定理和严格单调性知,对任意 $x\in I$,都存在唯一的一个数 $y\in(c,d)$使得 $F(x,y)=0$. 显然有 $F(x_0,y_0)=0$. 记 $y=f(x)$,$J=(c,d)$即得结论(a).

(2) 下面证明函数 $y=f(x)$在区间 I 上的连续性.

设 $\bar{x}$ 为 I 上任意给定的点,记 $\bar{y}=f(\bar{x})$. 对任意 $\varepsilon>0$,根据上面的分析知

$$F(\bar{x},\bar{y})=0,\quad F(\bar{x},\bar{y}-\varepsilon)<0,\quad F(\bar{x},\bar{y}+\varepsilon)>0.$$

在点$(\bar{x},\bar{y}-\varepsilon)$,$(\bar{x},\bar{y}+\varepsilon)$再次由连续性知,存在 $\delta>0$,使得对任意 x 满足 $|x-\bar{x}|<\delta$ 时都有

$$F(x,\bar{y}-\varepsilon)<0,\quad F(x,\bar{y}+\varepsilon)>0.$$

与前面讨论的情况类似,当 $|x-\bar{x}|<\delta$ 时,必存在唯一的 $f(x)\in(\bar{y}-\varepsilon,\bar{y}+\varepsilon)$使得 $F(x,f(x))=0$,即 $|f(x)-f(\bar{x})|<\varepsilon$,所以 $y=f(x)$在区间 I 上连续.

(3) 下面证明函数 $y=f(x)$在区间 I 上的可导性.

设 $\bar{x}$ 为 I 上任意给定的点,$\bar{x}+\Delta x\in I$,记 $\bar{y}=f(\bar{x})$,$\bar{y}+\Delta y=f(\bar{x}+\Delta x)$,则有

$$F(\bar{x},\bar{y})=0,\quad F(\bar{x}+\Delta x,\bar{y}+\Delta y)=0.$$

根据微分中值定理,得

$$\begin{aligned}0&=F(\bar{x}+\Delta x,\bar{y}+\Delta y)-F(\bar{x},\bar{y})\\&=F_x(\bar{x}+\theta\Delta x,\bar{y}+\theta\Delta y)\Delta x+F_y(\bar{x}+\theta\Delta x,\bar{y}+\theta\Delta y)\Delta y,0<\theta<1.\end{aligned}$$

因为在 $I\times J$ 上 $F_y(x,y)\neq 0$,所以

$$\frac{\Delta y}{\Delta x}=-\frac{F_x(\bar{x}+\theta\Delta x,\bar{y}+\theta\Delta y)}{F_y(\bar{x}+\theta\Delta x,\bar{y}+\theta\Delta y)}.$$

令 $\Delta x\to 0$,根据 $F_x(x,y)$,$F_y(x,y)$,$y=f(x)$的连续性,可得

$$\frac{\mathrm{d}y}{\mathrm{d}x}=-\frac{F_x(\bar{x},\bar{y})}{F_y(\bar{x},\bar{y})}$$

注　该定理只保证在 x_0 的局部存在函数关系,是一个局部性质. 在定理条件中若有 $F_x(x_0,y_0)\neq 0$,则方程 $F(x,y)=0$ 在 y_0 的小邻域内可以确定一个 x 关于 y 的函数.

例 15.4.1　设函数 $y=f(x)$由方程 $x^2+2xy-y^2=a^2$ 确定,求 $f'(x)$.

解　令 $F(x,y)=x^2+2xy-y^2-a^2$,则有

$$\frac{\partial F}{\partial x}=2(x+y),\quad \frac{\partial F}{\partial y}=2(x-y),$$

故在 $x-y\neq 0$ 的点,由方程可以确定函数 $y=f(x)$,且有

$$\frac{\mathrm{d}y}{\mathrm{d}x}=-\frac{\dfrac{\partial F}{\partial x}}{\dfrac{\partial F}{\partial y}}=\frac{y+x}{y-x}.$$

对这个问题还可以使用一元函数的复合函数求导法则，在方程 $x^2+2xy-y^2=a^2$ 两边直接关于 x 求导，并解出 y'.

例 15.4.2 设函数 $y=f(x)$ 由方程 $\ln\sqrt{x^2+y^2}=\arctan\dfrac{y}{x}$ 确定，求 $f'(x)$.

解 令 $F(x,y)=\ln\sqrt{x^2+y^2}-\arctan\dfrac{y}{x}$，则

$$\frac{\partial F}{\partial x}=\frac{x+y}{x^2+y^2},\quad \frac{\partial F}{\partial y}=\frac{y-x}{x^2+y^2},$$

故在 $x-y\neq 0$ 的点，由方程可以确定函数 $y=f(x)$，且有

$$\frac{\mathrm{d}y}{\mathrm{d}x}=-\frac{\dfrac{\partial F}{\partial x}}{\dfrac{\partial F}{\partial y}}=\frac{x+y}{x-y}.$$

根据定理 15.4.1，可以得到关于一般多元函数的隐函数存在定理，且证明也类似.

定理 15.4.2 设开集 $\boldsymbol{D}\subset\mathbb{R}^{n+1}$，$F:\boldsymbol{D}\to\mathbb{R}$ 满足：

(1) $F(x_1,x_2,\cdots,x_n,y)$ 连续且具有连续偏导数；

(2) 在点 $(x_1^0,x_2^0,\cdots,x_n^0,y^0)$ 处有 $F(x_1^0,x_2^0,\cdots,x_n^0,y^0)=0$；

(3) $F_y(x_1^0,x_2^0,\cdots,x_n^0,y^0)\neq 0$.

则在 $\boldsymbol{D}$ 中存在包含 $(x_1^0,x_2^0,\cdots,x_n^0,y^0)$ 的邻域 $G\times J$，其中 $\boldsymbol{G}\subset\mathbb{R}^n$ 是包含 $(x_1^0,x_2^0,\cdots,x_n^0)$ 的邻域，使得

(a) 对于每一个 $(x_1,x_2,\cdots,x_n)\in G$，$F(x_1,x_2,\cdots,x_n,y)=0$ 在 J 中都确定唯一隐函数 $y=f(x_1,x_2,\cdots,x_n)$ 满足 $F(x_1,x_2,\cdots,x_n,f(x_1,x_2,\cdots,x_n))=0$ 和 $y^0=f(x_1^0,x_2^0,\cdots,x_n^0)$；

(b) 隐函数 $y=f(x_1,x_2,\cdots,x_n)$ 在 G 上连续；

(c) 隐函数 $y=f(x_1,x_2,\cdots,x_n)$ 在 G 上具有连续的偏导数，且

$$\frac{\partial y}{\partial x_i}=-\frac{F_{x_i}(x_1,x_2,\cdots,x_n,y)}{F_y(x_1,x_2,\cdots,x_n,y)},\quad (i=1,\cdots,n).$$

定理说明对 $\boldsymbol{D}\subset\mathbb{R}^n$ 中满足条件的方程 $F(x_1,x_2,\cdots,x_n)=0$，对每一个偏导数不为零的分量 $F_{x_i}(x_1^0,x_2^0,\cdots,x_n^0)\neq 0$ 都可以作为其他分量的函数，即 $x_i=f(x_1,\cdots,x_{i-1},x_{i+1},\cdots,x_n)$.

例 15.4.3 求由方程 $\dfrac{x^2}{a^2}+\dfrac{y^2}{b^2}+\dfrac{z^2}{c^2}=1$ 所确定的 x,y 的函数 $z=z(x,y)$ 的偏导数 $\dfrac{\partial z}{\partial x},\dfrac{\partial z}{\partial y}$.

解 令 $F(x,y,z)=\dfrac{x^2}{a^2}+\dfrac{y^2}{b^2}+\dfrac{z^2}{c^2}-1$，则有

$$\frac{\partial F}{\partial x}=\frac{2x}{a^2},\quad \frac{\partial F}{\partial y}=\frac{2y}{b^2},\quad \frac{\partial F}{\partial z}=\frac{2z}{c^2},$$

故当 $z\neq 0$ 时，由方程可以确定隐函数 $z(x,y)$，且有

$$\frac{\partial z}{\partial x}=-\frac{\dfrac{\partial F}{\partial x}}{\dfrac{\partial F}{\partial z}}=-\frac{c^2x}{a^2z},\quad \frac{\partial z}{\partial y}=-\frac{\dfrac{\partial F}{\partial y}}{\dfrac{\partial F}{\partial z}}=-\frac{c^2y}{b^2z}.$$

例 15.4.4 求由方程 $x^2-2y^2+z^2-4x+2z-5=0$ 所确定的 x,y 的函数 z 的全微分.

解　令 $F(x,y,z)=x^2-2y^2+z^2-4x+2z-5$,则

$$\frac{\partial F}{\partial x}=2x-4,\quad \frac{\partial F}{\partial y}=-4y,\quad \frac{\partial F}{\partial z}=2z+2,$$

故当 $z+1\neq 0$ 时,由方程可以确定隐函数 $z(x,y)$,且有

$$\frac{\partial z}{\partial x}=-\frac{\dfrac{\partial F}{\partial x}}{\dfrac{\partial F}{\partial z}}=\frac{2-x}{1+z},\quad \frac{\partial z}{\partial y}=-\frac{\dfrac{\partial F}{\partial y}}{\dfrac{\partial F}{\partial z}}=\frac{2y}{1+z},$$

$$\mathrm{d}z=\frac{\partial z}{\partial x}\mathrm{d}x+\frac{\partial z}{\partial y}\mathrm{d}y=\frac{2-x}{1+z}\mathrm{d}x+\frac{2y}{1+z}\mathrm{d}y.$$

对如下形式的函数方程组,

$$\begin{cases}F(x,y,u,v)=0\\ G(x,y,u,v)=0\end{cases}$$

在一定条件下可以确定 u,v 关于 x,y 的两个二元函数.

定理 15.4.3 设开集 $\boldsymbol{D}\subset\mathbb{R}^4$,$F,G:\boldsymbol{D}\to\mathbb{R}$ 满足:

(1) F,G 连续且具有连续偏导数;

(2) 在点 (x_0,y_0,u_0,v_0) 处有 $F(x_0,y_0,u_0,v_0)=0$,$G(x_0,y_0,u_0,v_0)=0$;

(3) 在点 (x_0,y_0,u_0,v_0) 处行列式

$$\frac{\partial(F,G)}{\partial(u,v)}=\begin{vmatrix}F_u & F_v\\ G_u & G_v\end{vmatrix}\neq 0.$$

则在 $\boldsymbol{D}$ 中存在包含 (x_0,y_0,u_0,v_0) 的邻域 $G\times J$,使得

(a) 对于每一个 $(x,y)\in G$,方程组 $\begin{cases}F(x,y,u,v)=0\\ G(x,y,u,v)=0\end{cases}$ 都确定唯一向量值隐函数

$$\begin{pmatrix}u\\ v\end{pmatrix}=\begin{pmatrix}f(x,y)\\ g(x,y)\end{pmatrix},\text{ 满足}\begin{cases}F(x,y,f(x,y),g(x,y))=0\\ G(x,y,f(x,y),g(x,y))=0\end{cases}\text{和}\begin{pmatrix}u_0\\ v_0\end{pmatrix}=\begin{pmatrix}f(x_0,y_0)\\ g(x_0,y_0)\end{pmatrix}.$$

(b) 隐函数 $u=f(x,y)$,$v=g(x,y)$ 在 G 上连续;

(c) 隐函数 $u=f(x,y)$,$v=g(x,y)$ 在 G 上具有连续偏导数,且

$$\begin{pmatrix}\dfrac{\partial u}{\partial x} & \dfrac{\partial u}{\partial y}\\ \dfrac{\partial v}{\partial x} & \dfrac{\partial v}{\partial y}\end{pmatrix}=-\begin{pmatrix}F_u & F_v\\ G_u & G_v\end{pmatrix}^{-1}\begin{pmatrix}F_x & F_y\\ G_x & G_y\end{pmatrix}$$

证明　由 $\begin{vmatrix}F_u & F_v\\ G_u & G_v\end{vmatrix}\neq 0$ 知 F_u,F_v 至少有 1 个不为零,不妨设 $F_u\neq 0$,则由 $F(x,y,u,v)=0$ 可以确定隐函数 $u=\varphi(x,y,v)$,将其代入方程 $G(x,y,u,v)=0$,再次利用多元函数隐函数存在定理,即可证得向量值函数的存在性和连续性,在此略去详细过程.

对于相关偏导数,根据求导的链式法则,在方程组两边分别关于 x 求偏导,可得

$$\begin{cases}\dfrac{\partial F}{\partial x}+\dfrac{\partial F}{\partial u}\dfrac{\partial u}{\partial x}+\dfrac{\partial F}{\partial v}\dfrac{\partial v}{\partial x}=0,\\[2mm] \dfrac{\partial G}{\partial x}+\dfrac{\partial G}{\partial u}\dfrac{\partial u}{\partial x}+\dfrac{\partial G}{\partial v}\dfrac{\partial v}{\partial x}=0,\end{cases}$$

因此可得以$\frac{\partial u}{\partial x},\frac{\partial v}{\partial x}$为未知量的方程组

$$\begin{pmatrix} F_u & F_v \\ G_u & G_v \end{pmatrix}\begin{pmatrix} \dfrac{\partial u}{\partial x} \\ \dfrac{\partial v}{\partial x} \end{pmatrix}=-\begin{pmatrix} F_x \\ G_x \end{pmatrix}.$$

求解方程组可得

$$\frac{\partial u}{\partial x}=-\frac{1}{J}\frac{\partial(F,G)}{\partial(x,v)},\quad \frac{\partial v}{\partial x}=-\frac{1}{J}\frac{\partial(F,G)}{\partial(u,x)},$$

其中 $J=\dfrac{\partial(F,G)}{\partial(u,v)}=\begin{vmatrix} F_u & F_v \\ G_u & G_v \end{vmatrix}$.

同理可得

$$\frac{\partial u}{\partial y}=-\frac{1}{J}\frac{\partial(F,G)}{\partial(y,v)},\quad \frac{\partial v}{\partial y}=-\frac{1}{J}\frac{\partial(F,G)}{\partial(u,y)}.$$

例 15.4.5 设$\begin{cases} u^2+v^2-x^2-y=0, \\ -u+v-xy+1=0, \end{cases}$求$\frac{\partial u}{\partial x},\frac{\partial u}{\partial y},\frac{\partial v}{\partial x},\frac{\partial v}{\partial y}$.

解 令 $F(x,y,u,v)=u^2+v^2-x^2-y,G(x,y,u,v)=-u+v-xy+1$, 则

$$\begin{vmatrix} F_u & F_v \\ G_u & G_v \end{vmatrix}=\begin{vmatrix} 2u & 2v \\ -1 & 1 \end{vmatrix}=2u+2v,$$

因此当 $u+v\neq 0$ 时,u,v 是 x,y 的函数,在方程组两端对 x 求导,得

$$\begin{cases} 2uu_x+2vv_x-2x=0, \\ -u_x+v_x-y=0. \end{cases}$$

即

$$\begin{cases} 2uu_x+2vv_x=2x, \\ -u_x+v_x=y, \end{cases}$$

则

$$\frac{\partial u}{\partial x}=\begin{vmatrix} 2x & 2v \\ y & 1 \end{vmatrix}\Bigg/\begin{vmatrix} 2u & 2v \\ -1 & 1 \end{vmatrix}=\frac{x-yv}{u+v},\quad \frac{\partial v}{\partial x}=\begin{vmatrix} 2u & 2x \\ -1 & y \end{vmatrix}\Bigg/\begin{vmatrix} 2u & 2v \\ -1 & 1 \end{vmatrix}=\frac{x+yu}{u+v}.$$

同样方程组两端对 y 求导,得

$$\frac{\partial u}{\partial y}=\frac{1-2xv}{2u+2v},\quad \frac{\partial v}{\partial y}=\frac{1+2xu}{2u+2v}.$$

在定理 15.4.3 中如果有

$$\frac{\partial(F,G)}{\partial(x,y)}=\begin{vmatrix} F_x & F_y \\ G_x & G_y \end{vmatrix}\neq 0,$$

则方程组可以确定隐函数组 $x=x(u,v),y=y(u,v)$,并且有

$$\begin{pmatrix} \dfrac{\partial x}{\partial u} & \dfrac{\partial x}{\partial v} \\ \dfrac{\partial y}{\partial u} & \dfrac{\partial y}{\partial v} \end{pmatrix}=-\begin{pmatrix} F_x & F_y \\ G_x & G_y \end{pmatrix}^{-1}\begin{pmatrix} F_u & F_v \\ G_u & G_v \end{pmatrix}.$$

这说明若映射 $u=u(x,y),v=v(x,y)$ 和 $x=x(u,v),y=y(u,v)$ 互为逆映射,则

$$\begin{pmatrix} \frac{\partial u}{\partial x} & \frac{\partial u}{\partial y} \\ \frac{\partial v}{\partial x} & \frac{\partial v}{\partial y} \end{pmatrix}=\begin{pmatrix} \frac{\partial x}{\partial u} & \frac{\partial x}{\partial v} \\ \frac{\partial y}{\partial u} & \frac{\partial y}{\partial v} \end{pmatrix}^{-1},$$

即行列式 $\frac{\partial(u,v)}{\partial(x,y)}$ 和 $\frac{\partial(x,y)}{\partial(u,v)}$ 互为倒数.

例 15.4.6 极坐标变换

$$\begin{cases} x=r\cos\theta, \\ y=r\sin\theta, \end{cases}$$

求 r,θ 关于 x,y 的偏导数.

解　r,θ 关于 x,y 的偏导数和 x,y 关于 r,θ 偏导数之间的关系

$$\begin{pmatrix} \frac{\partial r}{\partial x} & \frac{\partial r}{\partial y} \\ \frac{\partial \theta}{\partial x} & \frac{\partial \theta}{\partial y} \end{pmatrix}=\begin{pmatrix} \frac{\partial x}{\partial r} & \frac{\partial x}{\partial r} \\ \frac{\partial y}{\partial \theta} & \frac{\partial y}{\partial \theta} \end{pmatrix}^{-1}=\frac{1}{r}\begin{pmatrix} r\cos\theta & r\sin\theta \\ -\sin\theta & \cos\theta \end{pmatrix}.$$

定理 15.4.3 是多元函数方程组确定隐函数组的一个特例,对一般的 m 个 $n+m$ 元函数组成的方程组

$$\begin{cases} F_1(x_1,x_2,\cdots,x_n,y_1,y_2,\cdots,y_m)=0, \\ \quad\vdots \\ F_m(x_1,x_2,\cdots,x_n,y_1,y_2,\cdots,y_m)=0, \end{cases}$$

记 $F_1,F_2,\cdots,F_m$ 关于 $y_1,y_2,\cdots,y_m$ 的 Jacobi 行列式为

$$\frac{\partial(F_1,\cdots,F_m)}{\partial(y_1,\cdots,y_m)}=\begin{vmatrix} \frac{\partial F_1}{\partial y_1} & \cdots & \frac{\partial F_1}{\partial y_m} \\ \vdots & \ddots & \vdots \\ \frac{\partial F_m}{\partial y_1} & \cdots & \frac{\partial F_m}{\partial y_m} \end{vmatrix},$$

则可将定理 15.4.3 推广到方程组确定 $y_1,y_2,\cdots,y_m$ 是 $(x_1,x_2,\cdots,x_n)$ 函数的情况. 实际上,此时方程组确定了一个 $\mathbb{R}^n\to\mathbb{R}^m$ 的映射,因此相应的定理也称为隐映射定理.

习题 15.4

1. 求下列方程所确定的隐函数 $z=z(x,y)$ 的偏导数 $\frac{\partial z}{\partial x},\frac{\partial z}{\partial y}$:

(1) $x+y+z=e^{-(x+y+z)}$;　　(2) $x^3+y^3+z^3-3axyz=0$;

(3) $e^x-xyz=0$;　　(4) $x^3+y^3+z^3-3axyz=0$.

2. 设 $F(x+y+z,x^2+y^2+z^2)=0$, 求 $\frac{\partial z}{\partial x},\frac{\partial z}{\partial y}$.

3. 设 $F(xy,y+z,xz)=0$,求 $\frac{\partial z}{\partial x},\frac{\partial^2 z}{\partial x\partial y}$.

4. 设方程组

$$\begin{cases}u+v+w+x+y=a,\\ u^2+v^2+w^2+x^2+y^2=b^2,\\ u^3+v^3+w^3+x^3+y^3=c^3,\end{cases}$$

确定 u,v,w 为 x,y 的隐函数,求 u,v,w 关于 x,y 的偏导数.

5. (1) 设 $\begin{cases}u=f(xu,v+y),\\ v=g(u-x,v^2y),\end{cases}$ 其中 f,g 都具有一阶连续偏导数,求 $\dfrac{\partial u}{\partial y}$ 和 $\dfrac{\partial v}{\partial y}$.

(2) 设 $xu-yv=0,yu+xv=1$,求 $\dfrac{\partial u}{\partial x},\dfrac{\partial v}{\partial x},\dfrac{\partial u}{\partial y}$ 和 $\dfrac{\partial v}{\partial y}$.

6. 设 $u=u(x,y),x=r\cos\theta,y=r\sin\theta$,证明:

$$\frac{\partial^2 u}{\partial x^2}+\frac{\partial^2 u}{\partial y^2}=\frac{\partial^2 u}{\partial r^2}+\frac{1}{r}\frac{\partial u}{\partial r}+\frac{1}{r^2}\frac{\partial^2 u}{\partial\theta^2}.$$

15.5 隐函数的几何应用

15.5.1 空间曲线的切线和法平面

设空间曲线 $\boldsymbol{\Gamma}$ 的参数方程为

$$\begin{cases}x=x(t),\\ y=y(t),\quad t\in[a,b].\\ z=z(t),\end{cases}$$

也常用向量的形式表示为

$$\boldsymbol{r}(t)=\begin{pmatrix}x(t)\\ y(t)\\ z(t)\end{pmatrix},$$

此时可看作一个从$\mathbb{R}^1\to\mathbb{R}^3$的映射,当 t 在 $[a,b]$ 变化时,对应的空间中的点$\begin{pmatrix}x(t)\\ y(t)\\ z(t)\end{pmatrix}$就形成一条曲线. 当 $x(t),y(t),z(t)$都在 $[a,b]$ 上有连续导数且$\|\boldsymbol{r}'(t)\|\neq 0$ 时,称曲线为光滑曲线.

求曲线 Γ 上对应于$t=t_0$ 的一点 $M_0(x_0,y_0,z_0)$处的切线与求平面曲线切线的方法相同,可以通过割线的极限定义切线. 取 M_0 邻近点 $M(x_0+\Delta x,y_0+\Delta y,z_0+\Delta z)$,$t=t_0\Delta t$.作曲线的割线 MM_0, 则割线方程为

$$\frac{x-x_0}{\Delta x}=\frac{y-y_0}{\Delta y}=\frac{z-z_0}{\Delta z},$$

将其改写为

$$\frac{x-x_0}{\frac{\Delta x}{\Delta t}}=\frac{y-y_0}{\frac{\Delta y}{\Delta t}}=\frac{z-z_0}{\frac{\Delta z}{\Delta t}},$$

当 $M\to M_0$, 即 $\Delta t\to 0$ 时,得曲线在点 M_0 处的切线方程为

$$\frac{x-x_0}{x'(t_0)}=\frac{y-y_0}{y'(t_0)}=\frac{z-z_0}{z'(t_0)}.$$

切线的方向向量称为曲线的切向量，即向量

$$\boldsymbol{T}=(x'(t_0),y'(t_0),z'(t_0))$$

为曲线 Γ 在点 M_0 处的切向量.

通过切线还可以给出曲线的法平面的概念:通过点 M_0 且与这点处切线垂直的平面称为曲线在点 M_0 处的法平面. 易见法平面的法向量就是曲线的切向量,因此法平面方程为

$$x'(t_0)(x-x_0)+y'(t_0)(y-y_0)+z'(t_0)(z-z_0)=0.$$

例 15.5.1 求曲线在给定点处的切线和法平面,

$$x=t-\sin t,\quad y=1-\cos t,\quad z=4\sin\frac{t}{2};\quad t=\frac{\pi}{2}.$$

解　易见 $t=\dfrac{\pi}{2}$ 对应曲线上的点的坐标为 $\left(\dfrac{\pi}{2}-1,1,2\sqrt{2}\right)$. 进一步可得

$$x'=1-\cos t,\quad y'=\sin t,\quad z'=2\cos\frac{t}{2},$$

将 $t=\dfrac{\pi}{2}$ 代入可得这点处的切向量为 $(1,1,\sqrt{2})$,所以该点处的切线方程为

$$\frac{x-\dfrac{\pi}{2}+1}{1}=\frac{y-1}{1}=\frac{z-2\sqrt{2}}{\sqrt{2}},$$

法平面方程为

$$\left(x-\frac{\pi}{2}+1\right)+(y-1)+\sqrt{2}(z-2\sqrt{2})=0,$$

即 $x+y+\sqrt{2}z-\dfrac{\pi}{2}-4=0$.

若曲线 Γ 的方程为 $y=\varphi(x),z=\psi(x)$,则可将其看作参数方程

$$x=x,\quad y=\varphi(x),\quad z=\psi(x),$$

其中 x 为参数. 因此切向量为

$$\boldsymbol{T}=(1,\varphi'(x),\psi'(x)).$$

若曲线 Γ 为空间两个曲面的交线,则曲线的方程可为表示为如下的一般方程:

$$\begin{cases}F(x,y,z)=0\\G(x,y,z)=0\end{cases}$$

若在给定的点 P_0 处,方程可以确定两个隐函数,不妨设为 $y=\varphi(x),z=\psi(x)$, 则根据上面的分析,只需求出这两个隐函数的导数,即可得到曲线的切向量 $(1,\varphi'(x),\psi'(x))$.

根据隐函数定理

$$\varphi'(x)=\frac{\partial(F,G)}{\partial(z,x)}(P_0)\Big/\frac{\partial(F,G)}{\partial(y,z)}(P_0),\quad \psi'(x)=\frac{\partial(F,G)}{\partial(x,y)}(P_0)\Big/\frac{\partial(F,G)}{\partial(y,z)}(P_0),$$

因此,曲线在点 P_0 处的切线方程为

$$\frac{x-x_0}{\dfrac{\partial(F,G)}{\partial(y,z)}(P_0)}=\frac{y-y_0}{\dfrac{\partial(F,G)}{\partial(z,x)}(P_0)}=\frac{z-z_0}{\dfrac{\partial(F,G)}{\partial(x,y)}(P_0)}.$$

法平面方程为

$$\frac{\partial(F,G)}{\partial(y,z)}(P_0)(x-x_0)+\frac{\partial(F,G)}{\partial(z,x)}(P_0)(y-y_0)+\frac{\partial(F,G)}{\partial(x,y)}(P_0)(z-z_0)=0.$$

在实际计算中也可以在曲线方程组中用复合函数求导法则直接对 x 求导,得到

$$\begin{cases}F_x+F_y\dfrac{\mathrm{d}y}{\mathrm{d}x}+F_z\dfrac{\mathrm{d}z}{\mathrm{d}x}=0,\\ G_x+G_y\dfrac{\mathrm{d}y}{\mathrm{d}x}+G_z\dfrac{\mathrm{d}z}{\mathrm{d}x}=0,\end{cases}$$

进一步解出 $\frac{\mathrm{d}y}{\mathrm{d}x}$ 和 $\frac{\mathrm{d}z}{\mathrm{d}x}$,得到切向量 $\boldsymbol{T}=\left(1,\frac{\mathrm{d}y}{\mathrm{d}x},\frac{\mathrm{d}z}{\mathrm{d}x}\right)$.

例 15.5.2 求曲线 $\begin{cases}x^2+y^2+z^2=6\\ x+y+z=0\end{cases}$ 在点(1,−2,1)处的切线及法平面方程.

解 在方程的两边对 x 求导，得

$$\begin{cases}2x+2y\dfrac{\mathrm{d}y}{\mathrm{d}x}+2z\dfrac{\mathrm{d}z}{\mathrm{d}x}=0,\\ 1+\dfrac{\mathrm{d}y}{\mathrm{d}x}+\dfrac{\mathrm{d}z}{\mathrm{d}x}=0,\end{cases}$$

解得 $\frac{\mathrm{d}y}{\mathrm{d}x}=\frac{z-x}{y-z},\frac{\mathrm{d}z}{\mathrm{d}x}=\frac{x-y}{y-z}$.

在点(1,−2,1)处,$\frac{\mathrm{d}y}{\mathrm{d}x}=0$，$\frac{\mathrm{d}z}{\mathrm{d}x}=-1$，从而切向量 $\boldsymbol{T}=(1,0,-1)$,所求切线方程为

$$\frac{x-1}{1}=\frac{y+2}{0}=\frac{z-1}{-1},$$

法平面方程为

$$(x-1)+0\cdot(y+2)-(z-1)=0,$$

即 $x-z=0$.

15.5.2 曲面的切平面与法线

设曲面 Σ 的方程为

$$F(x,y,z)=0,$$

$M_0(x_0,y_0,z_0)$是曲面 Σ 上的一点，并设函数 $F(x,y,z)$的偏导数在该点连续且不同时为零.在曲面 Σ 上，考察曲面上过点 M_0 的任意一条曲线 Γ

$$x=\varphi(t),\quad y=\psi(t),\quad z=\omega(t).$$

设 $x_0=\varphi(t_0),y_0=\psi(t_0),z_0=\omega(t_0)$，且 $\varphi'(t_0),\psi'(t_0),\omega'(t_0)$不全为零,则曲线在点 M_0 的切向量为

$$\boldsymbol{T}=(\varphi'(t_0),\psi'(t_0),\omega'(t_0)).$$

因为曲线 Γ 在曲面上,因此有 $F(\varphi(t),\psi(t),\omega(t))\equiv 0$,两端关于变量 t 求 $t=t_0$ 处的导数,可得

$$F_x(x_0,y_0,z_0)\varphi'(t_0)+F_y(x_0,y_0,z_0)\psi'(t_0)+F_z(x_0,y_0,z_0)\omega'(t_0)=0.$$

显然曲线的切向量 $\boldsymbol{T}$ 与向量

$$\boldsymbol{n}=(F_x(x_0,y_0,z_0),F_y(x_0,y_0,z_0),F_z(x_0,y_0,z_0))$$

垂直.因为曲线 Γ 是曲面 Σ 上过点 M_0 的任意一条曲线，所以曲面上通过点 M_0 的一切曲线在

点 M_0 的切线都与同一向量 $\boldsymbol{n}$ 垂直，即所有切线都在同一个平面内.这个平面称为曲面 Σ 在点 M_0 的切平面，称 $\boldsymbol{n}$ 为曲面 Σ 在点 M_0 的法向量.

从上面的讨论中可以知道，曲面 Σ 在点 M_0 处的切平面方程为

$$F_x(x_0,y_0,z_0)(x-x_0)+F_y(x_0,y_0,z_0)(y-y_0)+F_z(x_0,y_0,z_0)(z-z_0)=0.$$

从曲面的切平面出发还可以定义曲面的法线：通过点 $M_0(x_0,y_0,z_0)$ 垂直于切平面的直线称为曲面在该点的法线.显然法线的方向向量就是法平面的法向量，因此法线方程为

$$\frac{x-x_0}{F_x(x_0,y_0,z_0)}=\frac{y-y_0}{F_y(x_0,y_0,z_0)}=\frac{z-z_0}{F_z(x_0,y_0,z_0)}.$$

例 15.5.3 求曲面 $z-3e^z+2xy=1-2xz$ 在点(1,2,0)处的切平面及法线方程.

解 将曲面方程改写为

$$F(x,y,z)=z-3e^z+2xy+2xz-1=0,$$

因为

$$F_x=2y+2z,\quad F_y=2x,\quad F_z=1-3e^z+2x,$$

故曲面在点(1,2,0)处的法向量为 $\boldsymbol{n}=(4,2,0)$，因此所求切平面方程为

$$4(x-1)+2(y-2)=0,$$

即 $2x+y=4$；法线方程为

$$\frac{x-1}{2}=\frac{y-2}{1}=\frac{z}{0}.$$

若曲面方程为 $z=f(x,y)$，此时可令

$$F(x,y,z)=f(x,y)-z\text{ 或 }F(x,y,z)=z-f(x,y),$$

从而求得曲面在点 (x_0,y_0) 处的法向量为

$$\boldsymbol{n}=(f_x(x_0,y_0),f_y(x_0,y_0),-1)\text{ 或 }\boldsymbol{n}=(-f_x(x_0,y_0),-f_y(x_0,y_0),1).$$

例 15.5.4 求旋转抛物面 $z=x^2+y^2-1$ 在点(1,1,1)处的切平面及法线方程.

解 由曲面法向量表达式 $\boldsymbol{n}=(f_x,f_y,-1)=(2x,2y,-1)$ 可知，在点(1,1,1)处的法向量为 $\boldsymbol{n}=(2,2,-1)$，所以在点(1,1,1)处的切平面方程为

$$2(x-1)+2(y-1)-(z-1)=0,$$

即 $2x+2y-z-3=0$. 法线方程为

$$\frac{x-1}{2}=\frac{y-1}{2}=\frac{z-1}{-1}.$$

隐函数方程表示曲线的切线方程

空间曲面 Σ 也常用参数方程表示为

$$\begin{cases}x=x(u,v)\\y=y(u,v),\\z=z(u,v)\end{cases}\quad (u,v)\in\Delta\subset\mathbb{R}^2,\quad\text{或}\quad \boldsymbol{r}(u,v)=\begin{pmatrix}x(u,v)\\y(u,v)\\z(u,v)\end{pmatrix}.$$

在曲面的参数方程中，若固定参数中一个分量，让另一个分量变化则得曲面上一条曲线. 如令 $v=v_0$，可得曲线

$$x=x(u,v_0),\quad y=y(u,v_0),\quad z=z(u,v_0),$$

称为 u 曲线. 令 $u=u_0$ 固定不动，则得曲线

$$x=x(u_0,v),\quad y=y(u_0,v),\quad z=z(u_0,v),$$

称为 v 曲线.

偏导向量

$$\frac{\partial \boldsymbol{r}}{\partial u}(u,v_0)=\left(\frac{\partial x}{\partial u}(u,v_0),\frac{\partial y}{\partial u}(u,v_0),\frac{\partial z}{\partial u}(u,v_0)\right),$$

是 u 曲线的切向量.

$$\frac{\partial \boldsymbol{r}}{\partial v}(u_0,v)=\left(\frac{\partial x}{\partial v}(u_0,v),\frac{\partial y}{\partial v}(u_0,v),\frac{\partial z}{\partial v}(u_0,v)\right),$$

是 v 曲线的切向量.

设 $u=u(t)$, $v=v(t)$ 是 Δ 内的曲线,且 $u_0=u(t_0)$, $v_0=v(t_0)$,则 $\boldsymbol{r}$ 将该曲线映射为曲面上的一条经过点 $\boldsymbol{r}(u_0,v_0)$ 的曲线. 该曲线的方程可表示为

$$\boldsymbol{r}=\boldsymbol{r}(u(t),v(t)).$$

该曲线在 $\boldsymbol{r}(u_0,v_0)$ 处的切向量为

$$\left.\frac{\mathrm{d}\boldsymbol{r}}{\mathrm{d}t}\right|_{t=t_0}=\frac{\partial \boldsymbol{r}}{\partial u}(u_0,v_0)u'(t_0)+\frac{\partial \boldsymbol{r}}{\partial v}(u_0,v_0)v'(t_0).$$

这说明曲面上过点 $\boldsymbol{r}(u_0,v_0)$ 的任意曲线在该点的切向量都是向量 $\frac{\partial \boldsymbol{r}}{\partial u}(u_0,v_0)$, $\frac{\partial \boldsymbol{r}}{\partial v}(u_0,v_0)$ 的线性组合. 即这两个向量落在曲面在该点的切平面内,因此曲面在点 $\boldsymbol{r}(u_0,v_0)$ 切平面的法向量可表示为

$$\frac{\partial \boldsymbol{r}}{\partial u}(u_0,v_0)\times\frac{\partial \boldsymbol{r}}{\partial v}(u_0,v_0).$$

曲面上满足 $\frac{\partial \boldsymbol{r}}{\partial u}\times\frac{\partial \boldsymbol{r}}{\partial v}\neq\boldsymbol{0}$ 的点称为正则点,否则称为奇点.

令

$$E=\|r_u\|^2=\left(\frac{\partial x}{\partial u}\right)^2+\left(\frac{\partial y}{\partial u}\right)^2+\left(\frac{\partial z}{\partial u}\right)^2,$$

$$F=r_u\cdot r_v=\frac{\partial x}{\partial u}\frac{\partial x}{\partial v}+\frac{\partial y}{\partial u}\frac{\partial y}{\partial v}+\frac{\partial z}{\partial u}\frac{\partial z}{\partial v},$$

$$G=\|r_v\|^2=\left(\frac{\partial x}{\partial v}\right)^2+\left(\frac{\partial y}{\partial v}\right)^2+\left(\frac{\partial z}{\partial v}\right)^2.$$

直接计算可得

$$\|r_u\times r_v\|=\sqrt{EG-F^2},$$

称为曲面的第一基本量.

习题 15.5

1. 求下列曲线在给定点处的切线与法平面:

(1) $x=a\sin^2 t$, $y=b\sin t\cos t$, $z=c\cos^2 t$,在点 $t=\frac{\pi}{4}$.

(2) $2x^2+3y^2+z^2=9$, $z^2=3x^2+y^2$,在点 $(1,-1,2)$.

2. 求过直线 $L:\begin{cases}x-y+z=0\\ x+2y+z=1\end{cases}$ 与曲面 $\Sigma: x^2+y^2-z^2=1$ 相切的平面的方程.

3. 求曲线 $x=t$, $y=t^2$, $z=t^3$ 上一点,使曲线在此点的切线平行于平面 $x+2y+z=4$.

4. 求曲线 $x=\frac{1}{4}t^4$, $y=\frac{1}{3}t^3$, $z=\frac{1}{2}t^2$ 的平行于平面 $x+3y+2z=0$ 的切线方程.

5. 设函数 $F(u,v)$ 可微，试证：曲面 $F\left(\frac{x-a}{z-c},\frac{y-b}{z-c}\right)=0$ 上任意点处的切平面都通过一定点.

6. 求下列曲面在给定点处的切平面与法线：

(1) $y-e^{2x-z}=0$，在点 $(1,1,2)$；

(2) $\frac{x^2}{a^2}+\frac{y^2}{b^2}+\frac{z^2}{c^2}=1$，在点 $\left(\frac{a}{\sqrt{3}},\frac{b}{\sqrt{3}},\frac{c}{\sqrt{3}}\right)$.

7. 求曲面 $x^2+2y^2+3z^2=21$ 的切平面，使它平行于平面 $x+4y+6z=0$.

15.6　多元函数的极值

多元函数极值的概念与一元函数相同，也是一个局部性质.

定义 15.6.1 设开集 $\boldsymbol{D}\subset\mathbb{R}^n$，$f:\boldsymbol{D}\to\mathbb{R}$ 为多元函数，$\boldsymbol{a}\in\boldsymbol{D}$，若在 $\delta>0$，使得 $B_\delta(\boldsymbol{a})\subset\boldsymbol{D}$，且

$$f(\boldsymbol{a})\geqslant f(\boldsymbol{x})(\text{或 } f(\boldsymbol{a})\leqslant f(x)),\ \forall\, \boldsymbol{x}\in B_\delta(\boldsymbol{a})\backslash\boldsymbol{a},$$

则称 $\boldsymbol{a}$ 为 $f(\boldsymbol{x})$ 的极大(小)值点，$f(\boldsymbol{a})$ 称为函数的极大(小)值.

当不等式中"$\geqslant$"("$\leqslant$")，换成"$>$"("$<$")，则得到严格极大(小)值的定义.

定理 15.6.1 如果 $\boldsymbol{a}$ 为 $f(\boldsymbol{x})$ 的极值点，且 $f(\boldsymbol{x})$ 在 $\boldsymbol{a}$ 处存在一阶偏导数，则

$$f_{x_1}(\boldsymbol{a})=f_{x_2}(\boldsymbol{a})=\cdots=f_{x_n}(\boldsymbol{a})=0,\quad \text{即}\quad \boldsymbol{J}f(\boldsymbol{a})=0.$$

证明　不妨以 $f_{x_1}(\boldsymbol{a})$ 为例. 设一元函数

$$\varphi(t)=f(t,a_2,a_3,\cdots,a_n),$$

则 $\varphi(t)$ 可导，$\varphi'(t)=f_{x_1}(t,a_2,a_3,\cdots,a_n)$，且以 a_1 为极值点. 根据费马引理有

$$\varphi'(a_1)=0,$$

即

$$f_{x_1}(a_1,a_2,\cdots,a_n)=0.$$

类似于一元函数，将满足 $\boldsymbol{J}f(\boldsymbol{x})=0$ 的点称为 $f(\boldsymbol{x})$ 的驻点.

定理 15.6.2 设开集 $\boldsymbol{D}\subset\mathbb{R}^n$，$f:\boldsymbol{D}\to\mathbb{R}$ 具有二阶连续偏导数，$\boldsymbol{a}\in\boldsymbol{D}$ 为 $f(\boldsymbol{x})$ 的驻点，则

(1) 如果 $\mathrm{Hess}(f)(\boldsymbol{a})$ 为正(负)定方阵，则 $\boldsymbol{a}$ 为 $f(\boldsymbol{x})$ 的严格极小(大)值点；

(2) 如果 $\mathrm{Hess}(f)(\boldsymbol{a})$ 为不定方阵，则 $\boldsymbol{a}$ 必不是 $f(\boldsymbol{x})$ 的极值点.

证明　令 $\boldsymbol{H}=\mathrm{Hess}(f)(\boldsymbol{a})$，$f(\boldsymbol{x})$ 在 $\boldsymbol{a}$ 点附近的 Taylor 公式为

$$f(\boldsymbol{a}+\boldsymbol{h})-f(\boldsymbol{a})=\boldsymbol{J}f(\boldsymbol{a})\boldsymbol{h}+\frac{1}{2}\boldsymbol{h}^{\mathrm{T}}\boldsymbol{H}\boldsymbol{h}+o(\|\boldsymbol{h}\|^2)=\frac{1}{2}\boldsymbol{h}^{\mathrm{T}}\boldsymbol{H}\boldsymbol{h}+o(\|\boldsymbol{h}\|^2)$$

(1) 当 $\boldsymbol{H}$ 正定时，对任意 $\boldsymbol{h}\neq\boldsymbol{0}$，二次型 $\boldsymbol{h}^{\mathrm{T}}\boldsymbol{H}\boldsymbol{h}$ 都大于零. 因为单位球面 $\|\boldsymbol{y}\|=1$ 是紧致集，因此连续函数 $f(\boldsymbol{y})=\boldsymbol{y}^{\mathrm{T}}\boldsymbol{H}\boldsymbol{y}$ 在单位球面上能取得最小值 $m>0$.

所以当 $\boldsymbol{H}$ 正定，$\boldsymbol{h}\to 0$ 时，因为

$$\begin{aligned}f(\boldsymbol{a}+\boldsymbol{h})-f(\boldsymbol{a})&=\frac{1}{2}\boldsymbol{h}^{\mathrm{T}}\boldsymbol{H}\boldsymbol{h}+o(\|\boldsymbol{h}\|^2)=\|\boldsymbol{h}\|^2\left[\frac{1}{2}\boldsymbol{y}^{\mathrm{T}}\boldsymbol{H}\boldsymbol{y}+o(1)\right]\\&\geqslant\|\boldsymbol{h}\|^2\left[\frac{m}{2}+o(1)\right]>\frac{\|\boldsymbol{h}\|^2 m}{4}>0.\end{aligned}$$

所以 $\boldsymbol{a}$ 为 $f(\boldsymbol{x})$的严格极小(大)值点. 同理可证 $\boldsymbol{H}$ 负定时,$\boldsymbol{a}$ 为 $f(\boldsymbol{x})$的严格极大值点.

(2) 当 $\boldsymbol{H}$ 不定时,则存在单位向量 $\boldsymbol{p},\boldsymbol{q}$ 满足 $\boldsymbol{p}^{\mathrm{T}}\boldsymbol{H}\boldsymbol{p}>0,\boldsymbol{q}^{\mathrm{T}}\boldsymbol{H}\boldsymbol{q}<0$,则存在足够小的$\varepsilon>0$,使得

$$f(\boldsymbol{a}+\varepsilon\boldsymbol{p})-f(\boldsymbol{a})=\frac{1}{2}\boldsymbol{p}^{\mathrm{T}}\boldsymbol{H}\boldsymbol{p}\varepsilon^2+o(\varepsilon^2)=\varepsilon^2\left[\frac{1}{2}\boldsymbol{p}^{\mathrm{T}}\boldsymbol{H}\boldsymbol{p}+o(1)\right]>0,$$

$$f(\boldsymbol{a}+\varepsilon\boldsymbol{q})-f(\boldsymbol{a})=\frac{1}{2}\boldsymbol{q}^{\mathrm{T}}\boldsymbol{H}\boldsymbol{q}\varepsilon^2+o(\varepsilon^2)=\varepsilon^2\left[\frac{1}{2}\boldsymbol{q}^{\mathrm{T}}\boldsymbol{H}\boldsymbol{q}+o(1)\right]<0,$$

即

$$f(\boldsymbol{a}+\varepsilon\boldsymbol{p})>f(\boldsymbol{a})>f(\boldsymbol{a}+\varepsilon\boldsymbol{q}),$$

所以 $\boldsymbol{a}$ 不是 $f(\boldsymbol{x})$的极值点.

特别地,对于二元函数 $z=f(x,y)$,常表述为如下定理.

定理 15.6.3 设函数 $z=f(x,y)$在其驻点(x_0,y_0)的某邻域内连续,且有二阶连续偏导数. 令

$$A=f_{xx}(x_0,y_0),\quad B=f_{xy}(x_0,y_0),\quad C=f_{yy}(x_0,y_0),$$

则

(1) 当 $AC-B^2>0$ 时,函数 $z=f(x,y)$在点(x_0,y_0)取得极值,且当 $A<0$ 时,取极大值,当 $A>0$ 时,取极小值;

(2) 当 $AC-B^2<0$ 时,函数 $z=f(x,y)$在点(x_0,y_0)没有极值;

(3) 当 $AC-B^2=0$ 时,函数 $z=f(x,y)$在点(x_0,y_0)极值情况不确定.

其中结论(3)可考察下列函数

$$x^2y^2,\quad -x^2y^2,\quad x^2y^3.$$

这三个函数在(0,0)点都满足 $AC-B^2=0$,但(0,0)分别是极小值点、极大值点和不是极值点.

例 15.6.1 求函数 $f(x,y)=\mathrm{e}^{x-y}(x^2-2y^2)$的极值点和极值.

解 (1)求驻点. 由

$$\begin{cases} f_x(x,y)=\mathrm{e}^{x-y}(x^2-2y^2)+2x\mathrm{e}^{x-y}=0, \\ f_y(x,y)=-\mathrm{e}^{x-y}(x^2-2y^2)-4y\mathrm{e}^{x-y}=0, \end{cases}$$

得两个驻点(0,0),(−4,−2),同时可发现 $f(x,y)$没有不可导点.

(2) 求 $f(x,y)$的二阶偏导数.

$$f_{xx}(x,y)=\mathrm{e}^{x-y}(x^2-2y^2+4x+2),$$

$$f_{xy}(x,y)=\mathrm{e}^{x-y}(2y^2-x^2-2x-4y),$$

$$f_{yy}(x,y)=\mathrm{e}^{x-y}(x^2-2y^2+8y-4),$$

(3) 判别驻点是否为极值点及类型. 在点(0,0)处有

$$A=2,\quad B=0,\quad C=-4,\quad AC-B^2=-8<0,$$

由极值的充分条件知(0,0)不是极值点,$f(0,0)=0$ 不是函数的极值.

在点(−4,−2)处有

$$A=-6\mathrm{e}^{-2},\quad B=8\mathrm{e}^{-2},\quad C=-12\mathrm{e}^{-2},\quad AC-B^2=8\mathrm{e}^{-4}>0,$$

又由 $A<0$ 知,(−4,−2)为极大值点,$f(-4,-2)=8\mathrm{e}^{-2}$ 是函数的极大值.

在一元函数中,驻点是可能的极值点,除驻点外函数还可能在导数不存在的点取得极值.

在多元函数中也存在同样的问题,即函数可能在偏导数不存在的点取得极值,此时需要用极值的定义等方法进行判别.定理使用了矩阵的严格正定(负定)判别函数严格的极值情况,与一元函数相同,这只是一个充分条件,即严格的极值并不一定能保证矩阵的严格正定(负定).

除了求函数的极值外,有时也需要求函数的最值.在闭区域上求函数最值只需找出在开区域和边界上的可能极值点,最后比较函数值即可.

例 15.6.2 求把一个正数 a 分成三个正数之和,并使它们的乘积为最大.

解 设 x,y 分别为前两个正数,第三个正数为 $a-x-y$,则问题转化为求函数

$$u=xy(a-x-y)$$

在区域

$$D: x\geqslant 0, y\geqslant 0, x+y\leqslant a$$

上的最大值.首先求区域 D 内部的极值点,由

$$\frac{\partial u}{\partial x}=y(a-x-y)-xy=y(a-2x-y),\quad \frac{\partial u}{\partial y}=x(a-2y-x),$$

解方程组

$$\begin{cases}a-2x-y=0,\\ a-2y-x=0,\end{cases}$$

得驻点为 $x=\frac{a}{3}, y=\frac{a}{3}$,此时函数取值为 $u=\left(\frac{a}{3}\right)^3$.

在边界 $x=0, y=0, x+y=a$ 上都有 $u=0$,所以函数在 $x=y=\frac{a}{3}$ 时取得最大值.即乘积在三个数相等时取得最大值 $\left(\frac{a}{3}\right)^3$.

在有些问题中,如果求得唯一的驻点,则可根据实际情况来判断极值的类型.

例 15.6.3 设 $P_i(x_i,y_i,z_i), i=1,2,\cdots,n$ 为空间中给定的 n 个点,求空间中一点 (x,y,z) 使得它到这 n 个点的距离之和最短.

解 令

$$f(x,y,z)=\sum_{i=1}^{n}[(x-x_i)^2+(y-y_i)^2+(z-z_i)^2],$$

则距离之和最短的问题就是求函数 $f(x,y,z)$ 最小值的问题.由

$$f_x=2\sum_{i=1}^{n}(x-x_i)=0,\quad f_y=2\sum_{i=1}^{n}(y-y_i)=0,\quad f_z=2\sum_{i=1}^{n}(z-z_i)=0,$$

求得驻点为

$$x_0=\frac{x_1+\cdots+x_n}{n},\quad y_0=\frac{y_1+\cdots+y_n}{n},\quad z_0=\frac{z_1+\cdots+z_n}{n}.$$

显然函数 $f(x,y,z)$ 只有最小值,没有最大值,最小值一定在一个驻点处取到,因为这里只有唯一的驻点,所以最小值在点 (x_0,y_0,z_0) 处取得.

习题 15.6

1. 求 $f(x,y)=x^3+3xy^2-15x-12y$ 的极值.

2. 求函数 $f(x,y)=x^3-y^3+3x^2+3y^2-9x$ 的极值.

3. 求函数 $z=x^2+5y^2-6x+10y+6$ 的极值点.

4. 考察 $z=-\sqrt{x^2+y^2}$ 是否有极值.

5. 在椭球面 $\frac{x^2}{a^2}+\frac{y^2}{b^2}+\frac{z^2}{c^2}=1$ 的第一卦限求一点,使该点的切平面与三坐标面围成的四面体的体积最小.

6. 求函数 $z=x^2+y^2$ 在圆 $(x-\sqrt{2})^2+(y-\sqrt{2})^2\leqslant 9$ 上的最大值与最小值.

7. 求 $g(x,y)=1-x^{\frac{2}{3}}-y^{\frac{4}{5}}$ 的极值.

15.7 条件极值问题

例 15.6.2 的问题,还可以转化为求函数

$$f(x,y,z)=xyz,$$

的最大值,其中 x,y,z 满足约束条件

$$x+y+z=a.$$

这样待求问题转化为一个带约束条件的极值问题. 这样的问题一般称为条件极值问题.

一般地,称函数

$$f(x_1,x_2,\cdots,x_n),$$

在 $m(m<n)$ 个条件

$$\begin{cases} g_1(x_1,x_2,\cdots,x_n)=0, \\ \quad\vdots \\ g_m(x_1,x_2,\cdots,x_n)=0, \end{cases}$$

下的极值问题为一个条件极值问题. 这里称 f 为目标函数,方程组 $g_i=0,i=1,2,\cdots,m$ 为约束条件.

可以使用例 15.6.2 的方法,将求解条件极值问题转化为无条件极值问题进行求解. 假设约束条件方程组可以确定 m 个隐函数,不妨假设 $x_1,x_2,\cdots,x_m$ 可以作为 $x_{m+1},x_{m+2},\cdots,x_n$ 的函数,将其代入目标函数中,转化为 $(n-m)$ 元函数的无条件极值问题. 但在实际应用中,由于将隐函数表示出来往往十分困难,因此一般不用这样的方法.

下面首先介绍求解条件极值问题的方法——Lagrange 乘子法,然后再分析其原理. 该方法通过构造辅助函数,将条件极值问题转化为无条件极值问题,避免了求隐函数的困难.

求目标函数 $f(x_1,x_2,\cdots,x_n)$,在约束条件 $g_i(x_1,x_2,\cdots,x_n)=0,i=1,2,\cdots,m(m<n)$ 下条件极值问题的 Lagrange 乘子法的一般步骤是如下.

定义 15.7.1 (Lagrange 乘子法)

(1) 构造 Lagrange 函数:

$$L(x_1,x_2,\cdots,x_n,\lambda_1,\lambda_2,\cdots,\lambda_m)=f(x_1,x_2,\cdots,x_n)+\sum_{i=1}^{m}\lambda_i g_i(x_1,x_2,\cdots,x_n)$$

其中 $\lambda_i,i=1,2,\cdots,m$ 是引入的常数因子.

(2) 解方程组

$$\begin{cases} L_{x_1}(x_1,\cdots,x_n,\lambda_1,\cdots,\lambda_m)=0, \\ \qquad\vdots \\ L_{x_n}(x_1,\cdots,x_n,\lambda_1,\cdots,\lambda_m)=0, \\ L_{\lambda_1}(x_1,\cdots,x_n,\lambda_1,\cdots,\lambda_m)=0, \\ \qquad\vdots \\ L_{\lambda_m}(x_1,\cdots,x_n,\lambda_1,\cdots,\lambda_m)=0, \end{cases}$$

得出 $L(x_1,x_2,\cdots,x_n,\lambda_1,\lambda_2,\cdots,\lambda_m)$ 的全部驻点.

(3) 对每个驻点 $(x_1^0,x_2^0,\cdots,x_n^0,\lambda_1^0,\lambda_2^0,\cdots,\lambda_m^0)$，记 $\boldsymbol{P}_0=(x_1^0,x_2^0,\cdots,x_n^0)$，计算矩阵

$$\boldsymbol{H}(\boldsymbol{P}_0)=\left(\frac{\partial^2 L}{\partial x_i\partial x_j}\right)_{n\times n}(\boldsymbol{P}_0).$$

1) 若 $\boldsymbol{H}(\boldsymbol{P}_0)$ 正定，则 $\boldsymbol{H}(\boldsymbol{P}_0)$ 点为极小值点；

2) 若 $\boldsymbol{H}(\boldsymbol{P}_0)$ 负定，则 $\boldsymbol{H}(\boldsymbol{P}_0)$ 点为极大值点.

例 15.7.1 求点 $(0,1)$ 到圆 $(x-1)^2+y^2=1$ 上的最大与最小距离.

解　该问题是求距离 $d=\sqrt{x^2+(y-1)^2}$ 在约束条件 $(x-1)^2+y^2=1$ 下的极值问题. 为了求解方便，可把目标函数设为

$$f(x,y)=d^2=x^2+(y-1)^2.$$

首先构造 Lagrange 函数

$$L(x,y,\lambda)=x^2+(y-1)^2+\lambda(1-(x-1)^2-y^2),$$

求偏导并解方程组

$$\begin{cases} L_x=x-\lambda(x-1)=0, \\ L_y=y-1-\lambda y=0, \\ L_\lambda=(x-1)^2+y^2-1=0. \end{cases}$$

得驻点 $x=-\dfrac{\lambda}{1-\lambda}$，$y=\dfrac{1}{1-\lambda}$，$\lambda=1\pm\sqrt{2}$.

在驻点处

$$\boldsymbol{H}(\boldsymbol{P}_0)=\left(\frac{\partial^2 L}{\partial x\partial y}\right)(\boldsymbol{P}_0)=\begin{pmatrix}1-\lambda & 0 \\ 0 & 1-\lambda\end{pmatrix},$$

(1) 当 $\lambda=1-\sqrt{2}$ 时矩阵正定，函数取得极小值，且极小值为 $\sqrt{2}-1$；

(2) 当 $\lambda=1+\sqrt{2}$ 时矩阵负定，函数取得极大值，且极大值为 $\sqrt{2}+1$.

条件极值问题中极值情况的判别需要用到二阶偏导数，当问题较复杂时求解起来比较繁琐，但在实际应用中，很多问题极值的存在性是显然的，此时可以根据实际情况判别.

例 15.7.2 求表面积为 a^2 而体积为最大的长方体的体积.

解　设长方体的三棱长分别为 x,y,z，则问题就变为求在条件

$$\varphi(x,y,z)=2xy+2yz+2xz-a^2=0$$

下，函数 $v=xyz\,(x>0,y>0,z>0)$ 的最大值.

构造辅助函数

$$F(x,y,z,\lambda)=xyz+\lambda(2xy+2yz+2xz-a^2),$$

求函数 F 的偏导数,得到方程组

$$\begin{cases}yz+2\lambda(y+z)=0,\\xz+2\lambda(x+z)=0,\\xy+2\lambda(x+y)=0,\\2xy+2yz+2xz-a^2=0,\end{cases}$$

解得唯一驻点

$$x=y=z=\frac{\sqrt{6}}{6}a.$$

由问题可知,最小值可为0,在唯一极值点处取得的极值一定是最大值,所以得到最大体积为 $v=\frac{\sqrt{6}}{36}a^3$.

例 15.7.3 设 $\alpha_i>0,x_i>0,i=1,\cdots,n$. 证明:

$$x_1^{\alpha_1}x_2^{\alpha_2}\cdots x_n^{\alpha_n}\leqslant\left(\frac{\alpha_1x_1+\alpha_2x_2+\cdots+\alpha_nx_n}{\alpha_1+\alpha_2+\cdots+\alpha_n}\right)^{\alpha_1+\cdots+\alpha_n},$$

当且仅当 $x_1=x_2=\cdots=x_n$ 时等号成立.

证明 因为 $\alpha_1,\alpha_2,\cdots,\alpha_n$ 为常数,不妨令 $\beta=\alpha_1+\alpha_2+\cdots+\alpha_n$,则可将不等式等价变换为

$$\alpha_1\ln x_1+\alpha_2\ln x_2+\cdots+\alpha_n\ln x_n\leqslant\beta\ln\left(\frac{\alpha_1x_1+\alpha_2x_2+\cdots+\alpha_nx_n}{\beta}\right).$$

若先将右端项取任意定值 γ,此时 $x_1,x_2,\cdots,x_n$ 的取值会约束在特定范围内,则仅需证明在此取值范围内左侧函数的最大值不会超过 γ,然后根据 γ 的任意性即可证得不等式.

因此可将不等式问题转化为关于目标函数

$$f(x_1,x_2,\cdots,x_n)=\ln(x_1^{\alpha_1}x_2^{\alpha_2}\cdots x_n^{\alpha_n})=\alpha_1\ln x_1+\alpha_2\ln x_2+\cdots+\alpha_n\ln x_n,$$

和约束条件

$$\alpha_1x_1+\alpha_2x_2+\cdots+\alpha_nx_n=c$$

的条件极值问题.

构造 Lagrange 函数:

$$L(x_1,x_2,\cdots,x_n,\lambda)=\alpha_1\ln x_1+\alpha_2\ln x_2+\cdots+\alpha_n\ln x_n+\lambda(\alpha_1x_1+\alpha_2x_2+\cdots+\alpha_nx_n-c),$$

由

$$L_{x_i}=\frac{\alpha_1}{x_i}+\lambda\alpha_i=0,\quad i=1,\cdots,n.$$

$$L_\lambda=\alpha_1x_1+\alpha_2x_2+\cdots+\alpha_nx_n-c=0.$$

解得唯一驻点

$$x_i=\frac{c}{\beta},\quad i=1,2,\cdots,n,\quad \beta=\alpha_1+\alpha_2+\cdots+\alpha_n.$$

因为在集合 $D:x_i\geqslant0,i=1,2,\cdots,n,\alpha_1x_1+\alpha_2x_2+\cdots+\alpha_nx_n=c$ 的边界上 f 的取值趋于 $-\infty$,因此 f 在 D 内部能取到最大值,该唯一驻点必为最大值点,且最大值为 $\beta\ln\left(\frac{c}{\beta}\right)$,由此可得不

等式成立.

注　在该例最值情况的讨论中,根据函数在定义域及其边界取值的情况,得到了极值点是最大值点的结论. 实际上根据定义 15.7.1,由

$$\boldsymbol{H}(\boldsymbol{P}_0)=\left(\frac{\partial^2 L}{\partial x_i\partial x_j}\right)(\boldsymbol{P}_0)=-\begin{pmatrix}\frac{\alpha_1}{x_1^2} & \cdots & 0\\ \vdots & \ddots & \vdots\\ 0 & \cdots & \frac{\alpha_n}{x_n^2}\end{pmatrix}\left(x_i=\frac{c}{\beta}\right),$$

知,矩阵 $\boldsymbol{H}(\boldsymbol{P}_0)$是负定矩阵,因此驻点为极大值点.

Lagrange 乘子法求解条件极值问题时有两个主要的理论问题需要解决:

(1) Lagrange 函数的驻点是否能够包含 f 的全部条件极值点?

(2) 定义 15.7.1 第(3)步中判别条件的依据是什么?

记

$$\boldsymbol{\lambda}^0=(\lambda_1^0,\lambda_2^0,\cdots,\lambda_m^0),\quad \boldsymbol{G}=(g_1,g_2,\cdots,g_m)^{\mathrm{T}},$$

$$\boldsymbol{J}f(\boldsymbol{P}_0)=(f_{x_1},f_{x_2},\cdots,f_{x_n})(\boldsymbol{P}_0),\quad \boldsymbol{JG}(\boldsymbol{P}_0)=\begin{pmatrix}\frac{\partial g_1}{\partial x_1} & \cdots & \frac{\partial g_1}{\partial x_n}\\ \vdots & \ddots & \vdots\\ \frac{\partial g_m}{\partial x_1} & \cdots & \frac{\partial g_m}{\partial x_n}\end{pmatrix}_{m\times n}(\boldsymbol{P}_0),$$

则问题(1)等价于,若 $\boldsymbol{P}_0=(x_1^0,x_2^0,\cdots,x_n^0)$是 f 的条件极值点,则 $\boldsymbol{G}(\boldsymbol{P}_0)=0$,因此若能找到 λ^0,使$(x_1^0,x_2^0,\cdots,x_n^0,\lambda_1^0,\lambda_2^0,\cdots,\lambda_m^0)$满足定义 15.7.1 中 Lagrange 函数偏导数方程中的前 n 个方程,则 (P_0,λ^0) 必然是 Lagrange 函数的驻点. 因此只要下面结论成立即可.

定理 15.7.1 设 $f(x_1,x_2,\cdots,x_n)$,$g_i(x_1,x_2,\cdots,x_n)=0$,$i=1,\cdots,m\ (m<n)$分别为目标函数和约束条件,且都有一阶连续偏导数,若 $\boldsymbol{P}_0$ 点是 f 的条件极值点,且在 $\boldsymbol{P}_0$ 点矩阵 $\boldsymbol{JG}(\boldsymbol{P}_0)$的秩为 m,则存在 $\boldsymbol{\lambda}^0=(\lambda_1^0,\lambda_2^0,\cdots,\lambda_m^0)$,使得

$$\boldsymbol{J}f(\boldsymbol{P}_0)-\lambda^0\cdot\boldsymbol{JG}(\boldsymbol{P}_0)=0.$$

证明　由 $\boldsymbol{JG}(\boldsymbol{P}_0)$的秩为 m,不妨设其前 m 列线性无关,则根据隐函数组定理,存在点 $\boldsymbol{z}_0=(x_{m+1}^0,x_{m+2}^0,\cdots,x_n^0)$的开邻域$\boldsymbol{E}$,以及映射 $\varphi:\boldsymbol{E}\to\mathbb{R}^m$,使得对 $\forall\,\boldsymbol{z}\in\boldsymbol{E}$,$\boldsymbol{y}=\varphi(\boldsymbol{z})$满足

$$\boldsymbol{y}_0=\varphi(\boldsymbol{z}_0),G(\varphi(\boldsymbol{z}),\boldsymbol{z})=0,$$

$$\boldsymbol{y}_0=(x_1^0,x_2^0,\cdots,x_m^0),\boldsymbol{y}=(x_1,x_2,\cdots,x_m),$$

$$\boldsymbol{z}=(x_{m+1},x_{m+2},\cdots,x_n),\boldsymbol{x}=(y,z),\boldsymbol{P}_0=(y_0,z_0).$$

根据隐函数组求导法则,$\boldsymbol{y}=\varphi(\boldsymbol{z})$关于 $\boldsymbol{z}$ 在 $\boldsymbol{z}_0$ 点的导数为

$$\boldsymbol{J}\varphi(\boldsymbol{z}_0)=-(\boldsymbol{J}_y\boldsymbol{G}(\boldsymbol{P}_0))^{-1}\cdot\boldsymbol{J}_z\boldsymbol{G}(\boldsymbol{P}_0),$$

其中 $\boldsymbol{J}_y\boldsymbol{G}(\boldsymbol{P}_0)$和 $\boldsymbol{J}_z\boldsymbol{G}(\boldsymbol{P}_0)$分别是 $\boldsymbol{JG}(\boldsymbol{P}_0)$中与 y 和 z 对应的部分.

由于 $\boldsymbol{P}_0$ 是 f 的条件极值点,因此 $\boldsymbol{z}_0$ 是 $f(\varphi(\boldsymbol{z}),\boldsymbol{z})$的极值点,所以 $f(\varphi(\boldsymbol{z}),\boldsymbol{z})$在 $\boldsymbol{z}_0$ 处导数为

$$\boldsymbol{J}_yf(\varphi(\boldsymbol{z}_0),\boldsymbol{z}_0)\cdot\boldsymbol{J}\varphi(\boldsymbol{z}_0)+\boldsymbol{J}_zf(\varphi(\boldsymbol{z}_0),\boldsymbol{z}_0)=0,$$

将 $\boldsymbol{J}\varphi(\boldsymbol{z}_0)$代入,再由 $\boldsymbol{P}_0=(\boldsymbol{y}_0,\boldsymbol{z}_0)=(\varphi(\boldsymbol{z}_0),\boldsymbol{z}_0)$,得

$$\boldsymbol{J}_yf(\boldsymbol{P}_0)\cdot[-(\boldsymbol{J}_y\boldsymbol{G}(\boldsymbol{P}_0))^{-1}]\cdot\boldsymbol{J}_z\boldsymbol{G}(\boldsymbol{P}_0)+\boldsymbol{J}_zf(\boldsymbol{P}_0)=0,$$

令 $\boldsymbol{\lambda}^0=\boldsymbol{J}_y f(\boldsymbol{P}_0)\cdot(\boldsymbol{J}_y\boldsymbol{G}(\boldsymbol{P}_0))^{-1}$,则两边同乘 $\boldsymbol{J}_y\boldsymbol{G}(\boldsymbol{P}_0)$ 得 $\boldsymbol{J}_y f(\boldsymbol{P}_0)=\lambda^0\cdot\boldsymbol{J}_y\boldsymbol{G}(\boldsymbol{P}_0)$,上式变为

$$\boldsymbol{J}_z f(\boldsymbol{P}_0)=\lambda^0\cdot\boldsymbol{J}_z\boldsymbol{G}(\boldsymbol{P}_0).$$

因此有

$$[\boldsymbol{J}_y f(\boldsymbol{P}_0),\boldsymbol{J}_z f(\boldsymbol{P}_0)]=[\boldsymbol{\lambda}^0\cdot\boldsymbol{J}_y\boldsymbol{G}(\boldsymbol{P}_0),\lambda^0\cdot\boldsymbol{J}_z\boldsymbol{G}(\boldsymbol{P}_0)]$$

即

$$\boldsymbol{J}f(\boldsymbol{P}_0)-\lambda^0\cdot\boldsymbol{J}\boldsymbol{G}(\boldsymbol{P}_0)=0.$$

对于问题(2)有如下结论.

定理 15.7.2 设 $f(x_1,x_2,\cdots,x_n),g_i(x_1,x_2,\cdots,x_n)=0,i=1,2,\cdots,m\,(m<n)$ 分别为目标函数和约束条件,若点$(\boldsymbol{P}_0,\boldsymbol{\lambda}^0)$是 Lagrange 函数的驻点,记

$$\boldsymbol{H}(\boldsymbol{P}_0)=\left(\frac{\partial^2 L}{\partial x_i\partial x_j}\right)_{n\times n}(\boldsymbol{P}_0).$$

则

(1) 若 $\boldsymbol{H}(\boldsymbol{P}_0)$正定,则 $\boldsymbol{P}_0$ 点为极小值点;

(2) 若 $\boldsymbol{H}(\boldsymbol{P}_0)$负定,则 $\boldsymbol{P}_0$ 点为极大值点.

证明 记 $\boldsymbol{E}$ 是$\mathbb{R}^n$中满足约束条件 $\boldsymbol{G}(\boldsymbol{P})=0$ 的全体点的集合,即

$$\boldsymbol{E}=\{\boldsymbol{P}\in\mathbb{R}^n:\boldsymbol{G}(\boldsymbol{P})=0\}.$$

显然 $\boldsymbol{P}_0\in\boldsymbol{E}$,再在 $\boldsymbol{P}_0$ 附近取点 $\boldsymbol{P}_0+\boldsymbol{h}\in\boldsymbol{E}$,则有

$$\boldsymbol{G}(\boldsymbol{P}_0)=0,\boldsymbol{G}(\boldsymbol{P}_0+\boldsymbol{h})=0,$$

所以对相应的 $\boldsymbol{\lambda}=(\lambda_1,\lambda_2,\cdots,\lambda_m)$有

$$L(\boldsymbol{P}_0,\boldsymbol{\lambda})=f(\boldsymbol{P}_0),\quad L(\boldsymbol{P}_0+\boldsymbol{h},\boldsymbol{\lambda})=f(\boldsymbol{P}_0+\boldsymbol{h}),$$

对 L 在点$(\boldsymbol{P}_0,\boldsymbol{\lambda})$,进行 Taylor 展开得

$$f(\boldsymbol{P}_0+\boldsymbol{h})-f(\boldsymbol{P}_0)=L(\boldsymbol{P}_0+\boldsymbol{h},\boldsymbol{\lambda})-L(\boldsymbol{P}_0,\boldsymbol{\lambda})$$

$$=\boldsymbol{J}L((\boldsymbol{P}_0,\boldsymbol{\lambda}))(\boldsymbol{h},0)^{\mathrm{T}}+\frac{1}{2}(\boldsymbol{h},0)\begin{pmatrix}\boldsymbol{H}(\boldsymbol{P}_0) & * \\ * & 0\end{pmatrix}(\boldsymbol{h},0)^{\mathrm{T}}+o(\|(\boldsymbol{h},0)\|^2)$$

其中“$*$”代表 L 对 x_i,λ_j 的混合偏导部分,由 $\boldsymbol{J}L((\boldsymbol{P}_0,\boldsymbol{\lambda}))=0$,上式等于

$$\frac{1}{2}\boldsymbol{h}\boldsymbol{H}(\boldsymbol{P}_0)\boldsymbol{h}^{\mathrm{T}}+o(\|\boldsymbol{h}\|^2),$$

然后根据定理 15.6.2 分析该式的符号即可得相应结论.

注 当矩阵不定时,条件极值无法得到定理 15.6.3 中类似的确定性结论,需进一步甄别判断,在此不再赘述.

习题 15.7

1. 求抛物线 $y=x^2$ 与直线 $x-y-2=0$ 之间的最小距离.
2. 将正数 12 分成三个正数 x,y,z 之和,使得 $u=x^3y^2z$ 为最大.
3. 求函数 $f(x,y,z)=x^2+y^2+z^2$ 在条件 $ax+by+cz=1$ 下最小值.
4. 求球面 $x^2+y^2+z^2=4$ 上与点$(3,1,-1)$距离最近和最远的点.
5. 求函数 $f(x,y,z)=xyz$ 在条件 $x^2+y^2+z^2=1,x+y+z=0$ 下的极值.
6. 求容积为 V 的长方体形开口水箱的最小表面积.

7. 求函数 $f(x,y,z)=xyz$ 在条件

$$\frac{1}{x}+\frac{1}{y}+\frac{1}{z}=\frac{1}{r}\quad(x>0,y>0,z>0,r>0)$$

下的极小值,并证明不等式 $3\left(\frac{1}{a}+\frac{1}{b}+\frac{1}{c}\right)^{-1}\leqslant\sqrt[3]{abc}$,其中 a,b,c 为任意正常数.

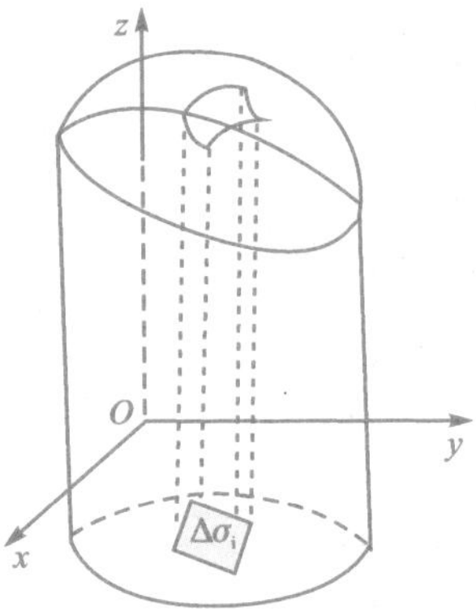

第 16 章　重积分

16.1　二重积分的概念

16.1.1　平面图形的面积

为研究平面图形上函数的二重积分,需要给出平面有界图形面积的定义. 虽然可以通过定积分来求一些平面区域的面积,但对于平面上的一般点集,是否有面积还是一个问题,为此先引入面积的定义.

对于平面图形 P,若存在一个矩形 R 使得 $P\subset R$,则称 P 有界. 设 P 是平面有界图形,用平行于坐标轴的直线网 T 分割 R,如图 16.1.1 所示. 分割得到的小矩形 Δ_i 可以分为三类:

(1) Δ_i 中的所有点都是 P 的内点;

(2) Δ_i 中含有 P 的边界点;

(3) Δ_i 中的点都为 P 的外点,即 $\Delta_i\cap\bar{P}=\varnothing$.

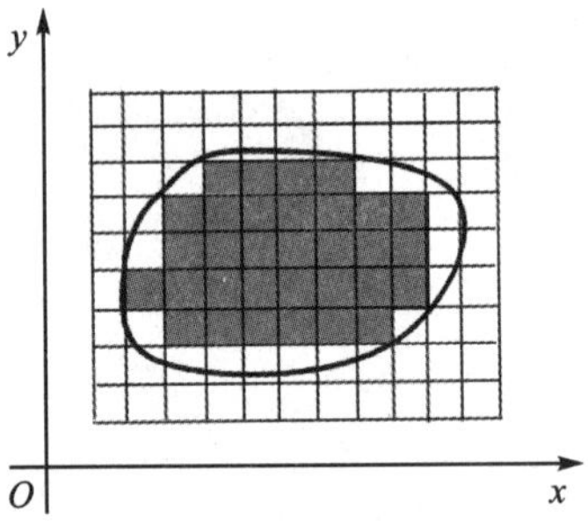

图 16.1.1　平面图形 P 的面积

如果用 $s_P(T)$表示属于直线网 T 的第 (1) 类矩形的面积之和,$S_P(T)$表示所有第(1) 类和第(2) 类矩形的面积之和,显然有 $s_P(T)\leqslant S_P(T)$. 并且随着分割的不断加密,$\{s_P(T)\}$单调递增,$\{S_P(T)\}$单调递减. 由于 P 有界,$\{s_P(T)\}$和$\{S_P(T)\}$都是有界集合,由确界存在定理知,$\{s_P(T)\}$存在上确界,$\{S_P(T)\}$存在下确界,记为

$$\underline{I_P}=\sup_T\{s_P(T)\},\quad \overline{I_P}=\inf_T\{S_P(T)\}.$$

显然又有 $0\leqslant\underline{I_P}\leqslant\overline{I_P}$,通常称 $\underline{I_P}$ 为 P 的内面积,$\overline{I_P}$ 为 P 的外面积.

定义 16.1.1 若平面有界图形 P 的内、外面积相等,则称 P 可求面积,并称其共同值 $I_P=$

$\underline{I_P}=\overline{I_P}$ 为 P 的面积.

定理 16.1.1 平面有界图形 P 可求面积的充要条件是:对任给的 $\varepsilon>0$,总存在 P 的分割 T,使得

$$S_P(T)-s_P(T)<\varepsilon.$$

证明 首先证明必要性.

设平面有界图形的面积为 I_P,由定义 16.1.1 知 $I_P=\underline{I_P}=\overline{I_P}$. 根据内、外面积的定义,对任给的 $\varepsilon>0$,存在直线网 T_1 和 T_2,使得

$$s_P(T_1)>I_P-\frac{\varepsilon}{2},$$

$$S_P(T_2)<I_P+\frac{\varepsilon}{2}.$$

将 T_1 与 T_2 合并成一个网格,记为 T, 则有

$$s_P(T_1)\leqslant s_P(T),\quad S_P(T_2)\geqslant S_P(T).$$

由上面的不等式可得

$$S_P(T)-s_P(T)<\varepsilon.$$

下面证明充分性.

设对任给的 $\varepsilon>0$,存在 P 的分割 T,使得 $S_P(T)-s_P(T)<\varepsilon$. 由于

$$s_P(T)\leqslant\underline{I_P}\leqslant\overline{I_P}\leqslant S_P(T),$$

因此

$$\overline{I_P}-\underline{I_P}\leqslant S_P(T)-s_P(T)<\varepsilon,$$

由 ε 的任意性得 $\underline{I_P}=\overline{I_P}$,即平面有界图形 P 可求面积. 定理得证.

推论 16.1.2 平面有界图形 P 面积为零的充要条件是它的外面积 $\overline{I_P}=0$, 即对任给的 $\varepsilon>0$,总存在 P 的分割 T,使得 $S_P(T)<\varepsilon$.

例 16.1.1 设 $y=f(x)(a\leqslant x\leqslant b)$为非负连续函数, 则它与直线 $x=a$,$x=b$ 以及 x 轴所围成的区域 D 可求面积.

证明 设 $y=f(x)(a\leqslant x\leqslant b)$的最大值为 M, 则区域 D 被矩形区域$[a,b]\times[0,M]$覆盖. 将$[a,b]$分割成 n 个小区间$[x_{i-1},x_i](i=1,2,3,\cdots,n,x_0=a,x_n=b)$,设 $f(x)$在小区间$[x_{i-1},x_i]$上的最小值和最大值分别为 $m_i,M_i,i=1,2,3,\cdots,n$,则在区间$[0,M]$中插入分点 m_i,M_i,可以得到矩形$[a,b]\times[0,M]$的分割 T. 对于分割 T,相应地有

$$s_P(T)=\sum_{i=1}^{n}m_i(x_i-x_{i-1}),\quad S_P(T)=\sum_{i=1}^{n}M_i(x_i-x_{i-1}).$$

而

$$s_P(T)\leqslant\underline{I_P}\leqslant\overline{I_P}\leqslant S_P(T),$$

又因为 $y=f(x)$是连续函数, 由定积分的达布上和、达布下和定理可得

$$\underline{I_P}=\overline{I_P}=\int_a^b f(x)\mathrm{d}x,$$

所以区域 D 可求面积,其面积为 $\int_a^b f(x)\mathrm{d}x$.

这个结论与利用定积分计算曲边梯形面积的结论一致. 与用定积分计算平面区域的面积相比较,定义 16.1.1 对面积的定义更具一般性.

定理 16.1.3 平面有界图形 P 可求面积的充要条件是:P 的边界∂P 的面积为零.

证明 由定理 16.1.1,P 可求面积的充要条件是:对任给的 $\varepsilon>0$,存在 P 的分割 T 使得 $S_P(T)-s_P(T)<\varepsilon$.

又因为 $S_{\partial P}(T)=S_P(T)-s_P(T)$,所以 $0<S_{\partial P}(T)<\varepsilon$,由定理 16.1.1 的推论 16.1.2 可知∂P 面积为零.

定理 16.1.4 已知曲线 $L:y=f(x),a\leqslant x\leqslant b$,若 $f(x)$为连续函数,则曲线 L 的面积为零.

证明 已知 $f(x)$在$[a,b]$上连续,从而它在$[a,b]$上一致连续,所以对任给的 $\varepsilon>0$,总存在 $\delta(\varepsilon)>0$,使得对任意的 $x',x''\in[a,b]$,满足$|x'-x''|<\delta$,都有

$$|f(x')-f(x'')|<\frac{\varepsilon}{b-a}.$$

将$[a,b]$区间进行如下分割:

$$\pi:a=x_0<x_1<\cdots<x_n=b,$$

分割成的小区间$[x_{i-1},x_i]$,$i=1,2,\cdots,n$,满足$\max\limits_{1\leqslant i\leqslant n}(x_i-x_{i-1})<\delta$,则曲线 L 被点$(x_i,f(x_i))$分割成的 n 个小曲线段都被以 Δx_i 为宽,以振幅 $\omega_i=\max\limits_{x_{i-1}\leqslant x\leqslant x_i}f(x)-\min\limits_{x_{i-1}\leqslant x\leqslant x_i}f(x)$为高的小矩形覆盖,这些矩形的面积之和为

$$S_L(T)=\sum_{i=1}^{n}\omega_i\Delta x_i<\frac{\varepsilon}{b-a}\sum_{i=1}^{n}\Delta x_i=\varepsilon.$$

由定理 16.1.1 的推论 16.1.2 可知,曲线 L 的面积为零. 结论得证.

类似地,可以进一步证明,由参数方程所表示的平面光滑或分段光滑曲线的面积为零.

推论 16.1.5 由参数方程 $L:\begin{cases}x=\varphi(t),\\ y=\psi(t),\end{cases}$ $t\in[a,b]$表示的光滑曲线或分段光滑曲线,其面积为零.

由定理 16.1.3,有如下结论.

推论 16.1.6 由平面上光滑或分段光滑的曲线所围成的有界闭区域是可求面积的.

注 并非所有有界平面点集都是可求面积的. 例如点集

$$P=\{(x,y)\mid 0\leqslant x\leqslant 1,0\leqslant y\leqslant 1,x,y\in\mathbb{Q}\}.$$

集合 P 的边界$\partial P=[0,1]\times[0,1]$,其面积为 1,由定理 16.1.2 知 P 不可求面积.

16.1.2 二重积分的概念

首先考虑一个几何问题. 设 D 为 xy 平面上可求面积的有界闭区域,$f(x,y)$为定义在 D 上的非负连续函数,如何求以 D 为底,以曲面 $z=f(x,y)$为顶的曲顶柱体的体积 V?

类似于用定积分求曲边梯形面积的过程,首先用平行于坐标轴的直线网 T 将 D 分割成 n 个可求面积的小区域 $\Delta\sigma_i(i=1,2,\cdots n)$,也用 $\Delta\sigma_i$ 表示小区域的面积,相应地可以得到 n 个小曲顶柱体,如图 16.1.2 所示. 在 $\Delta\sigma_i$ 上任取一点(ξ_i,η_i),则可用以 $\Delta\sigma_i$ 为底,以 $f(\xi_i,\eta_i)$为高的平顶柱体的体积 $f(\xi_i,\eta_i)\Delta\sigma_i$ 近似小曲顶柱体的体积,从而曲顶柱体的体积 V 可以近似为

$$\sum_{i=1}^{n}f(\xi_i,\eta_i)\Delta\sigma_i$$

记分割的细度 $\|T\|=\max\limits_{1\leqslant i\leqslant n}\mathrm{diam}(\Delta\sigma_i)$($\mathrm{diam}(\Delta\sigma_i)$为 $\Delta\sigma_i$ 的直径),若随着分割的无限加密,即

分割的细度 $\|T\|$ 趋于 0 时，和式存在极限，$\lim\limits_{\|T\|\to 0}\sum\limits_{i=1}^{n} f(\xi_i,\eta_i)\Delta\sigma_i$，且极限值与分割和点的取法无关，则该极限可作为曲顶柱体的体积.

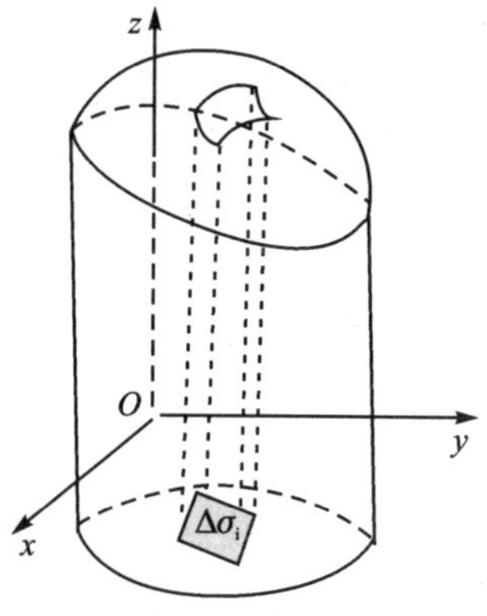

图 16.1.2

可以看出，求曲顶柱体体积的过程与用定积分的概念求曲边梯形面积一样，也是“分割、近似、求和、取极限”这几个步骤. 这类问题在物理学和工程技术中也常遇到，比如求非均匀平面的质量、质心、转动惯量等问题. 这些都是二重积分概念产生的实际背景.

定义 16.1.2 设 D 为 xy 平面上可求面积的有界闭区域，$f(x,y)$ 为定义在 D 上的函数. 用任意曲线网 T 将 D 分割成 n 个可求面积的小区域 $\Delta\sigma_i(i=1,2,\cdots,n)$，$\Delta\sigma_i$ 也表示小区域的面积. $\|T\|=\max\limits_{1\leqslant i\leqslant n}\mathrm{diam}(\Delta\sigma_i)$ 为分割 T 的细度，其中 $\mathrm{diam}(\Delta\sigma_i)$ 为 $\Delta\sigma_i$ 的直径. 在 $\Delta\sigma_i$ 上任取(ξ_i,η_i)，$i=1,2,\cdots,n$，A 为确定的数. 如果对任意的 $\varepsilon>0$，存在 $\delta(\varepsilon)>0$，对 D 的任意分割 T，当 $\|T\|<\delta$ 时，

$$\left|\sum_{i=1}^{n} f(\xi_i,\eta_i)\Delta\sigma_i - A\right|<\varepsilon$$

都成立，则称 $f(x,y)$ 在 D 上可积，A 称为 $f(x,y)$ 在 D 上的二重积分，记为

$$A=\iint_D f(x,y)\mathrm{d}\sigma$$

其中 D 称为积分区域，$f(x,y)$ 称为被积函数，x,y 称为积分变量，$\mathrm{d}\sigma$ 称为面积元素.

二重积分的概念也是通过“分割、近似、求和、取极限”这四个步骤得到的，并且极限的存在与分割以及点的取法无关. 其定义的思想本质上与定积分类似，只是累加和的区域从积分区间变成了平面区域.

当 $f(x,y)\geqslant 0$ 时，$A=\iint\limits_D f(x,y)\mathrm{d}\sigma$ 在几何上表示以 D 为底，以曲面 $z=f(x,y)$，$(x,y)\in D$ 为顶的曲顶柱体的体积.

当 $f(x,y)=1$ 时，$A=\iint\limits_D \mathrm{d}\sigma=S(D)$，其中 $S(D)$ 为 D 的面积.

由二重积分的定义可知，若选用平行于坐标轴的直线网来分割 D，则每一个小网格区域 σ 的面积 $\Delta\sigma=\Delta x\Delta y$，因此二重积分也可以表示为

$$\iint_D f(x,y)\mathrm{d}\sigma=\iint_D f(x,y)\mathrm{d}x\mathrm{d}y.$$

与定积分的可积性理论类似,下面简单介绍二重积分常用的可积性定理.

定理 16.1.7 已知二元函数 $f(x,y)$ 定义在可求面积的平面有界闭区域 D 上,则以下结论成立:

(1) 若 $f(x,y)$ 在区域 D 上可积,则 $f(x,y)$ 在 D 上有界;

(2) 若 $f(x,y)$ 是区域 D 上的连续函数,则 $f(x,y)$ 在 D 上可积;

(3) 若 $f(x,y)$ 是区域 D 上的有界函数,且 $f(x,y)$ 的不连续点落在 D 的有限条光滑曲线上,则 $f(x,y)$ 在 D 上可积.

例 16.1.2 已知 $D=[0,1]\times[0,1]$, $f(x,y)=\begin{cases}\sin\dfrac{1}{xy}, & x\neq 0 \text{ 且 } y\neq 0,\\ 0, & x=0 \text{ 或 } y=0,\end{cases}$ $(x,y)\in D$,讨论函数 $f(x,y)$ 在 D 上的可积性.

解 $f(x,y)$ 在 $D=[0,1]\times[0,1]$ 上不连续点的集合为两条线段

$$x=0, y\in[0,1];\quad y=0, x\in[0,1].$$

由定理 16.1.7 可得 $f(x,y)$ 在 $D=[0,1]\times[0,1]$ 上可积.

16.1.3 二重积分的性质

二重积分具有一系列与定积分类似的性质,利用其定义以及极限的运算性质容易证得.为简便起见,以下讨论的区域 D 均为可求面积的有界闭区域.

性质 16.1.1 (线性性质) 若 $f(x,y)$, $g(x,y)$ 在 D 上可积,则对任意实数 α,β, $\alpha f(x,y)\pm\beta g(x,y)$ 在 D 上也可积,且

$$\iint_D(\alpha f(x,y)\pm\beta g(x,y))\mathrm{d}\sigma=\alpha\iint_D f(x,y)\mathrm{d}\sigma\pm\beta\iint_D g(x,y)\mathrm{d}\sigma.$$

性质 16.1.2 (保号性和保序性)

(1) 若 $f(x,y)$ 在区域 D 上可积,且 $f(x,y)\geqslant 0$,则 $\iint_D f(x,y)\mathrm{d}\sigma\geqslant 0$.

(2) 若 $f(x,y)$, $g(x,y)$ 在区域 D 上可积,且满足 $f(x,y)\geqslant g(x,y)$, $(x,y)\in D$,则

$$\iint_D f(x,y)\mathrm{d}\sigma\geqslant\iint_D g(x,y)\mathrm{d}\sigma.$$

性质 16.1.3 (区域可加性) 若 $f(x,y)$ 在区域 D_1 和 D_2 上都可积, D_1, D_2 无公共内点,则 $f(x,y)$ 在 $D=D_1\cup D_2$ 上也可积,且

$$\iint_D f(x,y)\mathrm{d}\sigma=\iint_{D_1}f(x,y)\mathrm{d}\sigma+\iint_{D_2}f(x,y)\mathrm{d}\sigma.$$

性质 16.1.4 (绝对可积性) 若 $f(x,y)$ 在区域 D 上可积,则 $|f(x,y)|$ 在 D 上也可积,且

$$\left|\iint_D f(x,y)\mathrm{d}\sigma\right|\leqslant\iint_D|f(x,y)|\mathrm{d}\sigma.$$

性质 16.1.5 (估值不等式) 若 $f(x,y)$ 在区域 D 上可积, $m\leqslant f(x,y)\leqslant M$, $(x,y)\in D$ 则

$$mS(D)\leqslant\iint_D f(x,y)\mathrm{d}\sigma\leqslant MS(D),$$

其中 $S(D)$ 为区域 D 的面积.

性质 16.1.6（积分中值定理） 设 $f(x,y)$ 在有界闭区域 D 上连续，则存在 $(\xi,\eta)\in D$，使得

$$\iint_D f(x,y)\mathrm{d}\sigma = f(\xi,\eta)S(D),$$

其中 $S(D)$ 为区域 D 的面积.

注 中值定理的几何意义是以 D 为底，曲面 $z=f(x,y)$，$(x,y)\in D$ 为顶的曲顶柱体的体积，等于同底且以区域 D 中某点 (ξ,η) 的函数值 $f(\xi,\eta)$ 为高的平顶柱体的体积.

例 16.1.3 若连续函数 $f(x,y)$ 在有界闭区域 D 的任何子区域 D' 上积分都为 0，则

$$f(x,y)=0,\ \forall x \in D.$$

证明 如果存在点 $(x_0,y_0)\in D$，$f(x_0,y_0)\neq 0$，不妨假设 $f(x_0,y_0)>0$，则由函数的连续性的定义，对 $\varepsilon_0=\dfrac{f(x_0,y_0)}{2}$，存在 $\delta>0$，当 $\|(x,y)-(x_0,y_0)\|<\delta$ 时，

$$|f(x,y)-f(x_0,y_0)|<\varepsilon_0,$$

可得 $f(x,y)>\dfrac{f(x_0,y_0)}{2}$. 记 $D'=\{(x,y)\in D \mid \|(x,y)-(x_0,y_0)\|<\delta\}$，则 $D'\subset D$，由积分性质可知

$$\iint_{D'} f(x,y)\mathrm{d}\sigma \geqslant \iint_{D'} \frac{f(x_0,y_0)}{2}\mathrm{d}\sigma = \frac{f(x_0,y_0)}{2}\cdot \pi\delta^2 > 0.$$

这与已知条件矛盾，结论得证.

习题 16.1

1. 已知区域 $D=\{(x,y)\mid 0\leqslant x\leqslant 1, 0\leqslant y\leqslant R(x)\}$，其中

$$R(x)=\begin{cases}1, & x \text{ 为有理数},\\ 0, & x \text{ 为无理数},\end{cases}$$

问区域 D 是否可求面积？

2. 证明：若 $f(x,y)$ 是有界闭区域 D 上的非负连续函数，且在 D 上不恒为零，则

$$\iint_D f(x,y)\mathrm{d}x\mathrm{d}y > 0.$$

3. 设 $f(x,y)$ 为二元连续函数，求极限

$$\lim_{r\to 0^+}\frac{1}{\pi r^2}\iint_{x^2+y^2\leqslant r^2} f(x,y)\mathrm{d}x\mathrm{d}y.$$

4. 证明：若 $f(x,y)$ 在有界闭区域 D 上连续，$g(x,y)$ 在 D 上可积且不变号，则存在一点 $(\xi,\eta)\in D$，使得

$$\iint_D f(x,y)g(x,y)\mathrm{d}\sigma = f(\xi,\eta)\iint_D g(x,y)\mathrm{d}\sigma.$$

5. 利用二重积分的性质估计下列积分的值：

(1) $\iint\limits_D xy(x+y)\mathrm{d}x\mathrm{d}y$，其中 $D=[0,1]\times[0,1]$；

(2) $\iint\limits_D \frac{\mathrm{d}x\,\mathrm{d}y}{100+\cos^2 x+\cos^2 y}$,其中 D 为区域$\{(x,y)\mid |x|+|y|\leqslant 10\}$.

16.2 二重积分的计算

16.2.1 直角坐标系下二重积分的计算

首先讨论矩形区域 $D=[a,b]\times[c,d]$上二重积分的计算,然后再拓展到较为一般的区域上的积分.

定理 16.2.1 (Fubini 定理) 设函数 $f(x,y)$在矩形区域 $D=[a,b]\times[c,d]$上可积,且对任意 $x\in[a,b]$, $F(x)=\int_c^d f(x,y)\mathrm{d}y$ 都存在,则 $F(x)$在$[a,b]$上可积,且

$$\iint\limits_D f(x,y)\mathrm{d}\sigma=\int_a^b F(x)\mathrm{d}x=\int_a^b \mathrm{d}x\int_c^d f(x,y)\mathrm{d}y.$$

证明 用平行于坐标轴的直线网 $x=x_i(i=1,2,\cdots,r)$, $y=y_k(k=1,2,\cdots,s)$对矩形区域$[a,b]\times[c,d]$作分割:

$$a=x_0<x_1<x_2<\cdots<x_r=b,$$
$$c=y_0<y_1<y_2<\cdots<y_s=d.$$

如图 16.2.1 所示,$[a,b]\times[c,d]$被分割成 $r\times s$ 个小矩形:

$$\Delta_{ik}=[x_{i-1},x_i]\times[y_{k-1},y_k],i=1,2,\cdots,r,k=1,2,\cdots,s.$$

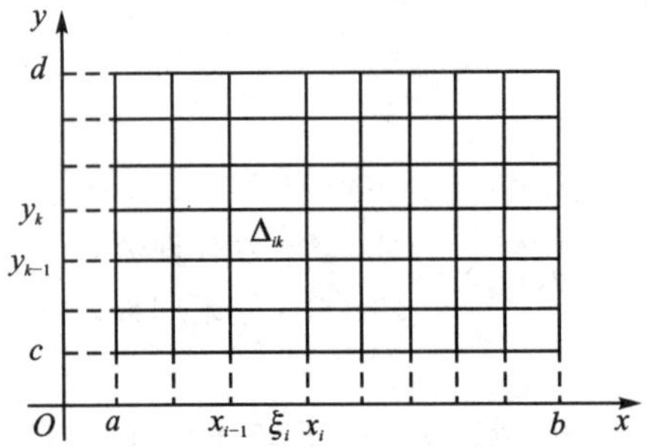

图 16.2.1

假设 $f(x,y)$在 Δ_{ik} 上的上、下确界分别为 M_{ik} 和 m_{ik},则对任意 $\xi_i\in[x_{i-1},x_i]$, 有

$$m_{ik}\Delta y_k\leqslant\int_{y_{k-1}}^{y_k} f(\xi_i,y)\mathrm{d}y\leqslant M_{ik}\Delta y_k,$$

其中 $\Delta y_k=y_k-y_{k-1}$,从而

$$\sum_{k=1}^{s} m_{ik}\Delta y_k\leqslant\int_c^d f(\xi_i,y)\mathrm{d}y\leqslant\sum_{k=1}^{s} M_{ik}\Delta y_k$$

成立,进一步有

$$\sum_{i=1}^{r}\sum_{k=1}^{s} m_{ik}\Delta y_k\Delta x_i\leqslant\sum_{i=1}^{r} F(\xi_i)\Delta x_i\leqslant\sum_{i=1}^{r}\sum_{k=1}^{s} M_{ik}\Delta y_k\Delta x_i, \tag{16.2.1}$$

其中 $\Delta x_i=x_i-x_{i-1}$. 记 Δ_{ik} 的对角线长度为 d_{ik} 和 $\|T\|=\max\limits_{i,k} d_{ik}$.

由于 $f(x,y)$在 D 上可积，所以

$$\lim_{\|T\|\to 0}\sum_{i=1}^{r}\sum_{k=1}^{s}m_{ik}\Delta y_k\Delta x_i=\lim_{\|T\|\to 0}\sum_{i=1}^{r}\sum_{k=1}^{s}M_{ik}\Delta y_k\Delta x_i=\iint_D f(x,y)\mathrm{d}\sigma.$$

因此,当 $\|T\|\to 0$ 时,由不等式(16.2.1)可得

$$\lim_{\|T\|\to 0}\sum_{i=1}^{r}F(\xi_i)\Delta x_i=\iint_D f(x,y)\mathrm{d}\sigma. \tag{16.2.2}$$

由于当 $\|T\|\to 0$ 时,必有 $\max\limits_{1\leqslant i\leqslant r}\Delta x_i\to 0$,因此由定积分的定义,式(16.2.2)的左边

$$\lim_{\|T\|\to 0}\sum_{i=1}^{r}F(\xi_i)\Delta x_i=\int_a^b F(x)\mathrm{d}x=\int_a^b\mathrm{d}x\int_c^d f(x,y)\mathrm{d}y.$$

类似地,可以证明下面定理.

定理 16.2.2 设函数 $f(x,y)$在矩形区域 $D=[a,b]\times[c,d]$上可积，且对任意 $y\in[c,d]$, $G(y)=\int_a^b f(x,y)\mathrm{d}x$ 存在，则 $G(y)$在$[c,d]$上可积,且

$$\iint_D f(x,y)\mathrm{d}\sigma=\int_c^d G(y)\mathrm{d}y=\int_c^d\mathrm{d}y\int_a^b f(x,y)\mathrm{d}x.$$

注 1　$F(x)$表示曲顶柱体被过点 x 且与 xy 面垂直的平面所截得的截面面积,$G(y)$表示曲顶柱体被过点 y 且与 xy 面垂直的平面所截得的截面面积.

注 2　$\int_a^b\mathrm{d}x\int_c^d f(x,y)\mathrm{d}y$,$\int_c^d\mathrm{d}y\int_a^b f(x,y)\mathrm{d}x$ 分别称为先对 y 后对 x，先对 x 后对 y 的累次积分,定理 16.2.1 和定理 16.2.2 表明矩形区域上的二重积分可以转化为累次积分来计算.

两个累次积分都存在的情况下，特别是对二元连续函数，进一步有如下结论.

定理 16.2.3 若 $f(x,y)$在 $D=[a,b]\times[c,d]$上连续，则二重积分以及累次积分都存在，且

$$\iint_D f(x,y)\mathrm{d}\sigma=\int_a^b\mathrm{d}x\int_c^d f(x,y)\mathrm{d}y=\int_c^d\mathrm{d}y\int_a^b f(x,y)\mathrm{d}x.$$

例 16.2.1 计算二重积分 $\iint_D x\mathrm{e}^{xy}\mathrm{d}x\mathrm{d}y$，其中 D 为矩形区域:$0\leqslant x\leqslant 1$，$-1\leqslant y\leqslant 0$.

解

$$\iint_D x\mathrm{e}^{xy}\mathrm{d}x\mathrm{d}y=\int_0^1\mathrm{d}x\int_{-1}^0 x\mathrm{e}^{xy}\mathrm{d}y=\int_0^1 \mathrm{e}^{xy}\Big|_{-1}^0\mathrm{d}x$$
$$=\int_0^1(1-\mathrm{e}^{-x})\mathrm{d}x=(x+\mathrm{e}^{-x})\Big|_0^1=\frac{1}{\mathrm{e}}.$$

注　例 16.2.1 既可以转化为先对 y 后对 x 的累次积分,也可以转化为先对 x 后对 y 的累次积分. 如果先对 x 进行积分,则需要用分部积分法,计算比较繁琐.

16.2.2　一般区域上二重积分的计算

首先定义两类特殊区域:x 型区域和 y 型区域.

定义 16.2.1 已知平面点集

$$D_x=\{(x,y)\mid\varphi_1(x)\leqslant y\leqslant\varphi_2(x),a\leqslant x\leqslant b\},$$
$$D_y=\{(x,y)\mid\psi_1(y)\leqslant x\leqslant\psi_2(y),c\leqslant y\leqslant d\},$$

称 D_x 为 x 型区域,D_y 为 y 型区域.

x 型区域的特点是垂直于 $x(a<x<b)$ 轴的直线与区域边界至多有两个交点. y 型区域的特点是垂直于 $y(c<y<d)$ 轴的直线与区域边界的交点至多有两个,如图 16.2.2 和 16.2.3 所示.

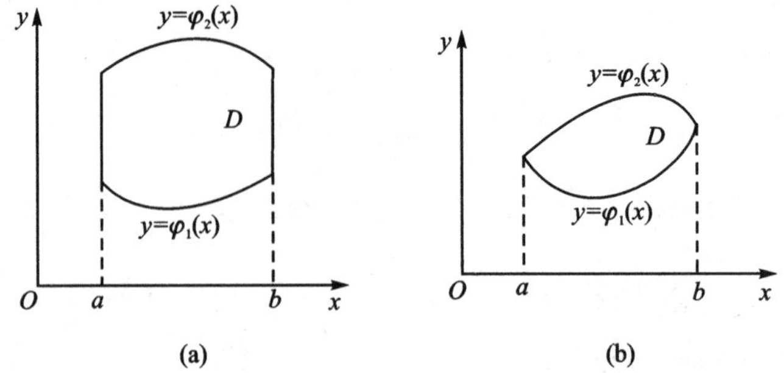

图 16.2.2 x 型区域示意图

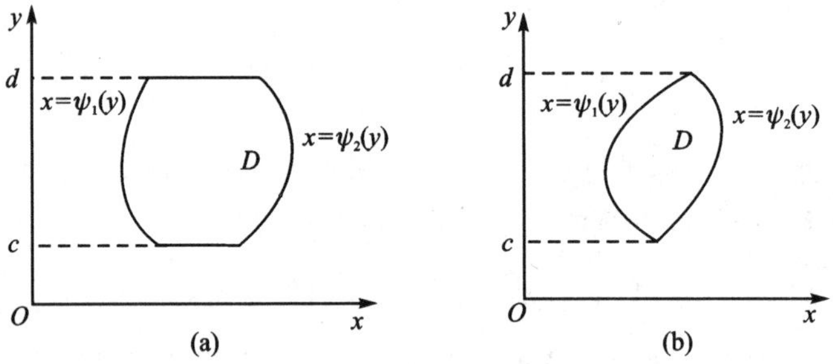

图 16.2.3 y 型区域示意图

下面给出计算 x 型区域和 y 型区域上二重积分的方法.

定理 16.2.4 设 $D_x=\{(x,y)\mid\varphi_1(x)\leqslant y\leqslant\varphi_2(x),a\leqslant x\leqslant b\}$,其中 $\varphi_1(x),\varphi_2(x)$ 在 $[a,b]$ 上连续,若 $f(x,y)$ 在 D_x 上连续,则

$$\iint\limits_{D_x}f(x,y)\mathrm{d}\sigma=\int_a^b\mathrm{d}x\int_{\varphi_1(x)}^{\varphi_2(x)}f(x,y)\mathrm{d}y.$$

证明 由于 $\varphi_1(x),\varphi_2(x)$ 在 $[a,b]$ 上连续,则存在矩形区域 $[a,b]\times[c,d]\supset D_x$,构造定义在 $[a,b]\times[c,d]$ 上的函数

$$F(x,y)=\begin{cases}f(x,y), & (x,y)\in D_x,\\ 0, & (x,y)\notin D_x,\end{cases}$$

则 $F(x,y)$ 在 $[a,b]\times[c,d]$ 上可积. 由定理 16.2.1 可得

$$\begin{aligned}\iint\limits_{D_x}f(x,y)\mathrm{d}\sigma&=\iint\limits_{[a,b]\times[c,d]}F(x,y)\mathrm{d}\sigma=\int_a^b\mathrm{d}x\int_c^dF(x,y)\mathrm{d}y\\&=\int_a^b\mathrm{d}x\int_{\varphi_1(x)}^{\varphi_2(x)}F(x,y)\mathrm{d}y=\int_a^b\mathrm{d}x\int_{\varphi_1(x)}^{\varphi_2(x)}f(x,y)\mathrm{d}y.\end{aligned}$$

类似可以证明下面的定理.

定理 16.2.5 设 $D_y=\{(x,y)\mid\psi_1(y)\leqslant x\leqslant\psi_2(y),c\leqslant y\leqslant d\}$,其中 $\psi_1(y),\psi_2(y)$ 在 $[c,d]$ 上连续,若 $f(x,y)$ 在 D_y 上连续,则

$$\iint\limits_{D_y}f(x,y)\mathrm{d}\sigma=\int_c^d\mathrm{d}y\int_{\psi_1(y)}^{\psi_2(y)}f(x,y)\mathrm{d}x.$$

许多常见的一般区域,可根据区域可加性,将区域分解成若干个除边界外无公共内点的 x 型区域或 y 型区域,从而一般区域上二重积分的计算问题也就解决了.

例 16.2.2 计算积分 $\iint\limits_D x^2 e^{-y^2} dx dy$,其中 D 是由直线 $x=0, y=1$ 及 $y=x$ 所围成的区域,如图 16.2.4 所示.

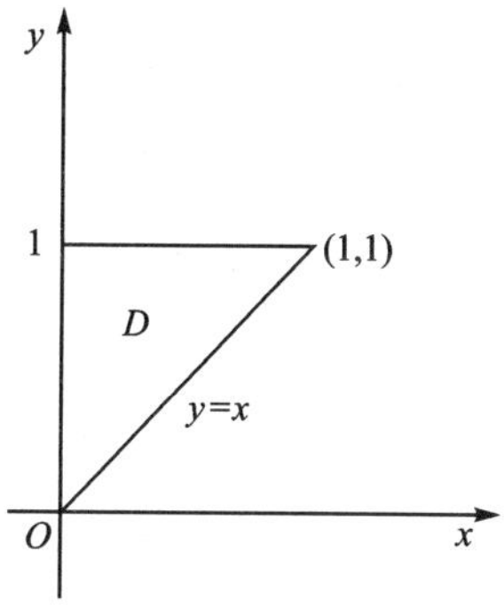

图 16.2.4

解 先对 x,后对 y 积分,此时区域 D 可以表示为:$D=\{(x,y)\,|\,0\leqslant x\leqslant y, 0\leqslant y\leqslant 1\}$.

$$\iint\limits_D x^2 e^{-y^2} dx dy=\int_0^1 dy\int_0^y x^2 e^{-y^2} dx=\frac{1}{3}\int_0^1 y^3 e^{-y^2} dy=\frac{1}{6}\left(1-\frac{2}{e}\right).$$

注 如果先对 y 积分,后对 x 积分,则 $\iint\limits_D x^2 e^{-y^2} dx dy=\int_0^1 x^2 dx\int_x^1 e^{-y^2} dy$,由于 e^{-y^2} 的原函数不能用初等函数表示,所以无法计算出结果.

例 16.2.3 将累次积分 $\int_0^{2a} dx\int_{\sqrt{2ax-x^2}}^{\sqrt{2ax}} f(x,y) dy$ 交换积分顺序.

解 根据累次积分的形式可以还原出积分区域,如图 16.2.5 所示.

$$D=\left\{(x,y)\,\middle|\,\sqrt{2ax-x^2}\leqslant y\leqslant\sqrt{2ax}, 0\leqslant x\leqslant 2a\right\}.$$

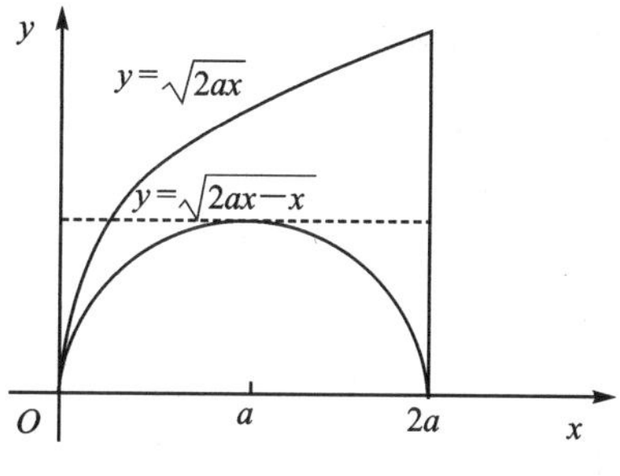

图 16.2.5

若把区域看成 y 型区域,先对 x 后对 y 积分,则

$$\text{原式}=\int_0^a dy\int_{\frac{y^2}{2a}}^{a-\sqrt{a^2-y^2}} f(x,y) dx+\int_a^{2a} dy\int_{\frac{y^2}{2a}}^{2a} f(x,y) dx+\int_0^a dy\int_{a+\sqrt{a^2-y^2}}^{2a} f(x,y) dx.$$

例 16.2.4 求圆柱面 $x^2+y^2=R^2, x^2+z^2=R^2$ 所围立体的体积 V.

解 利用对称性,$V=8V_1$,其中 V_1 为立体在第一卦限内部分的体积.

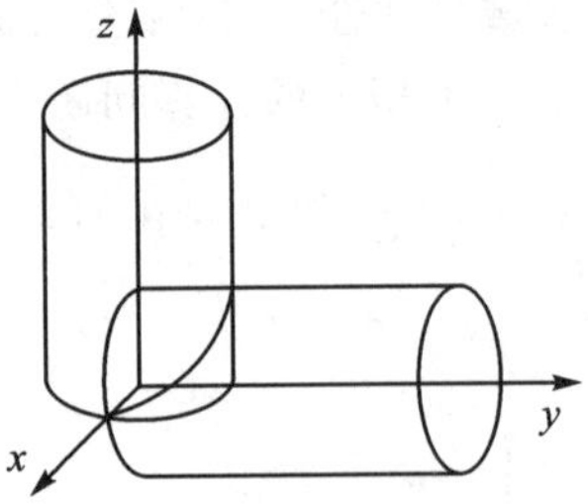

图 16.2.6

第一卦限的立体是以四分之一圆域 $D=\{(x,y)\mid 0\leqslant y\leqslant\sqrt{R^2-x^2},0\leqslant x\leqslant R\}$ 为底，以曲面 $z=\sqrt{R^2-x^2}$ 为顶的曲顶柱体，所以

$$V=8V_1=8\iint\limits_D\sqrt{R^2-x^2}\,\mathrm{d}\sigma=8\int_0^R\mathrm{d}x\int_0^{\sqrt{R^2-x^2}}\sqrt{R^2-x^2}\,\mathrm{d}y$$

$$=8\int_0^R(R^2-x^2)\,\mathrm{d}x=\frac{16}{3}R^3.$$

16.2.3 利用对称性计算二重积分

假设积分区域 D 可以分解为两个具有对称性（关于直线 l 或者点 P_0）的子区域 D_1,D_2，则

(1) 若 $f(x,y)$ 在 D_1 中点的函数值与 D_2 中对称点的函数值相反，则 $\iint\limits_D f(x,y)\,\mathrm{d}x\,\mathrm{d}y=0$.

(2) 若 $f(x,y)$ 在 D_1 中点的函数值与 D_2 中对称点的函数值相同，则

$$\iint\limits_D f(x,y)\,\mathrm{d}x\,\mathrm{d}y=2\iint\limits_{D_1}f(x,y)\,\mathrm{d}x\,\mathrm{d}y.$$

最常用到的情形是积分区域 D 关于坐标轴对称. 以对称轴为 x 轴为例，即假设区域 D 关于 x 轴对称，D_1 是 D 位于 x 轴上方的部分，则

(1) 若 $f(x,y)$ 关于 y 是奇函数，即 $f(x,-y)=-f(x,y)$，则 $\iint\limits_D f(x,y)\,\mathrm{d}x\,\mathrm{d}y=0$;

(2) 若 $f(x,y)$ 关于 y 是偶函数，即 $f(x,-y)=f(x,y)$，则

$$\iint\limits_D f(x,y)\,\mathrm{d}x\,\mathrm{d}y=2\iint\limits_{D_1}f(x,y)\,\mathrm{d}x\,\mathrm{d}y.$$

例 16.2.5 计算积分 $\iint\limits_D(|x|+|y|)\,\mathrm{d}x\,\mathrm{d}y$ 和积分 $\iint\limits_D x^3y^2\mathrm{e}^{|xy|}\,\mathrm{d}x\,\mathrm{d}y$，其中

$$D=\{(x,y)\mid |x|+|y|\leqslant 1\}.$$

解 区域 D 关于 x,y 坐标轴对称，记

$$D_1=D\cap\{(x,y)\mid x\geqslant 0\},D_2=D\cap\{(x,y)\mid x\geqslant 0,y\geqslant 0\},$$

由于被积函数 $f(x,y)=|x|+|y|$ 关于 x 和 y 都是偶函数，即满足 $f(-x,y)=f(x,y)$，$f(x,-y)=f(x,y)$，所以

$$\iint\limits_D(|x|+|y|)\,\mathrm{d}x\,\mathrm{d}y=2\iint\limits_{D_1}(|x|+|y|)\,\mathrm{d}x\,\mathrm{d}y$$

$$=4\iint_{D_2}(|x|+|y|)\mathrm{d}x\mathrm{d}y$$

$$=4\int_0^1\mathrm{d}x\int_0^{1-x}(x+y)\mathrm{d}y=\frac{4}{3}.$$

又函数 $x^3y^2\mathrm{e}^{|xy|}$ 关于 x 是奇函数,由对称性可知 $\iint_D x^3y^2\mathrm{e}^{|x|}\,\mathrm{d}x\mathrm{d}y=0$.

16.2.4　二重积分的变量代换

类似于定积分换元简化被积函数的思路，在二重积分的计算中也有相应的变量代换方法，目的是简化被积函数或积分区域边界的数学表达式.

设 Δ 为 uv 平面上的区域,D 是 xy 平面上的区域,$T:\begin{cases}x=x(u,v)\\y=y(u,v)\end{cases}$ 是 Δ 到 D 的一个一一映射. 假设映射 T 具有连续的一阶偏导数，且 $\frac{\partial(x,y)}{\partial(u,v)}\neq 0,(u,v)\in\Delta$,则映射 T 存在逆映射. 下面讨论区域 Δ 与 D 面积的关系.

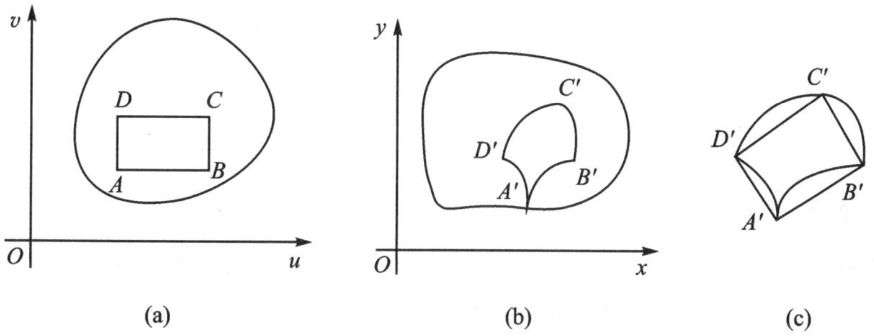

图 16.2.7

若在映射 T 下区域 Δ 中的矩形 $ABCD$ 映射到区域 D 中的曲边四边形 $A'B'C'D'$,设 $ABCD$ 和 $A'B'C'D'$面积分别为 σ 和 σ',如图 16.2.7 (a) 和 (b)所示. 假设 A,B,C,D,A',B',C',D'的坐标分别为 $A(u,v)$,$B(u+\Delta u,v)$,$C(u+\Delta u,v+\Delta v)$,$D(u,v+\Delta v)$和 $A'(x_1,y_1)$,$B'(x_2,y_2)$,$C'(x_3,y_3)$,$D'(x_4,y_4)$, 并且满足映射

$$T:A\rightarrow A',B\rightarrow B',C\rightarrow C',D\rightarrow D'.$$

由 Taylor 公式可得

$$\begin{cases}x_2=x(u+\Delta u,v)=x(u,v)+\dfrac{\partial x(u,v)}{\partial u}\Delta u+o(\Delta u),\\[2mm] y_2=y(u+\Delta u,v)=y(u,v)+\dfrac{\partial y(u,v)}{\partial u}\Delta u+o(\Delta u).\end{cases}$$

$$\begin{cases}x_3=x(u+\Delta u,v+\Delta v)=x(u,v)+\dfrac{\partial x(u,v)}{\partial u}\Delta u+\dfrac{\partial x(u,v)}{\partial v}\Delta v+o(\Delta u)+o(\Delta v),\\[2mm] y_3=y(u+\Delta u,v+\Delta v)=y(u,v)+\dfrac{\partial y(u,v)}{\partial u}\Delta u+\dfrac{\partial y(u,v)}{\partial v}\Delta v+o(\Delta u)+o(\Delta v).\end{cases}$$

$$\begin{cases} x_4 = x(u, v + \Delta v) = x(u, v) + \dfrac{\partial x(u, v)}{\partial v}\Delta v + o(\Delta v), \\ y_4 = y(u, v + \Delta v) = y(u, v) + \dfrac{\partial y(u, v)}{\partial v}\Delta v + o(\Delta v). \end{cases}$$

连接 A', B', C', D' 四个点的四边形如图 16.2.7 (c)所示. 如果忽略高阶无穷小，由上面几个式子可得 $\| A'B' \| = \| C'D' \|$，$\| A'D' \| = \| C'B' \|$，因此 $A'B'C'D'$ 为平行四边形，其面积为

$$\sigma' \approx \pm \begin{vmatrix} x(u,v) & y(u,v) & 1 \\ x(u,v) + \dfrac{\partial x(u,v)}{\partial u}\Delta u & y(u,v) + \dfrac{\partial y(u,v)}{\partial u}\Delta u & 1 \\ x(u,v) + \dfrac{\partial x(u,v)}{\partial u}\Delta u + \dfrac{\partial x(u,v)}{\partial v}\Delta v & y(u,v) + \dfrac{\partial y(u,v)}{\partial u}\Delta u + \dfrac{\partial y(u,v)}{\partial v}\Delta v & 1 \end{vmatrix}$$

$$= \left| \frac{\partial(x,y)}{\partial(u,v)} \right| \Delta u \Delta v.$$

其中“$\pm$”表示行列式若为正，则取正号，行列式为负，则取负号. 因此如果忽略高阶无穷小，可以得到曲边四边形 $A'B'C'D'$ 和矩形 $ABCD$ 的面积比

$$\lim_{\sigma \to 0} \frac{\sigma'}{\sigma} = \left| \frac{\partial(x,y)}{\partial(u,v)} \right|.$$

上式表明变换前后面积比的极限为雅可比行列式的绝对值.

若 Δ 为矩形区域，映射 $T: \begin{cases} x = x(u,v) \\ y = y(u,v) \end{cases}$ 将 Δ 一一映射到区域 D，将 Δ 分割成小矩形 $\Delta_i (i = 1, 2, \cdots, n)$，其面积为 $\sigma(\Delta_i)(i = 1, 2, \cdots, n)$，$(u_i, v_i)$ 表示每个小矩形相应的端点，在映射 T 下，区域对应的分割为 $D_i (i = 1, 2, \cdots, n)$，其面积为 $\sigma(D_i)(i = 1, 2, \cdots, n)$，则

$$\sigma(D) = \sum_{i=1}^{n} \sigma(D_i) = \left[\sum_{i=1}^{n} \left| \frac{\partial(x,y)}{\partial(u,v)} \right| \Big|_{(u_i, v_i)} \sigma(\Delta_i) + o(\sigma(\Delta_i)) \right]$$

$$= \lim_{\| T \| \to 0} \sum_{i=1}^{n} \left| \frac{\partial(x,y)}{\partial(u,v)} \right| \Big|_{(u_i, v_i)} \sigma(\Delta_i) = \iint_{\Delta} \left| \frac{\partial(x,y)}{\partial(u,v)} \right| \mathrm{d}u \mathrm{d}v.$$

若 Δ 为一般区域，结论仍然成立，但是证明非常复杂，读者可以查阅相关书籍.

根据上述结果，可得二重积分的变量代换公式如下.

定理 16.2.6 设变换 $T: \begin{cases} x = x(u,v) \\ y = y(u,v) \end{cases}$ 将 uv 平面上按段光滑曲线所围成的闭区域 Δ 一一映射成 xy 平面上的闭区域 D，$x = x(u,v)$，$y = y(u,v)$ 在 Δ 上具有一阶连续偏导数，且 $J(u,v) = \dfrac{\partial(x,y)}{\partial(u,v)} \neq 0$，$(u,v) \in \Delta$，则

$$\iint_{D} f(x,y) \mathrm{d}x \mathrm{d}y = \iint_{\Delta} f(x(u,v), y(u,v)) \left| J(u,v) \right| \mathrm{d}u \mathrm{d}v.$$

证明 用曲线网将 Δ 分成 n 个小区域 $\Delta_i (i = 1, 2, \cdots, n)$，区域 D 在映射 T 的作用下相应地分成 n 个小区域 $D_i (i = 1, 2, \cdots, n)$，$\Delta_i, D_i$ 的面积分别记为 $\sigma(\Delta_i)$ 和 $\sigma(D_i)$. 由上面的讨论以及中值定理，可得

$$\sigma(D_i) = \iint_{\Delta_i} | J(u,v) | \mathrm{d}u \mathrm{d}v = | J(\bar{u}_i, \bar{v}_i) | \sigma(\Delta_i),$$

其中$(\bar{u}_i,\bar{v}_i)\in\Delta_i$. 令$\xi_i=x(\bar{u}_i,\bar{v}_i)$，$\eta_i=y(\bar{u}_i,\bar{v}_i)$，则$(\xi_i,\eta_i)\in D_i$. 因为$f(x,y)$在$D$上可积，将累加和中的点取成点$(\xi_i,\eta_i)$，可得

$$\sum_{i=1}^{n}f(\xi_i,\eta_i)\sigma(D_i)=\sum_{i=1}^{n}f(x(\bar{u}_i,\bar{v}_i),y(\bar{u}_i,\bar{v}_i))\,|\,J(\bar{u}_i,\bar{v}_i)\,|\,\sigma(\Delta_i),$$

根据定理的条件可知$\iint\limits_{\Delta}f(x(u,v),y(u,v))\,|J(u,v)|\,\mathrm{d}u\mathrm{d}v$存在. 若区域$\Delta,D$的分割细度记为$\|T_\Delta\|$，$\|T_D\|$，则由于变换$T$连续，$\|T_D\|\to 0$时，$\|T_\Delta\|\to 0$. 根据二重积分的定义，上面等式累加然后两边取极限，即可证明结论.

在具体问题中，选择变换形式的目标有：(1)如同定积分那样使得经过变换后的函数容易积分；(2)积分区域的边界变得简单. 当这两个方面相互矛盾时，常以第二个方面为准则.

例 16.2.6 计算二重积分$\iint\limits_{D}\cos\left(\dfrac{x-y}{x+y}\right)\mathrm{d}x\mathrm{d}y$，其中$D$是由$x=0$，$y=0$，$x+y=1$所围成的区域.

解　令$\begin{cases}x-y=u\\x+y=v\end{cases}$，则相应变换$T:\begin{cases}x=\dfrac{u+v}{2}\\y=\dfrac{v-u}{2}\end{cases}$，$(u,v)\in\Delta$，其中$\Delta$是由直线$u-v=0$，$u+v=0$以及$v=1$所围成，Jacobi 行列式为

$$J(u,v)=\frac{\partial(x,y)}{\partial(u,v)}=\begin{vmatrix}\dfrac{1}{2}&\dfrac{1}{2}\\-\dfrac{1}{2}&\dfrac{1}{2}\end{vmatrix}=\frac{1}{2}>0,$$

由定理 16.2.6 可得

$$\iint\limits_{D}\cos\left(\frac{x-y}{x+y}\right)\mathrm{d}x\mathrm{d}y=\iint\limits_{\Delta}\cos\left(\frac{u}{v}\right)\cdot\frac{1}{2}\mathrm{d}u\mathrm{d}v=\frac{1}{2}\int_0^1\mathrm{d}v\int_{-v}^{v}\cos\frac{u}{v}\mathrm{d}u=\int_0^1 v\sin 1\mathrm{d}v=\frac{1}{2}\sin 1.$$

例 16.2.7 求抛物线$y^2=mx$，$y^2=nx$和直线$y=\alpha x$，$y=\beta x\,(0<m<n,0<\alpha<\beta)$所围成区域$D$的面积$S(D)$.

解　D的面积$S(D)=\iint\limits_{D}\mathrm{d}x\mathrm{d}y$.

为了简化积分区域，令$\begin{cases}\dfrac{y^2}{x}=u\\\dfrac{y}{x}=v\end{cases}$，则$uv$平面到$xy$平面的映射$T:\begin{cases}x=\dfrac{u}{v^2},\\y=\dfrac{u}{v},\end{cases}$$(u,v)\in\Delta$，

其中$\Delta=[m,n]\times[\alpha,\beta]$. 又因为$J(u,v)=\begin{vmatrix}\dfrac{1}{v^2}&-\dfrac{2u}{v^3}\\\dfrac{1}{v}&-\dfrac{u}{v^2}\end{vmatrix}=\dfrac{u}{v^4}>0$，$(u,v)\in\Delta$，所以

$$S(D)=\iint\limits_{D}\mathrm{d}x\mathrm{d}y=\iint\limits_{\Delta}\frac{u}{v^4}\mathrm{d}u\mathrm{d}v=\int_\alpha^\beta\frac{\mathrm{d}v}{v^4}\cdot\int_m^n u\mathrm{d}u=\frac{(n^2-m^2)(\beta^3-\alpha^3)}{6\alpha^3\beta^3}.$$

16.2.5 极坐标系下二重积分的计算

如果积分区域是圆形区域或圆形区域的一部分,或者被积函数的形式为 $f(x^2+y^2)$,这时往往采用一种特殊的变量代换——极坐标变换,来简化积分计算. 变换为

$$T:\begin{cases}x=r\cos\theta,\\ y=r\sin\theta,\end{cases}\quad 0\leqslant r<+\infty,0\leqslant\theta\leqslant 2\pi.$$

其 Jacobi 行列式为

$$J(r,\theta)=\frac{\partial(x,y)}{\partial(r,\theta)}=\begin{vmatrix}\cos\theta & -r\sin\theta\\ \sin\theta & r\cos\theta\end{vmatrix}=r.$$

T 将 $r\theta$ 平面的矩形区域 $[0,R]\times[0,2\pi]$ 映射为 xy 平面的圆域 $D=\{(x,y)\mid x^2+y^2\leqslant R^2\}$, 但当 $r=0$ 时 $J(r,\theta)=0$, 虽然不能严格满足定理 16.2.6 的条件,但类似结论成立.

定理 16.2.7 设 $f(x,y)$在有界闭区域 D 上可积,极坐标变换

$$T:\begin{cases}x=r\cos\theta,\\ y=r\sin\theta,\end{cases}\quad 0\leqslant r<+\infty,0\leqslant\theta\leqslant 2\pi,$$

将 $r\theta$ 平面上的区域Δ 映射到 xy 平面上的区域 D,则

$$\iint\limits_D f(x,y)\mathrm{d}x\mathrm{d}y=\iint\limits_\Delta f(r\cos\theta,r\sin\theta)r\mathrm{d}r\mathrm{d}\theta.$$

证明 (1) 若 D 为圆形区域$\{(x,y)\mid x^2+y^2\leqslant R^2\}$, 则在极坐标变换下, 对应 $r\theta$ 平面上的区域 $\Delta=[0,R]\times[0,2\pi]$. 假设 D_ε 为圆环$\{(x,y)\mid\varepsilon^2\leqslant x^2+y^2\leqslant R^2\}$中除去中心角为 ε 的扇形 $BB'A'A$ 所得的区域, 如图 16.2.8 所示,则极坐标变换 $T:\Delta_\varepsilon\to D_\varepsilon$, 其中 $\Delta_\varepsilon=[\varepsilon,R]\times[0,2\pi-\varepsilon]$, 且变换是一一映射, 而且 $J(r,\theta)>0,(r,\theta)\in\Delta_\varepsilon$. 由定理 16.2.6 可得

$$\iint\limits_{D_\varepsilon} f(x,y)\mathrm{d}x\mathrm{d}y=\iint\limits_{\Delta_\varepsilon} f(r\cos\theta,r\sin\theta)r\mathrm{d}r\mathrm{d}\theta.$$

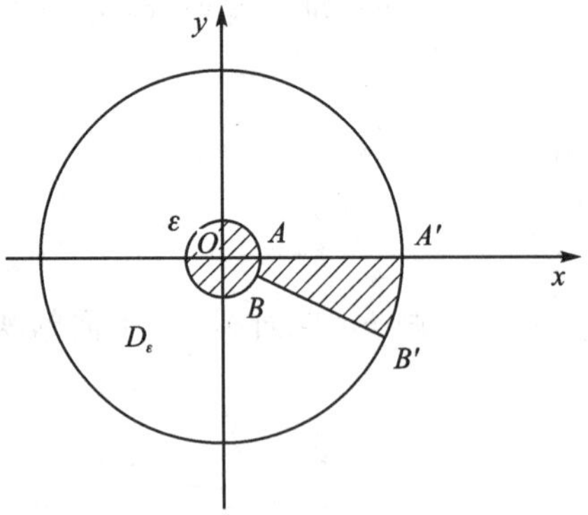

图 16.2.8

令 $\varepsilon\to 0$,即得 $\iint\limits_D f(x,y)\mathrm{d}x\mathrm{d}y=\iint\limits_\Delta f(r\cos\theta,r\sin\theta)r\mathrm{d}r\mathrm{d}\theta$.

(2) 若 D 为一般的有界区域,则可以取充分大的 $R>0$,使得 D 包含在圆域 $D_R=\{(x,y)\mid x^2+y^2\leqslant R^2\}$内,并且在 D_R 上定义函数

$$F(x,y)=\begin{cases}f(x,y), & (x,y)\in D,\\ 0, & (x,y)\notin D.\end{cases}$$

由情形(1) 的讨论可得

$$\iint\limits_{D_R}F(x,y)\mathrm{d}x\mathrm{d}y=\iint\limits_{\Delta_R}F(r\cos\theta,r\sin\theta)r\mathrm{d}r\mathrm{d}\theta,$$

其中 $\Delta_R=[0,R]\times[0,2\pi]$,代入 $F(x,y)$的定义,即可证明结论.

与直角坐标系下重积分化为累次积分一样，极坐标下的区域一般分以下几种情况来把二重积分化成累次（二次）积分.

(1) 极点 O 在区域 D 之外,其中 D 由 $\theta=\alpha,\theta=\beta,r=r_1(\theta)$ 和 $r=r_2(\theta)$ 围成,如图 16.2.9 所示，过原点引射线与 D 的边界至多有两个交点,则

$$\iint\limits_{D}f(r\cos\theta,r\sin\theta)r\mathrm{d}r\mathrm{d}\theta=\int_\alpha^\beta\mathrm{d}\theta\int_{r_1(\theta)}^{r_2(\theta)}f(r\cos\theta,r\sin\theta)r\mathrm{d}r.$$

(2) 极点 O 在区域 D 的边界上,其中 D 由 $\theta=\alpha,\theta=\beta,r=r(\theta)$围成,如图 16.2.10 所示,则

$$\iint\limits_{D}f(r\cos\theta,r\sin\theta)r\mathrm{d}r\mathrm{d}\theta=\int_\alpha^\beta\mathrm{d}\theta\int_{0}^{r(\theta)}f(r\cos\theta,r\sin\theta)r\mathrm{d}r.$$

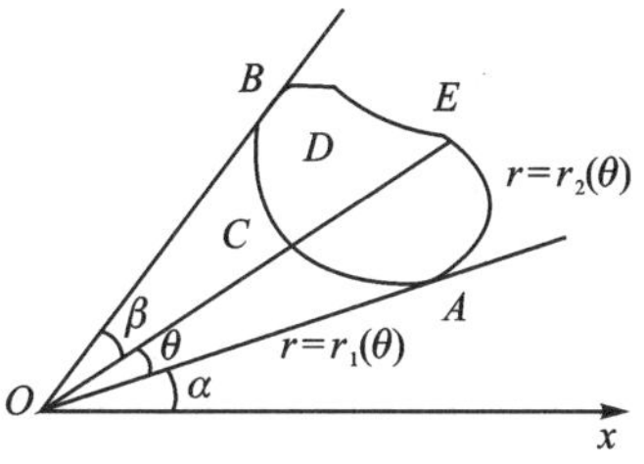

图 16.2.9

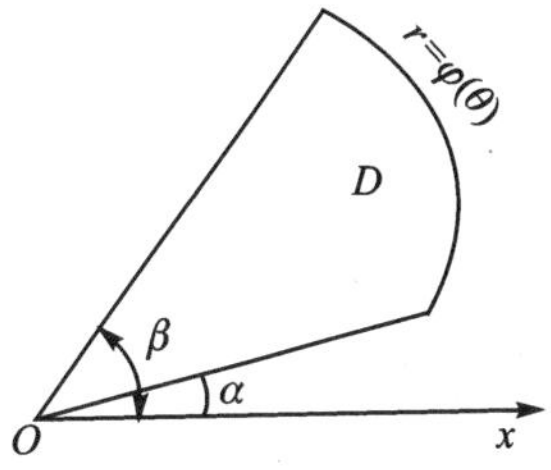

图 16.2.10

(3) 极点 O 在区域 D 之内,其中 D 由 $r=r(\theta)$所围成,如图 16.2.11 所示,则

$$\iint\limits_{D}f(r\cos\theta,r\sin\theta)r\mathrm{d}r\mathrm{d}\theta=\int_0^{2\pi}\mathrm{d}\theta\int_{0}^{r(\theta)}f(r\cos\theta,r\sin\theta)r\mathrm{d}r.$$

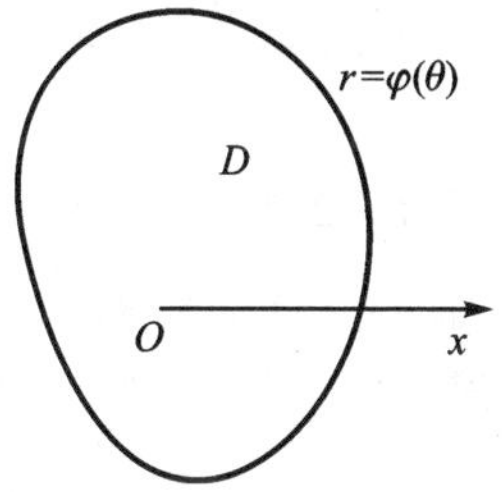

图 16.2.11

例 16.2.8 计算二重积分$\iint\limits_{D}\sin\sqrt{x^2+y^2}\,\mathrm{d}x\mathrm{d}y$,其中 D 为两个圆周 $x^2+y^2=\pi^2$ 和 $x^2+y^2=4\pi^2$ 之间的环形区域.

解　积分区域 D 如图 16.2.12 所示,令$\begin{cases}x=r\cos\theta\\ y=r\sin\theta\end{cases}$,则在极坐标系下区域可以表示为

$$\Delta=\{(\theta,r)\mid\pi\leqslant r\leqslant 2\pi,0\leqslant\theta\leqslant 2\pi\},$$

所以

$$\iint\limits_{D}\sin\sqrt{x^2+y^2}\,\mathrm{d}x\mathrm{d}y=\int_0^{2\pi}\mathrm{d}\theta\int_\pi^{2\pi}\sin r\cdot r\mathrm{d}r=\int_0^{2\pi}(-r\cos r+\sin r)\Big|_\pi^{2\pi}\mathrm{d}\theta$$

$$=\int_0^{2\pi}(-3\pi)\mathrm{d}\theta=-3\pi\theta\Big|_0^{2\pi}=-6\pi^2.$$

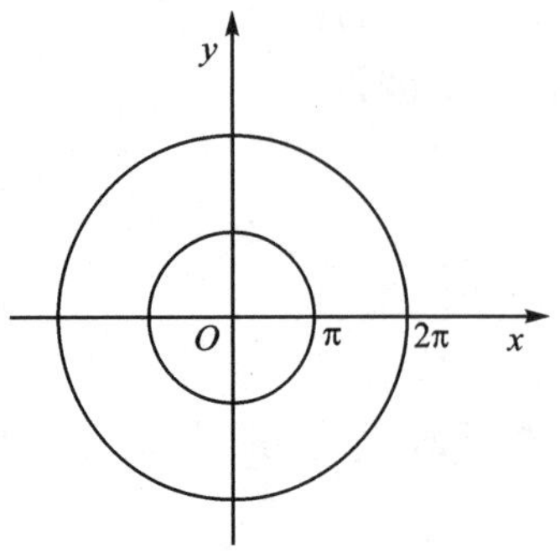

图 16.2.12

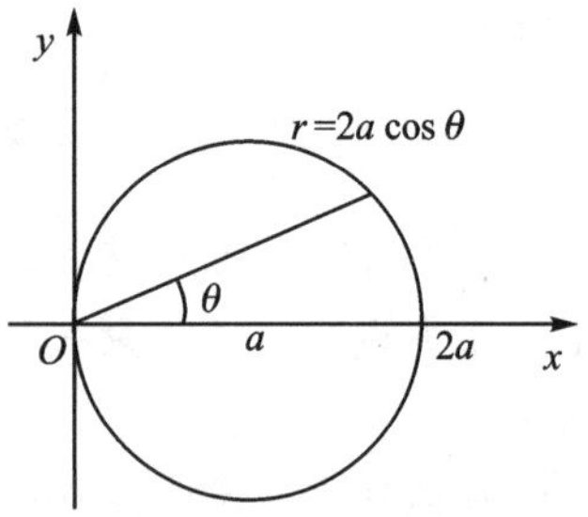

图 16.2.13

例 16.2.9 计算二重积分 $\iint\limits_{D}\sqrt{x^2+y^2}\,\mathrm{d}x\mathrm{d}y$,其中 $D:(x-a)^2+y^2\leqslant a^2(a>0)$.

解 积分区域 D 如图 16.2.13 所示,令 $\begin{cases}x=r\cos\theta\\ y=r\sin\theta\end{cases}$,则圆周 $(x-a)^2+y^2\leqslant a^2(a>0)$ 对应的极坐标方程为 $r=2a\cos\theta(a>0)$,所以

$$\iint\limits_{D}\sqrt{x^2+y^2}\,\mathrm{d}\sigma=\int_{-\frac{\pi}{2}}^{\frac{\pi}{2}}\mathrm{d}\theta\int_{0}^{2a\cos\theta}r\cdot r\mathrm{d}r=\frac{8a^3}{3}\int_{-\frac{\pi}{2}}^{\frac{\pi}{2}}\cos^3\theta\mathrm{d}\theta$$

$$=\frac{8a^3}{3}\int_{-\frac{\pi}{2}}^{\frac{\pi}{2}}(1-\sin^2\theta)\mathrm{d}\sin\theta=\frac{8a^3}{3}\left(\sin\theta-\frac{1}{3}\sin^3\theta\right)\Bigg|_{-\frac{\pi}{2}}^{\frac{\pi}{2}}=\frac{32}{9}a^3.$$

例 16.2.10 计算 $I=\iint\limits_{D}(|x|+|y|)\mathrm{d}x\mathrm{d}y$,其中 $D=\{(x,y)\mid x^2+y^2\leqslant 1\}$.

解 由于积分区域 D 关于 x 轴和 y 轴对称,被积函数关于 x 和 y 是偶函数.记 D_1 为单位圆域在第一象限内的部分,由对称性可知

$$I=4\iint\limits_{D_1}(x+y)\mathrm{d}x\mathrm{d}y=4\int_{0}^{\frac{\pi}{2}}\mathrm{d}\theta\int_{0}^{1}(r\cos\theta+r\sin\theta)r\mathrm{d}r=4\int_{0}^{\frac{\pi}{2}}\frac{1}{3}(\cos\theta+\sin\theta)\mathrm{d}\theta=\frac{8}{3}.$$

例 16.2.11 计算球体 $x^2+y^2+z^2\leqslant 4a^2$ 被圆柱面 $x^2+y^2=2ax(a>0)$ 所截得的(含在柱面内的)立体的体积.

解 由对称性,所求的立体体积 V 等于第一卦限内立体体积的 4 倍,如图 16.2.14(a)所示,即

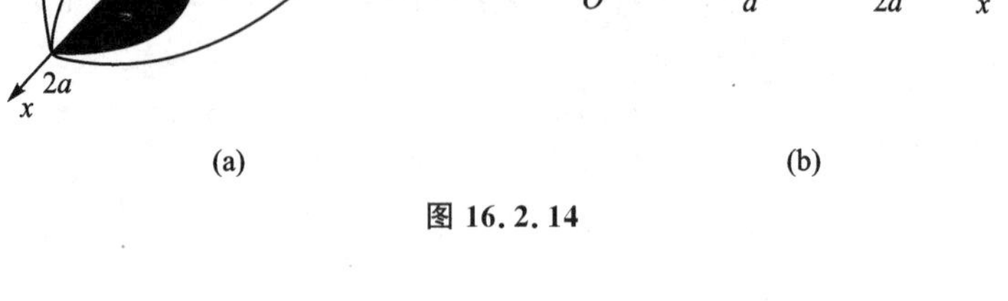

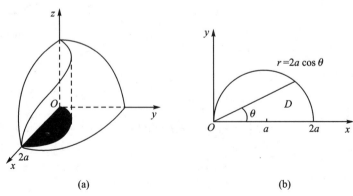

图 16.2.14

$$V=4\iint_D\sqrt{4a^2-x^2-y^2}\,\mathrm{d}x\,\mathrm{d}y.$$

其中 D 为半圆周 $y=\sqrt{2ax-x^2}$ 及 x 轴所围成的区域，如图 16.2.14(b)所示. 在极坐标系中，D 可表示为

$$\left\{(\theta,r)\,\middle|\,0\leqslant r\leqslant 2a\cos\theta,0\leqslant\theta\leqslant\frac{\pi}{2}\right\},$$

所以

$$V=4\iint_D\sqrt{4a^2-x^2-y^2}\,\mathrm{d}x\,\mathrm{d}y=4\int_0^{\frac{\pi}{2}}\mathrm{d}\theta\int_0^{2a\cos\theta}\sqrt{4a^2-r^2}\cdot r\,\mathrm{d}r$$

$$=\frac{32}{3}a^3\int_0^{\frac{\pi}{2}}(1-\sin^3\theta)\,\mathrm{d}\theta=\frac{32}{3}a^3\left(\frac{\pi}{2}-\frac{2}{3}\right).$$

除了极坐标变换，还有广义极坐标变换，旨在简化积分区域是椭圆形区域，或者被积函数的形式为 $f\left(\frac{x^2}{a^2}+\frac{y^2}{b^2}\right)$ 的二重积分的计算. 其变换为

$$T:\begin{cases}x=ar\cos\theta,\\ y=br\sin\theta,\end{cases}\quad 0\leqslant r<+\infty,0\leqslant\theta\leqslant 2\pi,$$

Jacobi 行列式为

$$J(r,\theta)=\frac{\partial(x,y)}{\partial(r,\theta)}=\begin{vmatrix}a\cos\theta & -ar\sin\theta\\ b\sin\theta & br\cos\theta\end{vmatrix}=abr.$$

例 16.2.12 计算二重积分 $\iint_D(b^2x^2+a^2y^2)\,\mathrm{d}x\,\mathrm{d}y$，其中 $D=\left\{(x,y)\,\middle|\,\frac{x^2}{a^2}+\frac{y^2}{b^2}\leqslant 1\right\}$.

解　做广义的坐标变换 $T:\begin{cases}x=ar\cos\theta,\\ y=br\sin\theta,\end{cases}$ $0\leqslant r<+\infty,0\leqslant\theta\leqslant 2\pi$，则广义极坐标系下对应的区域可以表示为 $\{(\theta,r)\mid 0\leqslant\theta\leqslant 2\pi,0\leqslant r\leqslant 1\}$，且 $J(r,\theta)=abr$，则

$$\iint_D(b^2x^2+a^2y^2)\,\mathrm{d}x\,\mathrm{d}y=a^2b^2\iint_D\left(\frac{x^2}{a^2}+\frac{y^2}{b^2}\right)\mathrm{d}x\,\mathrm{d}y$$

$$=a^2b^2\int_0^{2\pi}\mathrm{d}\theta\int_0^1 r^2\cdot abr\,\mathrm{d}r=\frac{1}{2}\pi a^3b^3.$$

广义二重积分举例

习题 16.2

1. 计算下列积分：

(1) $\iint_D x\sin(xy)\,\mathrm{d}x\,\mathrm{d}y$，$D=[0,\pi]\times[0,1]$；(2) $\iint_D\cos(x+y)\,\mathrm{d}x\,\mathrm{d}y$，$D=[0,\pi]\times[0,\pi]$.

2. 设函数 $f(x,y)$ 在矩形区域 $D=[a,b]\times[c,d]$ 上有连续的二阶偏导数，计算积分

$$\iint_D\frac{\partial^2 f}{\partial x\partial y}(x,y)\,\mathrm{d}x\,\mathrm{d}y.$$

3. 改变下列累次积分的积分次序：

(1) $\int_0^1\mathrm{d}x\int_x^{2x}f(x,y)\,\mathrm{d}y$；　(2) $\int_0^1\mathrm{d}y\int_0^{2y}f(x,y)\,\mathrm{d}x+\int_1^3\mathrm{d}y\int_0^{3-y}f(x,y)\,\mathrm{d}x$；

(3) $\int_0^{2a}\mathrm{d}x\int_{\sqrt{2ax-x^2}}^{\sqrt{2ax}}f(x,y)\mathrm{d}y$；　(4) $\int_0^1\mathrm{d}x\int_0^{x^2}f(x,y)\mathrm{d}y+\int_1^2\mathrm{d}x\int_0^{\sqrt{1-(x-1)^2}}f(x,y)\mathrm{d}y$.

4. 计算下列二重积分：

(1) $\iint\limits_D x\mathrm{d}x\mathrm{d}y$，$D$ 是由直线 $y=2x$，$x=2y$，$x+y=3$ 所围成的区域；

(2) $\iint\limits_D x^2y^2\mathrm{d}x\mathrm{d}y$，$D$ 是由抛物线 $y^2=2x$ 和直线 $x=2$ 所围成的区域；

(3) $\iint\limits_D (x^2+y^2)\mathrm{d}x\mathrm{d}y$，$D$ 是 $y=x$，$y=x+a$，$y=a$ 和 $y=3a(a>0)$ 所围成的区域；

(4) $\iint\limits_D \cos(x+y)\mathrm{d}x\mathrm{d}y$，$D=\{(x,y)\mid |x|+|y|\leqslant 1\}$；

(5) $\iint\limits_D |xy|\mathrm{d}x\mathrm{d}y$，$D=\{(x,y)\mid x^2+y^2\leqslant R^2,R>0\}$；

(6) $\iint\limits_D [y+xf(x^2+y^2)]\mathrm{d}x\mathrm{d}y$，$D$ 是 $y=x^2$ 和 $y=1$ 所围成的区域.

5. 设 $f(x)$ 为一元连续函数，证明：$\int_0^a\mathrm{d}x\int_0^x f(x)f(y)\mathrm{d}y=\frac{1}{2}\left(\int_0^a f(t)\mathrm{d}t\right)^2$.

6. 将下列区域上的二重积分 $\iint\limits_D f(x,y)\mathrm{d}x\mathrm{d}y$ 转化为极坐标系下的累次积分：

(1) $D=\{(x,y)\mid x^2+y^2\leqslant a^2,y>0\}$；

(2) $D=\{(x,y)\mid x^2+y^2\leqslant ay,a>0\}$；

(3) $D=\{(x,y)\mid 0\leqslant x\leqslant a,0\leqslant y\leqslant a\}$.

7. 计算下列二重积分：

(1) $\iint\limits_{x^2+y^2\leqslant x+y}\sqrt{x^2+y^2}\mathrm{d}x\mathrm{d}y$；　(2) $\iint\limits_{1\leqslant x^2+y^2\leqslant 4}\frac{\sin(\pi\sqrt{x^2+y^2})}{\sqrt{x^2+y^2}}\mathrm{d}x\mathrm{d}y$；

(3) $\iint\limits_{x^2+y^2\leqslant 2x}\sqrt{4-x^2-y^2}\mathrm{d}x\mathrm{d}y$；　(4) $\iint\limits_{(x^2+y^2)^2\leqslant 2a(x^2-y^2),a>0}(x+y)^2\mathrm{d}x\mathrm{d}y$；

(5) $\iint\limits_D\sqrt{1-\frac{x^2}{a^2}-\frac{y^2}{b^2}}\mathrm{d}x\mathrm{d}y$，$D=\left\{(x,y)\mid \frac{x^2}{a^2}+\frac{y^2}{b^2}\leqslant 1,x\geqslant y\geqslant 0\right\}$，其中常数 $a,b>0$.

8. 作适当的变量代换，计算下列二重积分：

(1) $\iint\limits_D e^{\frac{y}{x+y}}\mathrm{d}x\mathrm{d}y$，　$D=\{(x,y)\mid x+y\leqslant 1,x\geqslant 0,y\geqslant 0\}$；

(2) $\iint\limits_D (x+y)\sin(x-y)\mathrm{d}x\mathrm{d}y$，$D=\{(x,y)\mid 0\leqslant x+y\leqslant \pi,0\leqslant x-y\leqslant \pi\}$；

(3) $\iint\limits_D (x+y)\mathrm{d}x\mathrm{d}y$，$D=\left\{(x,y)\mid 4\leqslant x+y\leqslant 12,-\sqrt{2x}\leqslant y\leqslant \sqrt{2x},x\geqslant 0\right\}$.

9. 求由曲面 $z=x^2+y^2$ 和平面 $z=x+y$ 所围成的立体的体积.

10. 求由锥面 $z=\sqrt{x^2+y^2}$，平面 $z=0$ 和圆柱面 $x^2+y^2=1$ 所围成的立体的体积.

11. 计算由下列曲线所围成的图形的面积：

(1) $x+y=a$，$x+y=b$，$y=\alpha x$，$y=\beta x(0<a<b,0<\alpha<\beta)$；

(2) $\sqrt[4]{\frac{x}{a}}+\sqrt[4]{\frac{y}{b}}=1, x=0, y=0$;

(3) $(a_1x+b_1y+c_1)^2+(a_2x+b_2y+c_2)^2=1$,式中 $a_1b_2\neq a_2b_1$;

(4) $(x^2+y^2)^2=2a^2(x^2-y^2),(x^2+y^2\geqslant a^2, a>0)$.

12. 作适当的变换,将下列二重积分转化为定积分:

(1) $\iint\limits_{x^2+y^2\leqslant 1} f(\sqrt{x^2+y^2})\mathrm{d}x\mathrm{d}y$;

(2) $\iint\limits_D f(xy)\mathrm{d}x\mathrm{d}y$, 其中 $D=\{(x,y)\mid x\leqslant y\leqslant 4x, 1\leqslant xy\leqslant 2, x>0, y>0\}$.

16.3　三重积分的概念与计算

16.3.1　三重积分的概念

类似于平面图形可求面积的定义,可以建立空间立体可求体积的概念,这里不再重复. 下面通过一个实际问题来引出三重积分的概念:如何求密度函数为 $f(x,y,z)$的空间立体 V 的质量?类似于定积分微元法的思想,把 V 分割成 n 小块 $\Delta V_1,\Delta V_2,\cdots,\Delta V_n$,其中 $\Delta V_i(i=1,2,\cdots,n)$也表示分割出小块的体积,在每一小块上任取一点$(\xi_i,\eta_i,\zeta_i)$, 则当相应和式极限存在时,立体的质量为

$$m=\lim_{\|T\|\to 0}\sum_{i=1}^{n}f(\xi_i,\eta_i,\zeta_i)\Delta V_i,$$

其中 $\|T\|=\max\limits_{1\leqslant i\leqslant n}\{\mathrm{diam}\Delta V_i\}$为分割的细度,$\mathrm{diam}\Delta V_i$ 为 ΔV_i 的直径.

下面给出三重积分的概念.

定义 16.3.1 设 V 为三维空间可求体积的有界闭区域,$f(x,y,z)$为定义在 V 上的有界函数, 用任意光滑曲面所组成的曲面网 T 将区域 V 分割成 n 个可求体积的小区域 $\Delta V_i(i=1,2,\cdots,n)$,$\Delta V_i$ 也表示小区域的体积, $\|T\|=\max\limits_{1\leqslant i\leqslant n}\{\mathrm{diam}\Delta V_i\}$为分割 T 的细度,其中$\mathrm{diam}\Delta V_i$ 为 ΔV_i 的直径. 在 ΔV_i 上任取一点$(\xi_i,\eta_i,\zeta_i)(i=1,2,\cdots,n)$, J 为确定的数, 如果对任意 $\varepsilon>0$, 存在 $\delta>0$, 对 V 的任何分割 T,当 $\|T\|<\delta$ 时,

$$\left|\sum_{i=1}^{n}f(\xi_i,\eta_i,\zeta_i)\Delta V_i-J\right|<\varepsilon$$

都成立,则称 $f(x,y,z)$在 V 上可积,称 J 为 $f(x,y,z)$在 V 上的三重积分, 记为

$$J=\iiint\limits_V f(x,y,z)\mathrm{d}V \quad 或 \quad J=\iiint\limits_V f(x,y,z)\mathrm{d}x\mathrm{d}y\mathrm{d}z,$$

其中 V 称为积分区域,$f(x,y,z)$称为被积函数,x,y,z 称为积分变量,$\mathrm{d}V$ 称为体积元素.

注　若 $f(x,y,z)=1$, 则$\iiint\limits_V \mathrm{d}V$ 表示区域 V 的体积.

三重积分具有与二重积分相似的可积条件和相关性质, 这里不再细述. 例如三重积分的可积性条件为:

(1) 有界闭区域上的连续函数必可积.

(2) 有界闭区域 V 上的有界函数 $f(x,y,z)$，如果其间断点仅在有限多个曲面上，则 $f(x,y,z)$ 在 V 上可积.

三重积分的积分中值定理为：

设 $f(x,y,z)$ 在有界闭区域 Ω 上连续，则存在 $(\xi,\eta,\zeta)\in\Omega$，使得

$$\iiint\limits_{\Omega} f(x,y,z)\mathrm{d}V = f(\xi,\eta,\zeta)V(\Omega),$$

其中 $V(\Omega)$ 为区域 Ω 的体积.

16.3.2 直角坐标系下三重积分的计算

类似矩形区域上二重积分的 Fubini 定理，首先将长方体区域上的三重积分转化为累次积分，定理的证明与二重积分相仿，这里略去.

定理 16.3.1 若函数 $f(x,y,z)$ 在区域 $V=[a,b]\times[c,d]\times[e,h]$ 上的三重积分存在，且对于任意 $(x,y)\in[a,b]\times[c,d]$，积分 $g(x,y)=\int_e^h f(x,y,z)\mathrm{d}z$ 存在，则 $\iint\limits_D g(x,y)\mathrm{d}x\mathrm{d}y$ 也存在，其中 $D=[a,b]\times[c,d]$，且

$$\iiint\limits_V f(x,y,z)\mathrm{d}x\mathrm{d}y\mathrm{d}z=\iint\limits_D \mathrm{d}x\mathrm{d}y\int_e^h f(x,y,z)\mathrm{d}z=\int_a^b \mathrm{d}x\int_c^d \mathrm{d}y\int_e^h f(x,y,z)\mathrm{d}z.$$

定理 16.3.2 若函数 $f(x,y,z)$ 在区域 $V=[a,b]\times[c,d]\times[e,h]$ 上的三重积分存在，且对于任意 $x\in[a,b]$，积分 $h(x)=\iint\limits_D f(x,y,z)\mathrm{d}y\mathrm{d}z$ 都存在，其中 $D=[c,d]\times[e,h]$，则 $\int_a^b h(x)\mathrm{d}x$ 也存在，且

$$\iiint\limits_V f(x,y,z)\mathrm{d}x\mathrm{d}y\mathrm{d}z=\int_a^b \mathrm{d}x\iint\limits_D f(x,y,z)\mathrm{d}y\mathrm{d}z=\int_a^b \mathrm{d}x\int_c^d \mathrm{d}y\int_e^h f(x,y,z)\mathrm{d}z.$$

相应地，一般区域上三重积分的计算有如下定理.

定理 16.3.3 设 $V=\{(x,y,z)\mid z_1(x,y)\leqslant z\leqslant z_2(x,y),(x,y)\in D\}$ 是空间可求体积的有界闭区域，D 为区域 V 在 xy 平面的投影，$z_1(x,y)$，$z_2(x,y)$ 是 D 上的连续函数，若函数 $f(x,y,z)$ 在 V 上的三重积分存在，且对任意 $(x,y)\in D$，$G(x,y)=\int_{z_1(x,y)}^{z_2(x,y)} f(x,y,z)\mathrm{d}z$ 存在，则 $\iint\limits_D G(x,y)\mathrm{d}x\mathrm{d}y$ 也存在，且

$$\iiint\limits_V f(x,y,z)\mathrm{d}x\mathrm{d}y\mathrm{d}z=\iint\limits_D G(x,y)\mathrm{d}x\mathrm{d}y=\iint\limits_D \mathrm{d}x\mathrm{d}y\int_{z_1(x,y)}^{z_2(x,y)} f(x,y,z)\mathrm{d}z.$$

注 定理 16.3.3 的方法简称为“投影法”，也称“先一后二”，区域的特点是平行于 z 轴的直线穿过 V 内部与区域的边界最多有两个交点，如图 16.3.1 所示. 步骤为：先找出 V 在 xy 平面的投影区域 D，在 D 上任一点 (x,y)“穿线”确定 z 的积分限，完成了“先一”这一步(定积分)；进而按二重积分的计算步骤计算投影域 D 上的二重积分，完成“后二”这一步.

定理 16.3.4 设 $V=\{(x,y,z)\mid(x,y)\in D_z,e\leqslant z\leqslant h\}$ 是空间可求体积的有界闭区域，其中 D_z 是过点 $(0,0,z)$ 且与 z 轴垂直的平面截区域 V 所得的截面，若 $f(x,y,z)$ 在 V 上的三重积分存在，且对任意的 $z\in[e,h]$，积分 $H(z)=\iint\limits_{D_z} f(x,y,z)\mathrm{d}x\mathrm{d}y$ 都存在，则 $\int_e^h H(z)\mathrm{d}z$ 也

存在，且

$$\iiint\limits_{V} f(x,y,z)\,\mathrm{d}x\,\mathrm{d}y\,\mathrm{d}z=\int_{e}^{h} H(z)\,\mathrm{d}z=\int_{e}^{h}\mathrm{d}z\iint\limits_{D_z} f(x,y,z)\,\mathrm{d}x\,\mathrm{d}y.$$

注　定理 16.3.4 的方法简称为“截面法”，也称“先二后一”，如图 16.3.2 所示. 步骤为：先确定 V 在 z 轴上的投影区间 $[e,h]$，然后过点 $(0,0,z)$ 做与 z 轴垂直的平面截区域 V 得到截面 D_z，计算区域 D_z 上的二重积分，完成了“先二”这一步（二重积分）；进而计算定积分，完成“后一”这一步.

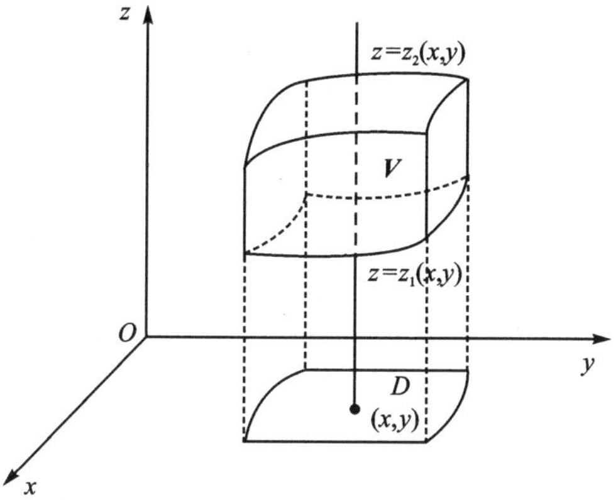

图 16.3.1

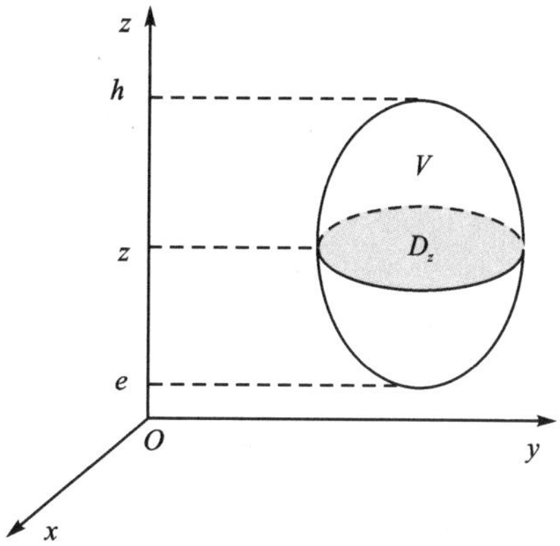

图 16.3.2

积分区域投影到其他坐标平面或坐标轴的情形也有类似结果，要根据实际积分中区域的情况来决定选择“先一后二”还是“先二后一”的方法来计算三重积分.

三重积分举例

例 16.3.1　计算 $\iiint\limits_{V} x\,\mathrm{d}x\,\mathrm{d}y\,\mathrm{d}z$，其中 $V=\{(x,y,z)\mid x\geqslant 0,y\geqslant 0,z\geqslant 0,x+2y+z\leqslant 1\}$.

解　积分区域可以表示为 $V=\{(x,y,z)\mid 0\leqslant z\leqslant 1-x-2y,(x,y)\in D\}$，其中区域 V 向 xy 平面投影区域 $D=\{(x,y)\mid x\geqslant 0,y\geqslant 0,x+2y\leqslant 1\}$，如图 16.3.3 所示，所以

$$\begin{aligned}\iiint\limits_{V} x\,\mathrm{d}x\,\mathrm{d}y\,\mathrm{d}z&=\iint\limits_{D}\mathrm{d}x\,\mathrm{d}y\int_{0}^{1-x-2y} x\,\mathrm{d}z=\iint\limits_{D} x(1-x-2y)\,\mathrm{d}x\,\mathrm{d}y\\&=\int_{0}^{1}\mathrm{d}x\int_{0}^{\frac{1-x}{2}} x(1-x-2y)\,\mathrm{d}y\\&=\int_{0}^{1} x\left[(1-x)y-y^2\right]_{0}^{\frac{1-x}{2}}\mathrm{d}x=\frac{1}{4}\int_{0}^{1}(x-2x^2+x^3)\,\mathrm{d}x=\frac{1}{48}.\end{aligned}$$

例 16.3.2　计算 $\iiint\limits_{V} z^2\,\mathrm{d}x\,\mathrm{d}y\,\mathrm{d}z$，其中 V 是锥面 $z^2=4(x^2+y^2)$ 与平面 $z=2$ 所围成的闭区域.

解　方法一　积分区域可以表示为 $V=\{(x,y,z)\mid 2\sqrt{x^2+y^2}\leqslant z\leqslant 2,(x,y)\in D\}$，其中 $D=\{(x,y)\mid x^2+y^2\leqslant 1\}$，如图 16.3.4(a)所示，所以

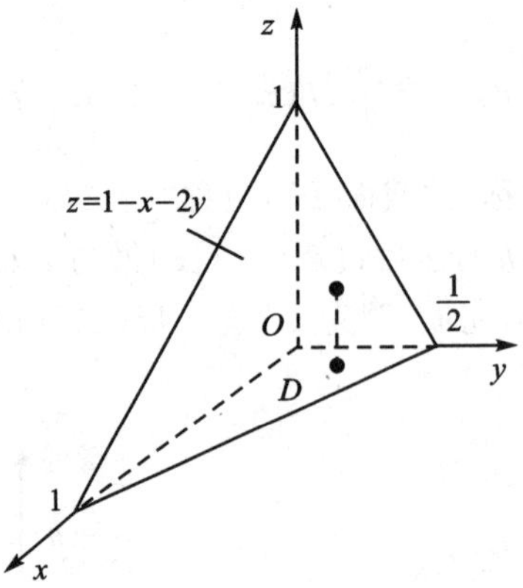

图 16.3.3

$$\iiint\limits_V z^2 \mathrm{d}x\mathrm{d}y\mathrm{d}z = \iint\limits_D \mathrm{d}x\mathrm{d}y\int_{2\sqrt{x^2+y^2}}^{2} z^2\mathrm{d}z$$
$$= \frac{8}{3}\iint\limits_D [1-(x^2+y^2)]^{\frac{3}{2}}\mathrm{d}x\mathrm{d}y$$
$$= \frac{8}{3}\int_0^{2\pi}\mathrm{d}\theta\int_0^1(1-r^3)r\mathrm{d}r = \frac{8\pi}{5}.$$

方法二 积分区域可以表示为 $V=\{(x,y,z)\mid(x,y)\in D_z,0\leqslant z\leqslant 2\}$，其中 $D_z=\left\{(x,y)\,\middle|\,x^2+y^2\leqslant\frac{1}{4}z^2\right\}$，其面积记为 $S(D_z)$，如图 16.3.4(b)所示，所以

$$\iiint\limits_V z^2\mathrm{d}x\mathrm{d}y\mathrm{d}z = \int_0^2\mathrm{d}z\iint\limits_{D_z} z^2\mathrm{d}x\mathrm{d}y = \int_0^2 z^2 S(D_z)\mathrm{d}z = \int_0^2 z^2\cdot\frac{\pi z^2}{4}\mathrm{d}z = \frac{8\pi}{5}.$$

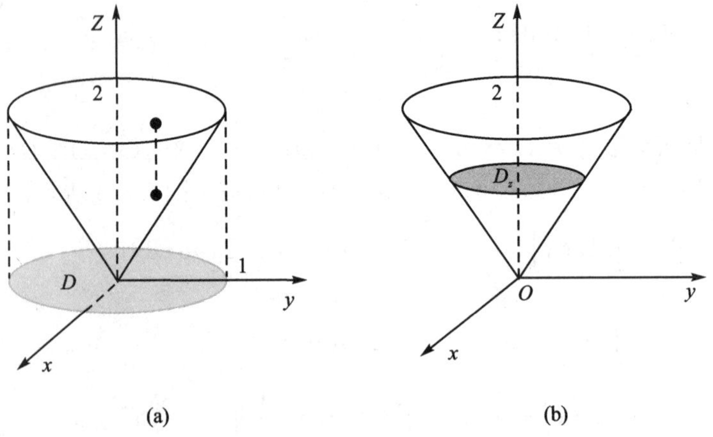

图 16.3.4

例 16.3.2 的两种方法分别是“先一后二”和“先二后一”. 可以看出，当被积函数仅为 z 的函数并且 D_z 的面积也容易求出时，“先二后一”也即“截面法”更简便一些. 被积函数只是变量 x 或者 y 的函数时也有类似的结论.

类似二重积分，三重积分同样可以利用对称性来简化积分计算. 假设积分区域 V 可以分

解为两个具有对称性（关于直线，点，或某个平面）的子区域 V_1，V_2，则

(1) 若被积函数 $f(x,y,z)$ 在 V_1 中点的函数值与 V_2 中对称点的函数值相反，则

$$\iiint\limits_V f(x,y,z)\mathrm{d}x\mathrm{d}y\mathrm{d}z=0;$$

(2) 若被积函数 $f(x,y,z)$ 在 V_1 中点的函数值与 V_2 中对称点的函数值相同，则

$$\iiint\limits_V f(x,y,z)\mathrm{d}x\mathrm{d}y\mathrm{d}z=2\iiint\limits_{V_1} f(x,y,z)\mathrm{d}x\mathrm{d}y\mathrm{d}z.$$

比较常见的情形是积分区域 V 关于坐标平面对称，以 xy 平面为例，即假设区域 V 关于 xy 平面对称，V_1 是 V 位于 xy 平面上方的部分，则

(1) 若 $f(x,y,z)$ 关于 z 是奇函数，即 $f(x,y,-z)=-f(x,y,z)$，则

$$\iiint\limits_V f(x,y,z)\mathrm{d}x\mathrm{d}y\mathrm{d}z=0;$$

(2) 若 $f(x,y,z)$ 关于 z 是偶函数，即 $f(x,y,-z)=f(x,y,z)$，则

$$\iiint\limits_V f(x,y,z)\mathrm{d}x\mathrm{d}y\mathrm{d}z=2\iiint\limits_{V_1} f(x,y,z)\mathrm{d}x\mathrm{d}y\mathrm{d}z.$$

16.3.3　三重积分的变量代换

类似二重积分的换元公式，一些类型的三重积分做适当的变换后能够使计算简便.

定理 16.3.5 设 $V\subset R^3$ 为有界闭区域，$f(x,y,z)$ 在 V 上可积. 变换

$$T:\begin{cases}x=x(u,v,w),\\ y=y(u,v,w), \quad (u,v,w)\in\Delta,\\ z=z(u,v,w),\end{cases}$$

将 uvw 空间的区域 Δ 一一映射到 xyz 空间的区域 V. 设函数 $x(u,v,w)$，$y(u,v,w)$，$z(u,v,w)$ 在 Δ 上具有连续的一阶偏导数，且

$$J(u,v,w)=\frac{\partial(x,y,z)}{\partial(u,v,w)}=\begin{vmatrix}x_u & x_v & x_w\\ y_u & y_v & y_w\\ z_u & z_v & z_w\end{vmatrix}\neq 0,(u,v,w)\in\Delta,$$

则

$$\iiint\limits_V f(x,y,z)\mathrm{d}x\mathrm{d}y\mathrm{d}z=\iiint\limits_V f(x(u,v,w),y(u,v,w),z(u,v,w))\cdot\left|\frac{\partial(x,y,z)}{\partial(u,v,w)}\right|\mathrm{d}u\mathrm{d}v\mathrm{d}w.$$

例 16.3.3 计算 $\iiint\limits_V (x+y-z)(x-y+z)(y+z-x)\mathrm{d}x\mathrm{d}y\mathrm{d}z$，其中闭区域

$$V=\{(x,y,z)\mid 0\leqslant x+y-z\leqslant 1,0\leqslant x-y+z\leqslant 1,0\leqslant y+z-x\leqslant 1\}.$$

解　令 $u=x+y-z$，$v=x-y+z$，$w=y+z-x$，则 $0\leqslant u\leqslant 1$，$0\leqslant v\leqslant 1$，$0\leqslant w\leqslant 1$，且

$$\frac{\partial(u,v,w)}{\partial(x,y,z)}=\begin{vmatrix}1 & 1 & -1\\ 1 & -1 & 1\\ -1 & 1 & 1\end{vmatrix}=-4,$$

所以 $\left|\dfrac{\partial(x,y,z)}{\partial(u,v,w)}\right|=\dfrac{1}{4}$.

于是由定理 16.3.5 可得

$$\iiint_V (x+y-z)(x-y+z)(y+z-x)\mathrm{d}x\mathrm{d}y\mathrm{d}z=\frac{1}{4}\int_0^1 w\mathrm{d}w\int_0^1 v\mathrm{d}v\int_0^1 u\mathrm{d}u=\frac{1}{32}.$$

下面介绍三重积分的两种非常重要的变换：柱面坐标变换和球面坐标变换.

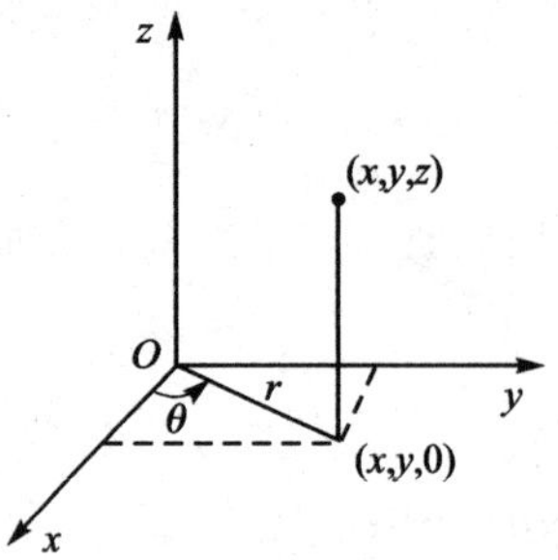

图 16.3.5

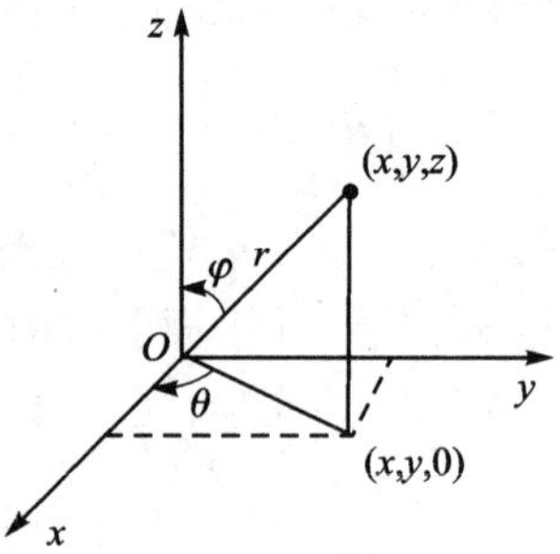

图 16.3.6

1. 柱面坐标变换

$$T:\begin{cases}x=r\cos\theta,\\ y=r\sin\theta, \quad 0\leqslant r<+\infty, 0\leqslant\theta\leqslant 2\pi, -\infty<z<+\infty.\\ z=z.\end{cases}$$

坐标如图 16.3.5 所示，变换的 Jacobi 行列式为

$$J(r,\theta,z)=\frac{\partial(x,y,z)}{\partial(r,\theta,z)}=\begin{vmatrix}\cos\theta & -r\sin\theta & 0\\ \sin\theta & r\cos\theta & 0\\ 0 & 0 & 1\end{vmatrix}=r,$$

则

$$\iiint_V f(x,y,z)\mathrm{d}x\mathrm{d}y\mathrm{d}z=\iiint_\Delta f(r\cos\theta,r\sin\theta,z)r\mathrm{d}r\mathrm{d}\theta\mathrm{d}z.$$

在柱面坐标系中，r,θ,z 分别等于常数时，在 xyz 坐标系中对应的是以 z 轴为中心轴的圆柱面、过 z 轴的半平面以及垂直于 z 轴的平面.

2. 球面坐标变换

$$T:\begin{cases}x=r\sin\varphi\cos\theta,\\ y=r\sin\varphi\sin\theta, \quad 0\leqslant r<+\infty, 0\leqslant\varphi\leqslant\pi, 0\leqslant\theta\leqslant 2\pi.\\ z=r\cos\varphi.\end{cases}$$

坐标如图 16.3.6 所示，变换的 Jacobi 行列式为

$$J(r,\varphi,\theta)=\frac{\partial(x,y,z)}{\partial(r,\varphi,\theta)}=\begin{vmatrix}\sin\varphi\cos\theta & r\cos\varphi\cos\theta & -r\sin\varphi\sin\theta\\ \sin\varphi\sin\theta & r\cos\varphi\sin\theta & r\sin\varphi\cos\theta\\ \cos\varphi & -r\sin\varphi & 0\end{vmatrix}=r^2\sin\varphi,$$

则

$$\iiint_V f(x,y,z)\mathrm{d}x\mathrm{d}y\mathrm{d}z=\iiint_\Delta f(r\sin\varphi\cos\theta,r\sin\varphi\sin\theta,r\cos\varphi)r^2\sin\varphi\mathrm{d}\varphi\mathrm{d}\theta\mathrm{d}r.$$

在球面坐标系中,r,φ,θ 分别等于常数时，在 xyz 坐标系中对应的是以原点为球心的球面、以原点为顶点、z 轴为中心轴的圆锥面以及过 z 轴的半平面.

例 16.3.4 计算三重积分 $\iiint\limits_V x^2\mathrm{d}x\mathrm{d}y\mathrm{d}z$，其中 V 是由锥面 $z=\sqrt{x^2+y^2}$ 与平面 $z=1$ 所围成的区域.

解　作柱面坐标变换

$$T: x=r\cos\theta,\quad y=r\sin\theta,\quad z=z,$$

则积分区域对应为

$$\Delta=\{(r,\theta,z)\mid r\leqslant z\leqslant 1, 0\leqslant\theta\leqslant 2\pi, 0\leqslant r\leqslant 1\},$$

所以

$$\iiint\limits_V x^2\mathrm{d}x\mathrm{d}y\mathrm{d}z=\int_0^1\mathrm{d}r\int_0^{2\pi}\mathrm{d}\theta\int_r^1 r^2\cos^2\theta\cdot r\mathrm{d}z=\frac{\pi}{20}.$$

例 16.3.5 计算 $\iiint\limits_V(x^2+y^2+z^2)\mathrm{d}x\mathrm{d}y\mathrm{d}z$，其中 V 是由球面 $x^2+y^2+z^2=1$ 与锥面 $z=\sqrt{x^2+y^2}$ 所围的立体.

解　积分区域如图 16.3.7 所示. 做球面坐标变换 $T:\begin{cases}x=r\sin\varphi\cos\theta,\\ y=r\sin\varphi\sin\theta, J=r^2\sin\varphi.\\ z=r\cos\varphi.\end{cases}$

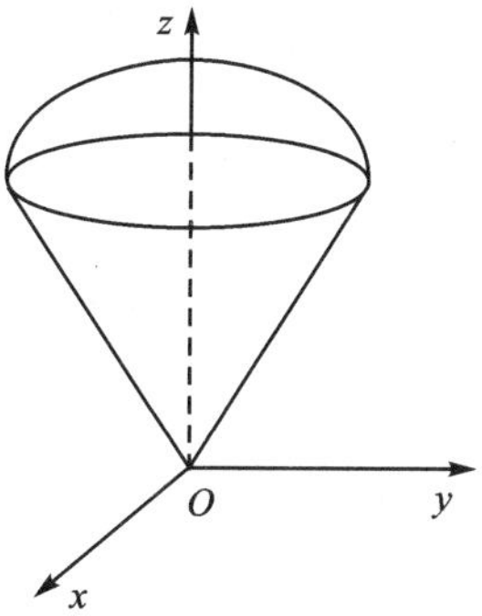

图 16.3.7

由 $\begin{cases}x^2+y^2+z^2=1\\ z=\sqrt{x^2+y^2}\end{cases}$，联立可得 $z=\pm\dfrac{\sqrt{2}}{2}$，在球坐标系下 V 对应的区域为

$$\Delta=\{(r,\varphi,\theta)\mid 0\leqslant r\leqslant 1, 0\leqslant\varphi\leqslant\frac{\pi}{4}, 0\leqslant\theta\leqslant 2\pi\}.$$

因此

$$\iiint\limits_V(x^2+y^2+z^2)\mathrm{d}x\mathrm{d}y\mathrm{d}z=\int_0^{\frac{\pi}{4}}\mathrm{d}\varphi\int_0^{2\pi}\mathrm{d}\theta\int_0^1 r^2\cdot r^2\sin\varphi\mathrm{d}r=\frac{\pi}{5}(2-\sqrt{2}).$$

例 16.3.6 计算 $\iiint\limits_\Omega(x+y+z)^2\mathrm{d}x\mathrm{d}y\mathrm{d}z$，其中 Ω 为椭球体 $\dfrac{x^2}{a^2}+\dfrac{y^2}{b^2}+\dfrac{z^2}{c^2}\leqslant 1$.

解　**方法一**　因为 $(x+y+z)^2=(x^2+y^2+z^2)+2xy+2xz+2yz$，积分区域关于坐标平面对称，且 xy,xz,yz 分别为关于 x,y,z 的奇函数，所以

$$\iiint\limits_{\Omega} 2xy\,\mathrm{d}x\,\mathrm{d}y\,\mathrm{d}z = 0,\quad \iiint\limits_{\Omega} 2xz\,\mathrm{d}x\,\mathrm{d}y\,\mathrm{d}z = 0,\quad \iiint\limits_{\Omega} 2yz\,\mathrm{d}x\,\mathrm{d}y\,\mathrm{d}z = 0,$$

从而

$$\iiint\limits_{\Omega} (x+y+z)^2\,\mathrm{d}x\,\mathrm{d}y\,\mathrm{d}z = \iiint\limits_{\Omega} (x^2+y^2+z^2)\,\mathrm{d}x\,\mathrm{d}y\,\mathrm{d}z.$$

又因为 $\iiint\limits_{\Omega} z^2\,\mathrm{d}x\,\mathrm{d}y\,\mathrm{d}z = \int_{-c}^{c} z^2\,\mathrm{d}z \iint\limits_{D_z} \mathrm{d}x\,\mathrm{d}y$，其中 $D_z = \left\{(x,y) \,\middle|\, \frac{x^2}{a^2}+\frac{y^2}{b^2} \leqslant 1-\frac{z^2}{c^2}\right\}$，

所以 $\iiint\limits_{\Omega} z^2\,\mathrm{d}x\,\mathrm{d}y\,\mathrm{d}z = \int_{-c}^{c} z^2\,\mathrm{d}z \iint\limits_{D_z} \mathrm{d}x\,\mathrm{d}y = \int_{-c}^{c} \pi ab\left(1-\frac{z^2}{c^2}\right) z^2\,\mathrm{d}z = \frac{4}{15}\pi abc^3.$

同理可得

$$\iiint\limits_{\Omega} x^2\,\mathrm{d}x\,\mathrm{d}y\,\mathrm{d}z = \frac{4}{15}\pi a^3 bc,\quad \iiint\limits_{\Omega} y^2\,\mathrm{d}x\,\mathrm{d}y\,\mathrm{d}z = \frac{4}{15}\pi ab^3 c,$$

从而

$$\iiint\limits_{\Omega} (x+y+z)^2\,\mathrm{d}x\,\mathrm{d}y\,\mathrm{d}z = \frac{4}{15}\pi abc(a^2+b^2+c^2).$$

方法二 作广义球面坐标变换

$$T:\begin{cases} x = ar\sin\varphi\cos\theta, \\ y = br\sin\varphi\sin\theta, \\ z = cr\cos\varphi. \end{cases}$$

则 T 的 Jacobi 行列式为

$$J(r,\varphi,\theta) = abcr^2\sin\varphi,$$

所以

$$\begin{aligned}
&\iiint\limits_{\Omega} (x+y+z)^2\,\mathrm{d}x\,\mathrm{d}y\,\mathrm{d}z \\
&= \iiint\limits_{\Omega} (x^2+y^2+z^2)\,\mathrm{d}x\,\mathrm{d}y\,\mathrm{d}z \\
&= \int_0^{\pi}\mathrm{d}\varphi\int_0^{2\pi}\mathrm{d}\theta\int_0^1 (a^2\sin^2\varphi\cos^2\theta + b^2\sin^2\varphi\sin^2\theta + c^2\cos^2\varphi)abcr^4\sin\varphi\,\mathrm{d}r \\
&= \frac{2}{5}abc\int_0^{2\pi}\mathrm{d}\theta\int_0^{\frac{\pi}{2}} (a^2\sin^2\varphi\cos^2\theta + b^2\sin^2\varphi\sin^2\theta + c^2\cos^2\varphi)\sin\varphi\,\mathrm{d}\varphi \\
&= \frac{2}{5}abc\int_0^{2\pi} (2a^2\cos^2\theta + 2b^2\sin^2\theta + c^2)\,\mathrm{d}\theta \\
&= \frac{4}{15}\pi abc(a^2+b^2+c^2).
\end{aligned}$$

***N* 重积分举例**

习题 16.3

1. 设 $f(x,y,z)$ 为连续函数，求 $\lim\limits_{r\to 0^+}\dfrac{3}{4\pi r^3}\iiint\limits_{x^2+y^2+z^2\leqslant r^2} f(x,y,z)\mathrm{d}x\mathrm{d}y\mathrm{d}z$.

2. 证明：若函数 $f(x,y,z)$ 在区域 V 内连续且对于任意子区域 $\Omega\subset V$，都有 $\iiint\limits_{\Omega} f(x,y,z)\mathrm{d}x\mathrm{d}y\mathrm{d}z=0$，则 $f(x,y,z)\equiv 0,(x,y,z)\in V$.

3. 计算下列积分：

(1) $\iiint\limits_V (xy+2z)\mathrm{d}x\mathrm{d}y\mathrm{d}z$，其中 $V=[2,3]\times[-1,1]\times[0,2]$；

(2) $\iiint\limits_V yz\mathrm{d}x\mathrm{d}y\mathrm{d}z$，$V$ 是单位球 $x^2+y^2+z^2\leqslant 1$ 在第一卦限内的部分；

(3) $\iiint\limits_V \dfrac{\mathrm{d}x\mathrm{d}y\mathrm{d}z}{(1+x+y+z)^3}$，$V$ 是由平面 $x+y+z=1$ 与三个坐标平面所围成的区域.

4. 计算下列积分：

(1) $\iiint\limits_V z^2\mathrm{d}x\mathrm{d}y\mathrm{d}z$，其中 V 是由曲面 $x^2+y^2+z^2=r^2$ 和 $x^2+y^2+z^2=2rz$ 所围成的区域；

(2) $\iiint\limits_V (x^2+y^2)^2\mathrm{d}x\mathrm{d}y\mathrm{d}z$，其中 V 是由曲面 $z=x^2+y^2$，$z=1$，$z=2$ 所围成的区域；

(3) $\iiint\limits_V (x^2+y^2)^{\frac{3}{2}}\mathrm{d}x\mathrm{d}y\mathrm{d}z$，其中 V 是曲面 $x^2+y^2=9$，$x^2+y^2=16$，$z^2=x^2+y^2$，$z\geqslant 0$ 所围成的区域；

(4) $\iiint\limits_V \sqrt{x^2+y^2+z^2}\mathrm{d}x\mathrm{d}y\mathrm{d}z$，其中 $V=\{(x,y,z)\mid x^2+y^2+z^2\leqslant z\}$；

(5) $\iiint\limits_V z\mathrm{d}x\mathrm{d}y\mathrm{d}z$，其中 $V=\left\{(x,y,z)\,\middle|\,\dfrac{x^2}{a^2}+\dfrac{y^2}{b^2}+\dfrac{z^2}{c^2}\leqslant 1,z\geqslant 0\right\}$；

(6) $\iiint\limits_V \sqrt{1-\left(\dfrac{x^2}{a^2}+\dfrac{y^2}{b^2}+\dfrac{z^2}{c^2}\right)}\mathrm{d}x\mathrm{d}y\mathrm{d}z$，其中 $V=\left\{(x,y,z)\,\middle|\,\dfrac{x^2}{a^2}+\dfrac{y^2}{b^2}+\dfrac{z^2}{c^2}\leqslant 1\right\}$；

(7) $\iiint\limits_V \mathrm{e}^{\sqrt{\frac{x^2}{a^2}+\frac{y^2}{b^2}+\frac{z^2}{c^2}}}\mathrm{d}x\mathrm{d}y\mathrm{d}z$，其中 $V=\left\{(x,y,z)\,\middle|\,\dfrac{x^2}{a^2}+\dfrac{y^2}{b^2}+\dfrac{z^2}{c^2}\leqslant 1\right\}$；

(8) $\int_0^1\mathrm{d}x\int_0^{\sqrt{1-x^2}}\mathrm{d}y\int_{\sqrt{x^2+y^2}}^{\sqrt{2-x^2-y^2}} z^2\mathrm{d}z$.

5. 利用适当的变量代换，计算积分 $\iiint\limits_V x^2\mathrm{d}x\mathrm{d}y\mathrm{d}z$，其中 V 是由曲面 $z=ay^2$，$z=by^2$，$y>0$，$z=\alpha x$，$z=\beta x$，$z=h\,(0<a<b,0<\alpha<\beta,h>0)$ 所围成的区域.

6. 计算由下列曲面围成的立体的体积：

(1) $\left(\dfrac{x^2}{a^2}+\dfrac{y^2}{b^2}+\dfrac{z^2}{c^2}\right)^2=\dfrac{x}{h}$；

(2) $\left(\dfrac{x^2}{a^2}+\dfrac{y^2}{b^2}+\dfrac{z^2}{c^2}\right)^2=\dfrac{x^2}{a^2}+\dfrac{y^2}{b^2}$.

16.4 重积分的应用

除了前面提到的求空间立体的体积和求空间物体的质量外,重积分在很多领域都有重要应用.下面简单介绍几个重积分在几何和力学方面的应用.

16.4.1 空间曲面的面积

(1) 设空间曲面 S 的直角坐标方程 $z=f(x,y),(x,y)\in D$,D 为空间可求面积的平面有界区域.$f(x,y)$在 D 上具有连续的一阶偏导数,此时曲面是光滑的.为了定义曲面 S 的面积 A,将 D 分割成 n 个小区域 $\Delta\sigma_i(i=1,2,\cdots,n)$,$\Delta\sigma_i$ 也表示小区域的面积.相应地,空间曲面 S 也分成 n 个小曲面片 $\Delta S_i(i=1,2,\cdots,n)$,$\Delta S_i$ 也表示小曲面片的面积.在每个小曲面片 ΔS_i 上任取一点 $M_i(\xi_i,\eta_i,\zeta_i)$,其中 $\zeta_i=f(\xi_i,\eta_i)$.在 M_i 点处作曲面的切平面 π_i,并在切平面上取一小块 $\Delta S_i{}^*$,使得 $\Delta S_i{}^*$ 与 ΔS_i 在 xy 平面的投影都是 $\Delta\sigma_i$.当 D 的分割 T 分割足够细,也即是 $\|T\|$ 充分小时,在 M_i 的附近,切平面块的面积可以近似代替曲面块的面积,从而有

$$\sum_{i=1}^{n}\Delta S_i\approx\sum_{i=1}^{n}\Delta S_i^*,$$

当 $\|T\|\to 0$ 时,若极限存在,$A=\lim\limits_{\|T\|\to 0}\sum\limits_{i=1}^{n}\Delta S_i^*$,则可将该极限作为曲面的面积.

在 M_i 处切平面的法向量为 $\boldsymbol{n}_i=\pm(f_x(\xi_i,\eta_i),f_y(\xi_i,\eta_i),-1)$,它与 z 轴的夹角记为 γ_i,则

$$|\cos\gamma_i|=\frac{1}{\sqrt{1+f_x^2(\xi_i,\eta_i)+f_y^2(\xi_i,\eta_i)}}.$$

又因为 ΔS_i^* 在 xy 平面的投影是 $\Delta\sigma_i$,所以

$$\Delta S_i^*=\frac{\Delta\sigma_i}{\cos\gamma_i}=\sqrt{1+f_x^2(\xi_i,\eta_i)+f_y^2(\xi_i,\eta_i)}\,\Delta\sigma_i.$$

空间曲面 S 的面积

$$\begin{aligned}A&=\lim_{\|T\|\to 0}\sum_{i=1}^{n}\Delta S_i^*=\lim_{\|T\|\to 0}\sum_{i=1}^{n}\sqrt{1+f_x^2(\xi_i,\eta_i)+f_y^2(\xi_i,\eta_i)}\,\Delta\sigma_i\\&=\iint_D\sqrt{1+f_x^2(x,y)+f_y^2(x,y)}\,\mathrm{d}x\mathrm{d}y,\end{aligned}$$

或者

$$A=\lim_{\|T\|\to 0}\sum_{i=1}^{n}\frac{\Delta\sigma_i}{|\cos\gamma_i|}=\iint_D\frac{1}{|\cos(\boldsymbol{n},z)|}\mathrm{d}x\mathrm{d}y,$$

其中 $\cos(\boldsymbol{n},z)$是曲面 S 的法向量与 z 轴正向夹角的余弦.

(2) 若空间曲面 S 由参数方程给出,$S:\begin{cases}x=x(u,v)\\y=y(u,v)\\z=z(u,v)\end{cases},(u,v)\in\Delta$,或者可以表示为向量形式 $S:\boldsymbol{r}=\boldsymbol{r}(u,v),(u,v)\in\Delta$.假设 $x(u,v),y(u,v),z(u,v)$在 Δ 上具有连续的一阶偏导数,

且$\dfrac{\partial(x,y)}{\partial(u,v)}$，$\dfrac{\partial(y,z)}{\partial(u,v)}$，$\dfrac{\partial(z,x)}{\partial(u,v)}$中至少有一个不为零，则曲面 S 在点(x,y,z)的法方向为

$$\left(\frac{\partial(y,z)}{\partial(u,v)},\frac{\partial(z,x)}{\partial(u,v)},\frac{\partial(x,y)}{\partial(u,v)}\right),$$

它与 z 轴正向夹角的余弦满足

$$|\cos(\boldsymbol{n},z)|=\left|\frac{\dfrac{\partial(x,y)}{\partial(u,v)}}{\sqrt{\left(\dfrac{\partial(y,z)}{\partial(u,v)}\right)^2+\left(\dfrac{\partial(z,x)}{\partial(u,v)}\right)^2+\left(\dfrac{\partial(x,y)}{\partial(u,v)}\right)^2}}\right|$$
$$=\left|\frac{\partial(x,y)}{\partial(u,v)}\right|\frac{1}{\sqrt{EG-F^2}},$$

其中，

$$E=\|\boldsymbol{r}_u\|^2=x_u^2+y_u^2+z_u^2,$$
$$F=\boldsymbol{r}_u\cdot\boldsymbol{r}_v=x_ux_v+y_uy_v+z_uz_v,$$
$$G=\|\boldsymbol{r}_v\|^2=x_v^2+y_v^2+z_v^2.$$

则空间曲面 S 的面积可表示为

$$A=\iint_D\frac{1}{|\cos(\boldsymbol{n},z)|}\mathrm{d}x\mathrm{d}y=\iint_\Delta\frac{1}{|\cos(\boldsymbol{n},z)|}\left|\frac{\partial(x,y)}{\partial(u,v)}\right|\mathrm{d}u\mathrm{d}v=\iint_\Delta\sqrt{EG-F^2}\,\mathrm{d}u\mathrm{d}v.$$

例 16.4.1 求圆锥面 $z=\sqrt{x^2+y^2}$ 在圆柱体 $x^2+y^2\leqslant x$ 内的面积.

解　所求曲面为 $z=\sqrt{x^2+y^2}$，$(x,y)\in D$，其中 $D=\{(x,y)\,|\,x^2+y^2\leqslant x\}$，则

$$z_x=\frac{x}{\sqrt{x^2+y^2}},\quad z_y=\frac{y}{\sqrt{x^2+y^2}},$$

根据空间曲面的面积公式，所求曲面的面积为

$$A=\iint_D\sqrt{1+z_x^2+z_y^2}\,\mathrm{d}x\mathrm{d}y$$
$$=\iint_D\sqrt{1+\left(\frac{x}{\sqrt{x^2+y^2}}\right)^2+\left(\frac{y}{\sqrt{x^2+y^2}}\right)^2}\,\mathrm{d}x\mathrm{d}y$$
$$=\iint_D\sqrt{2}\,\mathrm{d}x\mathrm{d}y=\sqrt{2}S(D)=\frac{\sqrt{2}}{4}\pi.$$

例 16.4.2 求以 R 为半径的部分球面的面积，球面方程为

$$\begin{cases}x=R\sin\psi\cos\theta,\\ y=R\sin\psi\sin\theta,\ \dfrac{\pi}{6}\leqslant\psi\leqslant\dfrac{\pi}{3},0\leqslant\theta\leqslant2\pi.\\ z=R\cos\psi,\end{cases}$$

解　因为

$$E=x_\psi^2+y_\psi^2+z_\psi^2=R^2,$$
$$F=x_\psi x_\theta+y_\psi y_\theta+z_\psi z_\theta=0,$$
$$G=x_\theta^2+y_\theta^2+z_\theta^2=R^2\sin^2\psi,$$

所以$\sqrt{EG-F^2}=R^2\sin\psi$，从而所求部分球面的面积为

$$A=\iint\limits_{\left[\frac{\pi}{6},\frac{\pi}{3}\right]\times[0,2\pi]}\sqrt{EG-F^2}\,\mathrm{d}\psi\mathrm{d}\theta=\int_{\frac{\pi}{6}}^{\frac{\pi}{3}}\mathrm{d}\psi\int_0^{2\pi}R^2\sin\psi\mathrm{d}\theta=(\sqrt{3}-1)\pi R^2.$$

16.4.2 空间物体的质心

设 V 为空间密度不均匀的物体，密度函数为 $\rho(x,y,z)$，且 $\rho(x,y,z)$ 在 V 上连续. 用分割 T 将 V 分割成 n 个小区域 $\Delta V_i(i=1,2,\cdots,n)$，$\Delta V_i$ 也表示小区域的体积. 在每一块上任取一点 (ξ_i,η_i,ζ_i)，则 ΔV_i 的质量可以用 $\rho(\xi_i,\eta_i,\zeta_i)\Delta V_i$ 来近似. 把每一小块看作质量集中在点 (ξ_i,η_i,ζ_i) 的质点时，整个物体就可以用这 n 个质点的质点系来近似. 质点系的质心坐标公式为

$$x_n=\frac{\sum\limits_{i=1}^{n}\xi_i\rho(\xi_i,\eta_i,\zeta_i)\Delta V_i,}{\sum\limits_{i=1}^{n}\rho(\xi_i,\eta_i,\zeta_i)\Delta V_i},$$

$$y_n=\frac{\sum\limits_{i=1}^{n}\eta_i\rho(\xi_i,\eta_i,\zeta_i)\Delta V_i}{\sum\limits_{i=1}^{n}\rho(\xi_i,\eta_i,\zeta_i)\Delta V_i},$$

$$z_n=\frac{\sum\limits_{i=1}^{n}\zeta_i\rho(\xi_i,\eta_i,\zeta_i)\Delta V_i}{\sum\limits_{i=1}^{n}\rho(\xi_i,\eta_i,\zeta_i)\Delta V_i}.$$

当分割足够细，即 $\|T\|=\max\limits_{1\leqslant i\leqslant n}\{\dim\Delta V_i\}\to 0$ 时，把 x_n,y_n,z_n 的极限 $(\bar{x},\bar{y},\bar{z})$ 定义为空间物体 V 的质心坐标，即

$$\bar{x}=\frac{\iiint\limits_V x\rho(x,y,z)\mathrm{d}x\mathrm{d}y\mathrm{d}z}{\iiint\limits_V \rho(x,y,z)\mathrm{d}x\mathrm{d}y\mathrm{d}z},$$

$$\bar{y}=\frac{\iiint\limits_V y\rho(x,y,z)\mathrm{d}x\mathrm{d}y\mathrm{d}z}{\iiint\limits_V \rho(x,y,z)\mathrm{d}x\mathrm{d}y\mathrm{d}z},$$

$$\bar{z}=\frac{\iiint\limits_V z\rho(x,y,z)\mathrm{d}x\mathrm{d}y\mathrm{d}z}{\iiint\limits_V \rho(x,y,z)\mathrm{d}x\mathrm{d}y\mathrm{d}z}.$$

例 16.4.3 假设空间物体 V 的密度函数 $\rho(x,y,z)=1$，V 是由 $z=x^2+y^2$，$x+y=2$，$x=0$，$y=0$，$z=0$ 所围成，求物体的质心.

解 由于 V 关于平面 $y=x$ 对称，因此 $\bar{x}=\bar{y}$，由质心坐标公式可得

$$\bar{x}=\bar{y}=\frac{\iiint\limits_V x\rho(x,y,z)\mathrm{d}x\mathrm{d}y\mathrm{d}z}{\iiint\limits_V \rho(x,y,z)\mathrm{d}x\mathrm{d}y\mathrm{d}z}=\frac{\int_0^2\mathrm{d}x\int_0^{2-x}\mathrm{d}y\int_0^{x^2+y^2}x\mathrm{d}z}{\int_0^2\mathrm{d}x\int_0^{2-x}\mathrm{d}y\int_0^{x^2+y^2}\mathrm{d}z}=\frac{4}{5},$$

$$\bar{z}=\frac{\iiint\limits_V z\rho(x,y,z)\mathrm{d}x\mathrm{d}y\mathrm{d}z}{\iiint\limits_V \rho(x,y,z)\mathrm{d}x\mathrm{d}y\mathrm{d}z}=\frac{\int_0^2\mathrm{d}x\int_0^{2-x}\mathrm{d}y\int_0^{x^2+y^2}z\mathrm{d}z}{\int_0^2\mathrm{d}x\int_0^{2-x}\mathrm{d}y\int_0^{x^2+y^2}\mathrm{d}z}=\frac{28}{15}.$$

因此物体 V 的质心坐标为 $\left(\frac{7}{5},\frac{4}{5},\frac{28}{15}\right)$.

16.4.3 空间物体的转动惯量

质量为 m 的质点 A 关于转动轴 L 的转动惯量为 $J=mr^2$，其中 r 是 A 到 L 的距离. 下面讨论空间物体 V 关于三个坐标轴的转动惯量问题.

假设物体 V 的密度分布为连续函数 $\rho(x,y,z)$. 如上所述，用分割 T 将 V 分割成 n 个小区域 $\Delta V_i(i=1,2,\cdots,n)$. 在每一块上任取一点 (ξ_i,η_i,ζ_i)，则整个物体可以用这 n 个质点的质点系来近似. 质点系对 x 轴的转动惯量为

$$J_{x_n}=\sum_{i=1}^{n}(\eta_i^2+\zeta_i^2)\rho(\xi_i,\eta_i,\zeta_i)\Delta V_i,$$

当分割足够细，即 $\|T\|=\max\limits_{1\leqslant i\leqslant n}\{\mathrm{diam}\Delta V_i\}\to 0$ 时，上式的极限即为物体 V 对 x 轴的转动惯量

$$J_x=\iiint\limits_V(y^2+z^2)\rho(x,y,z)\mathrm{d}x\mathrm{d}y\mathrm{d}z.$$

类似地，可以得到物体 V 对 y 轴和 z 轴的转动惯量为

$$J_y=\iiint\limits_V(z^2+x^2)\rho(x,y,z)\mathrm{d}x\mathrm{d}y\mathrm{d}z,$$

$$J_z=\iiint\limits_V(x^2+y^2)\rho(x,y,z)\mathrm{d}x\mathrm{d}y\mathrm{d}z.$$

类似可得二维空间内密度为 $\rho(x,y)$ 的平面薄板 D 对任意转动轴 L 的转动惯量为

$$J_L=\iint\limits_D d^2(x,y)\rho(x,y)\mathrm{d}x\mathrm{d}y,$$

其中 $d(x,y)$ 为平面薄板上任意一点到转动轴 L 的距离.

例 16.4.4 设空间物体 V 由曲面 $z=\sqrt{x^2+y^2}$ 和平面 $z=1$ 围成，其密度函数为 $\rho(x,y,z)=\sqrt{x^2+y^2}$，求该物体对 z 轴的转动惯量.

解 由柱面坐标变换可得，物体对 z 轴的转动惯量为

$$\begin{aligned}J_z&=\iiint\limits_V(x^2+y^2)\rho(x,y,z)\mathrm{d}x\mathrm{d}y\mathrm{d}z\\&=\iiint\limits_V(x^2+y^2)\sqrt{x^2+y^2}\mathrm{d}x\mathrm{d}y\mathrm{d}z=\int_0^{2\pi}\mathrm{d}\theta\int_0^1 r^4\mathrm{d}r\int_r^1\mathrm{d}z=\frac{\pi}{15}.\end{aligned}$$

例 16.4.5 求半径为 R，质量为 m 的均匀圆盘 D 对其直径的转动惯量.

解 设圆盘的密度为 ρ，由极坐标变换可得，关于直径轴的转动惯量为

$$J_y=\iint_D x^2\rho\,\mathrm{d}x\,\mathrm{d}y=\rho\int_0^{2\pi}\mathrm{d}\theta\int_0^R r^2\cos^2\theta r\,\mathrm{d}r$$
$$=\frac{\pi\rho R^4}{4}=\frac{mR^2}{4}.$$

16.4.4 空间物体的引力问题

由万有引力定律可知，空间中质量分别为 m_1,m_2 的质点之间引力为 $F=k\ \dfrac{m_1m_2}{r^2}$，这里 k 为引力系数，r 为两个质点的距离. 下面考虑空间物体 V 对质点的引力.

假设 V 的密度分布函数为 $\rho(x,y,z)$，且 $\rho(x,y,z)$ 在 V 上连续，质点的坐标为 (x_0,y_0,z_0)，质量为 m. 用分割 T 将 V 分割成 n 个小区域 $\Delta V_i(i=1,2,\cdots,n)$，在每一块上任取一点 (ξ_i,η_i,ζ_i)，则 V 可以用 n 个质点的质点系来近似.

令 $r_i=\sqrt{(x_i-x_0)^2+(y_i-y_0)^2+(z_i-z_0)^2}$，$i=1,2,\cdots,n$，则质点系对质点 (x_0,y_0,z_0) 在三个坐标轴方向的引力分别为

$$F_{x_n}=\sum_{i=1}^{n}\frac{km\rho(\xi_i,\eta_i,\zeta_i)\Delta V_i}{r_i^2}\cdot\frac{(x_i-x_0)}{r_i},$$
$$F_{y_n}=\sum_{i=1}^{n}\frac{km\rho(\xi_i,\eta_i,\zeta_i)\Delta V_i}{r_i^2}\cdot\frac{(y_i-x_0)}{r_i},$$
$$F_{z_n}=\sum_{i=1}^{n}\frac{km\rho(\xi_i,\eta_i,\zeta_i)\Delta V_i}{r_i^2}\cdot\frac{(z_i-x_0)}{r_i}.$$

当分割足够细，即 $\|T\|=\max\limits_{1\leqslant i\leqslant n}\{\mathrm{diam}\Delta V_i\}\to 0$ 时，上面式子的极限即为物体 V 对质点的引力在三个坐标轴方向的分量

$$F_x=\iiint_V\frac{km\rho(x,y,z)(x-x_0)\mathrm{d}x\,\mathrm{d}y\,\mathrm{d}z}{r^3},$$
$$F_y=\iiint_V\frac{km\rho(x,y,z)(y-y_0)\mathrm{d}x\,\mathrm{d}y\,\mathrm{d}z}{r^3},$$
$$F_z=\iiint_V\frac{km\rho(x,y,z)(z-z_0)\mathrm{d}x\,\mathrm{d}y\,\mathrm{d}z}{r^3},$$

其中 $r=\sqrt{(x-x_0)^2+(y-y_0)^2+(z-z_0)^2}$.

例 16.4.6 设球体 V 具有均匀的密度 ρ，求 V 对球外一点 A(质量为 1)的引力(引力系数为 k).

解 设球体为 $x^2+y^2+z^2\leqslant R^2$，球外一点 A 的坐标为 $(0,0,a)(R<a)$. 显然有 $F_x=F_y=0$. 下面计算 F_z. 由上述公式得

$$F_z=\iiint_V\frac{k\rho(z-a)\mathrm{d}x\,\mathrm{d}y\,\mathrm{d}z}{[x^2+y^2+(z-a)^2]^{3/2}}=k\rho\int_{-R}^{R}(z-a)\mathrm{d}z\iint_D\frac{\mathrm{d}x\,\mathrm{d}y}{[x^2+y^2+(z-a)^2]^{3/2}},$$

其中 $D=\{(x,y)\mid x^2+y^2\leqslant R^2-z^2\}$. 再用柱面坐标变换计算得

$$\begin{aligned}F_z&=k\rho\int_{-R}^{R}(z-a)\mathrm{d}z\int_0^{2\pi}\mathrm{d}\theta\int_0^{\sqrt{R^2-z^2}}\frac{r}{[r^2+(z-a)^2]^{\frac{3}{2}}}\mathrm{d}r\\&=2\pi k\rho\int_{-R}^{R}\left(-1-\frac{z-a}{\sqrt{R^2-2az+a^2}}\right)\mathrm{d}z\\&=-\frac{4}{3a^2}\pi k\rho R^3.\end{aligned}$$

习题 16.4

1. 求曲面 $z=xy$ 包含在圆柱面 $x^2+y^2=1$ 内部分曲面的面积.

2. 求圆锥面 $x^2+y^2=\dfrac{1}{3}z^2(z\geqslant 0)$ 被平面 $x+y+z=2$ 所截部分曲面的面积.

3. 求球面 $x^2+y^2+z^2=2Rz$ 包含在锥面 $z^2=3(x^2+y^2)$ 内部分曲面的面积.

4. 已知球体 $x^2+y^2+z^2\leqslant 2Rz$，其上任意一点的密度等于该点到原点的距离的平方，求球体的质心坐标.

5. 求密度均匀的上半椭球体 $\dfrac{x^2}{a^2}+\dfrac{y^2}{b^2}+\dfrac{z^2}{c^2}\leqslant 1(z\geqslant 0)$ 的质心.

6. 求质量为 m 密度均匀的圆环 $D: r^2\leqslant x^2+y^2\leqslant R^2(r,R>0)$ 对垂直于圆环面中心轴的转动惯量.

7. 求质量为 M 的均匀薄片 $\begin{cases}x^2+y^2\leqslant a^2,\\ z=0\end{cases}$ 对 z 轴上的点 $(0,0,c)(c>0)$ 处的单位质量质点的引力.

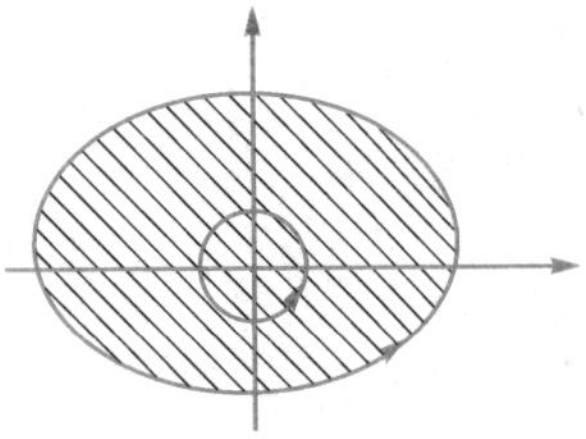

第 17 章　曲线积分

第 7 章研究的定积分是定义在直线段上的函数的积分，也就是积分区域是直线上的区间. 本章将介绍定义在平面或空间曲线上的积分，即曲线积分，它是多元函数积分学的一个重要内容. 曲线积分有两类：第一型曲线积分和第二型曲线积分. 本章将分别介绍它们的基本概念、性质及计算方法.

17.1　对弧长的曲线积分(第一型曲线积分)

17.1.1　问题的提出

设平面或空间的一条可求长度的曲线 L，在曲线 L 上分布着某种质量，其质量分布的密度为 $\rho(x,y)$，如何求曲线 L 的总质量？

如果在曲线 L 上质量分布的密度 $\rho(x,y)=\rho$ 是常数时，那么容易得到曲线 L 的质量为

$$M=\rho S,$$

其中 S 为曲线 L 的长度.

现在假设 $\rho(x,y)$ 是 x,y 的函数，如何求曲线 L 的总质量？

如图 17.1.1 所示，对曲线 L 作分割，分点为 $M_1,M_2,\cdots,M_{n-1}$，把曲线 L 分为 n 个可求长度的小曲线段 $L_i(i=1,2,\cdots,n)$，并在每一个小曲线段 L_i 上任意取一点 $P(\xi_i,\eta_i)\in L_i$，该点的线密度为 $\rho(\xi_i,\eta_i)$，设该小曲线段 L_i 的长度为 Δs_i，则该小曲线段 L_i 的质量为

$$\Delta M_i\approx\rho(\xi_i,\eta_i)\cdot\Delta s_i,$$

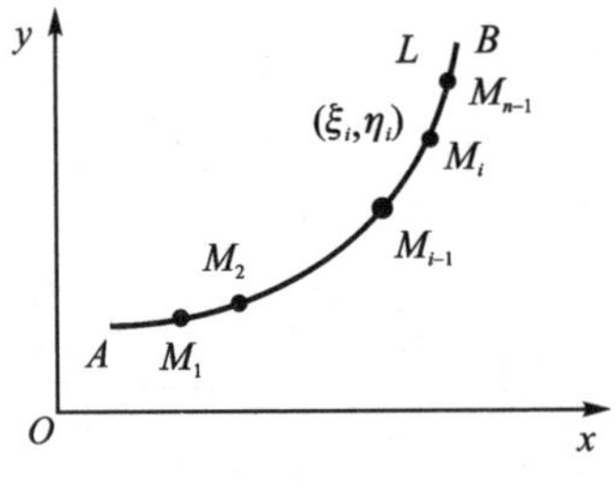

图 17.1.1

于是曲线 L 的总质量就近似地表示为

$$M\approx\sum_{i=1}^{n}\rho(\xi_i,\eta_i)\cdot\Delta s_i.$$

当对曲线 L 的分割无限加细时，如上述和式极限存在，且极限与分割和取点无关，则该极限值可作为曲线 L 的总质量.

上述求曲线段质量的过程和定积分一样，也是通过“分割、近似求和、取极限”而得到，所以

可以类似地给出这类积分的定义.

17.1.2　第一型曲线积分的概念和性质

定义 17.1.1 设 L 为平面上可求长的曲线弧，函数 $f(x,y)$ 在 L 上有界. 对 L 作分割 T：$M_1,M_2,\cdots,M_{n-1}$，把 L 分为 n 个可求长度的小曲线段 $L_i(i=1,2,\cdots,n)$，L_i 的弧长记为 Δs_i，任取 $P(\xi_i,\eta_i)\in L_i(i=1,2,\cdots,n)$，若极限

$$\lim_{\substack{\max\{\Delta s_i\}\to 0\\ 1\leqslant i\leqslant n}}\sum_{i=1}^{n} f(\xi_i,\eta_i)\cdot\Delta s_i=A$$

存在，其中 A 为有限数，且取值与分割 T 及点 $P(\xi_i,\eta_i)\in L_i(i=1,2,\cdots,n)$ 的选取无关，则称函数 $f(x,y)$ 在 L 上可积，称极限值 A 为函数 $f(x,y)$ 在曲线弧 L 上对弧长的曲线积分(或第一型曲线积分)，记作 $\int_L f(x,y)\mathrm{d}s$. 因此有

$$\int_L f(x,y)\mathrm{d}s=\lim_{\substack{\max\{\Delta s_i\}\to 0\\ 1\leqslant i\leqslant n}}\sum_{i=1}^{n} f(\xi_i,\eta_i)\cdot\Delta s_i.$$

类似地可以定义，函数 $f(x,y,z)$ 在空间曲线 Γ 上的第一型曲线积分为

$$\int_\Gamma f(x,y,z)\mathrm{d}s=\lim_{\substack{\max\{\Delta s_i\}\to 0\\ 1\leqslant i\leqslant n}}\sum_{i=1}^{n} f(\xi_i,\eta_i,\zeta_i)\cdot\Delta s_i.$$

显然该曲线积分 $\int_L f(x,y)\mathrm{d}s$ 与求和顺序无关.

前面所讲的在平面或空间中分布着质量的曲线段的质量和弧长可由平面(或空间)的第一型曲线积分求得，也就是质量

$$M=\int_L\rho(x,y)\mathrm{d}s \quad 和 \quad M=\int_\Gamma\rho(x,y,z)\mathrm{d}s.$$

当密度为 1 时，就有曲线积分值等于弧长

$$S(L)=\int_L\mathrm{d}s \quad 和 \quad S(\Gamma)=\int_\Gamma\mathrm{d}s.$$

与定积分的存在性定理类似，当函数 $f(x,y)$ 在光滑曲线弧 L 上连续时，第一型曲线积分 $\int_L f(x,y)\mathrm{d}s$ 存在. 为此，取弧长 s 作为曲线的参数，记 L 的参数方程为

$$L:\begin{cases}x=\varphi(s),\\ y=\psi(s),\end{cases}\quad s\in[0,l],$$

设定义中点 $P(\xi_i,\eta_i)$ 对应的参数为 $\overline{s_i}$，则

$$\sum_{i=1}^{n} f(\xi_i,\eta_i)\cdot\Delta s_i=\sum_{i=1}^{n} f[\varphi(\overline{s_i}),\psi(\overline{s_i})]\cdot\Delta s_i.$$

由于 $[0,l]$ 上连续函数 $f[\varphi(s_i),\psi(s_i)]$ 的定积分存在，所以当 $\lambda=\max\limits_{1\leqslant i\leqslant n}\{\Delta s_i\}\to 0$ 时，$f(x,y)$ 在光滑曲线弧 L 上第一型曲线积分存在，且

$$\int_L f(x,y)\mathrm{d}s=\int_0^l f(\varphi(s),\psi(s))\mathrm{d}s. \tag{17.1.1}$$

以后所讨论的曲线都是光滑的或逐段光滑的，不再一一指出.

根据第一型曲线积分的定义可以看出，第一型曲线积分有如下和定积分类似的性质.

(1)(线性性质)若 $\int_L f_i(x,y)\mathrm{d}s(i=1,2,\cdots,k)$ 存在,则对于任意常数 $c_1,c_2,\cdots,c_k$,$\int_L \sum_{i=1}^{k} c_i f_i(x,y)\mathrm{d}s$ 也存在,且

$$\int_L \sum_{i=1}^{k} c_i f_i(x,y)\mathrm{d}s=\sum_{i=1}^{k} c_i \int_L f_i(x,y)\mathrm{d}s.$$

(2)(路径可加性)若曲线段 L 由曲线段 L_i 首尾相接而成.若 $\int_{L_i} f(x,y)\mathrm{d}s(i=1,2,\cdots,k)$ 存在,则 $\int_L f(x,y)\mathrm{d}s$ 也存在.反之,若 $\int_L f(x,y)\mathrm{d}s$ 存在,则 $\int_{L_i} f(x,y)\mathrm{d}s$ 也存在$(i=1,2,\cdots,k)$,并且

$$\int_L f(x,y)\mathrm{d}s=\sum_{i=1}^{k}\int_{L_i} f(x,y)\mathrm{d}s.$$

成立.

(3)(保序性)若 $\int_L f(x,y)\mathrm{d}s$ 和 $\int_L g(x,y)\mathrm{d}s$ 都存在,且在曲线段 L 上有 $f(x,y)\leqslant g(x,y)$,则

$$\int_L f(x,y)\mathrm{d}s\leqslant\int_L g(x,y)\mathrm{d}s.$$

(4)(绝对可积性)若 $\int_L f(x,y)\mathrm{d}s$ 存在,则 $\int_L |f(x,y)|\mathrm{d}s$ 也存在,并且

$$\left|\int_L f(x,y)\mathrm{d}s\right|\leqslant\int_L |f(x,y)|\mathrm{d}s.$$

(5)(中值定理)若 $\int_L f(x,y)\mathrm{d}s$ 存在,L 的弧长为 l,则存在常数 C,使得

$$\int_L f(x,y)\mathrm{d}s=Cl,$$

其中 $\inf\limits_L f(x,y)\leqslant C\leqslant\sup\limits_L f(x,y)$.继而由连续函数介值性,若函数 $f(x,y)$ 在光滑的曲线 L 上连续,则存在 $(x_0,y_0)\in L$,使得 $\int_L f(x,y)\mathrm{d}s=f(x_0,y_0)l$.

约定　若 L 为闭曲线时,函数 $f(x,y)$ 在 L 上的第一型曲线积分记为:$\oint_L f(x,y)\mathrm{d}s$.

17.1.3　第一型曲线积分的计算

定理 17.1.1 设 $f(x,y)$ 在 L 上有定义且连续,L 的参数方程为

$$L:\begin{cases}x=x(t),\\ y=y(t),\end{cases}\quad t\in[\alpha,\beta],$$

其中 $x(t),y(t)$ 在 $[\alpha,\beta]$ 上有一阶连续导数,且 $x'^2(t)+y'^2(t)\neq 0$,则

$$\int_L f(x,y)\mathrm{d}s=\int_\alpha^\beta f(x(t),y(t))\sqrt{x'^2(t)+y'^2(t)}\,\mathrm{d}t. \tag{17.1.2}$$

证明　令

$$s=s(t)=\int_\alpha^t \sqrt{x'^2(\tau)+y'^2(\tau)}\,\mathrm{d}\tau,$$

易见

$$s'(t)=\sqrt{x'^2(t)+y'^2(t)}>0.$$

这说明 $s=s(t)$ 严格递增，把 $[\alpha,\beta]$ 映成区间 $[0,l]$，且反函数 $t=t(s)$ 存在，并在 $[0,l]$ 上可微，令

$$x=x(t(s))=\varphi(s),\quad y=y(t(s))=\psi(s),\quad (0<s<l).$$

由式(17.1.1)得

$$\int_L f(x,y)\mathrm{d}s=\int_0^l f[\varphi(s),\psi(s)]\mathrm{d}s.$$

对上式作 $s=s(t)$ 的定积分变换，即得

$$\int_L f(x,y)\mathrm{d}s=\int_\alpha^\beta f(x(t),y(t))\sqrt{x'^2(t)+y'^2(t)}\,\mathrm{d}t.$$

定理证毕.

注 1　定理中的定积分的下限 α 一定要小于上限 β.

注 2　函数 $f(x,y)$ 中的 x,y 不是彼此独立，而是相互关联的.

特别地，若曲线 L 由方程

$$y=\varphi(x),\quad a\leqslant x\leqslant b$$

表示，且 $\varphi(x)$ 在 $[a,b]$ 上有连续的导函数，则式(17.1.2)变为

$$\int_L f(x,y)\mathrm{d}s=\int_a^b f(x,\varphi(x))\sqrt{1+\varphi'^2(x)}\,\mathrm{d}x.$$

若曲线 L 由方程

$$x=\psi(y),\quad c\leqslant y\leqslant d$$

表示，且 $\psi(y)$ 在 $[c,d]$ 上有连续的导函数，则式(17.1.2)变为

$$\int_L f(x,y)\mathrm{d}s=\int_a^b f(\psi(y),y)\sqrt{1+\psi'^2(y)}\,\mathrm{d}y.$$

进一步，可以把定理 17.1.1 推广到三维或更高维空间，以下以三维空间曲线为例.

设 R^3 上的光滑曲线为

$$\Gamma:\begin{cases}x=\varphi(t)\\ y=\psi(t),\quad t\in[\alpha,\beta],\\ z=\omega(t)\end{cases}$$

则有

$$\int_\Gamma f(x,y,z)\mathrm{d}s=\int_\alpha^\beta f(\varphi(t),\psi(t),\omega(t))\sqrt{\varphi'^2(t)+\psi'^2(t)+\omega'^2(t)}\,\mathrm{d}t$$

例 17.1.1　求 $I=\int_L xy\mathrm{d}s$，其中 $L:\begin{cases}x=a\cos t,\\ y=b\sin t,\end{cases} t\in\left[0,\dfrac{\pi}{2}\right]$.

解　因为 $x'(t)=-a\sin t$，$y'(t)=b\cos t$，代入定理 17.1.1 可得

$$\begin{aligned}I&=\int_L xy\mathrm{d}s=\int_0^{\frac{\pi}{2}}a\cos t b\sin t\sqrt{(-a\sin t)^2+(b\cos t)^2}\,\mathrm{d}t\\&=ab\int_0^{\frac{\pi}{2}}\cos t\sin t\sqrt{a^2\sin^2 t+b^2\cos^2 t}\,\mathrm{d}t.\end{aligned}$$

令 $u=\sqrt{a^2\sin^2 t+b^2\cos^2 t}$，则

$$
\begin{aligned}
I &= \int_L xy\,\mathrm{d}s = ab\int_0^{\frac{\pi}{2}} \cos t\sin t\sqrt{a^2\sin^2 t + b^2\cos^2 t}\,\mathrm{d}t \\
&= \frac{ab}{a^2 - b^2}\int_b^a u^2\,\mathrm{d}u \\
&= \frac{ab(a^2 + ab + b^2)}{3(a + b)}.
\end{aligned}
$$

例 17.1.2 求积分 $I = \int_\Gamma xyz\,\mathrm{d}s$，其中 $\Gamma:\begin{cases} x = a\cos\theta \\ y = a\sin\theta, 0\leqslant\theta\leqslant 2\pi. \\ z = k\theta \end{cases}$

解 因为 $x'(\theta) = -a\sin\theta, y'(\theta) = a\cos\theta, z'(\theta) = k$，所以

$$\sqrt{x'^2(\theta) + y'^2(\theta) + z'^2(\theta)} = \sqrt{a^2 + k^2}.$$

因而，

$$
\begin{aligned}
I &= \int_\Gamma xyz\,\mathrm{d}s = \int_0^{2\pi} a^2\cos\theta\cdot\sin\theta\cdot k\theta\sqrt{a^2 + k^2}\,\mathrm{d}\theta \\
&= -\frac{1}{2}\pi k a^2\sqrt{a^2 + k^2}.
\end{aligned}
$$

例 17.1.3 计算 $\int_L (2 + x^2 y)\,\mathrm{d}s$，其中 L 为单位圆周 $x^2 + y^2 = 1$ 的上部.

解 单位圆周 $x^2 + y^2 = 1$ 的参数方程为

$$x = \cos t,\quad y = \sin t,\quad t\in[0,\pi].$$

则

$$
\begin{aligned}
\int_L (2 + x^2 y)\,\mathrm{d}s &= \int_0^\pi (2 + \cos^2 t\sin t)\sqrt{\sin^2 t + \cos^2 t}\,\mathrm{d}t \\
&= \int_0^\pi (2 + \cos^2 t\sin t)\,\mathrm{d}t \\
&= 2\pi + \frac{2}{3}.
\end{aligned}
$$

例 17.1.4 求 $I = \int_L y\,\mathrm{d}s$，其中 L 为抛物线 $y^2 = 4x$ 上点 $A(1,-2)$ 与 $B(1,2)$ 之间的一段弧.

解 因为 L 为抛物线 $y^2 = 4x$，所以可以写为 $x = \frac{y^2}{4}(-2 < y < 2)$，因此

$$I = \int_L y\,\mathrm{d}s = \int_{-2}^2 y\sqrt{1 + \left(\frac{y}{2}\right)^2}\,\mathrm{d}y = 0.$$

注 事实上，对弧长的曲线积分也可以利用积分曲线的对称性和被积函数的奇偶性来简化计算. 也就是当曲线 L 关于 x 轴对称，且 L_1 是 L 当 $y\geqslant 0$ 的部分时，若有 $f(x,-y) = f(x,y)$，则

$$\int_L f(x,y)\,\mathrm{d}s = 2\int_{L_1} f(x,y)\,\mathrm{d}s.$$

若有 $f(x,-y) = -f(x,y)$，则有 $\int_L f(x,y)\,\mathrm{d}s = 0$. 当曲线 L 关于 y 轴对称时也有类似的结论.

由第一型曲线积分的定义不难推导出它的如下性质.

(1) 如果 $\rho(x,y)\geqslant 0$($\rho(x,y,z)\geqslant 0$)表示曲线形物体的线密度,则它的质量为

$$M=\int_L \rho(x,y)\mathrm{d}s\left(M=\int_\Gamma \rho(x,y,z)\mathrm{d}s\right).$$

(2) 设曲线 L 的长度为 l,则

$$l=\int_L \mathrm{d}s.$$

(3) 密度为 $\rho(x,y)\geqslant 0$ 的曲线形物体 L 的质心坐标为

$$\bar{x}=\frac{\int_L x\rho(x,y)\mathrm{d}s}{\int_L \rho(x,y)\mathrm{d}s},\quad \bar{y}=\frac{\int_L y\rho(x,y)\mathrm{d}s}{\int_L \rho(x,y)\mathrm{d}s}.$$

(4) 密度为 $\rho(x,y)\geqslant 0$ 的曲线形物体 L 对 x 轴、y 轴的转动惯量分别为

$$I_x=\int_L y^2\rho(x,y)\mathrm{d}s,\quad I_y=\int_L x^2\rho(x,y)\mathrm{d}s.$$

例 17.1.5 一条半圆形金属丝 $x^2+y^2=1,y\geqslant 0$,如果每点的线密度正比于它距离直线 $y=1$ 的距离,求金属丝的质心.

解 因为圆形 $x^2+y^2=1,y\geqslant 0$ 的参数方程为

$$x=\cos t,\quad y=\sin t,\quad t\in[0,\pi].$$

则

$$\mathrm{d}s=\sqrt{\sin^2 t+\cos^2 t}\,\mathrm{d}t=\mathrm{d}t.$$

又因为线密度满足关系

$$\rho(x,y)=k(1-y),$$

其中 k 是一个常数,因此金属丝的质量为

$$\begin{aligned}m&=\int_L \rho(x,y)\mathrm{d}s\\&=\int_L k(1-y)\mathrm{d}s=\int_L k(1-\sin t)\mathrm{d}t\\&=k(t+\cos t)\Big|_0^\pi=k(\pi-2).\end{aligned}$$

于是有

$$\begin{aligned}\bar{y}&=\frac{\int_L y\rho(x,y)\mathrm{d}s}{\int_L \rho(x,y)\mathrm{d}s}=\frac{1}{k(\pi-2)}\int_L yk(1-y)\mathrm{d}s\\&=\frac{1}{(\pi-2)}\int_L(\sin t-\sin^2 t)\mathrm{d}t\\&=\frac{1}{(\pi-2)}\left[-\cos t-\frac{1}{2}t+\frac{1}{4}\sin 2t\right]\Big|_0^\pi=\frac{4-\pi}{2(\pi-2)}.\end{aligned}$$

由对称性可得 $\bar{x}=0$,因此质心的坐标为

$$(\bar{x},\bar{y})=\left(0,\frac{4-\pi}{2(\pi-2)}\right).$$

类似于定积分求曲边梯形的面积,可以用第一型曲线积分来求曲边柱形的面积.

例 17.1.6 求柱面 $x^2+y^2=ax$ 被球面 $x^2+y^2+z^2=a^2$ 所截下部分的面积.

解 由对称性,只需求柱面在第一象限部分的面积,然后乘 4 即可. 记

$$L: x^2+y^2=ax(y\geqslant 0),$$

将柱面沿竖直方向分割成小细片,则每小片曲面的面积可以用小矩形近似,该矩形底边长为 L 上的小曲线段长度 $\mathrm{d}s$,高为球面交线位置 $\sqrt{a^2-x^2-y^2}$,因此所求曲面面积 S 可表示为

$$\begin{aligned} S &= 4\int_L \sqrt{a^2-x^2-y^2}\,\mathrm{d}s \\ &= 4\int_0^a \sqrt{a^2-ax}\,\frac{a}{2\sqrt{ax-x^2}}\mathrm{d}x \\ &= 2a\sqrt{a}\int_0^a \frac{\mathrm{d}x}{\sqrt{x}} = 4a^2. \end{aligned}$$

习题 17.1

1. 计算 $I=\int_L y\,\mathrm{d}s$,其中 L 为摆线 $x=a(t-\sin t)$,$y=a(1-\cos t)(0\leqslant t\leqslant 2\pi)$ 的一拱.

2. 计算 $I=\int_L (x+y)\mathrm{d}s$,其中 L 是以点 $O(0,0)$,$A(1,0)$,$B(1,1)$ 为顶点的三角形的边界.

3. 计算 $I=\int_L x^2\mathrm{d}s$,其中 L 为圆周 $\begin{cases} x^2+y^2+z^2=a^2, \\ x+y+z=0. \end{cases}$

4. 计算 $I=\int_L 2x\,\mathrm{d}s$,其中 L 由 L_1 和 L_2 连结而成,L_1 是从 $(0,0)$ 到 $(1,1)$ 的抛物线 $y=x^2$,L_2 是从 $(1,1)$ 到 $(1,2)$ 的竖直线段.

5. 求曲线形物体 $x^2+y^2=2y(y\leqslant 1)$ 对 x 轴、y 轴的转动惯量,假设它的线密度为 $\rho(x,y)=1$.

6. 求摆线 $\begin{cases} x=a(t-\sin t), \\ y=a(1-\cos t) \end{cases}(0\leqslant t\leqslant \pi)$ 的质心,设其质量分布是均匀的.

7. 设曲线形物体 $L:\begin{cases} x^2+y^2=a^2, \\ z=0 \end{cases}(x\geqslant 0,y\geqslant 0)$,其线密度为 $\rho(x,y,z)=x$,求它对点 $M(0,0,a)$ 处的单位质点的引力 $F(a>0)$.

8. 证明:若函数 $f(x,y)$ 在光滑曲线 $L:x=x(t),y=y(t),t\in[\alpha,\beta]$ 上连续,则存在点 $(x_0,y_0)\in L$,使得 $\int_L f(x,y)\mathrm{d}s=f(x_0,y_0)l$,其中 l 为 L 的弧长.

9. 求曲面 $x^2+y^2=1$ 与 $x^2+z^2=1$ 围成立体的表面积.

17.2 对坐标的曲线积分(第二型曲线积分)

上一节研究了第一型曲线积分 $\int_L f(x,y)\mathrm{d}s$. 本节将讨论与曲线方向有关的另一类曲线

积分——第二型曲线积分.

17.2.1　问题的提出

设平面中一条可求长度的曲线 L，起点为 A，终点为 B(这时称 L 是定向的). 一个质点在变力

$$\boldsymbol{F}(x,y)=P(x,y)\boldsymbol{i}+Q(x,y)\boldsymbol{j}$$

作用下沿曲线 L 从 A 点运动到 B 点，(其中 $P(x,y)$，$Q(x,y)$ 分别是变力 $\boldsymbol{F}(x,y)$ 在 x 轴与 y 轴方向的分量)，求力 $\boldsymbol{F}$ 所做的功.

如果力 $\boldsymbol{F}$ 为常力，且 L 为有向直线 $\overrightarrow{AB}$，则力 $\boldsymbol{F}$ 所做的功为

$$W=\boldsymbol{F}\cdot\overrightarrow{AB}.$$

对变力 $\boldsymbol{F}$ 及曲线 L，为了计算这个变力所做的功，类似以前的方法，首先在曲线 $\overrightarrow{AB}$ 上依次加入 $n-1$ 个分点 $M_1(x_1,y_1)$，$M_2(x_2,y_2)$，…，$M_{n-1}(x_{n-1},y_{n-1})$，得到分割 T：

$$A=M_0(x_0,y_0),\quad M_1(x_1,y_1),\quad M_2(x_2,y_2),\cdots,M_{n-1}(x_{n-1},y_{n-1}),\quad M_n(x_n,y_n)=B,$$

该分割 T 把有向曲线 $\overrightarrow{AB}$ 分为 n 个有向小曲线段

$$\overrightarrow{M_{i-1}M_i}=\Delta x_i\boldsymbol{i}+\Delta y_i\boldsymbol{j},\quad (i=1,2,\cdots,n).$$

设小曲线段 $\overrightarrow{M_{i-1}M_i}$ 的弧长为 Δs_i，分割 T 的细度记为

$$\|T\|=\max_{1\leqslant i\leqslant n}\{\Delta s_i\}.$$

在小曲线段 $\overrightarrow{M_{i-1}M_i}$ 上任意取一点(ξ_i,η_i)，得

$$\boldsymbol{F}(\xi_i,\eta_i)=P(\xi_i,\eta_i)\boldsymbol{i}+Q(\xi_i,\eta_i)\boldsymbol{j},$$

于是力 $\boldsymbol{F}(x,y)$在小曲线段 $\overrightarrow{M_{i-1}M_i}$ 上所做的功可近似为

$$\Delta W_i\approx\boldsymbol{F}(\xi_i,\eta_i)\cdot\overrightarrow{M_{i-1}M_i}=P(\xi_i,\eta_i)\Delta x_i+Q(\xi_i,\eta_i)\Delta y_i,(i=1,\cdots,n).$$

所以力 $\boldsymbol{F}(x,y)$沿有向曲线 $\overrightarrow{AB}$ 所做的功可近似为

$$W=\sum_{i=1}^{n}\Delta W_i\approx\sum_{i=1}^{n}[P(\xi_i,\eta_i)\cdot\Delta x_i+Q(\xi_i,\eta_i)\cdot\Delta y_i].$$

当分割 T 的最大细度趋于 0 时，若上式右边和式存在极限，且极限值与分割和取点无关，则该极限可作为所求的功. 下面给出这类积分的定义.

17.2.2　第二型曲线积分的概念和性质

定义 17.2.1 设 L 为平面内从 A 点到 B 点的一条有向可求长度的曲线弧. 函数 $P(x,y)$，$Q(x,y)$定义在 L 上，对于曲线 L 的任意的一个分割 T，把有向曲线 L 分为 n 个有向小曲线 $\overrightarrow{M_{i-1}M_i}(i=1,2,\cdots,n)$，其中 $M_0=A$，$M_n=B$. 记各小曲线段 $\overrightarrow{M_{i-1}M_i}$ 的弧长为 Δs_i，分割 T 的细度记为

$$\|T\|=\max_{1\leqslant i\leqslant n}\{\Delta s_i\}.$$

设分点 M_i 的坐标为(x_i,y_i)，并记 $\Delta x_i=x_i-x_{i-1}$，$\Delta y_i=y_i-y_{i-1}(i=1,2,\cdots,n)$. 在小曲线段 $\overrightarrow{M_{i-1}M_i}$ 上任意取点(ξ_i,η_i)，若极限

$$\lim_{\|T\|\to0}\sum_{i=1}^{n}(P(\xi_i,\eta_i)\cdot\Delta x_i+Q(\xi_i,\eta_i)\cdot\Delta y_i)$$

存在，且与分割 T 和点(ξ_i,η_i)的选取无关，则称此极限为函数 $P(x,y)$，$Q(x,y)$沿有向曲线

L 上的第二型曲线积分. 记为

$$\int_L P(x,y)\mathrm{d}x+Q(x,y)\mathrm{d}y \quad 或 \quad \int_{AB} P(x,y)\mathrm{d}x+Q(x,y)\mathrm{d}y.$$

也可以写成

$$\int_L P(x,y)\mathrm{d}x+\int_L Q(x,y)\mathrm{d}y \quad 或 \quad \int_{AB} P(x,y)\mathrm{d}x+\int_{AB} Q(x,y)\mathrm{d}y.$$

常简记为

$$\int_L P\mathrm{d}x+Q\mathrm{d}y \quad 或 \quad \int_{AB} P\mathrm{d}x+Q\mathrm{d}y.$$

$\int_L P\mathrm{d}x=\lim\limits_{\|T\|\to 0}\sum\limits_{i=1}^{n}P(\xi_i,\eta_i)\cdot\Delta x_i$ 就是函数 $P(x,y)$ 在有向曲线 L 上对坐标 x 的曲线积分;

$\int_L Q\mathrm{d}y=\lim\limits_{\|T\|\to 0}\sum\limits_{i=1}^{n}Q(\xi_i,\eta_i)\cdot\Delta y_i$ 就是函数 $Q(x,y)$ 在有向曲线 L 上对坐标 y 的曲线积分.

于是质点在变力 $\boldsymbol{F}(x,y)=P(x,y)\boldsymbol{i}+Q(x,y)\boldsymbol{j}$ 作用下沿有向曲线 L 从 A 点运动到 B 点所做的功为

$$W=\int_L P(x,y)\mathrm{d}x+\int_L Q(x,y)\mathrm{d}y.$$

如有向曲线 L 是封闭的,则上述积分常记为 $\oint_L P\mathrm{d}x+Q\mathrm{d}y$.

若记 $\boldsymbol{F}(x,y)=P(x,y)\boldsymbol{i}+Q(x,y)\boldsymbol{j}$, $\mathrm{d}\boldsymbol{s}=\mathrm{d}x\boldsymbol{i}+\mathrm{d}y\boldsymbol{j}$,则第二型曲线积分可写成向量形式

$$\int_L \boldsymbol{F}\cdot\mathrm{d}\boldsymbol{s} \quad 或 \quad \int_{AB} \boldsymbol{F}\cdot\mathrm{d}\boldsymbol{s}.$$

当函数 $P(x,y)$,$Q(x,y)$在有向光滑曲线弧 L 上连续时,第二型曲线积分 $\int_L P(x,y)\mathrm{d}x+Q(x,y)\mathrm{d}y$ 存在.

自然地,若 L 为空间的可求长度的有向曲线,$P(x,y,z)$,$Q(x,y,z)$,$R(x,y,z)$为定义在 L 上的函数,则可类似定义空间中可求长度有向曲线的第二型曲线积分为

$$\int_L P(x,y,z)\mathrm{d}x+Q(x,y,z)\mathrm{d}y+R(x,y,z)\mathrm{d}z.$$

第二型曲线积分与曲线的方向有关,所以对于同一曲线,当方向相反(设当方向由 A 到 B 改为 B 到 A)时,则有

$$\int_{AB} P\mathrm{d}x+Q\mathrm{d}y=-\int_{BA} P\mathrm{d}x+Q\mathrm{d}y.$$

这是两类曲线积分的一个重要区别. 但两类曲线积分之间也有重要的联系.

17.2.3 两类曲线积分之间的关系

设平面中有一有向曲线由弧长参数方程

$$L:\begin{cases}x=\varphi(s),\\ y=\psi(s),\end{cases}\quad 0\leqslant s\leqslant l$$

表示,其中 l 表示曲线 L 的全长,并设弧长增长的方向为曲线 L 的方向. 设曲线 L 上点(x,y)处的切线向量的方向角为 α,β,则

$$\cos\alpha=\frac{dx}{ds},\quad \cos\beta=\frac{dy}{ds}.$$

因此可得两类曲线积分之间的关系为

$$\int_L P(x,y)dx+Q(x,y)dy=\int_L[P(x,y)\cos\alpha+Q(x,y)\cos\beta]ds.\qquad(17.2.1)$$

注　当上式左边的第二型曲线积分中曲线 L 的方向改变时，积分值改变符号；相应地上式的右边的第一型曲线积分中，曲线上各个点的切线方向指向相反的方向. 这时点 (x,y) 处的切线向量的方向角与原来的方向角相差 π，从而 $\cos\alpha$，$\cos\beta$ 都要改变符号. 因此一旦曲线 L 的方向确定了，公式(17.2.1)总成立. 该公式也可推广到空间曲线的情况.

17.2.4　第二型曲线积分的计算

定理 17.2.1 设函数 $P(x,y)$，$Q(x,y)$ 在 L 上有定义且连续，平面曲线 L 的参数方程为

$$L:\begin{cases}x=\varphi(t),\\ y=\psi(t),\end{cases}$$

且当参数 t 单调地由 α 变到 β 时，点 $M(x,y)$ 由 L 的起点 A 沿 L 运动到终点 B，$\varphi(t)$ 及 $\psi(t)$ 在以 α，β 为端点的闭区间上具有一阶连续导数，且 $\varphi'^2(t)+\psi'^2(t)\neq 0$，则第二型曲线积分 $\int_L P(x,y)dx+Q(x,y)dy$ 存在，且

$$\int_L P(x,y)dx+Q(x,y)dy=\int_\alpha^\beta\{P(\varphi(t),\psi(t))\varphi'(t)+Q(\varphi(t),\psi(t))\psi'(t)\}dt.$$

特别地，若当曲线 L 由方程

$$y=y(x)$$

表示，其中 x 的起点为 a，终点为 b，且 $y(x)$ 有连续的导函数，则

$$\int_L P(x,y)dx+Q(x,y)dy=\int_a^b\{P(x,y(x))+Q(x,y(x))y'(x)\}dx.$$

若当曲线 L 由方程

$$x=x(y)$$

表示，其中 y 的起点为 c，终点为 d，且 $x(y)$ 有连续的导函数，则

$$\int_L P(x,y)dx+Q(x,y)dy=\int_c^d\{P(x(y),y)x'(y)+Q(x(y),y)\}dy.$$

对于沿封闭曲线 L 的第二型曲线积分的计算，可以在 L 上任意取一点作为起点，沿 L 所指定的方向前进，最后回到该点.

对空间曲线的第二型曲线积分，也有相应的计算公式.

设 R^3 上的光滑曲线

$$\Gamma:\begin{cases}x=\varphi(t),\\ y=\psi(t),\\ z=\omega(t),\end{cases}$$

其中 t 的起点为 α，终点为 β，则有

$$\int_\Gamma P\,dx+Q\,dy+R\,dz$$
$$=\int_\alpha^\beta\{P(\varphi(t),\psi(t),\omega(t))\varphi'(t)+Q(\varphi(t),\psi(t),\omega(t))\psi'(t)+$$

$$R(\varphi(t),\psi(t),\omega(t))\omega'(t)\}\mathrm{d}t.$$

例 17.2.1 计算 $I=\int_L xy\mathrm{d}x$，L 为抛物线 $y^2=x$ 上的从 $A(1,-1)$到 $B(1,1)$的一段弧.

解 由条件可得，$y=\pm\sqrt{x}$，因此

$$\begin{aligned}I&=\int_L xy\mathrm{d}x=\int_{AO}xy\mathrm{d}x+\int_{OB}xy\mathrm{d}x\\&=\int_1^0 x(-\sqrt{x})\mathrm{d}x+\int_0^1 x(\sqrt{x})\mathrm{d}x\\&=\int_0^1 x(\sqrt{x})\mathrm{d}x\\&=\frac{4}{5}.\end{aligned}$$

例 17.2.2 计算 $I=\int_L y^2\mathrm{d}x$，其中 L 为

(1) 半径为 a，圆心为原点，按逆时针方向的上半圆周；

(2) 沿 x 轴从点 $A(a,0)$到点 $B(-a,0)$的直线段，如图 17.2.1 所示.

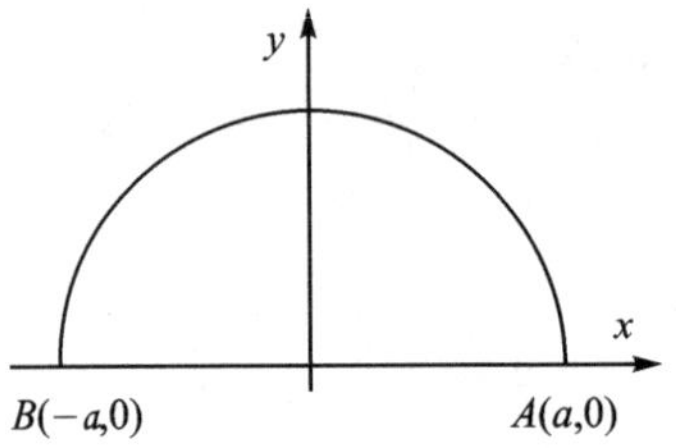

图 17.2.1

解 (1) L 的参数方程为

$$L:\begin{cases}x=a\cos\theta\\y=a\sin\theta\end{cases},\quad 0\leqslant\theta\leqslant\pi.$$

所以

$$\begin{aligned}\int_L y^2\mathrm{d}x&=\int_0^\pi a^2\sin^2\theta(-a\sin\theta)\mathrm{d}\theta\\&=a^3\int_0^\pi(1-\cos^2\theta)\mathrm{d}\cos\theta=-\frac{4}{3}a^3.\end{aligned}$$

(2) 因为 L 为

$$y=0,a\leqslant x\leqslant -a,$$

所以

$$I=\int_L y^2\mathrm{d}x=\int_a^{-a}0\mathrm{d}x=0.$$

例 17.2.2 中被积函数相同，积分路线的起点与终点也相同，但积分路径不同积分结果也不同，当然也存在积分路径不同积分结果相同的情况. 下面的例子就能说明.

例 17.2.3 计算 $I=\int_L 2xy\mathrm{d}x+x^2\mathrm{d}y$，其中 L 分别为

(1) 抛物线 $y=x^2$ 上从 $O(0,0)$到 $B(1,1)$的一段弧；

(2) 抛物线 $x=y^2$ 上从 $O(0,0)$到 $B(1,1)$的一段弧；

(3) 有向折线 OAB，这里 O,A,B 依次是 $O(0,0)$，$A(1,0)$，$B(1,1)$.

解 (1) 化为对 x 的积分. 由于积分路径 L 为 $y=x^2$，$0\leqslant x\leqslant 1$，所以

$$\begin{aligned}I&=\int_L 2xy\mathrm{d}x+x^2\mathrm{d}y=\int_0^1 2x\cdot x^2\mathrm{d}x+x^2\cdot 2x\mathrm{d}x\\&=4\int_0^1 x^3\mathrm{d}x=1.\end{aligned}$$

(2) 化为对 y 的积分. 由于积分路径 L 为 $x=y^2,0\leqslant y\leqslant 1$. 所以

$$I=\int_L 2xy\,dx+x^2\,dy=\int_0^1 2y^2\cdot y\cdot 2y\,dy+y^4\,dy$$
$$=5\int_0^1 y4\,dy=1.$$

(3) 原式 $=\int_{OA}2xy\,dx+x^2\,dy+\int_{AB}2xy\,dx+x^2\,dy$. 又由于在积分路径 OA 上, $y=0,0\leqslant x\leqslant 1$; 在积分路径 AB 上, $x=1,0\leqslant y\leqslant 1$. 因此, 所求积分为

$$\int_{OA}2xy\,dx+x^2\,dy+\int_{AB}2xy\,dx+x^2\,dy$$
$$=\int_0^1 2x\cdot 0\,dx+x^2\cdot 0\,dx+\int_0^1 2\cdot y\,dy+1\cdot dy=1.$$

习题 17.2

1. 计算 $I=\int_L(x^2+y^2)\,dx$, 其中 L 为椭圆 $\dfrac{x^2}{a^2}+\dfrac{y^2}{b^2}=1(y\geqslant 0)$ 上从点 $A(a,0)$ 到点 $B(-a,0)$ 的一段弧.

2. 计算 $I=\int_L(x+y)\,dx$, 其中 L 是以点 $O(-1,0)$, $A(1,0)$ 和 $B(0,1)$ 为顶点的三角形的边界, 逆时针方向.

3. 计算 $I=\int_L x\,dy$, 其中 L 为圆周 $x^2+y^2=a^2$ 与两个坐标轴围成的在第一象限区域的边界, 沿顺时针方向.

4. 计算 $I=\int_L y\,dx+z\,dy+x\,dz$, 其中 L 由从 $(2,0,0)$ 到 $(3,4,5)$ 的线段 L_1 和从 $(3,4,5)$ 到 $(3,4,0)$ 的竖直线段 L_2 组成.

5. 计算 $\int_L y\,dx+z\,dy+x\,dz$, 其中 L 是平面 $x+y=2$ 和球面 $x^2+y^2+z^2=2(x+y)$ 交成的圆周, 从原点向曲线看去, 该曲线取顺时针方向.

6. 计算 $\int_L(y^2-z^2)\,dx+(z^2-x^2)\,dy+(x^2-y^2)\,dz$, 其中 L 为球面片 $x^2+y^2+z^2=1$, $x\geqslant 0,y\geqslant 0,z\geqslant 0$ 的边界, 从第一卦限向原点看去, 该曲线取逆时针方向 .

7. 计算第二型曲线积分

$$I=\oint_L\frac{x\,dy-y\,dx}{x^2+y^2}.$$

(1) $L:x^2+y^2=a^2$, 取逆时针方向;

(2) $L:|x|\leqslant 1,|y|\leqslant 1$ 的边界, 取逆时针方向.

8. 设 P,Q 为长度为 l 的光滑曲线 L 上的连续函数, 证明:

(1) $\left|\int_L P(x,y)\,dx+Q(x,y)\,dy\right|\leqslant M\cdot l$, 其中 $M=\max\limits_{(x,y)\in L}\sqrt{P^2+Q^2}$;

(2) 利用这个不等式估计

$$I_R=\oint_{x^2+y^2=R^2}\frac{y\,dx-x\,dy}{(x^2+xy+y^2)^2},\text{并证明}\lim_{R\to\infty}I_R=0.$$

9. 设质点在变力 $\boldsymbol{F}(x,y)=(1+y^2,2x+y)$ 的作用下,从点 $O(0,0)$ 沿曲线 $y=a\sin x$ $(a>0)$ 运动到 $A(\pi,0)$.

(1) 求变力 $\boldsymbol{F}(x,y)$ 所做的功;

(2) 当 a 为何值时变力 $\boldsymbol{F}(x,y)$ 所做的功最小.

17.3 格林(Green)公式

17.3.1 平面区域的分类与边界的定向

在一定的条件下,沿适当几何形体边界的积分可以转换为在该几何体上的积分. 本节将要介绍的格林公式,就是建立了沿区域边界的第二型曲线积分与在该区域上二重积分的联系. 下面先把平面区域按连通性分类.

设 L 为平面上的一条简单闭曲线(或 Jordan 曲线),即除两个端点相重合外,曲线自身不相交.

设 D 为平面上的一个区域. 如果 D 内的任意一条闭曲线所围成的部分都属于 D,则称 D 为平面上的单连通区域;否则称为复连通区域. 通俗地说,单连通区域中不含有"洞",而复连通区域中至少会有一个"洞". 例如圆盘 $\{(x,y)\mid x^2+y^2<1\}$ 是单连通区域,而圆环 $\left\{(x,y)\,\middle|\,\frac{1}{4}<x^2+y^2<1\right\}$ 是复连通区域.

对于平面区域 D,可以给它的边界 L 规定一个正方向:如果一个人沿边界 L 的这个方向行走时,区域 D 总在其左手边. 与上述规定方向相反的方向则称为负方向. 图 17.3.1 给出区域边界的方向. 图 17.3.1 (a)所示区域的边界逆时针方向为正,17.3.1 (b) 区域的边界有三条曲线 L,L_1,L_2,根据规定三条边界的方向为均为正向,虽然 L 为逆时针方向,L_1,L_2 为顺时针方向.

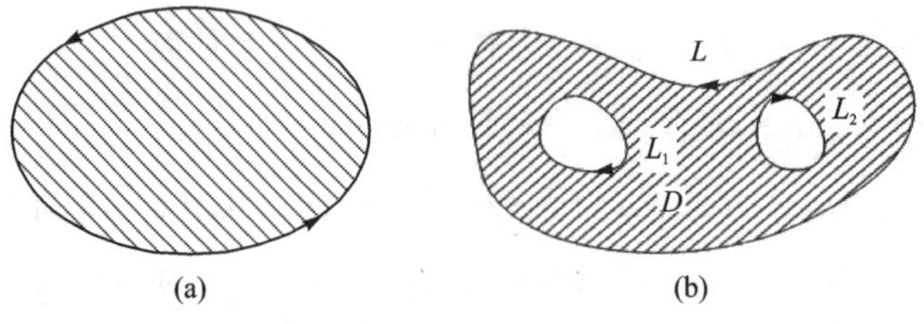

图 17.3.1 区域与边界的方向

17.3.2 Green 公式

定理 17.3.1(Green 公式) 设闭区域 D 由分段光滑的曲线 L 围成,且函数 $P(x,y,z)$, $Q(x,y,z)$在 D 上具有一阶连续偏导数,则有

$$\oint_L P\,\mathrm{d}x+Q\,\mathrm{d}y=\iint_D\left(\frac{\partial Q}{\partial x}-\frac{\partial P}{\partial y}\right)\mathrm{d}x\,\mathrm{d}y, \tag{17.3.1}$$

或写成

$$\oint_L(P\cos\alpha+Q\cos\beta)\,\mathrm{d}s=\iint_D\left(\frac{\partial Q}{\partial x}-\frac{\partial P}{\partial y}\right)\mathrm{d}x\,\mathrm{d}y. \tag{17.3.2}$$

其中边界曲线 L 取正向，$\cos\alpha$，$\cos\beta$ 是曲线上点 (x,y) 处与曲线正向一致的切向量的方向余弦. 式(17.3.1)与式(17.3.2)均称为 Green 公式.

证明　根据区域 D 的不同形状，分三种情况来证明 .

(1) 先设 D 既是 X 型区域，又是 Y 型区域. 设

$$D=\{(x,y)\mid\varphi_1(x)\leqslant y\leqslant\varphi_2(x),a\leqslant x\leqslant b\},$$

一方面，

$$\iint_D\frac{\partial P}{\partial y}\mathrm{d}x\,\mathrm{d}y=\int_a^b\left\{\int_{\varphi_1(x)}^{\varphi_2(x)}\frac{\partial P(x,y)}{\partial y}\mathrm{d}y\right\}\mathrm{d}x=\int_a^b\{P[x,\varphi_2(x)]-P[x,\varphi_1(x)]\}\,\mathrm{d}x,$$

另一方面，

$$\oint_L P\,\mathrm{d}x=\oint_{L_1}P\,\mathrm{d}x+\oint_{L_2}P\,\mathrm{d}x=\int_a^b P[x,\varphi_1(x)]\,\mathrm{d}x+\int_b^a P[x,\varphi_2(x)]\,\mathrm{d}x,$$

$$=\int_a^b P[x,\varphi_1(x)]\,\mathrm{d}x-\int_a^b P[x,\varphi_2(x)]\,\mathrm{d}x,$$

故

$$\oint_L P\,\mathrm{d}x=-\iint_D\frac{\partial P}{\partial y}\mathrm{d}x\,\mathrm{d}y.$$

由于 D 既是 X 型区域，又是 Y 型区域，再设

$$D=\{(x,y)\mid\psi_1(y)\leqslant x\leqslant\psi_2(y),c\leqslant y\leqslant d\},$$

类似可证

$$\oint_L Q\,\mathrm{d}y=\iint_D\frac{\partial Q}{\partial x}\mathrm{d}x\,\mathrm{d}y.$$

合并两个结果，即可得

$$\oint_L P\,\mathrm{d}x+Q\,\mathrm{d}y=\iint_D\left(\frac{\partial Q}{\partial x}-\frac{\partial P}{\partial y}\right)\mathrm{d}x\,\mathrm{d}y.$$

(2) 设区域 D 是由一条分段光滑的闭曲线围成的一般区域，如图 17.3.2 所示.

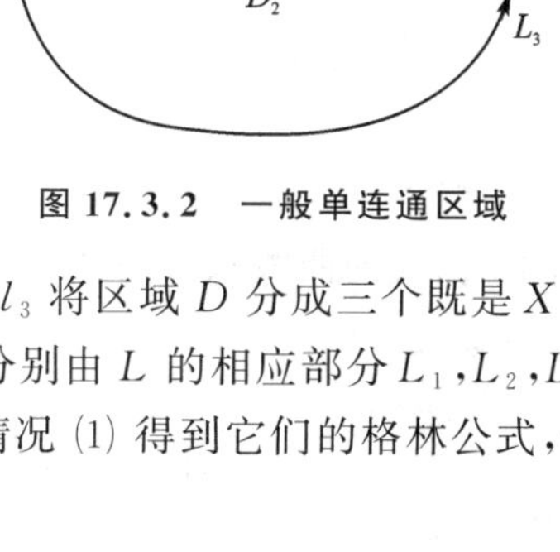

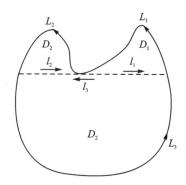

图 17.3.2　一般单连通区域

可以用几段光滑曲线 l_1,l_2,l_3 将区域 D 分成三个既是 X 型区域，又是 Y 型区域 D_1,D_2,D_3. 注意到 D_1,D_2,D_3 的边界分别由 L 的相应部分 L_1,L_2,L_3 和新添加曲线 l_1,l_2,l_3 构成，且 $l_3=-(l_1+l_2)$. 然后逐块按情况 (1) 得到它们的格林公式，于是

$$\iint\limits_{D}\left(\frac{\partial Q}{\partial x}-\frac{\partial P}{\partial y}\right)\mathrm{d}x\,\mathrm{d}y=\iint\limits_{D_1}\left(\frac{\partial Q}{\partial x}-\frac{\partial P}{\partial y}\right)\mathrm{d}x\,\mathrm{d}y+\iint\limits_{D_2}\left(\frac{\partial Q}{\partial x}-\frac{\partial P}{\partial y}\right)\mathrm{d}x\,\mathrm{d}y+\iint\limits_{D_3}\left(\frac{\partial Q}{\partial x}-\frac{\partial P}{\partial y}\right)\mathrm{d}x\,\mathrm{d}y$$

$$=\oint\limits_{L_1+l_1}P\mathrm{d}x+Q\mathrm{d}y+\oint\limits_{L_2+l_2}P\mathrm{d}x+Q\mathrm{d}y+\oint\limits_{L_3+l_3}P\mathrm{d}x+Q\mathrm{d}y$$

$$=\oint\limits_{L_1}P\mathrm{d}x+Q\mathrm{d}y+\oint\limits_{L_2}P\mathrm{d}x+Q\mathrm{d}y+\oint\limits_{L_3}P\mathrm{d}x+Q\mathrm{d}y+\oint\limits_{l_1}P\mathrm{d}x+Q\mathrm{d}y+\oint\limits_{l_2}P\mathrm{d}x+Q\mathrm{d}y+\oint\limits_{l_3}P\mathrm{d}x+Q\mathrm{d}y$$

$$=\oint\limits_{L}P\mathrm{d}x+Q\mathrm{d}y.$$

上述证明中利用了第二型曲线积分曲线可加性的性质，将 D_1,D_2,D_3 对应的边界分别分解为如图 17.3.2 所示的实线部分和虚线部分，则它们实线部分 L_1,L_2,L_3 恰好构成曲线 L. 而对于虚线部分，l_1 与 l_2 的组合恰好与 l_3 重合但方向相反，因此在它们上面的曲线积分相互抵消.

(3) 设区域 D 是由几条分段光滑的闭曲线围成的区域，如图 17.3.3 所示.

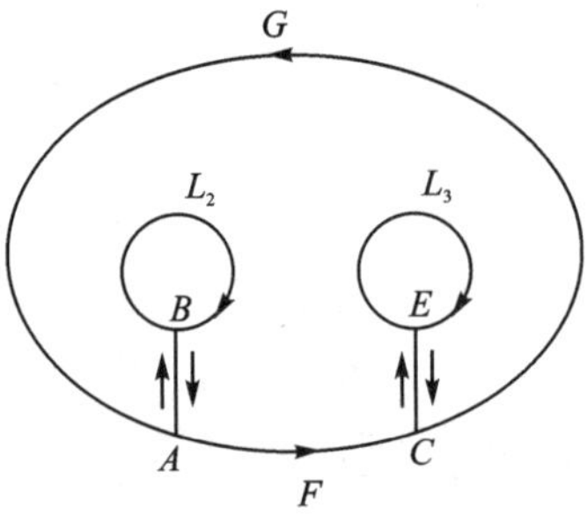

图 17.3.3

适当添加直线段 AB,BA,CE,EC，使 D 的边界由 $AB,L_2,BA,AFC,CE,L_3,EC,CGA$ 构成. 由(2)可知，

$$\iint\limits_{D}\left(\frac{\partial Q}{\partial x}-\frac{\partial P}{\partial y}\right)\mathrm{d}x\,\mathrm{d}y=\left\{\int_{AB}+\int_{L_2}+\int_{BA}+\int_{AFC}+\int_{CE}+\int_{L_3}+\int_{EC}+\int_{CGA}\right\}(P\mathrm{d}x+Q\mathrm{d}y)$$

$$=\left\{\oint_{L_2}+\oint_{L_3}+\oint_{L_1}\right\}(P\mathrm{d}x+Q\mathrm{d}y)$$

$$=\oint_{L}P\mathrm{d}x+Q\mathrm{d}y.$$

格林公式的实质是：沟通了沿闭曲线的曲线积分与曲线所围区域上的二重积分之间的联系. 为了方便记忆，格林公式(17.3.2)也可以写成

$$\iint\limits_{D}\begin{vmatrix}\dfrac{\partial}{\partial x} & \dfrac{\partial}{\partial y}\\ P & Q\end{vmatrix}\mathrm{d}x\,\mathrm{d}y=\oint_{L}P\mathrm{d}x+Q\mathrm{d}y.$$

例 17.3.1 求$\oint_L xy^2\mathrm{d}y - x^2y\mathrm{d}x$，式中 L 为曲线 $x^2+y^2=a^2(a>0)$逆时针方向一周.

解 L 围成区域为 $D: x^2+y^2\leqslant a^2(a>0)$. 由 Green 公式有

$$\oint_L xy^2\mathrm{d}y - x^2y\mathrm{d}x = \iint_D\left[\frac{\partial}{\partial x}(xy^2)-\frac{\partial}{\partial y}(-x^2y)\right]\mathrm{d}x\mathrm{d}y$$

$$=\iint_D(y^2+x^2)\mathrm{d}x\mathrm{d}y=\int_0^{2\pi}\mathrm{d}\theta\int_0^a r^2r\mathrm{d}r=\frac{1}{2}\pi a^4.$$

例 17.3.2 计算$\int_{AB}x\mathrm{d}y$，其中曲线 AB 是半径为 r 的圆在第一象限的部分 .

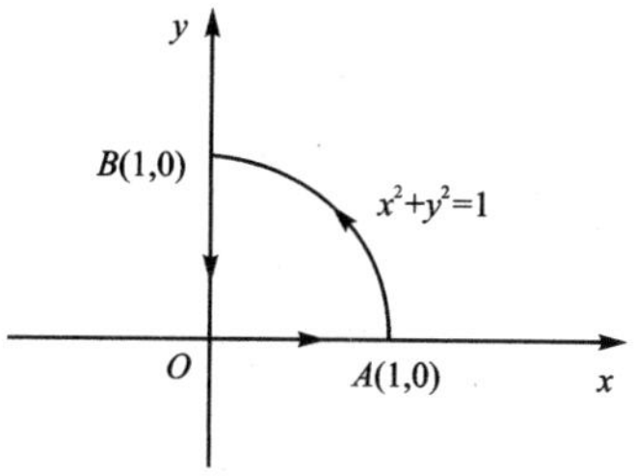

图 17.3.4

解 引入辅助曲线 L，如图 17.3.4 所示，则

$$L=OA+AB+BO,$$

此时在所围区域上，曲线 L 的方向为正向，应用格林公式有

$$\iint_D\mathrm{d}x\mathrm{d}y=\oint_L x\mathrm{d}y=\int_{OA}x\mathrm{d}y+\int_{AB}x\mathrm{d}y+\oint_{BO}x\mathrm{d}y,$$

所以，

$$\int_{AB}x\mathrm{d}y=\iint_D\mathrm{d}x\mathrm{d}y=\frac{1}{4}\pi r^2.$$

例 17.3.3 计算$\oint_L\frac{x\mathrm{d}y-y\mathrm{d}x}{x^2+y^2}$，其中 L 为一条无重点、分段光滑且不经过原点的连续闭曲线，L 的方向为逆时针方向.

解 设由 L 所围成的闭区域为 D，令

$$P=\frac{-y}{x^2+y^2},\quad Q=\frac{x}{x^2+y^2},$$

则当 $x^2+y^2\neq 0$ 时，有

$$\frac{\partial Q}{\partial x}=\frac{y^2-x^2}{(x^2+y^2)}=\frac{\partial P}{\partial y}.$$

(1) 当$(0,0)\notin D$ 时，由 Green 公式知，$\oint_L\frac{x\mathrm{d}y-y\mathrm{d}x}{x^2+y^2}=0$.

(2) 当$(0,0)\in D$ 时，作位于 D 内的圆周 $l: x^2+y^2=r^2$，方向取逆时针方向，记 D_1 为由 L 与 l 所围成的区域，如图 17.3.5 所示，则其边界为 $L-l$，方向为正. 在 D 上应用格林公式可得

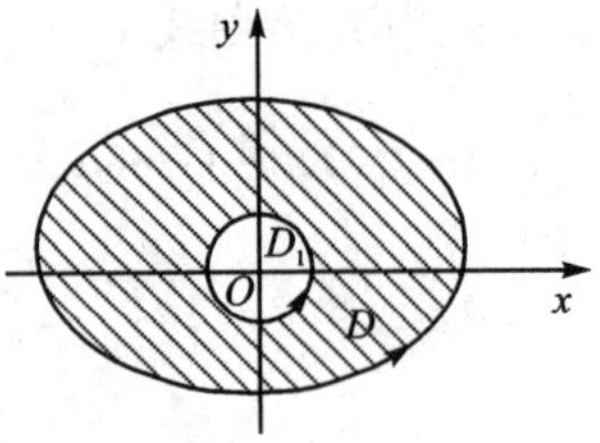

图 17.3.5

$$\oint_L \frac{x\mathrm{d}y - y\mathrm{d}x}{x^2+y^2} - \oint_l \frac{x\mathrm{d}y - y\mathrm{d}x}{x^2+y^2} = 0.$$

所以

$$\oint_L \frac{x\mathrm{d}y - y\mathrm{d}x}{x^2+y^2} = \oint_l \frac{x\mathrm{d}y - y\mathrm{d}x}{x^2+y^2} = \int_0^{2\pi} \frac{r^2\cos^2\theta + r^2\sin^2\theta}{r^2}\mathrm{d}\theta = 2\pi.$$

17.3.3 用 Green 公式计算平面图形的面积

使用 Green 公式的典型例题

利用 Green 公式,通常将第二型曲线积分转换成区域上的二重积分计算,反过来也可以将二重积分化为第二型曲线积分计算.

例 17.3.4 计算 $\iint\limits_D \mathrm{e}^{-y^2}\mathrm{d}x\mathrm{d}y$,其中 D 是以 $O(0,0)$,$A(1,1)$,$B(0,1)$ 为顶点的三角形区域.

解 令 $P(x,y)=0$,$Q(x,y)=x\mathrm{e}^{-y^2}$,则

$$\frac{\partial Q(x,y)}{\partial x} - \frac{\partial P(x,y)}{\partial y} = \mathrm{e}^{-y^2},$$

应用 Green 公式得

$$\iint\limits_D \mathrm{e}^{-y^2}\mathrm{d}x\mathrm{d}y = \int_{OA+AB+BO} x\mathrm{e}^{-y^2}\mathrm{d}y = \int_0^1 x\mathrm{e}^{-x^2}\mathrm{d}x = \frac{1}{2}(1-\mathrm{e}^{-1}).$$

在 Green 公式中,取特殊的 $P(x,y)$,$Q(x,y)$,如 $P(x,y)=-y$,$Q(x,y)=0$,或 $P(x,y)=-y$,$Q(x,y)=0$,以及 $P(x,y)=-y$,$Q(x,y)=x$,则用曲线积分计算区域 D 面积的表达式为

$$A = \iint\limits_D \mathrm{d}x\mathrm{d}y = \oint_L x\mathrm{d}y = -\oint_L y\mathrm{d}x = \frac{1}{2}\oint_L x\mathrm{d}y - y\mathrm{d}x,$$

其中 L 为区域 D 的正向边界曲线.

例 17.3.5 计算曲线 $L:\left(\frac{x}{a}\right)^{\frac{2}{3}} + \left(\frac{y}{b}\right)^{\frac{2}{3}} = 1(a,b>0)$ 所围成图形的面积 A.

解 将 L 用参数方程表示为

$$x = a\cos^3 t,\quad y = b\sin^3 t, t\in[0,2\pi],$$

可得

$$A=\frac{1}{2}\oint_L x\mathrm{d}y-y\mathrm{d}x=\frac{1}{2}\int_0^{2\pi}3ab\sin^2 t\cos^2 t\mathrm{d}t=\frac{3}{8}ab\int_0^{2\pi}\frac{1-\cos 4t}{2}\mathrm{d}t=\frac{3}{8}ab\pi.$$

17.3.4　曲线积分与路径无关的条件

在上节的例 17.3.2 中，被积函数相同，积分路线的起点与终点也相同，但积分路径不同积分结果就不同. 但在例 17.3.3 中，曲线的积分值在起点和终点相同时，与选取的路径无关. 下面将讨论曲线积分在什么条件下，它的值与所沿路线的选取无关.

定理 17.3.2 设开区域 D 是平面单连通区域，函数 $P(x,y)$，$Q(x,y)$ 在 D 内具有一阶连续偏导数，则下列各命题等价：

(1) 对于 D 内的任意一条光滑(或分段光滑)闭曲线 L，积分 $\oint_L P\mathrm{d}x+Q\mathrm{d}y=0$；

(2) 曲线积分 $\int_L P\mathrm{d}x+Q\mathrm{d}y$ 与路径无关；

(3) 在 D 上存在可微函数 $u(x,y)$，使得 $\mathrm{d}u=P\mathrm{d}x+Q\mathrm{d}y$；

(4) 在 D 内等式 $\dfrac{\partial P}{\partial y}=\dfrac{\partial Q}{\partial x}$ 成立.

证明　(1)→(2). 如图 17.3.6 所示，设 $\overline{ARB}$ 与 $\overline{ASB}$ 为联结点 A，B 的任意两条按段光滑曲线，由(1)可推得

$$\begin{aligned}&\int_{\overline{ARB}}P\mathrm{d}x+Q\mathrm{d}y-\int_{\overline{ASB}}P\mathrm{d}x+Q\mathrm{d}y\\=&\int_{\overline{ARB}}P\mathrm{d}x+Q\mathrm{d}y+\int_{\overline{BSA}}P\mathrm{d}x+Q\mathrm{d}y\\=&\oint_{\overline{ARBSA}}P\mathrm{d}x+Q\mathrm{d}y=0,\end{aligned}$$

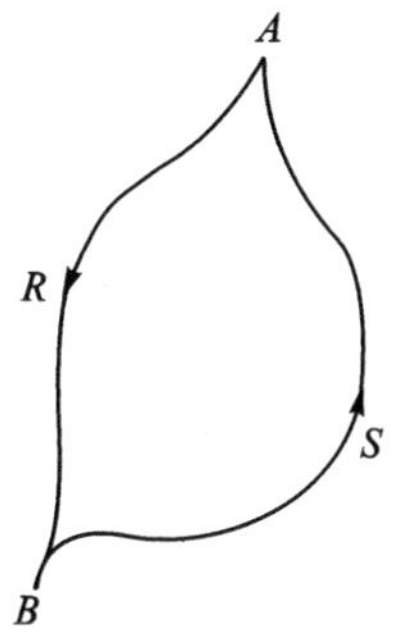

图 17.3.6

所以，

$$\int_{\overline{ARB}}P\mathrm{d}x+Q\mathrm{d}y=\int_{\overline{ASB}}P\mathrm{d}x+Q\mathrm{d}y.$$

即曲线积分 $\int_L P\mathrm{d}x+Q\mathrm{d}y$ 与路径无关，只与 L 的起点和终点有关.

(2)→(3). 设 $A(x_0,y_0)$ 为 D 内某一定点，$B(x,y)$ 为 D 内任意一点. 由(2)可得，曲线积分 $\int_{AB}P\mathrm{d}x+Q\mathrm{d}y$ 与路径的选择无关，故当 $B(x,y)$ 在 D 内变动时，其积分值是 $B(x,y)$ 的函数，即有

$$u(x,y)=\int_{AB}P\mathrm{d}x+Q\mathrm{d}y.$$

下面证明 $u(x,y)$ 满足要求. 如图 17.3.7 所示，取 Δx 充分小，使得 $(x+\Delta x,y)\in D$，则函数 $u(x,y)$ 对于 x 的偏增量

$$u(x+\Delta x,y)-u(x,y)=\int_{AC}P\mathrm{d}x+Q\mathrm{d}y-\int_{AB}P\mathrm{d}x+Q\mathrm{d}y.$$

因为在 D 内曲线积分与路径无关，所以

$$\int_{AC}P\mathrm{d}x+Q\mathrm{d}y=\int_{AB}P\mathrm{d}x+Q\mathrm{d}y+\int_{BC}P\mathrm{d}x+Q\mathrm{d}y.$$

由于直线段 BC 平行于 x 轴，所以 $\mathrm{d}y=0$，从而由积分中值定理可得

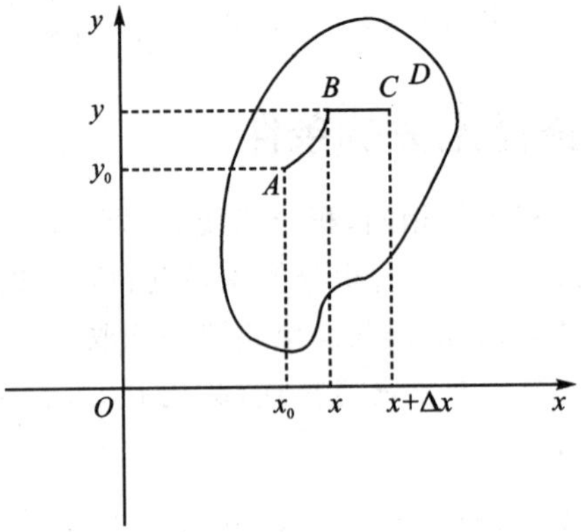

图 17.3.7

$$\Delta u = u(x+\Delta x, y) - u(x,y) = \int_{BC} P\,\mathrm{d}x + Q\,\mathrm{d}y = \int_x^{x+\Delta x} P(x,y)\,\mathrm{d}x = P(x+\theta\Delta x, y)\Delta x,$$

其中 $0<\theta<1$. 由 $P(x,y)$在 D 上连续,有

$$\frac{\partial u}{\partial x} = \lim_{\Delta x\to 0}\frac{\Delta u}{\Delta x} = \lim_{\Delta x\to 0} P(x+\theta\Delta x, y) = P(x,y).$$

同理可证$\frac{\partial u}{\partial y}=Q(x,y)$. 因此 $\mathrm{d}u=P\,\mathrm{d}x+Q\,\mathrm{d}y$.

(3)→(4). 设存在函数 $u(x,y)$,使得 $\mathrm{d}u=P\,\mathrm{d}x+Q\,\mathrm{d}y$,则

$$P(x,y) = \frac{\partial}{\partial x}u(x,y),\quad Q(x,y) = \frac{\partial}{\partial y}u(x,y).$$

因此

$$\frac{\partial P}{\partial y} = \frac{\partial^2 u}{\partial x\partial y},\qquad \frac{\partial Q}{\partial x} = \frac{\partial^2 u}{\partial y\partial x}.$$

因为函数 $P(x,y)$,$Q(x,y)$在 D 内具有一阶连续偏导数,所以

$$\frac{\partial^2 u}{\partial x\partial y} = \frac{\partial^2 u}{\partial y\partial x}.$$

从而在 D 内每一点处都有

$$\frac{\partial P}{\partial y} = \frac{\partial Q}{\partial x}.$$

(4)→(1). 设 L 为 D 内任一按段光滑封闭曲线,记 L 所围成的区域为σ. 由于 D 为单连通区域,所以区域σ 含在D 内. 应用格林公式以及条件(4)得到

$$\int_L P\,\mathrm{d}x + Q\,\mathrm{d}y = \iint_\sigma \left(\frac{\partial Q}{\partial x} - \frac{\partial P}{\partial y}\right)\mathrm{d}x\,\mathrm{d}y = 0.$$

以上将四个条件循环推导了一遍,从而证明了它们是相互等价的.

注 1 定理 17.3.2 中单连通区域的条件必不可少. 例如,考虑区域

$$D = \left\{(x,y), \frac{1}{2} < x^2 + y^2 < 3\right\}$$

中的曲线 $L: x^2+y^2=1$, 将 L 分成两条曲线, 具有相同的起点和终点, 积分方向一致, 为 $L_1: x^2+y^2=1, y\geqslant 0$,从(1,0)到(−1,0);$L_2: x^2+y^2=1, y\leqslant 0$,从(1,0)到(−1,0),则根据

第二型曲线积分计算公式有

$$\int_{L_1} \frac{x\mathrm{d}y - y\mathrm{d}x}{x^2 + y^2} = \int_0^{\pi} \frac{\cos^2\theta + \sin^2\theta}{\cos^2\theta + \sin^2\theta}\mathrm{d}\theta = \pi,$$

$$\int_{L_2} \frac{x\mathrm{d}y - y\mathrm{d}x}{x^2 + y^2} = \int_{2\pi}^{\pi} \frac{\cos^2\theta + \sin^2\theta}{\cos^2\theta + \sin^2\theta}\mathrm{d}\theta = -\pi.$$

但是 $\int_{L_1} \frac{x\mathrm{d}y - y\mathrm{d}x}{x^2 + y^2} \neq \int_{L_2} \frac{x\mathrm{d}y - y\mathrm{d}x}{x^2 + y^2}$. 这里 $D = \left\{(x,y), \frac{1}{2} < x^2 + y^2 < 3\right\}$ 是复连通区域.

注 2　定理 17.3.2 中的(3)的证明过程实际上给出了计算原函数的一种方法，下面的例 17.3.6 将给出详细的说明.

注 3　若在 D 内曲线积分与路径无关，计算积分时常常选用平行于坐标轴的折线作为积分曲线，如图 17.3.8 所示. 如设 $A(x_0,y_0)$ 为 D 内某一定点为起点，$B(x,y)$ 为 D 内任意一点动点为终点. 从 $A(x_0,y_0)$ 出发，沿平行于 x 轴的折线到 $C(x,y_0)$，然后再从 $C(x,y_0)$ 点运动到 $B(x,y)$ 点，这样

$$u(x,y) = \int_{ACB} P(x,y)\mathrm{d}x + Q(x,y)\mathrm{d}y = \int_{x_0}^{x} P(x,y_0)\mathrm{d}x + \int_{y_0}^{y} Q(x,y)\mathrm{d}y.$$

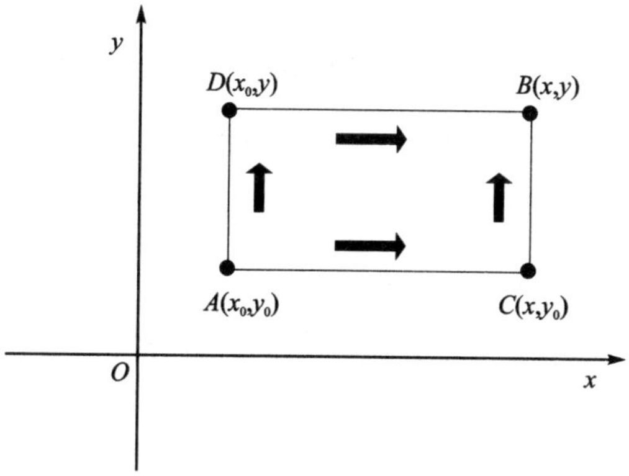

图 17.3.8

若从 $A(x_0,y_0)$ 出发，沿平行于 y 轴的折线到 $D(x_0,y)$，然后再从 $D(x_0,y)$ 点运动到 $B(x,y)$ 点，这样

$$u(x,y) = \int_{ADB} P(x,y)\mathrm{d}x + Q(x,y)\mathrm{d}y = \int_{y_0}^{y} Q(x_0,y)\mathrm{d}y + \int_{x_0}^{x} P(x,y)\mathrm{d}x.$$

例 17.3.6　验证 $\frac{x\mathrm{d}y - y\mathrm{d}x}{x^2+y^2}$ 在右半平面($x>0$)内是某个函数的全微分，并求之.

解　令 $P(x,y) = -\frac{y}{x^2+y^2}$，$Q(x,y) = \frac{x}{x^2+y^2}$，则有

$$\frac{\partial P(x,y)}{\partial y} = \frac{y^2 - x^2}{(x^2+y^2)^2} = \frac{\partial Q(x,y)}{\partial x}$$

在右半平面($x>0$)内处处成立. 因此 $\frac{x\mathrm{d}y - y\mathrm{d}x}{x^2+y^2}$ 在右半平面($x>0$)内是某个函数的全微分.

下面求之.

取积分路径如图 17.3.9 所示，因此

$$
\begin{aligned}
u(x,y) &= \int_{ABC} P(x,y)\mathrm{d}x + Q(x,y)\mathrm{d}y \\
&= \int_1^x P(x,0)\mathrm{d}x + \int_0^y Q(x,y)\mathrm{d}y \\
&= 0 + \int_0^y \frac{x}{x^2+y^2}\mathrm{d}y \\
&== \left[\arctan\frac{y}{x}\right]_0^y = \arctan\frac{y}{x}.
\end{aligned}
$$

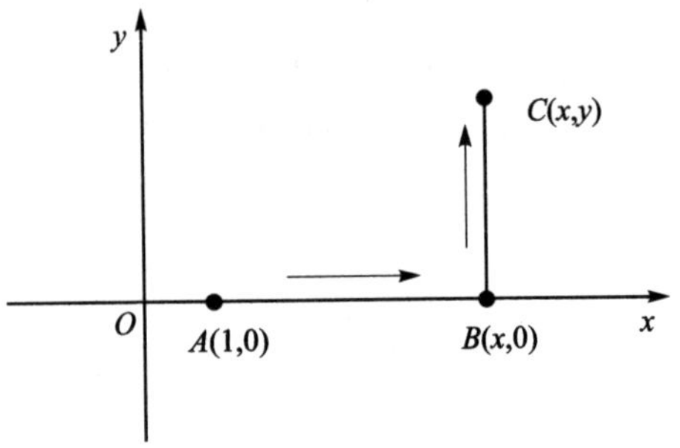

图 17.3.9

显然满足条件的函数 $u(x,y)$不唯一,会随取的积分起点变化而变化.

例 17.3.7 求下面全微分的原函数:

$$\left(\frac{1}{y}+x-y\sin xy\right)\mathrm{d}x+\left(y^2-\frac{x}{y^2}-x\sin xy\right)\mathrm{d}y,$$

并计算以(1,1),(2,2)为起点和终点的任何一条路径的曲线积分.

解 设

$$
\begin{aligned}
\mathrm{d}u(x,y) &= \left(\frac{1}{y}+x-y\sin xy\right)\mathrm{d}x+\left(y^2-\frac{x}{y^2}-x\sin xy\right)\mathrm{d}y \\
&= (x\mathrm{d}x+y^2\mathrm{d}y)+\left(\frac{1}{y}\mathrm{d}x-\frac{x}{y^2}\mathrm{d}y\right)+(-y\sin xy\mathrm{d}x-x\sin xy\mathrm{d}y) \\
&= \mathrm{d}\left(\frac{x^2}{2}+\frac{y^3}{3}\right)+\mathrm{d}\left(\frac{x}{y}\right)+\mathrm{d}(\cos xy),
\end{aligned}
$$

因此

$$u=\frac{x^2}{2}+\frac{y^3}{3}+\frac{x}{y}+\cos xy+C.$$

于是

$$
\begin{aligned}
&\int_{(1,1)}^{(2,2)}\left(\frac{1}{y}+x-y\sin xy\right)\mathrm{d}x+\left(y^2-\frac{x}{y^2}-x\sin xy\right)\mathrm{d}y \\
&\quad=\left(\frac{x^2}{2}+\frac{y^3}{3}+\frac{x}{y}+\cos xy\right)\Bigg|_{(1,1)}^{(2,2)}=\frac{23}{6}+\cos 4-\cos 1.
\end{aligned}
$$

例 17.3.8 设曲线积分 $\int_\Gamma xy^2\mathrm{d}x+y\varphi(x)\mathrm{d}y$ 与路径无关,其中 $\varphi(x)$ 有连续的导数且

$\varphi(0)=0$,计算$\int_{(0,0)}^{(1,1)} xy^2\mathrm{d}x+y\varphi(x)\mathrm{d}y$.

解　$P(x,y)=xy^2$,$Q(x,y)=y\varphi(x)$,$\dfrac{\partial P(x,y)}{\partial y}=2xy$,$\dfrac{\partial Q(x,y)}{\partial x}=y\varphi'(x)$,因为曲线积分与路径无关,所以

$$\frac{\partial P(x,y)}{\partial y}=2xy=\frac{\partial Q(x,y)}{\partial x}=y\varphi'(x),$$

于是 $2xy=y\varphi'(x)$,所以 $\varphi(x)=x^2+C$,由 $\varphi(0)=0$,得 $C=0$. 因此

$$\begin{aligned}\int_{(0,0)}^{(1,1)} xy^2\mathrm{d}x+y\varphi(x)\mathrm{d}y&=\int_{(0,0)}^{(1,1)} xy^2\mathrm{d}x+x^2y\mathrm{d}y\\&=\int_0^1 0\mathrm{d}x+\int_0^1 y\mathrm{d}y\\&=\frac{1}{2}.\end{aligned}$$

习题 17.3

1. 利用 Green 公式计算下列积分：

(1) $\int_L (x+y)\mathrm{d}x-(x-y)\mathrm{d}y$, 其中 L 为椭圆$\dfrac{x^2}{a^2}+\dfrac{y^2}{b^2}=1$ 的反时针方向;

(2) $\int_L (\mathrm{e}^x\sin y-my)\mathrm{d}x+(\mathrm{e}^x\cos y-m)\mathrm{d}y$, 其中 L 为上半圆周 $x^2+y^2=ax$ 沿 x 增加的方向;

(3) $\int_L (5xy-\mathrm{e}^x\sin y)\mathrm{d}y+\mathrm{e}^x\cos y\mathrm{d}x$, 其中 L:$x=\sqrt{2y-y^2}$ 方向沿 y 增大方向;

(4) $\int_L \ln x\mathrm{d}x+\ln y\mathrm{d}y$, 其中 L 为抛物线 $y=x^2$ 上从 $A(1,1)$到 $B(2,4)$的一段弧;

(5) $\oint_L (x^2-2y)\mathrm{d}x+(3x+y\mathrm{e}^y)\mathrm{d}y$, 其中 L 为由直线 $y=0$,$x+2y=2$ 及圆弧 $x^2+y^2=1$ 所围成的区域 D 的边界, 方向: 从点$(2,0)$开始沿 $x+2y=2$ 到点$(0,1)$,然后再沿圆弧 $x^2+y^2=1$ 到点$(-1,0)$,最后沿点 x 轴回到点$(2,0)$.

2. 计算积分$\int_L \dfrac{x\mathrm{d}y-y\mathrm{d}x}{a^2x^2+b^2y^2}$, L 为任意不经过原点的光滑封闭曲线,逆时针方向.

3. 用 Green 公式计算下列曲线围成的面积：

(1) 双纽线$(x^2+y^2)^2=a^2(x^2-y^2)$(提示:令 $y=x\tan\theta$);

(2) 笛卡尔叶形线 $x^3+y^3=3axy(a>0)$(提示:令 $y=xt$);

(3) 抛物线$(x+y)^2=ax(a>0)$与 x 轴所围成的图形.

4. 设封闭曲线 L 有参数方程 $x=\varphi(t)$,$y=\psi(t)$,$t\in[\alpha,\beta]$,参数增加时指示 L 的正向. 证明:L 围成的面积 $A=\dfrac{1}{2}\int_\alpha^\beta \begin{vmatrix}\varphi(t) & \psi(t)\\ \varphi'(t) & \psi'(t)\end{vmatrix}\mathrm{d}t$.

5. 计算曲线积分$\int_L \dfrac{\mathrm{e}^x}{x^2+y^2}[(x\sin y-y\cos y)\mathrm{d}x+(x\cos y+y\sin y)\mathrm{d}y]$, 其中 L 是包含原点在其内部的分段光滑的闭曲线.

6. 求下列全微分的原函数:

(1) $(x^2-2xy+y^2)\mathrm{d}x-(x^2-2xy-y^2)\mathrm{d}y$;

(2) $xf(\sqrt{x^2+y^2})\mathrm{d}x+yf(\sqrt{x^2+y^2})\mathrm{d}y$.

7. 先证明下列曲线积分与路径无关,再计算其积分值:

(1) $\int_{(2,1)}^{(1,2)}\frac{y\mathrm{d}x-x\mathrm{d}y}{x^2}$,沿在右半平面的路线;

(2) $\int_{(2,1)}^{(1,2)}\varphi(x)\mathrm{d}x+\psi(y)\mathrm{d}y$,$\varphi(x)$,$\psi(y)$ 为连续函数.

8. 已知平面区域 $D=\{(x,y)\mid 0\leqslant x\leqslant 1,0\leqslant y\leqslant 1\}$,$L$ 为 D 的正向边界,$f(x)$为$[0,1]$上的连续函数,证明:

(1) $\oint_L x\mathrm{e}^{f(y)}\mathrm{d}y-y\mathrm{e}^{-f(x)}\mathrm{d}x=\oint_L x\mathrm{e}^{-f(y)}\mathrm{d}y-y\mathrm{e}^{f(x)}\mathrm{d}x$;

(2) $\oint_L x\mathrm{e}^{f(y)}\mathrm{d}y-y\mathrm{e}^{-f(x)}\mathrm{d}x\geqslant 2$.

9. 设函数 $f(x)$,$g(x)$具有 2 阶连续导数,并且积分

$$\oint_L(y^2f(x)+2y\mathrm{e}^x+2yg(x))\mathrm{d}x+2(yg(x)+f(x))\mathrm{d}y=0$$

对平面上任一条封闭曲线 L 成立. 求 $f(x)$,$g(x)$.

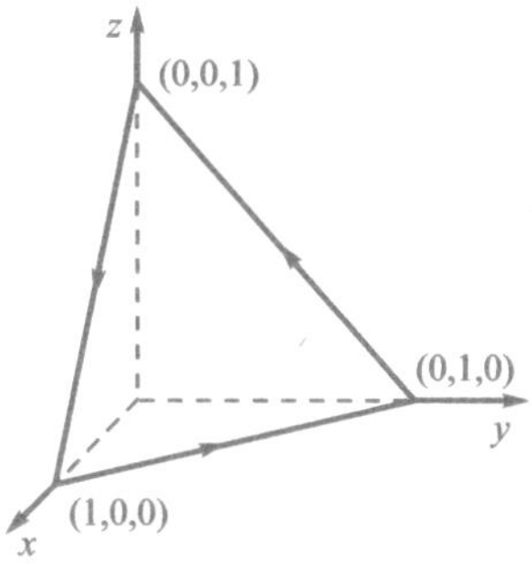

第 18 章　曲面积分

本章介绍第一型曲面积分、第二型曲面积分的定义与计算方法及两类曲面积分的关系，并在此基础上讨论高斯(Gauss)公式与斯托克斯(Stokes)公式，最后介绍场的一些基本概念.

18.1　第一型曲面积分

本节介绍第一型曲面积分的概念、性质、计算以及应用. 与第一型曲线积分类似，这里使用求曲面形物体质量的问题引出第一型曲面积分的概念.

18.1.1　曲面形物体的质量

设曲面型物体的形状可表示为$\mathbb{R}^3$中的光滑曲面Σ，即曲面上每点都有切平面，并且当点在曲面上连续移动时，切平面也连续变动. 已知Σ的面密度为$\rho(x,y,z)$，求它的质量.

类似于求曲线形物体质量的方法. 首先对Σ进行分割，将它分成n个小片$\Sigma_1,\Sigma_2,\cdots,\Sigma_n$，相应面积记为$\Delta S_1,\Delta S_2,\cdots,\Delta S_n$. 在第$i$个小片上任取一点$(\xi_i,\eta_i,\zeta_i)\in\Sigma_i$，则这一小片的质量可近似为$\Delta M_i\approx\rho(\xi_i,\eta_i,\zeta_i)\Delta S_i(i=1,2,\cdots,n)$，所以$\Sigma$的质量可表示为

$$M=\sum_{i=1}^{n}\Delta M_i\approx\sum_{i=1}^{n}\rho(\xi_i,\eta_i,\zeta_i)\Delta S_i.$$

取n个小片直径中最大的为分割细度，记为$\|T\|$. 当$\|T\|\to0$时，若此和式的极限存在，则定义曲面Σ的质量为

$$M=\lim_{\|T\|\to0}\sum_{i=1}^{n}\rho(\xi_i,\eta_i,\zeta_i)\Delta S_i.$$

以上的方法仍然是"分割、累加和、取极限"以获得精确值，由此可得以下概念.

18.1.2　第一型曲面积分的定义和性质

定义 18.1.1 设曲面Σ是可求面积的光滑曲面，函数$f(x,y,z)$在曲面Σ上有界，对于Σ上任意分割T，用$\Delta S_1,\Delta S_2,\cdots,\Delta S_n$表示相应的小曲面，也表示其面积. 取小曲面$\Delta S_i$，$i=1,2,\cdots,n$直径的最大值为分割细度，记为$\|T\|$. 在每一个小曲面上任取一点$(\xi_i,\eta_i,\zeta_i)\in\Delta S_i$，$i=1,2,\cdots,n$，作和式

$$\sum_{i=1}^{n}f(\xi_i,\eta_i,\zeta_i)\Delta S_i,$$

如果当$\|T\|\to0$时，这个和式的极限存在，且极限值与小曲面的分法和点(ξ_i,η_i,ζ_i)的选取无关，则称此极限值为$f(x,y,z)$在曲面Σ上的第一型曲面积分，记为$\iint\limits_{\Sigma}f(x,y,z)\mathrm{d}S$，即

$$\iint_{\Sigma} f(x,y,z)\mathrm{d}S=\lim_{\|T\|\to 0}\sum_{i=1}^{n} f(\xi_i,\eta_i,\zeta_i)\Delta S_i.$$

其中 $f(x,y,z)$称为被积函数,Σ 称为积分曲面.

由第一型曲面积分的定义可知,前面所求的密度为 $\rho(x,y,z)$的曲面 Σ 的质量为

$$M=\iint_{\Sigma}\rho(x,y,z)\mathrm{d}S.$$

特别地,当密度为 $\rho(x,y,z)=1$ 时,有

$$M=\iint_{\Sigma}1\mathrm{d}S=\iint_{\Sigma}\mathrm{d}S=A.$$

其中 A 是 Σ 的面积 .

第一型曲面积分有与重积分类似的性质.

性质 18.1.1 以下设 Σ 为有界的光滑曲面.

(1)(线性性质)若 $f(x,y,z)$,$g(x,y,z)$在曲面 Σ 上可积,则对任意实数 α,β,$\alpha f(x,y,z)+\beta g(x,y,z)$在 Σ 上可积,且

$$\iint_{\Sigma}\{\alpha f(x,y,z)+\beta g(x,y,z)\}\mathrm{d}S=\alpha\iint_{\Sigma}f(x,y,z)\mathrm{d}S+\beta\iint_{\Sigma}g(x,y,z)\mathrm{d}S.$$

(2)(保序性)设 $f(x,y,z)$,$g(x,y,z)$在曲面 Σ 上可积,且满足 $f(x,y,z)\leqslant g(x,y,z)$,则

$$\iint_{\Sigma}f(x,y,z)\mathrm{d}S\leqslant\iint_{\Sigma}g(x,y,z)\mathrm{d}S.$$

(3)(可加性)设空间曲面 Σ 可分为两个无公共内点的曲面 Σ_1,Σ_2,若 $f(x,y,z)$在 Σ 上可积,则在 Σ_1,Σ_2 上也可积;反之若 $f(x,y,z)$在 Σ_1,Σ_2 上可积,则在 Σ 上也可积,且

$$\iint_{\Sigma}f(x,y,z)\mathrm{d}S=\iint_{\Sigma_1}f(x,y,z)\mathrm{d}S+\iint_{\Sigma_2}f(x,y,z)\mathrm{d}S.$$

(4)(绝对可积性)设 $f(x,y,z)$在曲面 Σ 上可积,则 $|f(x,y,z)|$在曲面 Σ 上可积,且

$$\left|\iint_{\Sigma}f(x,y,z)\mathrm{d}S\right|\leqslant\iint_{\Sigma}|f(x,y,z)|\mathrm{d}S.$$

(5)(积分中值定理)若 $f(x,y,z)$在曲面 Σ 上连续,则存在$(\xi,\eta,\zeta)\in\Sigma$,使得

$$\iint_{\Sigma}f(x,y,z)\mathrm{d}S=f(\xi,\eta,\zeta)A,$$

其中 A 为 Σ 的面积.

18.1.3 第一型曲面积分的计算

设曲面 Σ 的方程为 $z=z(x,y)$,$(x,y)\in D_{xy}$,那么曲面 Σ 在 xOy 平面上的投影为 D_{xy},由曲面面积元素的表达式

$$\mathrm{d}S=\sqrt{1+z_x^2+z_y^2}\,\mathrm{d}x\mathrm{d}y$$

和第一型曲面积分的定义,可得第一型曲面积分的计算公式为

$$\iint_{\Sigma}f(x,y,z)\mathrm{d}S=\iint_{D_{xy}}f(x,y,z(x,y))\sqrt{1+z_x^2+z_y^2}\,\mathrm{d}x\mathrm{d}y.$$

若曲面 Σ 的方程为 $y=y(z,x)$，$(z,x)\in D_{zy}$，曲面 Σ 在 zOx 平面上的投影为 D_{zx}，则有

$$\iint_{\Sigma} f(x,y,z)\mathrm{d}S=\iint_{D_{zx}} f(x,y(z,x),z)\sqrt{1+y_z^2+x_x^2}\,\mathrm{d}z\mathrm{d}x,$$

若曲面 Σ 的方程为 $x=x(y,z)$，$(y,z)\in D_{yz}$，曲面 Σ 在 yOz 平面上的投影为 D_{yz}，则有

$$\iint_{\Sigma} f(x,y,z)\mathrm{d}S=\iint_{D_{yz}} f(x(y,z),y,z)\sqrt{1+x_y^2+x_z^2}\,\mathrm{d}y\mathrm{d}z.$$

例 18.1.1 计算 $\iint_{\Sigma}(x^2+z^2)\mathrm{d}S$，其中 Σ 为球面 $x^2+y^2+z^2=a^2$.

解 因为 Σ 可分解为 $\Sigma=\Sigma_1+\Sigma_2$，其中 $\Sigma_1:z=\sqrt{a^2-x^2-y^2}$，$\Sigma_2:z=-\sqrt{a^2-x^2-y^2}$，它们在 xOy 平面上的投影均为

$$D_{xy}=\{(x,y):x^2+y^2\leqslant a^2\}.$$

对 $\Sigma_1:z=\sqrt{a^2-x^2-y^2}$，有

$$z_x=-\frac{x}{\sqrt{a^2-x^2-y^2}},\quad z_y=-\frac{y}{\sqrt{a^2-x^2-y^2}};$$

对 $\Sigma_2:z=-\sqrt{a^2-x^2-y^2}$，有

$$z_x=\frac{x}{\sqrt{a^2-x^2-y^2}},\quad z_y=\frac{y}{\sqrt{a^2-x^2-y^2}};$$

所以在 Σ_1，Σ_2 上都有

$$\mathrm{d}S=\sqrt{1+z_x^2+z_y^2}\,\mathrm{d}x\mathrm{d}y=\frac{a}{\sqrt{a^2-x^2-y^2}}\mathrm{d}x\mathrm{d}y,$$

因此

$$\begin{aligned}\iint_{\Sigma}(x^2+z^2)\mathrm{d}S&=\iint_{\Sigma_1}(x^2+z^2)\mathrm{d}S+\iint_{\Sigma_2}(x^2+z^2)\mathrm{d}S\\&=\iint_{D_{xy}}(x^2+(\sqrt{a^2-x^2-y^2})^2)\frac{a}{\sqrt{a^2-x^2-y^2}}\mathrm{d}x\mathrm{d}y\\&\quad+\iint_{D_{xy}}(x^2+(-\sqrt{a^2-x^2-y^2})^2)\frac{a}{\sqrt{a^2-x^2-y^2}}\mathrm{d}x\mathrm{d}y\\&=2\iint_{x^2+y^2\leqslant a^2}\frac{a(a^2-y^2)}{\sqrt{a^2-x^2-y^2}}\mathrm{d}x\mathrm{d}y.\end{aligned}$$

利用极坐标变换得到

$$\begin{aligned}\iint_{\Sigma}(x^2+z^2)\mathrm{d}S&=2\int_0^a\mathrm{d}r\int_0^{2\pi}\frac{ar}{2\sqrt{a^2-r^2}}(2a^2-r^2+r^2\cos 2\theta)\mathrm{d}\theta=2\int_0^a\frac{\pi(2a^2-r^2)ar}{\sqrt{a^2-r^2}}\mathrm{d}r\\&=\pi a\int_0^a\frac{(2a^2-r^2)}{\sqrt{a^2-r^2}}\mathrm{d}r^2=\pi a\int_0^a\frac{(a^2-r^2)}{\sqrt{a^2-r^2}}\mathrm{d}r^2+\pi a\int_0^a\frac{a^2}{\sqrt{a^2-r^2}}\mathrm{d}r^2\\&=\pi a\int_0^a\sqrt{a^2-r^2}\,\mathrm{d}r^2+\pi a\int_0^a\frac{a^2}{\sqrt{a^2-r^2}}\mathrm{d}r^2\\&=-\frac{2}{3}\pi a[a^2-r^2]_0^a-2\pi a^3[\sqrt{a^2-r^2}]_0^a\end{aligned}$$

$$=\frac{8}{3}\pi a^4.$$

注 1 该例可以通过对称性来简化计算.把球面分为关于任意坐标面对称两部分 $\Sigma=\Sigma_1+\Sigma_2$,由于 Σ 关于坐标平面对称,被积函数中相应变量也有奇偶性,所以可以得到

$$\iint_{\Sigma}(x^2+z^2)\mathrm{d}S=2\iint_{\Sigma_1}(x^2+z^2)\mathrm{d}S.$$

注 2 利用对称性简化计算,其原理与第一型曲线积分相同. 该例中利用轮换对称性可知

$$\iint_{\Sigma}x^2\mathrm{d}S=\iint_{\Sigma}y^2\mathrm{d}S=\iint_{\Sigma}z^2\mathrm{d}S.$$

由此可以直接得到

$$\text{原式}=\frac{2}{3}\iint_{\Sigma}(x^2+y^2+z^2)\mathrm{d}S=\frac{2}{3}\iint_{\Sigma}a^2\mathrm{d}S=\frac{8}{3}\pi a^4.$$

上式用到积分变量 x,y,z 满足曲面方程 $x^2+y^2+z^2=a^2$.

例 18.1.2 求均质曲面形物体 $\Sigma:x^2+y^2+z^2=a^2,x\geqslant0,y\geqslant0,z\geqslant0$ 的形心坐标$(\bar{x},\bar{y},\bar{z})$.

解 由对称性可得 $\bar{x}=\bar{y}=\bar{z}$,根据形心的计算公式

$$\bar{x}=\frac{\iint_{\Sigma}x\,\mathrm{d}S}{\iint_{\Sigma}\mathrm{d}S},$$

根据

$$\iint_{\Sigma}\mathrm{d}S=\frac{1}{8}\times4\pi a^2=\frac{\pi a^2}{2},$$

$$\iint_{\Sigma}x\,\mathrm{d}S=\iint_{D_{xy}}\frac{ax}{\sqrt{a^2-x^2-y^2}}\mathrm{d}x\,\mathrm{d}y=a\int_0^{\frac{\pi}{2}}\mathrm{d}\theta\int_0^a\frac{r^2\cos\theta}{\sqrt{a^2-r^2}}\mathrm{d}r=\frac{\pi}{4}a^3,$$

得 $\bar{x}=\frac{a}{2}$,因此形心坐标为$\left(\frac{a}{2},\frac{a}{2},\frac{a}{2}\right)$.

上面例子是求曲面的形心,与重积分相同,利用第一型曲面积分还可以求曲面形物体的质心、转动惯量、引力等.

最后给出用参数方程表示的曲面上的第一型曲面积分的例子.

例 18.1.3 计算 $\iint_{\Sigma}z\,\mathrm{d}S$, 其中 Σ 为螺旋面

$$\Sigma:\begin{cases}x=u\cos v,\\y=u\sin v,\ (u,v)\in D,\\z=v,\end{cases}\quad D:\begin{cases}0\leqslant u\leqslant a,\\0\leqslant v\leqslant 2\pi\end{cases}$$

的一部分.

解 由于

$$E=x_u^2+y_u^2+z_u^2=\cos^2u+\sin^2u=1,$$

$$F=x_ux_v+y_uy_v+z_uz_v=-u\sin v\cos v+u\sin v\cos v=0,$$

$$G=x_v^2+y_v^2+z_v^2=u^2\sin^2v+u^2\cos^2v+1=1+u^2,$$

由参数方程表示的曲面面积公式,可以求得

$$\iint_{\Sigma} z\,\mathrm{d}S=\iint_{D} v\sqrt{EG-F^2}\,\mathrm{d}u\,\mathrm{d}v=\iint_{D} v\sqrt{1+u^2}\,\mathrm{d}u\,\mathrm{d}v=\int_0^{2\pi} v\,\mathrm{d}v\int_0^a \sqrt{1+u^2}\,\mathrm{d}u$$

$$=2\pi^2\left[\frac{u}{2}\sqrt{1+u^2}+\frac{1}{2}\ln(u+\sqrt{1+u^2})\right]\Bigg|_0^a$$

$$=\pi^2[a\sqrt{1+a^2}+\ln(a+\sqrt{1+a^2}).$$

$$\iint_{\Sigma} z\,\mathrm{d}S=\iint_{D} v\sqrt{EG-F^2}\,\mathrm{d}u\,\mathrm{d}v=\iint_{D} v\sqrt{1+u^2}\,\mathrm{d}u\,\mathrm{d}v=\int_0^{2\pi} v\,\mathrm{d}v\int_0^a \sqrt{1+u^2}\,\mathrm{d}u$$

$$=2\pi^2\left[\frac{u}{2}\sqrt{1+u^2}+\frac{1}{2}\ln(u+\sqrt{1+u^2})\right]\Bigg|_0^a$$

$$=\pi^2[a\sqrt{1+a^2}+\ln(a+\sqrt{1+a^2})].$$

习题 18.1

1. 计算下列曲面积分:

(1) $\iint\limits_{\Sigma} x^2\mathrm{d}S$,,其中 Σ 是球面 $x^2+y^2+z^2=4$;

(2) $\iint\limits_{\Sigma} |xyz|\,\mathrm{d}S$,其中抛物面 $\Sigma: z=x^2+y^2, 0\leqslant z\leqslant 1$;

(3) $\iint\limits_{\Sigma}(x+y+z)\mathrm{d}S$,其中 Σ 为上半球面 $x^2+y^2+z^2=a^2, z\geqslant 0$;

(4) $\iint\limits_{\Sigma}(ax+by+cz+d)^2\mathrm{d}S$,其中 Σ 为球面 $x^2+y^2+z^2=a^2$;

(5) $\iint\limits_{\Sigma} z\,\mathrm{d}S$,其中圆锥面 $\Sigma: z=\sqrt{x^2+y^2}$ 上介于平面 $z=1$ 与 $z=2$ 间的部分;

(6) $\iint\limits_{\Sigma}\frac{1}{x^2+y^2}\mathrm{d}S$,其中 Σ 是柱面 $x^2+y^2=R^2$ 被平面 $z=0, z=h$ 所截取的部分 .

2. 计算曲面积分 $\iint\limits_{\Sigma}(x^2+y^2+z^2)\mathrm{d}S$,其中 Σ 是内接于球面 $x^2+y^2+z^2=a^2$ 的八面体 $|x|+|y|+|z|=a$ 的表面.

3. 设 $u(x,y,z)$ 为连续函数,它在 $M(x_0,y_0,z_0)$ 处有连续的二阶偏导数,Σ 为以 M 点为中心,半径为 R 的球面, 以及

$$T(R)=\frac{1}{4\pi R^2}\iint_{\Sigma} u(x,y,z)\mathrm{d}S.$$

(1) 证明: $\lim\limits_{R\to 0}T(R)=u(x_0,y_0,z_0)$;

(2) 若 $\left(\frac{\partial^2 u}{\partial x^2}+\frac{\partial^2 u}{\partial y^2}+\frac{\partial^2 u}{\partial z^2}\right)\Big|_{(x_0,y_0,z_0)}\neq 0$,求当 $R\to 0$ 时无穷小量 $T(R)-u(x_0,y_0,z_0)$ 的主要部分.

4. 求密度为 $\rho(x,y)=z$ 的抛物球面壳 $z=\frac{1}{2}(x^2+y^2), 0\leqslant z\leqslant 1$ 的质量和质心坐标.

18.2 第二型曲面积分

18.2.1 定向曲面

第二型曲面积分与曲面的定向有关,因此首先需要确定曲面的定向问题. 设 Σ 为正则曲面,M 是曲面 Σ 上的一点,显然曲面在 M 点的法线有两个方向,此时可以指定一个指向为正,另一个指向为负. 设 M_0 为曲面 Σ 上的任意一点,L 为任何经过 M_0,且不超过 Σ 边界的闭曲线. 令曲面上的点 M 从 M_0 出发沿 L 连续移动,则它的法向量也连续变动;若 M 沿 L 回到 M_0 时,M 的法向量仍然与 M_0 处出发时指定的法向量方向一致,则称 Σ 为双侧曲面.

一般地,对双侧曲面,若 $z=z(x,y),(x,y)\in D_{xy}$,则称其法线方向与 z 轴的正向夹角为锐角的一侧为上侧,另一侧为下侧;同理,若 $\Sigma:x=x(y,z),(y,z)\in D_{yz}$,则称其法线方向与 x 轴的正向夹角为锐角的一侧为前侧,另一侧为后侧;若 $\Sigma:y=x(x,z),(x,z)\in D_{xz}$,则称其法线方向与 y 轴的正向夹角为锐角的一侧为右侧,另一侧为左侧. 若 Σ 为封闭曲面时,一般分为外侧和内侧.

与可定向的双侧曲面相对应,德国几何学家默比乌斯 (Möbius,1790—1868) 给出的默比乌斯带就是一个不可定向的曲面. 如图 18.2.1 所示,将长方形纸条 $ABCD$ 扭转一次,将 AB 和 CD 黏合在一起,构成了一个环带. 如果一只蚂蚁从带上某点出发,沿默比乌斯带爬动,那么蚂蚁将回到原来的点,且没有穿过纸带边缘,也就是绕行一周的时候, 其法向量的方向发生了变化. 因此, 一个默比乌斯带,实际上只有一面,是单侧曲面.

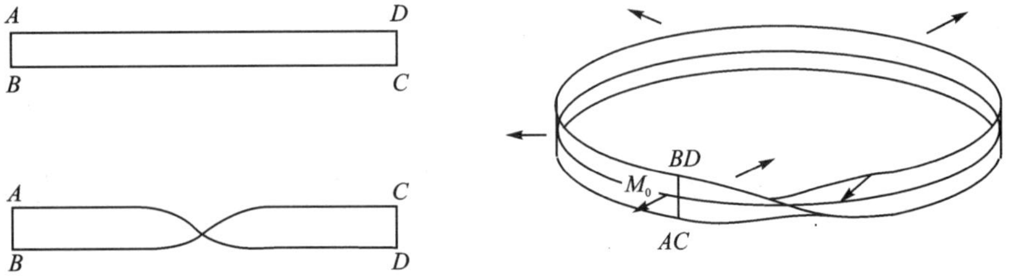

图 18.2.1 默比乌斯带

18.2.2 第二型曲面的积分定义与性质

(1) 研究不可压缩的流体以常速度 $\boldsymbol{v}$ 流过有向平面区域 A(这里区域的面积仍记为 A),求单位时间内从平面区域 A 的一侧流向它的指定法向量所指那一侧的流量 Φ.

设速度向量 $\boldsymbol{v}$ 与平面区域 A 的指定单位法向量 $\boldsymbol{n}$ 之间的夹角为 θ,流体的密度为 1,则

$$\Phi=A\boldsymbol{v}\cdot\boldsymbol{n}=A\|\boldsymbol{v}\|\cos\theta.$$

(2) 设稳定不可压缩流体(假设密度为 1)在点 (x,y,z) 处的速度为

$$\boldsymbol{v}(x,y,z)=(P(x,y,z),Q(x,y,z),R(x,y,z));$$

Σ 为有向可求面积的正则曲面, 函数 $P(x,y,z),Q(x,y,z),R(x,y,z)$ 在 Σ 上连续,求单位时间内流向 Σ 法向量所指一侧的流体的流量 Φ,如图 18.2.2 所示.

类似前面的方法,继续采取"分割、近似、求和、取极限"的步骤来求流体的流量 .

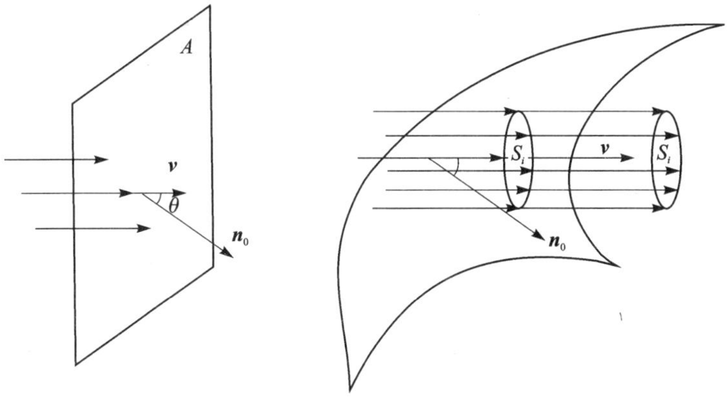

(a) 流体速度为常数 $\boldsymbol{v}$　　(b) 流体速度为 $\boldsymbol{v}(x,y,z)$

图 18.2.2

用光滑曲线网将 Σ 分割成 n 片小曲面 $\Delta S_1,\Delta S_2,\cdots,\Delta S_n$，$\Delta S_i(i=1,\cdots,n)$ 表示第 i 个小曲面，也表示小曲面的面积. 在 ΔS_i 上任取一点 (ξ_i,η_i,ζ_i)，在这点的流速为

$$\boldsymbol{v}(\xi_i,\eta_i,\zeta_i)=(P(\xi_i,\eta_i,\zeta_i),Q(\xi_i,\eta_i,\zeta_i),R(\xi_i,\eta_i,\zeta_i)).$$

设曲面在点 (ξ_i,η_i,ζ_i) 的单位法向量为 $\boldsymbol{n}=(\cos\alpha,\cos\beta,\cos\gamma)$（这里法向量方向选取与 Σ 指向的一侧一致），将曲面上的流速近似为常速，用点 (ξ_i,η_i,ζ_i) 的流速近似，则在单位时间内流过 ΔS_i 的流量可近似为

$$\begin{aligned}\Phi_i &\approx \boldsymbol{v}(\xi_i,\eta_i,\zeta_i)\cdot\boldsymbol{n}\Delta S_i\\ &=P(\xi_i,\eta_i,\zeta_i)\Delta S_i\cos\alpha+Q(\xi_i,\eta_i,\zeta_i)\Delta S_i\cos\beta+R(\xi_i,\eta_i,\zeta_i)\Delta S_i\cos\gamma.\end{aligned}$$

流速场 $\boldsymbol{v}$ 通过有向曲面 Σ 的总流量可近似为

$$\Phi\approx\sum_{i=1}^{n}(P(\xi_i,\eta_i,\zeta_i)\cos\alpha\Delta S_i+Q(\xi_i,\eta_i,\zeta_i)\cos\beta\Delta S_i+R(\xi_i,\eta_i,\zeta_i)\cos\gamma\Delta S_i).$$

取 n 个小片直径中最大的为分割细度，记为 $\|T\|$. 当 $\|T\|\to 0$ 时，若上式的极限存在，则此极限为单位时间内通过 Σ 的总流量 Φ，即为

$$\Phi=\lim_{\|T\|\to 0}\sum_{i=1}^{n}(P(\xi_i,\eta_i,\zeta_i)\cos\alpha\Delta S_i+Q(\xi_i,\eta_i,\zeta_i)\cos\beta\Delta S_i+R(\xi_i,\eta_i,\zeta_i)\cos\gamma\Delta S_i).$$

这里 $\Delta S_i\cos\alpha,\Delta S_i\cos\beta,\Delta S_i\cos\gamma$ 分别为 ΔS_i 在 yOz,zOx,xOy 平面上的有向投影面积，记为 $\Delta S_{i_{yz}},\Delta S_{i_{zx}},\Delta S_{i_{xy}}$，其符号由 S_i 所指向一侧的方向或 $\boldsymbol{n}=(\cos\alpha,\cos\beta,\cos\gamma)$ 确定. 那么，流量还可表示为

$$\Phi=\lim_{\|T\|\to 0}\sum_{i=1}^{n}P(\xi_i,\eta_i,\zeta_i)\Delta S_{i_{yz}}+\lim_{\|T\|\to 0}\sum_{i=1}^{n}Q(\xi_i,\eta_i,\zeta_i)\Delta S_{i_{zx}}+\lim_{\|T\|\to 0}\sum_{i=1}^{n}R(\xi_i,\eta_i,\zeta_i)\Delta S_{i_{xy}}.$$

当法向量 $\boldsymbol{n}$ 与 z 轴正向夹角为锐角时，$\Delta S_{i_{xy}}$ 为正，否则为负；当法向量 $\boldsymbol{n}$ 与 x 轴正向夹角为锐角时，$\Delta S_{i_{yz}}$ 为正，否则为负；当法向量 $\boldsymbol{n}$ 与 y 轴正向夹角为锐角时，$\Delta S_{i_{zx}}$ 为正，否则为负.

上述和式的极限与曲面的侧有关，其极限称为第二型曲面积分.

定义 18.2.1 设向量场 $\boldsymbol{F}(x,y,z)=(P(x,y,z),Q(x,y,z),R(x,y,z))$ 是定义在双侧可求面积的曲面 Σ 上的向量函数，在 Σ 所指向一侧作分割 T，把 Σ 分成 n 个小曲面 ΔS_1，$\Delta S_2,\cdots,\Delta S_n$. ΔS_i，$i=1,2,\cdots,n$，表示小曲面和其面积，用 $\|T\|$ 表示这 n 个小曲面直径的最

大值,$\Delta S_{i_{yz}}$,$\Delta S_{i_{zx}}$,$\Delta S_{i_{xy}}$ 分别为 ΔS_i 在三个坐标平面的有向投影面积. 在每个小曲面上任取一点$(\xi_i,\eta_i,\zeta_i)\in\Delta S_i$. 当 $\|T\|\to 0$ 时,若极限

$$\lim_{\|T\|\to 0}\sum_{i=1}^{n}P(\xi_i,\eta_i,\zeta_i)\Delta S_{i_{yz}}+\lim_{\|T\|\to 0}\sum_{i=1}^{n}Q(\xi_i,\eta_i,\zeta_i)\Delta S_{i_{zx}}+\lim_{\|T\|\to 0}\sum_{i=1}^{n}R(\xi_i,\eta_i,\zeta_i)\Delta S_{i_{xy}}$$

存在,且极限与曲面 Σ 的分割 T 和(ξ_i,η_i,ζ_i)的取法无关,则称此极限为函数 $P(x,y,z)$,$Q(x,y,z)$,$R(x,y,z)$在曲面 Σ 所指定一侧上的第二型曲面积分. 记为

$$\iint_{\Sigma}P(x,y,z)\mathrm{d}y\mathrm{d}z+Q(x,y,z)\mathrm{d}z\mathrm{d}x+R(x,y,z)\mathrm{d}x\mathrm{d}y,$$

或

$$\iint_{\Sigma}P(x,y,z)\mathrm{d}y\mathrm{d}z+\iint_{\Sigma}Q(x,y,z)\mathrm{d}z\mathrm{d}x+\iint_{\Sigma}R(x,y,z)\mathrm{d}x\mathrm{d}y.$$

其中

$$\lim_{\|T\|\to 0}\sum_{i=1}^{n}P(\xi_i,\eta_i,\zeta_i)\Delta S_{i_{yz}}=\iint_{\Sigma}P(x,y,z)\mathrm{d}y\mathrm{d}z;$$

$$\lim_{\|T\|\to 0}\sum_{i=1}^{n}Q(\xi_i,\eta_i,\zeta_i)\Delta S_{i_{zx}}=\iint_{\Sigma}Q(x,y,z)\mathrm{d}z\mathrm{d}x;$$

$$\lim_{\|T\|\to 0}\sum_{i=1}^{n}R(\xi_i,\eta_i,\zeta_i)\Delta S_{i_{xy}}=\iint_{\Sigma}R(x,y,z)\mathrm{d}x\mathrm{d}y.$$

根据此定义,流速场

$$\boldsymbol{v}(x,y,z)=(P(x,y,z),Q(x,y,z),R(x,y,z))$$

在单位时间内从曲面 Σ 的负侧流向正侧的总流量为

$$\Phi=\iint_{\Sigma}P(x,y,z)\mathrm{d}y\mathrm{d}z+Q(x,y,z)\mathrm{d}z\mathrm{d}x+R(x,y,z)\mathrm{d}x\mathrm{d}y.$$

若以 $-\Sigma$ 表示 Σ 的另一侧,由定义易得

$$\iint_{-\Sigma}P(x,y,z)\mathrm{d}y\mathrm{d}z+Q(x,y,z)\mathrm{d}z\mathrm{d}x+R(x,y,z)\mathrm{d}x\mathrm{d}y$$
$$=-\iint_{\Sigma}P(x,y,z)\mathrm{d}y\mathrm{d}z+Q(x,y,z)\mathrm{d}z\mathrm{d}x+R(x,y,z)\mathrm{d}x\mathrm{d}y.$$

与第二型曲线积分一样,第二型曲面积分也有如下的性质.

性质 18.2.1

(1)(线性性质) 假设 $\boldsymbol{F}_i=(P_i,Q_i,R_i)$,$i=1,2,\cdots,k$ 为定义在双侧曲面 Σ 上的向量值函数,若

$$\iint_{\Sigma}P_i\mathrm{d}y\mathrm{d}z+Q_i\mathrm{d}z\mathrm{d}x+R_i\mathrm{d}x\mathrm{d}y\ (i=1,2,\cdots,k)$$

存在,则

$$\iint_{\Sigma}\left(\sum_{i=1}^{k}c_iP_i\right)\mathrm{d}y\mathrm{d}z+\left(\sum_{i=1}^{k}c_iQ_i\right)\mathrm{d}z\mathrm{d}x+\left(\sum_{i=1}^{k}c_iR_i\right)\mathrm{d}x\mathrm{d}y$$
$$=\sum_{i=1}^{k}c_i\left[\iint_{\Sigma}P_i\mathrm{d}y\mathrm{d}z+Q_i\mathrm{d}z\mathrm{d}x+R_i\mathrm{d}x\mathrm{d}y\right],$$

其中 $c_i(i=1,2,\cdots,k)$ 是常数 .

(2)（曲面可加性）若 Σ 是由两两无公共内点的曲面块 $\Sigma_1,\Sigma_2,\cdots,\Sigma_k$ 所组成，$\Sigma_1,\Sigma_2,\cdots,\Sigma_k$ 的方向与 Σ 相同，且

$$\iint_{\Sigma_i} P\,\mathrm{d}y\mathrm{d}z+Q\mathrm{d}z\mathrm{d}x+R\mathrm{d}x\mathrm{d}y\,(i=1,2,\cdots,k)$$

都存在，则有

$$\iint_{\Sigma} P\,\mathrm{d}y\mathrm{d}z+Q\mathrm{d}z\mathrm{d}x+R\mathrm{d}x\mathrm{d}y$$

存在，并且

$$\iint_{\Sigma} P\,\mathrm{d}y\mathrm{d}z+Q\mathrm{d}z\mathrm{d}x+R\mathrm{d}x\mathrm{d}y=\sum_{i=1}^{k}\iint_{\Sigma_i} P\,\mathrm{d}y\mathrm{d}z+Q\mathrm{d}z\mathrm{d}x+R\mathrm{d}x\mathrm{d}y.$$

18.2.3　第二型曲面积分的计算

第二型曲面积分可以转化成二重积分来计算.

定理 18.2.1 假设 $\Sigma: z=z(x,y),(x,y)\in D_{xy}$ 为光滑曲面，D_{xy} 为 xOy 平面上具有分段光滑边界的有界闭区域，$R(x,y,z)$ 为 Σ 上的连续函数，则

$$\iint_{\Sigma} R(x,y,z)\mathrm{d}x\mathrm{d}y=\pm\iint_{D_{xy}} R(x,y,z(x,y))\mathrm{d}x\mathrm{d}y. \tag{18.2.1}$$

式(18.2.1)的右端是二重积分，当 Σ 取上侧时，积分号前取“+”（Σ 的正向法线与 z 轴夹角为锐角）；当 Σ 取下侧时，积分号前取“−”.

证明　设 Σ 取上侧. 由第二型曲面积分定义可得

$$\iint_{\Sigma} R(x,y,z)\mathrm{d}x\mathrm{d}y=\lim_{\|T\|\to 0}\sum_{i=1}^{n} R(\xi_i,\eta_i,\zeta_i)\Delta S_{i_{xy}}=\lim_{\|d\|\to 0}\sum_{i=1}^{n} R(\xi_i,\eta_i,z(\xi_i,\eta_i))\Delta S_{i_{xy}},$$

这里 $d=\max\{S_{i_{xy}}$ 的直径$\}$. 显然由 $\|T\|=\max\limits_{1\leqslant i\leqslant n}\{S_i$ 的直径$\}\to 0$ 可推得 $d\to 0$. 又由于 $R(x,y,z)$ 在 Σ 上连续，且 $z=z(x,y)$ 在 D_{xy} 上连续，由复合函数的连续性知，$R(x,y,z(x,y))$ 也是 D_{xy} 上的连续函数. 于是由重积分的定义可得

$$\iint_{D_{xy}} R(x,y,z(x,y))\mathrm{d}x\mathrm{d}y=\lim_{\|d\|\to 0}\sum_{i=1}^{n} R(x_i,y_i,z(x_i,y_i))\Delta S_{i_{xy}}.$$

所以

$$\iint_{\Sigma} R(x,y,z)\mathrm{d}x\mathrm{d}y=\iint_{D_{xy}} R(x,y,z(x,y))\mathrm{d}x\mathrm{d}y.$$

如果 Σ 取下侧，此时 $\Delta S_{i_{xy}}$ 为负，则有

$$\begin{aligned}\lim_{\|T\|\to 0}\sum_{i=1}^{n} R(x_i,y_i,z_i)\Delta S_{i_{xy}}&=-\lim_{\|d\|\to 0}\sum_{i=1}^{n} R(x_i,y_i,z(x_i,y_i))\,|\Delta S_{i_{xy}}|\\&=-\iint_{D_{xy}} R(x,y,z(x,y))\mathrm{d}x\mathrm{d}y.\end{aligned}$$

结论得证.

类似地，当 $P(x,y,z)$ 在光滑曲面 $\Sigma: x=x(y,z),(y,z)\in D_{yz}$ 上连续时，有

$$\iint_{\Sigma} P\,\mathrm{d}y\,\mathrm{d}z = \pm \iint_{D_{yz}} P(x(y,z),y,z)\,\mathrm{d}y\,\mathrm{d}z. \tag{18.2.2}$$

这里 Σ 的正法线方向与 x 轴成锐角时(前侧)取"+",钝角时(后侧)取"−".

当 $Q(x,y,z)$ 在光滑曲面 $\Sigma: y=y(x,z),(x,z)\in D_{xz}$ 上连续时,有

$$\iint_{\Sigma} Q\,\mathrm{d}z\,\mathrm{d}x = \pm \iint_{D_{xz}} Q(x,y(x,z),z)\,\mathrm{d}z\,\mathrm{d}x \tag{18.2.3}$$

这里 Σ 的正向与 y 轴成锐角时(右侧)取"+",钝角时(左侧) 取"−".

例 18.2.1 计算 $\Phi=\iint_{\Sigma} x^3\,\mathrm{d}y\,\mathrm{d}z+y^3\,\mathrm{d}z\,\mathrm{d}x+z^3\,\mathrm{d}x\,\mathrm{d}y$,其中 Σ 是球面 $x^2+y^2+z^2=a^2$,取外侧.

解 将球面 Σ 分为上侧和下侧,即 $\Sigma_1: z=\sqrt{a^2-x^2-y^2}$,$\Sigma_2: z=-\sqrt{a^2-x^2-y^2}$, 其中 Σ_1,Σ_2 在 xy 平面上的投影为 $D_{xy}=\{(x,y)\mid y^2+x^2\leqslant a\}$, 则

$$\iint_{\Sigma} z^3\,\mathrm{d}x\,\mathrm{d}y=\iint_{\Sigma_1} z^3\,\mathrm{d}x\,\mathrm{d}y+\iint_{\Sigma_2} z^3\,\mathrm{d}x\,\mathrm{d}y.$$

由定理 18.2.2 以及极坐标变换计算,得

$$\begin{aligned}\iint_{\Sigma} z^3\,\mathrm{d}x\,\mathrm{d}y &= \iint_{\Sigma_1} z^3\,\mathrm{d}x\,\mathrm{d}y-\iint_{\Sigma_2} z^3\,\mathrm{d}x\,\mathrm{d}y\\ &= \iint_{D_{xy}} (a^2-x^2-y^2)^{\frac{3}{2}}\,\mathrm{d}x\,\mathrm{d}y-\iint_{D_{xy}} -(a^2-x^2-y^2)^{\frac{3}{2}}\,\mathrm{d}x\,\mathrm{d}y\\ &= 2\iint_{D_{xy}} (a^2-x^2-y^2)^{\frac{3}{2}}\,\mathrm{d}x\,\mathrm{d}y=2\int_0^{2\pi}\int_0^a r(a^2-r^2)^{\frac{3}{2}}\,\mathrm{d}r=\frac{4}{5}\pi a^5.\end{aligned}$$

由对称性得 $\iint_{\Sigma} x\,\mathrm{d}y\,\mathrm{d}z=\iint_{\Sigma} y\,\mathrm{d}z\,\mathrm{d}x=\frac{4}{5}\pi a^5$,因此 $\Phi=\frac{12}{5}\pi a^5$.

例 18.2.2 计算 $\Phi=\iint_{\Sigma}(x^2+yz)\,\mathrm{d}y\,\mathrm{d}z-y^2\,\mathrm{d}z\,\mathrm{d}x+z\,\mathrm{d}x\,\mathrm{d}y$. 这里 Σ 为旋转抛物面 $z=x^2+y^2$,$z\leqslant h\,(h>0)$.

解 (1)计算 $\iint_{\Sigma}(x^2+zy)\,\mathrm{d}y\,\mathrm{d}z$. 这时将 Σ 分为前侧和后侧,即

$$\Sigma_1: x=\sqrt{z-y^2},\ z\leqslant h;\quad \Sigma_2: x=-\sqrt{z-y^2},\ z\leqslant h,$$

且 Σ_1,Σ_2 在 yz 平面上的投影为 D_{yz}, 所以

$$\iint_{\Sigma}(x^2+zy)\,\mathrm{d}y\,\mathrm{d}z=\iint_{D_{yz}}(z-y^2+zy)\,\mathrm{d}y\,\mathrm{d}z-\iint_{D_{yz}}(z-y^2+zy)\,\mathrm{d}y\,\mathrm{d}z=0.$$

(2) 计算 $\iint_{\Sigma} y^2\,\mathrm{d}z\,\mathrm{d}x$. 此时将 Σ 分为右侧和左侧,即

$$\Sigma_1: y=\sqrt{z-x^2},\ z\leqslant h;\quad \Sigma_2: y=-\sqrt{z-x^2},\ z\leqslant h,$$

且 Σ_1,Σ_2 在 xz 平面上的投影为 $D_{xz}=\{(x,z)\mid x^2\leqslant z\leqslant h,-h\leqslant x\leqslant h\}$,于是

$$\iint_{\Sigma} y^2\,\mathrm{d}z\,\mathrm{d}x=\iint_{D_{xz}}(z-x^2)\,\mathrm{d}z\,\mathrm{d}x-\iint_{D_{xz}}(z-x^2)\,\mathrm{d}z\,\mathrm{d}x=0.$$

(3) Σ 在 xy 平面上的投影为 $D_{xy}=\{(x,y)\mid x^2+y^2\leqslant h\}$，则

$$\iint_{\Sigma} z\,\mathrm{d}x\,\mathrm{d}y=-\iint_{D_{xy}}(x^2+y^2)\,\mathrm{d}x\,\mathrm{d}y=-\int_0^{2\pi}\mathrm{d}\theta\int_0^h r^3\,\mathrm{d}r=-\frac{\pi}{2}h^4,$$

因此，$\Phi=-\frac{\pi}{2}h^4$.

若光滑曲面 Σ 由参数方程

$$\Sigma:\begin{cases}x=x(u,v),\\ y=y(u,v),(u,v)\in D\\ z=z(u,v),\end{cases}$$

给出. 若在 D 上各点的法向量的各分量的行列式

$$\frac{\partial(y,z)}{\partial(u,v)},\frac{\partial(z,x)}{\partial(u,v)},\frac{\partial(x,y)}{\partial(u,v)}$$

不全为零，则分别有

$$\iint_{\Sigma}P(x,y,z)\,\mathrm{d}y\,\mathrm{d}z=\pm\iint_{D}P(x(u,v),y(u,v),z(u,v))\,\frac{\partial(y,z)}{\partial(u,v)}\mathrm{d}u\,\mathrm{d}v,\quad(18.2.4)$$

$$\iint_{\Sigma}Q(x,y,z)\,\mathrm{d}z\,\mathrm{d}x=\pm\iint_{D}Q(x(u,v),y(u,v),z(u,v))\,\frac{\partial(z,x)}{\partial(u,v)}\mathrm{d}u\,\mathrm{d}v,\quad(18.2.5)$$

$$\iint_{\Sigma}R(x,y,z)\,\mathrm{d}x\,\mathrm{d}y=\pm\iint_{D}R(x(u,v),y(u,v),z(u,v))\,\frac{\partial(x,y)}{\partial(u,v)}\mathrm{d}u\,\mathrm{d}v.\quad(18.2.6)$$

以上三式中的正负号分别对应曲面 Σ 的两个侧. 当 uv 平面的正方向与对应的曲面 Σ 所选定的正向一致时，取正号，否则取负号.

特别地，若曲面 $\Sigma:z=z(x,y),(x,y)\in D_{xy}$，其中 D_{xy} 是可求面积的平面闭区域，z_x,z_y 在 D_{xy} 上连续，则

$$\iint_{\Sigma}P(x,y,z)\,\mathrm{d}y\,\mathrm{d}z+Q(x,y,z)\,\mathrm{d}z\,\mathrm{d}x+R(x,y,z)\,\mathrm{d}x\,\mathrm{d}y$$

$$=\pm\iint_{D_{xy}}\{-P(x,y,z(x,y))z_x-Q(x,y,z(x,y))z_y+R(x,y,z(x,y))\}\,\mathrm{d}x\,\mathrm{d}y.$$

右端的正负号根据曲面的定向来决定，当曲面正向与 z 轴正向夹角为锐角时取正，否则取负.

例 18.2.3 计算 $\iint_{\Sigma}x^3\,\mathrm{d}y\,\mathrm{d}z$，其中 Σ 为椭球面 $\frac{x^2}{a^2}+\frac{y^2}{b^2}+\frac{z^2}{c^2}=1$ 的上半部，取外侧.

解 曲面 Σ 的参数方程为

$$x=a\sin\varphi\cos\theta,\quad y=b\sin\varphi\sin\theta,\quad z=c\cos\varphi\left(0\leqslant\varphi\leqslant\frac{\pi}{2},0\leqslant\theta\leqslant2\pi\right).$$

由式(18.2.4)有

$$\iint_{\Sigma}x^3\,\mathrm{d}y\,\mathrm{d}z=\pm\iint_{D_{\varphi\theta}}a^3\sin^3\varphi\cos^3\theta\,\frac{\partial(y,z)}{\partial(\varphi,\theta)}\mathrm{d}\varphi\,\mathrm{d}\theta.\quad(18.2.7)$$

其中

$$\frac{\partial(y,z)}{\partial(\varphi,\theta)}=\begin{vmatrix}b\cos\varphi\sin\theta & b\sin\varphi\cos\theta\\ -c\sin\varphi & 0\end{vmatrix}=bc\sin^2\varphi\cos\theta,$$

积分是在曲面 Σ 的正侧进行,此时用参数(φ,θ)表示的定向与曲面定义一致,因此式(18.2.7)的右端取正号,即

$$\iint_{\Sigma} x^3\mathrm{d}y\mathrm{d}z=\iint_{D_{\varphi\theta}} a^3\sin^3\varphi\cos^3\theta bc\sin^2\varphi\cos\theta\mathrm{d}\varphi\mathrm{d}\theta$$

$$=a^3bc\int_0^{\frac{\pi}{2}}\sin^5\varphi\mathrm{d}\varphi\int_0^{2\pi}\cos^4\theta\mathrm{d}\theta=\frac{2}{5}\pi a^3bc.$$

例 18.2.4 计算积分 $\iint_{\Sigma} z^2\mathrm{d}y\mathrm{d}z+\mathrm{d}z\mathrm{d}x-y^2\mathrm{d}x\mathrm{d}y$,其中 Σ 为 $z=x^2+y^2$ 介于平面 $z=0$,$z=4$ 之间的部分,取下侧.

解 曲面方程 $\Sigma: z=x^2+y^2,(x,y)\in D_{xy}=\{(x,y)\mid x+y\leqslant 4\}$,于是

$$\iint_{\Sigma} z^2\mathrm{d}y\mathrm{d}z+\mathrm{d}z\mathrm{d}x-y^2\mathrm{d}x\mathrm{d}y=-\iint_{D_{xy}}[(x^2+y^2)^2(-z_x)+1\cdot(-z_y)-y^2\cdot 1]\mathrm{d}x\mathrm{d}y$$

$$=-\iint_{D_{xy}}[-2x(x^2+y^2)^2-2y-y^2]\mathrm{d}x\mathrm{d}y.$$

由于 D_{xy} 关于 y 轴,x 轴对称,$x(x^2+y^2)^2$,y 分别关于 x,y 是奇函数,所以

$$\iint_{D_{xy}}[2x(x^2+y^2)^2+2y]\mathrm{d}x\mathrm{d}y=0,$$

于是

$$\iint_{\Sigma} z^2\mathrm{d}y\mathrm{d}z+\mathrm{d}z\mathrm{d}x-y^2\mathrm{d}x\mathrm{d}y=\iint_{D_{xy}} y^2\mathrm{d}x\mathrm{d}y=\int_0^{2\pi}\mathrm{d}\theta\int_0^2(r\sin\theta)^2r\mathrm{d}r=4\pi.$$

18.2.4 两类曲面积分之间的关系

与曲线积分一样,当曲面的侧确定之后,可以建立两类曲面积分的联系.

设 Σ 是有向光滑曲面,在其上任取一点 $M(x,y,z)$,$\mathrm{d}\boldsymbol{S}$ 是点 $M(x,y,z)$ 处对应的有向曲面微元,其大小为面积微元 $\mathrm{d}\boldsymbol{S}$,方向与点 $M(x,y,z)$ 处的指向相应的侧的法向量 $\boldsymbol{n}=(\cos\alpha,\cos\beta,\cos\gamma)$一致,则由第二型曲面积分的定义可知,$\mathrm{d}y\mathrm{d}z$,$\mathrm{d}z\mathrm{d}x$,$\mathrm{d}x\mathrm{d}y$ 是 $\mathrm{d}\boldsymbol{S}$ 分别在坐标面 yOz,zOx,xOy 上的投影,故有

$$\begin{cases}\cos\alpha\ \mathrm{d}S=\pm\mathrm{d}y\mathrm{d}z,\\ \cos\beta\ \mathrm{d}S=\pm\mathrm{d}z\mathrm{d}x,\\ \cos\gamma\ \mathrm{d}S=\pm\mathrm{d}x\mathrm{d}y,\end{cases}\tag{18.2.8}$$

从而有

$$\begin{cases}\iint_{\Sigma} P(x,y,z)\mathrm{d}y\mathrm{d}z=\iint_{\Sigma} P(x,y,z)\cos\alpha\mathrm{d}\boldsymbol{S},\\ \iint_{\Sigma} Q(x,y,z)\mathrm{d}z\mathrm{d}x=\iint_{\Sigma} Q(x,y,z)\cos\beta\mathrm{d}\boldsymbol{S},\\ \iint_{\Sigma} R(x,y,z)\mathrm{d}x\mathrm{d}y=\iint_{\Sigma} R(x,y,z)\cos\gamma\mathrm{d}\boldsymbol{S},\end{cases}$$

此时 $\mathrm{d}y\mathrm{d}z$,$\mathrm{d}z\mathrm{d}x$,$\mathrm{d}x\mathrm{d}y$ 前面的符号包含在曲面定向中,因此

$$\iint_{\Sigma} P\,\mathrm{d}y\mathrm{d}z + Q\,\mathrm{d}z\mathrm{d}x + R\,\mathrm{d}x\mathrm{d}y = \iint_{\Sigma}(P\cos\alpha + Q\cos\beta + R\cos\gamma)\,\mathrm{d}\boldsymbol{S}. \tag{18.2.9}$$

另外，由(18.3.8)可得，$\mathrm{d}\boldsymbol{S}=(\pm\mathrm{d}y\mathrm{d}z,\pm\mathrm{d}z\mathrm{d}x,\pm\mathrm{d}x\mathrm{d}y)$.

若 $\cos\gamma\neq 0$，则由式(18.3.8)还可得 $\mathrm{d}y\mathrm{d}z,\mathrm{d}z\mathrm{d}x,\mathrm{d}x\mathrm{d}y$ 之间的关系如下：

$$\mathrm{d}y\mathrm{d}z=\frac{\cos\alpha}{\cos\gamma}\mathrm{d}x\mathrm{d}y,\quad \mathrm{d}z\mathrm{d}x=\frac{\cos\beta}{\cos\gamma}\mathrm{d}x\mathrm{d}y.$$

例 18.2.5 计算曲面积分 $\iint_{\Sigma} x\,\mathrm{d}y\mathrm{d}z + y\,\mathrm{d}z\mathrm{d}x + z\,\mathrm{d}x\mathrm{d}y$，其中 Σ 是球面 $x^2+y^2+z^2=a^2$ 的外侧.

解 因为 Σ 的外法向量为 $\boldsymbol{n}=(x,y,z)$，$\boldsymbol{n}$ 的方向余弦为

$$\cos\alpha=\frac{x}{\sqrt{x^2+y^2+z^2}}=\frac{x}{R},$$

$$\cos\beta=\frac{y}{\sqrt{x^2+y^2+z^2}}=\frac{y}{R},$$

$$\cos\gamma=\frac{z}{\sqrt{x^2+y^2+z^2}}=\frac{z}{R},$$

所以

$$\iint_{\Sigma} x\,\mathrm{d}y\mathrm{d}z + y\,\mathrm{d}z\mathrm{d}x + z\,\mathrm{d}x\mathrm{d}y = \iint_{\Sigma}(x\cos\alpha + y\cos\beta + z\cos\gamma)\,\mathrm{d}S$$
$$= \iint_{\Sigma} R\,\mathrm{d}S = 4\pi R^3.$$

二型曲面积分

习题 18.2

1. 计算下列第二型曲面积分：

(1) $\iint_{\Sigma}(x^2-y)\mathrm{d}y\mathrm{d}z - y\,\mathrm{d}z\mathrm{d}x + (x^2+y^2)\mathrm{d}x\mathrm{d}y$，其中 Σ 为旋转抛物面 $z=x^2+y^2$，$z\leqslant 1$，方向取外侧；

(2) $\iint_{\Sigma} z\,\mathrm{d}y\mathrm{d}z + x\,\mathrm{d}z\mathrm{d}x + y\,\mathrm{d}x\mathrm{d}y$，其中 Σ 为柱面 $x^2+y^2=1$ 被 $z=0$，$z=h$ 所截部分，方向取外侧；

(3) $\iint_{\Sigma}(z^2+x)\mathrm{d}y\mathrm{d}z - z\,\mathrm{d}x\mathrm{d}y$，其中 Σ 为 $z=\frac{1}{2}(x^2+y^2)$ 介于平面 $z=0$，$z=2$ 之间的部分的下侧；

(4) $\iint_{\Sigma} z\,\mathrm{d}x\mathrm{d}y$，其中 Σ 为球面 $x^2+y^2+z^2=a^2$ 在第一卦限的部分与各坐标面所围成立体表面的外侧；

(5) $\iint_{\Sigma}(x^2+y^2)\mathrm{d}y\mathrm{d}z + z\,\mathrm{d}x\mathrm{d}y$，其中 Σ 为柱面 $x^2+y^2=R^2$ 与 $z=0$，$z=H(H>0)$ 所围柱体表面的外侧；

(6) $\iint\limits_{\Sigma}(y-z)\mathrm{d}y\mathrm{d}z+(z-x)\mathrm{d}z\mathrm{d}x+(x-y)\mathrm{d}x\mathrm{d}y$,其中 Σ 为锥面 $z^2=x^2+y^2(0\leqslant z\leqslant b)$ 的外侧.

2. 设磁场强度为 $E(x,y,z)$,求从球内出发通过上球面 $x^2+y^2+z^2=a^2,z\geqslant 0$ 的磁通量.

18.3 高斯公式和斯托克斯公式

格林公式建立了沿封闭曲线的曲线积分与曲线所围区域上二重积分的关系,沿空间封闭曲面的曲面积分与曲面所围区域上的三重积分之间也有类似的关系.

18.3.1 高斯(Gauss)公式

定理 18.3.1 设空间区域 V 由分片光滑的双侧封闭曲面 Σ 围成,若函数 $P(x,y,z)$,$Q(x,y,z)$,$R(x,y,z)$ 在 V 上连续,且有一阶连续偏导数,则

$$\oint\!\!\!\!\oint_{\Sigma}P\mathrm{d}y\mathrm{d}z+Q\mathrm{d}z\mathrm{d}x+R\mathrm{d}x\mathrm{d}y=\iiint\limits_{V}\left(\frac{\partial P}{\partial x}+\frac{\partial Q}{\partial y}+\frac{\partial R}{\partial z}\right)\mathrm{d}x\mathrm{d}y\mathrm{d}z, \tag{18.3.1}$$

或

$$\oint\!\!\!\!\oint_{\Sigma}(P\cos\alpha+Q\cos\beta+R\cos\gamma)\mathrm{d}S=\iiint\limits_{V}\left(\frac{\partial P}{\partial x}+\frac{\partial Q}{\partial y}+\frac{\partial R}{\partial z}\right)\mathrm{d}x\mathrm{d}y\mathrm{d}z, \tag{18.3.2}$$

其中 Σ 取外侧. 式(18.3.1)或式(18.3.2)称为高斯(Gauss)公式.

证明 在定理所给条件下,若以下等式

$$\iiint\limits_{V}\frac{\partial R}{\partial z}\mathrm{d}x\mathrm{d}y\mathrm{d}z=\oint\!\!\!\!\oint_{\Sigma}R\mathrm{d}x\mathrm{d}y,\iiint\limits_{V}\frac{\partial P}{\partial x}\mathrm{d}x\mathrm{d}y\mathrm{d}z=\oint\!\!\!\!\oint_{\Sigma}P\mathrm{d}y\mathrm{d}z,\iiint\limits_{V}\frac{\partial Q}{\partial y}\mathrm{d}x\mathrm{d}y\mathrm{d}z=\oint\!\!\!\!\oint_{\Sigma}Q\mathrm{d}z\mathrm{d}x$$

成立,则这些结果加起来可得公式(18.3.1).

(1) 设 V 的边界曲面由三个曲面围成,即 $\Sigma=S_1\cup S_2\cup S_3$,且满足

$$S_1:z=z_1(x,y),(x,y)\in D_{xy},$$
$$S_2:z=z_2(x,y),(x,y)\in D_{xy},$$
$$S_3:\text{垂直于 } D_{xy} \text{ 的边界的柱面},$$

且 $z_1(x,y)\leqslant z_2(x,y)$,$S_1,S_2,S_3$ 的侧与 Σ 一致,如图 18.3.1 所示. 此时称 V 是 xy 型的空间闭区域,它在坐标平面 xOy 上的投影为 D_{xy}. 根据三重积分计算方法有

$$\begin{aligned}\iiint\limits_{V}\frac{\partial R}{\partial z}\mathrm{d}x\mathrm{d}y\mathrm{d}z&=\iint\limits_{D_{xy}}\mathrm{d}x\mathrm{d}y\int_{z_1(x,y)}^{z_2(x,y)}\frac{\partial R}{\partial z}\mathrm{d}z\\&=\iint\limits_{D_{xy}}[R(x,y,z_2(x,y))-R(x,y,z_1(x,y))]\mathrm{d}x\mathrm{d}y.\end{aligned}$$

又由于 S_3 在 xOy 平面上投影区域的面积为零,所以 $\iint\limits_{S_3}R(x,y,z)\mathrm{d}x\mathrm{d}y=0$,于是

$$\iiint\limits_{V}\frac{\partial R}{\partial z}\mathrm{d}x\mathrm{d}y\mathrm{d}z=\iint\limits_{D_{xy}}R(x,y,z_2(x,y))\mathrm{d}x\mathrm{d}y-R(x,y,z_1(x,y))\mathrm{d}x\mathrm{d}y$$

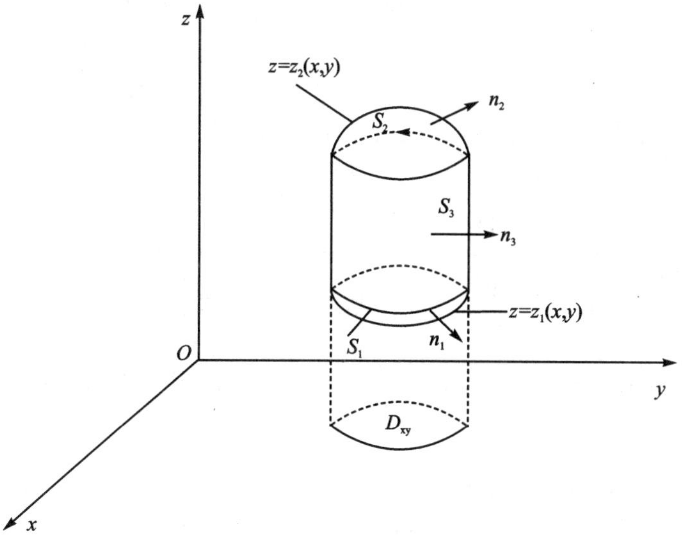

图 18.3.1

$$=\iint_{S_2}R(x,y,z)\mathrm{d}x\mathrm{d}y+\iint_{S_1}R(x,y,z)\mathrm{d}x\mathrm{d}y$$

$$=\iint_{S_2}R(x,y,z)\mathrm{d}x\mathrm{d}y+\iint_{S_1}R(x,y,z)\mathrm{d}x\mathrm{d}y+\iint_{S_3}R(x,y,z)\mathrm{d}x\mathrm{d}y,$$

因此得到

$$\iiint_V \frac{\partial R}{\partial z}\mathrm{d}x\mathrm{d}y\mathrm{d}z=\oiint_{\Sigma}R\mathrm{d}x\mathrm{d}y.$$

同理可以证明 $\iiint_V \frac{\partial P}{\partial x}\mathrm{d}x\mathrm{d}y\mathrm{d}z=\oiint_{\Sigma}P\mathrm{d}y\mathrm{d}z$，$\iiint_V \frac{\partial Q}{\partial y}\mathrm{d}x\mathrm{d}y\mathrm{d}z=\oiint_{\Sigma}Q\mathrm{d}z\mathrm{d}x$.

(2) 对于不是 xy 型区域的情形，则可用有限个光滑曲面将它分割成若干个 xy 型区域讨论，再根据曲面积分和重积分的区域可加性即可得到相应结论.

Gauss 公式的实质：表达了空间闭区域上的三重积分与其边界曲面上的曲面积分之间的关系.

使用 Gauss 公式时应注意：

(1) $P(x,y,z)$，$Q(x,y,z)$，$R(x,y,z)$对什么变量求偏导；

(2)Σ 取闭曲面的外侧；

(3)是否满足高斯公式的条件.

例 18.3.1 计算曲面积分 $\oiint_S (x-y)\mathrm{d}x\mathrm{d}y+(y-z)x\mathrm{d}y\mathrm{d}z$，其中 S 为柱面 $x^2+y^2=1$ 及平面 $z=0$ 和 $z=3$ 所围成的空间闭区域 V 的整个边界的外侧，如图 18.3.2 所示.

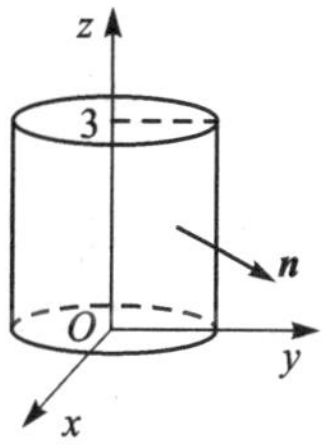

图 18.3.2

解　因为 $P(x,y,z)=(y-z)x$，$Q(x,y,z)=0$，$R(x,y,z)=x-y$，所以

$$\frac{\partial P(x,y,z)}{\partial x}=y-z,\quad \frac{\partial Q(x,y,z)}{\partial y}=0,\quad \frac{\partial R(x,y,z)}{\partial z}=0.$$

由 Gauss 公式得

$$\oiint_S (x-y)\mathrm{d}x\mathrm{d}y+(y-z)x\mathrm{d}y\mathrm{d}z=\iiint_V (y-z)\mathrm{d}x\mathrm{d}y\mathrm{d}z.$$

根据对称性知 $\iiint_V y\mathrm{d}x\mathrm{d}y\mathrm{d}z=0$，所以

$$\iiint_V (y-z)\mathrm{d}x\mathrm{d}y\mathrm{d}z=\iiint_V (-z)\mathrm{d}x\mathrm{d}y\mathrm{d}z=-\int_0^{2\pi}\mathrm{d}\theta\int_0^1\mathrm{d}r\int_0^3 zr\mathrm{d}z=-\frac{9}{2}\pi.$$

例 18.3.2 计算曲面积分 $\iint_\Sigma x\mathrm{d}y\mathrm{d}z+y\mathrm{d}z\mathrm{d}x+z\mathrm{d}x\mathrm{d}y$，其中 $\Sigma: y=x^2+z^2(0\leqslant y\leqslant h)$，方向取左侧．

解 由于 Σ 不是封闭曲面，添加一片曲面

$$\sigma: y=h, x^2+z^2\leqslant h.$$

这里 σ 的方向取右侧，则 $\Sigma+\sigma$ 为封闭曲面，且其方向为正. 设 $\Sigma+\sigma$ 所围成的区域为 Ω，则由 Gauss 公式得

$$\iint_\Sigma x\mathrm{d}y\mathrm{d}z+y\mathrm{d}z\mathrm{d}x+z\mathrm{d}x\mathrm{d}y+\iint_\sigma x\mathrm{d}y\mathrm{d}z+y\mathrm{d}z\mathrm{d}x+z\mathrm{d}x\mathrm{d}y$$

$$=\iiint_\Omega 3\mathrm{d}x\mathrm{d}y\mathrm{d}z=3\int_0^{2\pi}\mathrm{d}\theta\int_0^{\sqrt{h}}r\mathrm{d}r\int_{r^2}^h\mathrm{d}y=\frac{3\pi}{2}h^2.$$

又由于

$$\iint_\sigma x\mathrm{d}y\mathrm{d}z+y\mathrm{d}z\mathrm{d}x+z\mathrm{d}x\mathrm{d}y=\iint_\sigma y\mathrm{d}z\mathrm{d}x=\iint_{x^2+z^2\leqslant h}h\mathrm{d}z\mathrm{d}x=\pi h,$$

所以

$$\oiint_S (x-y)\mathrm{d}x\mathrm{d}y+(y-z)x\mathrm{d}y\mathrm{d}z=\frac{3\pi}{2}h^2-\pi h^2=\frac{\pi}{2}h^2.$$

注 若高斯公式中 $P=x, Q=y, R=z$，则有

$$\iiint_V (1+1+1)\mathrm{d}x\mathrm{d}y\mathrm{d}z=\oiint_\Sigma x\mathrm{d}y\mathrm{d}z+y\mathrm{d}z\mathrm{d}x+z\mathrm{d}x\mathrm{d}y,$$

于是得到应用第二型曲面积分计算空间区域 V 的体积公式

$$\Delta V=\frac{1}{3}\oiint_\Sigma x\mathrm{d}y\mathrm{d}z+y\mathrm{d}z\mathrm{d}x+z\mathrm{d}x\mathrm{d}y.$$

18.3.2 斯托克斯(Stokes)公式

设 S 为双侧曲面，L 为其边界曲线，若曲线和曲面的方向满足：当右手四指与 L 方向一致，且手心对着 S，大拇指的方向就是曲面 S 的法向量方向，则称 S 的侧和 L 的方向之间满足右手法则，如图 18.3.3 所示.

定理 18.3.2(Stokes 公式) 设光滑曲面 Σ 的边界 L 是按段光滑封闭的曲线，如果 P, Q, R 在 Σ 及其边界 L 上连续且有一阶连续偏导数，则有

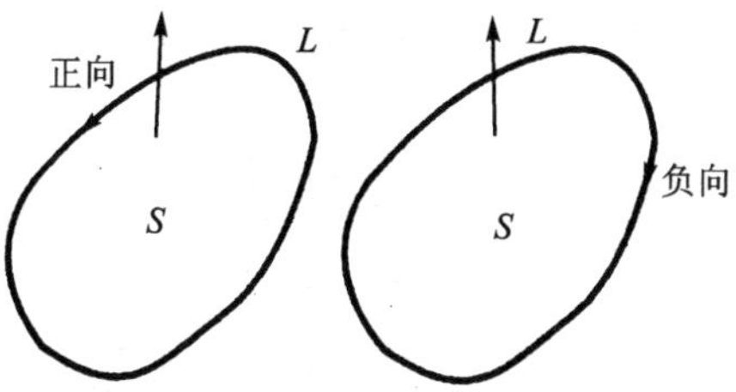

图 18.3.3

$$\oint_L P\,dx + Q\,dy + R\,dz = \iint_\Sigma \left(\frac{\partial R}{\partial y} - \frac{\partial Q}{\partial z}\right) dy\,dz + \left(\frac{\partial P}{\partial z} - \frac{\partial R}{\partial x}\right) dz\,dx + \left(\frac{\partial Q}{\partial x} - \frac{\partial P}{\partial y}\right) dx\,dy, \tag{18.3.3}$$

其中 Σ 指向的侧与边界 L 符合右手法则.

证明　若以下等式

$$\iint_\Sigma \frac{\partial P}{\partial z} dz\,dx - \frac{\partial P}{\partial y} dx\,dy = \oint_L P\,dx,$$

$$\iint_\Sigma \frac{\partial Q}{\partial x} dx\,dy - \frac{\partial Q}{\partial z} dy\,dz = \oint_L Q\,dy,$$

$$\iint_\Sigma \frac{\partial R}{\partial y} dy\,dz - \frac{\partial R}{\partial x} dz\,dx = \oint_L R\,dz$$

成立,则求和后即可得到式(18.3.3).

下面先证明

$$\iint_\Sigma \frac{\partial P}{\partial z} dz\,dx - \frac{\partial P}{\partial y} dx\,dy = \oint_L P\,dx,$$

其中曲面 Σ 由方程 $z=z(x,y),(x,y)\in D_{xy}$ 确定,它的正向法向量为 $(-z_x,-z_y,1)$,方向余弦为 $(\cos\alpha,\cos\beta,\cos\gamma)$,所以

$$\frac{\partial z}{\partial x} = -\frac{\cos\alpha}{\cos\gamma}, \quad \frac{\partial z}{\partial y} = -\frac{\cos\beta}{\cos\gamma}.$$

若曲面 Σ 在 xy 平面上投影区域为 D_{xy},L 在 xy 平面上投影曲线记为 Γ. 由第二型曲线积分定义及格林公式有

$$\oint_L P(x,y,z)\,dx = \oint_\Gamma P(x,y,z(x,y))\,dx = -\iint_{D_{xy}} \frac{\partial}{\partial y} P(x,y,z(x,y))\,dx\,dy.$$

又因为

$$\frac{\partial}{\partial y} P(x,y,z(x,y)) = \frac{\partial P}{\partial y} + \frac{\partial P}{\partial z}\frac{\partial z}{\partial y},$$

所以

$$-\iint_{D_{xy}} \frac{\partial}{\partial y} P(x,y,z(x,y))\,dx\,dy = -\iint_\Sigma \left(\frac{\partial P}{\partial y} + \frac{\partial P}{\partial z}\frac{\partial z}{\partial y}\right) dx\,dy.$$

由于 $\frac{\partial z}{\partial y} = -\frac{\cos\beta}{\cos\gamma}$,从而

$$-\iint_{\Sigma}\left(\frac{\partial P}{\partial y}+\frac{\partial P}{\partial z}\frac{\partial z}{\partial y}\right)\mathrm{d}x\,\mathrm{d}y=-\iint_{\Sigma}\left(\frac{\partial P}{\partial y}-\frac{\partial P}{\partial z}\frac{\cos\beta}{\cos\gamma}\right)\mathrm{d}x\,\mathrm{d}y$$

$$=-\iint_{\Sigma}\left(\frac{\partial P}{\partial y}\cos\gamma-\frac{\partial P}{\partial z}\cos\beta\right)\frac{\mathrm{d}x\,\mathrm{d}y}{\cos\gamma}$$

$$=-\iint_{\Sigma}\left(\frac{\partial P}{\partial y}\cos\gamma-\frac{\partial P}{\partial z}\cos\beta\right)\mathrm{d}S$$

$$=\iint_{\Sigma}\frac{\partial P}{\partial y}\mathrm{d}z\,\mathrm{d}x-\frac{\partial P}{\partial z}\mathrm{d}x\,\mathrm{d}y.$$

综合上述结果,便能得到所要证明的 $\iint_{\Sigma}\frac{\partial P}{\partial z}\mathrm{d}z\,\mathrm{d}x-\frac{\partial P}{\partial y}\mathrm{d}x\,\mathrm{d}y=\oint_L P\,\mathrm{d}x$.

如果曲面 Σ 不能以 $z=z(x,y)$ 的形式给出,则可用若干光滑曲线把 Σ 分成若干小块,使每一小块能用这种形式表示,因而式(18.3.3)也成立.

同样对于曲面 Σ 表示为 $x=x(y,z)$ 和 $y=y(z,x)$ 时,可证得

$$\iint_{\Sigma}\frac{\partial Q}{\partial x}\mathrm{d}x\,\mathrm{d}y-\frac{\partial Q}{\partial z}\mathrm{d}y\,\mathrm{d}z=\oint_L Q\,\mathrm{d}y,\quad \iint_{\Sigma}\frac{\partial R}{\partial y}\mathrm{d}y\,\mathrm{d}z-\frac{\partial R}{\partial x}\mathrm{d}z\,\mathrm{d}x=\oint_L R\,\mathrm{d}z.$$

将以上三式相加即得式(18.3.3).

为了方便记忆,Stokes 公式可以记为

$$\oint_L P\,\mathrm{d}x+Q\mathrm{d}y+R\,\mathrm{d}z=\iint_{\Sigma}\begin{vmatrix}\mathrm{d}y\,\mathrm{d}z & \mathrm{d}z\,\mathrm{d}x & \mathrm{d}x\,\mathrm{d}y\\ \dfrac{\partial}{\partial x} & \dfrac{\partial}{\partial y} & \dfrac{\partial}{\partial z}\\ P & Q & R\end{vmatrix},$$

或

$$\oint_L P\,\mathrm{d}x+Q\mathrm{d}y+R\,\mathrm{d}z=\iint_{\Sigma}\begin{vmatrix}\cos\alpha & \cos\beta & \cos\gamma\\ \dfrac{\partial}{\partial x} & \dfrac{\partial}{\partial y} & \dfrac{\partial}{\partial z}\\ P & Q & R\end{vmatrix}\mathrm{d}S$$

例 18.3.3 计算 $\oint_L(zy+z)\mathrm{d}x+(x-z)\mathrm{d}y+(y-x)\mathrm{d}z$,其中 L 为 $x+y+z=1$ 与各坐标面的交线,取逆时针方向为正向,如图 18.3.4 所示.

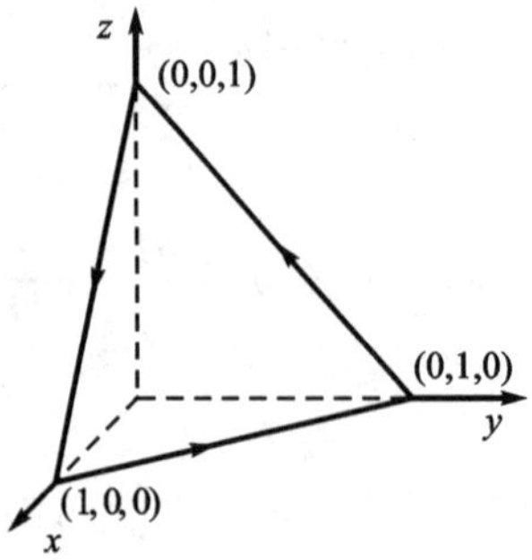

图 18.3.4

解　由 Stokes 公式得

$$\begin{aligned}&\oint_L(2y+z)\mathrm{d}x+(x-z)\mathrm{d}y+(y-x)\mathrm{d}z\\&=\iint_\Sigma(1+1)\mathrm{d}y\mathrm{d}z+(1+1)\mathrm{d}z\mathrm{d}x+(1-2)\mathrm{d}x\mathrm{d}y\\&=\iint_\Sigma 2\mathrm{d}y\mathrm{d}z+2\mathrm{d}z\mathrm{d}x-1\mathrm{d}x\mathrm{d}y\\&=1+1-\frac{1}{2}=\frac{3}{2}.\end{aligned}$$

例 18.3.4 计算 $\oint_\Gamma(y+x)\mathrm{d}x+(z-\sin y)\mathrm{d}y+2x\mathrm{d}z$，其中 Γ 为柱面 $x^2+y^2=1$ 与平面 $x+y+z=1$ 的交线，从 z 轴正向看向原点时 Γ 为顺时针方向.

解　设 Σ 为平面 $x+y+z=1$ 上被曲线 Γ 所围成的部分，并取 Σ 的法向量向下，则有 $\boldsymbol{n}=(\cos\alpha,\cos\beta,\cos\gamma)=\left(\frac{-1}{\sqrt{3}},\frac{-1}{\sqrt{3}},\frac{-1}{\sqrt{3}}\right)$，由 Stokes 公式得

$$\oint_\Gamma(y+x)\mathrm{d}x+(z-\sin y)\mathrm{d}y+2x\mathrm{d}z=\iint_\Sigma\begin{vmatrix}\frac{-1}{\sqrt{3}}&\frac{-1}{\sqrt{3}}&\frac{-1}{\sqrt{3}}\\\frac{\partial}{\partial x}&\frac{\partial}{\partial y}&\frac{\partial}{\partial z}\\y+x&z-\sin y&2x\end{vmatrix}\mathrm{d}S=\frac{4}{\sqrt{3}}\iint_\Sigma\mathrm{d}S,$$

而 $\Sigma:z=1-x-y(x^2+y^2\leqslant 1)$，因而

$$\iint_\Sigma\mathrm{d}S=\iint_{x^2+y^2\leqslant 1}\sqrt{1+z_x^2+z_y^2}\,\mathrm{d}x\mathrm{d}y=\sqrt{3}\iint_{x^2+y^2\leqslant 1}\mathrm{d}x\mathrm{d}y=\sqrt{3}\pi,$$

所以 $\oint_\Gamma(y+x)\mathrm{d}x+(z-\sin y)\mathrm{d}y+2x\mathrm{d}z=4\pi$.

由 Stokes 公式可以导出空间曲线与路径无关的条件. 为此，先介绍空间单连通区域的概念.

空间区域 Ω 称为单连通区域，若 Ω 的任一封闭曲线都可以不经过 Ω 以外的点而连续收缩成 Ω 中一点. 或者直观定义为 Ω 任何一条封闭曲线，在 Ω 内存在以此封闭曲线为边界的曲面. 如球体是单连通区域. 非单连通区域称为复连通区域. 如环状区域不是单连通区域，而是复连通区域.

与平面曲线积分与路径无关类似，空间曲线积分与路径无关也有下面相应的结论.

定理 18.3.3 设 $\Omega\in\mathbb{R}^3$ 为空间单连通区域，若函数 P,Q,R 在 Ω 上连续，且有一阶连续偏导数，则以下四个条件是等价的：

(1) 对于 Ω 内任一分段光滑的封闭曲线 L 有 $\oint_L P\mathrm{d}x+Q\mathrm{d}y+R\mathrm{d}z=0$；

(2) 对于 Ω 内任一分段光滑的封闭曲线 L，$\oint_L P\mathrm{d}x+Q\mathrm{d}y+R\mathrm{d}z$ 与路径无关；

(3) $P\mathrm{d}x+Q\mathrm{d}y+R\mathrm{d}z$ 是 Ω 内某一函数 u 的全微分，即 $\mathrm{d}u=P\mathrm{d}x+Q\mathrm{d}y+R\mathrm{d}z$；

(4) $\frac{\partial P}{\partial y}=\frac{\partial Q}{\partial x},\frac{\partial Q}{\partial z}=\frac{\partial R}{\partial y},\frac{\partial R}{\partial x}=\frac{\partial P}{\partial z}$ 在 Ω 内处处成立.

这个定理的证明与定理 17.3.2 相仿,这里不再重复.

注 1 定理 18.3.3 要求 $\Omega\in\mathbb{R}^3$ 为单连通区域，与平面单连通区域类似.

注 2 如果在 Ω 内存在某一函数 u，使得 $\mathrm{d}u=P\mathrm{d}x+Q\mathrm{d}y+R\mathrm{d}z$,则称 u 为原函数.

推论 18.3.4 设 $\Omega\in\mathbb{R}^3$ 为闭单连通区域,函数 P,Q,R 在 Ω 上连续且有一阶连续偏导数,如果存在 u 原函数,使得 $\mathrm{d}u=P\mathrm{d}x+Q\mathrm{d}y+R\mathrm{d}z$，则 Ω 内任意两点 $A(x_1,y_1,z_1),B(x_2,y_2,z_2)$,

$$\int_{AB}P\mathrm{d}x+Q\mathrm{d}y+R\mathrm{d}z=u(x_2,y_2,z_2)-u(x_1,y_1,z_1)$$

成立.

例 18.3.5 验证曲线积分

$$\int_L(y+z)\mathrm{d}x+(z+x)\mathrm{d}y+(x+y)\mathrm{d}z$$

与路径无关,并求被积表达式的原函数 $u(x,y,z)$.

解 由于

$$P=y+z,\quad Q=z+x,\quad R=x+y,$$

$$\frac{\partial P}{\partial y}=\frac{\partial Q}{\partial x}=\frac{\partial Q}{\partial z}=\frac{\partial R}{\partial y}=\frac{\partial R}{\partial x}=\frac{\partial P}{\partial z}=1.$$

因此曲线积分与路径无关. 现在求

$$u(x,y,z)=\int_{M_0M}(y+z)\mathrm{d}x+(z+x)\mathrm{d}y+(x+y)\mathrm{d}z,$$

取 M_0M,如图 18.3.5 所示. 从 M_0 沿平行于 x 轴的直线到 $M_1(x,y_0,z_0)$,再沿平行于 y 轴的直线到 $M_2(x,y,z_0)$,最后沿平行于 z 轴的直线到 $M(x,y,z)$,于是

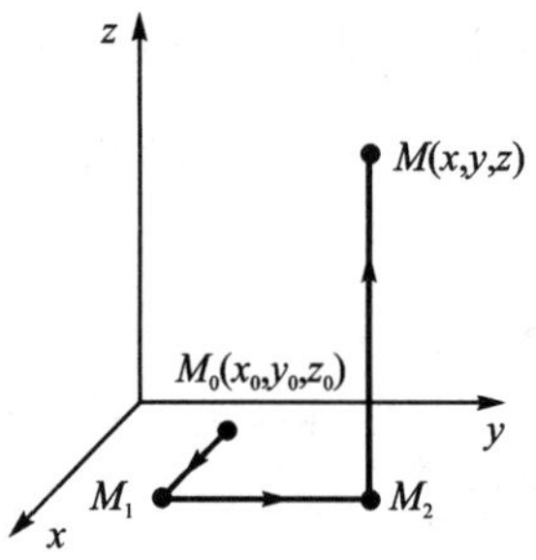

图 18.3.5

$$\begin{aligned}u(x,y,z)&=\int_{x_0}^{x}(y_0+z_0)\mathrm{d}x+\int_{y_0}^{y}(z_0+x)\mathrm{d}y+\int_{z_0}^{z}(x+y)\mathrm{d}z\\&=(y_0+z_0)x-(y_0+z_0)x_0+(z_0+x)y\\&\quad-(z_0+x)y_0+(x+y)z-(x+y)z_0\\&=xy+xz+yz+C,\end{aligned}$$

其中 $C=-x_0y_0-x_0z_0-y_0z_0$ 是个常数,若取 M_0 为原点,则得到 $u(x,y,z)=xy+xz+yz$.

习题 18.3

1. 利用 Gauss 公式计算下列积分：

(1) $\iint_\Sigma y(x-z)\mathrm{d}y\mathrm{d}z+x^2\mathrm{d}z\mathrm{d}x+(y^2+xz)\mathrm{d}x\mathrm{d}y$,其中

(a) Σ 是边长为 a 的正方体表面并取外侧；

(b) Σ 由 $z=5-x^2-y^2,z\geqslant 1$ 部分围成,取外侧.

(2) $\iint_\Sigma x^3\mathrm{d}y\mathrm{d}z+y^3\mathrm{d}z\mathrm{d}x+z^3\mathrm{d}x\mathrm{d}y$,$\Sigma$ 为球面 $x^2+y^2+z^2=R^2$,取外侧 .

(3) $\iint_\Sigma(y^2-x)\mathrm{d}y\mathrm{d}z+(z^2-y)\mathrm{d}z\mathrm{d}x+(x^2-z)\mathrm{d}x\mathrm{d}y$,其中 Σ 为曲面 $z=2-x^2-y^2$

$(1 \leqslant z \leqslant 2)$ 的上侧．

(4) $\iint\limits_{\Sigma}(x^2-y)\mathrm{d}y\mathrm{d}z+(y^2-x)\mathrm{d}z\mathrm{d}x+(z^2-y)\mathrm{d}x\mathrm{d}y$，$\Sigma$ 为 $x^2+y^2\leqslant z\leqslant h$ 边界，取外侧.

(5) $\iint\limits_{\Sigma}\dfrac{x\mathrm{d}y\mathrm{d}z+y\mathrm{d}z\mathrm{d}x+z\mathrm{d}x\mathrm{d}y}{(x^2+y^2+z^2)^{3/2}}$，其中 Σ 为

(a) 椭球面 $x^2+2y^2+3z^2=R^2$，取外侧；

(b) 抛物面 $1-\dfrac{z}{5}=\dfrac{(x-2)^2}{16}+\dfrac{(y-1)^2}{9}(z\geqslant 0)$，取上侧．

2. 计算 $\oiint\limits_{S}\dfrac{x-1}{r^3}\mathrm{d}y\mathrm{d}z+\dfrac{y-2}{r^3}\mathrm{d}z\mathrm{d}x+\dfrac{z-3}{r^3}\mathrm{d}x\mathrm{d}y$，

其中 $r=\sqrt{(x-1)^2+(y-2)^2+(z-3)^2}$，

S 为长方体 $V=\{(x,y,z)\,\|\,x\,|\leqslant 2,\ |\,y\,|\leqslant 3,\ |\,z\,|\leqslant 4\}$ 的表面，并取外侧．

3. 利用 Stokes 公式计算下列积分：

(1) $\oint\limits_{L}(y^2+z^2)\mathrm{d}x+(x^2+z^2)\mathrm{d}y+(y^2+x^2)\mathrm{d}z$，其中

(a) L 为 $x+y+z=1$ 与三个坐标平面的交线，取逆时针方向；

(b) L 为曲面 $x^2+y^2+z^2=2bx(z\geqslant 0,b>0)$ 与 $x^2+y^2=2ax(b>a>0)$ 的交线，若从 z 轴正向看去，L 为逆时针方向．

(2) $\oint\limits_{L}(z-y)\mathrm{d}x+(x-z)\mathrm{d}y+(y-x)\mathrm{d}z$，其中 L 为 $A(a,0,0)$，$B(0,a,0)$，$C(0,0,a)$ 为顶点的三角形的边界，取逆时针方向.

(3) $\oint\limits_{L}z^2\mathrm{d}x+x^2\mathrm{d}y+y^2\mathrm{d}z$，其中 L 是 $z=x^2+y^2$ 与 $z=\sqrt{1-x^2-y^2}$ 的交线，从 z 轴正向看为逆时针方向；

(4) $\oint\limits_{L}(z+y)\mathrm{d}x+(x+z)\mathrm{d}y+(y+x)\mathrm{d}z$，其中 L 为椭圆 $x^2+y^2=2y$，$y=z$，从点 $(0,1,0)$ 向 L 看去，L 是逆时针方向绕行的．

4. 求下列函数(全微分)的原函数：

(1) $\mathrm{d}u=(x^2-2yz)\mathrm{d}x+(y^2-2xz)\mathrm{d}y+(z^2-2yx)\mathrm{d}z$；

(2) $\mathrm{d}u=yz\mathrm{d}x+xz\mathrm{d}y+xy\mathrm{d}z$.

5. 验证下列曲线积分与路径无关，并计算其值：

(1) $\int_{(1,1,1)}^{(2,3,-4)}x\mathrm{d}x+y^2\mathrm{d}y-z^2\mathrm{d}z$；

(2) $\int_{(x_1,y_1,z_1)}^{(x_2,y_2,z_2)}\dfrac{x\mathrm{d}x+y\mathrm{d}y+z\mathrm{d}z}{\sqrt{x^2+y^2+z^2}}$，其中 (x_1,y_1,z_1)，(x_2,y_2,z_2) 在球面 $x^2+y^2+z^2=R^2$ 上.

6. 设函数 $P(x,y,z)$，$Q(x,y,z)$，$R(x,y,z)$ 在 $\mathbb{R}^3$ 上具有连续偏导数，且对于任意光滑曲面 Σ，

$$\iint_{\Sigma} P\,dy\,dz + Q\,dx\,dz + R\,dx\,dy = 0,$$

成立.

证明：在$\mathbb{R}^3$上，$\frac{\partial P}{\partial x}+\frac{\partial Q}{\partial y}+\frac{\partial R}{\partial z}\equiv 0$.

18.4　场论初步

场是物理中经常遇到的一个概念，如温度场、电磁场、流速场等. 如果不考虑这些场的具体物理性质，仅从数学关系来研究，场就是一个函数或向量值函数. 给定点集 $D\subset\mathbb{R}^3$，称一个函数 $f:D\to\mathbb{R}$ 为 D 上的一个数量场；称一个向量值函数 $F:D\to\mathbb{R}^3$ 为 D 上的一个向量场. 类似地还可以定义平面区域或其他维数的欧氏空间上的数量场和向量场. 本节将引入梯度场、旋度场、散度场等与场有关的概念，并用场的概念表示 Green 公式、Gauss 公式、Stokes 公式，最后介绍场的一些基本性质. 本节所涉及的函数不做特殊说明都具有所需要的各阶连续偏导数，涉及的区域由分段光滑的曲线或分片光滑的曲面围成.

前面已经有了梯度的概念，在此用场的语言可以给出如下概念.

定义 18.4.1(梯度) 设 D 是 $\mathbb{R}^3$ 中的一个区域，$f(x,y,z)$ 是 D 上的一个数量场，称向量

$$\mathbf{grad}f=\left(\frac{\partial f}{\partial x},\frac{\partial f}{\partial y},\frac{\partial f}{\partial z}\right)$$

为 $f(x,y,z)$生成的梯度.

显然在给定的点 (x,y,z) 处梯度是一个向量 $\left(\frac{\partial f}{\partial x}(x,y,z),\frac{\partial f}{\partial y}(x,y,z),\frac{\partial f}{\partial z}(x,y,z)\right)$，因此数量场 $f(x,y,z)$生成的梯度是区域 D 上的向量场. 由梯度和方向导数的关系知，给定 D 上一点，这点处梯度的大小为函数在这点处的方向导数的最大值，梯度 $\mathbf{grad}f$ 的方向为函数 $f(x,y,z)$变化最快的方向，也是等值面 $f(x,y,z)=\mathbf{C}$ 的外法线方向. 梯度在数值计算方法中有重要应用.

为了简便，常用算子的记号来表示运算，在直角坐标系中定义算子∇ 为

$$\nabla=\left(\frac{\partial}{\partial x},\frac{\partial}{\partial y},\frac{\partial}{\partial z}\right)$$

称为 Hamilton 算子或 Nabla 算子. 孤立的一个算子没有具体的意义，但将∇ 作用到一个函数上就有意义了. 给函数 $f(x,y,z)$，则有

$$\nabla f=\mathbf{grad}f=\left(\frac{\partial f}{\partial x},\frac{\partial f}{\partial y},\frac{\partial f}{\partial z}\right).$$

后面将经常用算子∇ 来表示上述运算. 根据偏导数的运算规则，容易验证算子∇ 具有以下性质，显然这些性质也是梯度场的性质.

(1) $\nabla(cf)=c\nabla f$，其中 c 为常数；

(2) $\nabla(f+g)=\nabla f+\nabla g$；

(3) $\nabla(fg)=g\nabla f+f\nabla g$.

下面给出散度场的概念.

定义 18.4.2(散度) 设 D 是$\mathbb{R}^3$ 中的一个区域，

$$F(x,y,z)=(P(x,y,z),Q(x,y,z),R(x,y,z))$$

为 D 上的一个向量场,称

$$\mathrm{div}\boldsymbol{F}=\frac{\partial P}{\partial x}+\frac{\partial Q}{\partial y}+\frac{\partial R}{\partial z}$$

为向量场 $\boldsymbol{F}$ 的散度.

显然散度 $\mathrm{div}\boldsymbol{F}$ 是区域 D 上的一个数量场,使用算子 ∇,并借用向量点乘符号“·”,可以将散度表示为

$$\mathrm{div}\boldsymbol{F}=\nabla\cdot\boldsymbol{F}=\left(\frac{\partial}{\partial x},\frac{\partial}{\partial y},\frac{\partial}{\partial z}\right)\cdot(P(x,y,z),Q(x,y,z),R(x,y,z)).$$

利用散度的记号,可将 Gauss 公式写为

$$\oiint_S P\,\mathrm{d}y\,\mathrm{d}x+Q\,\mathrm{d}z\,\mathrm{d}x+R\,\mathrm{d}x\,\mathrm{d}y=\iiint_V \mathrm{div}\boldsymbol{F}\,\mathrm{d}x\,\mathrm{d}x\,\mathrm{d}y.$$

其中 S 是一个封闭区间,V 是 S 所围的区域,S 的侧取相应区域 V 的外侧.

在物理中有磁通量、电通量等概念,抽象出来可有如下向量场的通量的概念. 给定一个封闭曲面 S,对于 S 上的一个向量场 $\boldsymbol{F}(x,y,z)$,称

$$\boldsymbol{\Phi}=\iint_S \boldsymbol{F}\cdot\boldsymbol{n}\,\mathrm{d}S$$

为向量场 $\boldsymbol{F}$ 的通量,这里 $\boldsymbol{n}$ 表示曲面 S 的单位外法向量.

如果 S 是一个以 M_0 为中心的球面,由 Gauss 公式有

$$\boldsymbol{\Phi}=\iint_S \boldsymbol{F}\cdot\boldsymbol{n}\,\mathrm{d}S=\oiint_S P\,\mathrm{d}y\,\mathrm{d}x+Q\,\mathrm{d}z\,\mathrm{d}x+R\,\mathrm{d}x\,\mathrm{d}y=\iiint_V \mathrm{div}\boldsymbol{F}\,\mathrm{d}x\,\mathrm{d}x\,\mathrm{d}y.$$

其中 V 是 S 所围的球体. 根据积分中值定理得,存在 V 中一点 M,使得

$$\boldsymbol{\Phi}=\mathrm{div}\boldsymbol{F}(M)V.$$

当球面的半径 r 趋于 0 时,有 $M\to M_0$,因此

$$\mathrm{div}\boldsymbol{F}(M_0)=\lim_{r\to 0}\frac{\boldsymbol{\Phi}}{V}.$$

因此,散度的物理意义是通量关于体积的变化率,刻画一点处产生通量的能力.

在 $\mathbb{R}^2$ 中,$\boldsymbol{F}(x,y)=(P(x,y,z),Q(x,y,z))$ 为一个向量场,类似地可记其散度为

$$\mathrm{div}\boldsymbol{F}=\frac{\partial P}{\partial x}+\frac{\partial Q}{\partial y},$$

则 Green 公式也可以用散度表示为

$$\oint_{\partial D}-Q\,\mathrm{d}x+P\,\mathrm{d}y=\oint_{\partial D}\boldsymbol{F}\cdot\boldsymbol{n}\,\mathrm{d}s=\iint_D \mathrm{div}\boldsymbol{F}\,\mathrm{d}x\,\mathrm{d}y.$$

其中 $D\subset\mathbb{R}^2$ 为一个区域.

下面给出旋度的概念.

定义 18.4.3(旋度) 设 D 是 $\mathbb{R}^3$ 中的一个区域,

$$\boldsymbol{F}(x,y,z)=(P(x,y,z),Q(x,y,z),R(x,y,z))$$

为 D 上的一个向量场,称

$$\mathbf{rot}\boldsymbol{F}=\begin{vmatrix} \boldsymbol{i} & \boldsymbol{j} & \boldsymbol{k} \\ \dfrac{\partial}{\partial x} & \dfrac{\partial}{\partial y} & \dfrac{\partial}{\partial z} \\ P & Q & R \end{vmatrix}=\left(\frac{\partial R}{\partial y}-\frac{\partial Q}{\partial z},\frac{\partial P}{\partial z}-\frac{\partial R}{\partial x},\frac{\partial Q}{\partial x}-\frac{\partial P}{\partial y}\right)$$

为向量场 $\boldsymbol{F}$ 的旋度.

旋度是一个向量场,借用向量的外乘符号,也可用算子∇将其表示为

$$\mathbf{rot}\boldsymbol{F}=\nabla\times\boldsymbol{F}.$$

不难证明旋度有如下类似向量的混合积的运算性质:

$$\nabla\cdot(\boldsymbol{F}_1\times\boldsymbol{F}_2)=(\nabla\times\boldsymbol{F}_1)\cdot\boldsymbol{F}_2-(\nabla\times\boldsymbol{F}_2)\cdot\boldsymbol{F}_1.$$

利用旋度的记号可将 Stokes 公式记为

$$\iint_{\Sigma}\mathbf{rot}\boldsymbol{F}\cdot\mathrm{d}\boldsymbol{S}=\oint_{\partial\Sigma}\boldsymbol{F}\cdot\mathrm{d}\boldsymbol{s}.$$

其中 Σ 是一个曲面,取它的侧和它的边界$\partial\Sigma$ 的方向满足右手准侧.

对于一个向量场 $\boldsymbol{F}(x,y,z)$,沿某一个封闭曲线 l 的环量定义为

$$W=\oint_{l}\boldsymbol{F}\cdot\mathrm{d}\boldsymbol{s},$$

如果 M 为向量场中某一点,在 M 点上有一个固定的方向 $\boldsymbol{n}$,以 $\boldsymbol{n}$ 为外法线取一个小曲面 S,记其面积为 Γ,曲面 S 的边界为 l,且 l 的正向与 $\boldsymbol{n}$ 一起满足右手准则. 定义环量面密度为

$$\mu=\lim_{\Gamma\to 0}\frac{\oint_{l}\boldsymbol{F}\cdot\mathrm{d}\boldsymbol{s}}{\Gamma}$$

根据 Stokes 公式,有

$$W=\oint_{l}\boldsymbol{F}\cdot\mathrm{d}\boldsymbol{s}=\iint_{S}\left(\frac{\partial R}{\partial y}-\frac{\partial Q}{\partial z},\frac{\partial P}{\partial z}-\frac{\partial R}{\partial x},\frac{\partial Q}{\partial x}-\frac{\partial P}{\partial y}\right)\cdot\boldsymbol{n}\,\mathrm{d}S$$

根据中值定理有

$$W=\left(\frac{\partial R}{\partial y}-\frac{\partial Q}{\partial z},\frac{\partial P}{\partial z}-\frac{\partial R}{\partial x},\frac{\partial Q}{\partial x}-\frac{\partial P}{\partial y}\right)_M\cdot\boldsymbol{n}\Gamma,$$

从而有

$$\mu=\left(\frac{\partial R}{\partial y}-\frac{\partial Q}{\partial z},\frac{\partial P}{\partial z}-\frac{\partial R}{\partial x},\frac{\partial Q}{\partial x}-\frac{\partial P}{\partial y}\right)_{M_0}\cdot\boldsymbol{n}.$$

与方向导数类似,当外法线方向 $\boldsymbol{n}$ 和旋度方向一致的时候,环量面密度的值最大,大小为旋度的模.

例 18.4.1 设 $\boldsymbol{F}=(xyz,z\sin y,x\mathrm{e}^y)$,求 $\mathrm{div}\boldsymbol{F}$,$\mathbf{rot}\boldsymbol{F}$.

解 直接计算可得

$\mathrm{div}\boldsymbol{F}=yz+z\cos y$;

$\mathbf{rot}\boldsymbol{F}=(x\mathrm{e}^y-\sin y,xy-\mathrm{e}^y,-xz)$.

下面介绍一些常见的名词.

定义 18.4.4(有势场) 对于 D 上向量场 $\boldsymbol{F}(x,y,z)=(P(x,y,z),Q(x,y,z),R(x,y,z))$,若存在 D 上函数 $\varphi(x,y,z)$ 使得

$$\boldsymbol{F}(x,y,z)=\mathbf{grad}\varphi(x,y,z),$$

则称 $\boldsymbol{F}$ 是 D 上的有势场，φ 称为 $\boldsymbol{F}$ 的势函数.

定义 18.4.5(保守场) 对于 D 上向量场 $\boldsymbol{F}(x,y,z)=(P(x,y,z),Q(x,y,z),R(x,y,z))$，若对任何 D 上封闭曲线 l 都有

$$\oint_l P\,\mathrm{d}x+Q\,\mathrm{d}y+R\,\mathrm{d}z=0,$$

则称 $\boldsymbol{F}$ 是 D 上的保守场.

定义 18.4.6(无旋场) 对于向量场 $\boldsymbol{F}(x,y,z)=(P(x,y,z),Q(x,y,z),R(x,y,z))$，若

$$\mathbf{rot}\boldsymbol{F}=\mathbf{0}$$

在 D 上处处成立，则称 $\boldsymbol{F}$ 是 D 上的无旋场.

关于这三个特殊的场，有如下结论.

定理 18.4.1 对于 D 上向量场 $\boldsymbol{F}(x,y,z)=(P(x,y,z),Q(x,y,z),R(x,y,z))$，以下结论等价：

(1) $\boldsymbol{F}$ 是有势场；

(2) $\boldsymbol{F}$ 是无旋场；

(3) $\boldsymbol{F}$ 是保守场.

证明　下面按(1)⇒(2)⇒(3)⇒(1)的顺序给出证明.

(1)⇒(2). $\boldsymbol{F}=(P,Q,R)$是有势场，则存在势函数 φ，使得

$$\boldsymbol{F}=(P,Q,R)=\left(\frac{\partial\varphi}{\partial x},\frac{\partial\varphi}{\partial y},\frac{\partial\varphi}{\partial z}\right).$$

由势函数 φ 的二阶偏导数连续性，直接计算可得 $\mathbf{rot}\boldsymbol{F}=\mathbf{0}$.

(2)⇒(3). 设 F 为无旋场，则在 D 中任取封闭曲线 l，并在 D 中取以 l 为边界，且定向符合右手法则的曲面 S，根据 Stokes 公式得

$$\oint_l \boldsymbol{F}\cdot\mathrm{d}s=\iint_S \mathbf{rot}\boldsymbol{F}\cdot\mathrm{d}\boldsymbol{S}=0.$$

由 l 的任意性知 $\boldsymbol{F}$ 为保守场.

(3)⇒(1). 设 $\boldsymbol{F}$ 为保守场，则 $\boldsymbol{F}$ 在 D 中的曲线积分与路径无关. 因此取得 D 中点(a,b,c)，取 D 中任意点(x,y,z)，定义函数

$$\varphi(x,y,z)=\int_{(a,b,c)}^{(x,y,z)} P\,\mathrm{d}x+Q\,\mathrm{d}y+R\,\mathrm{d}z,$$

则 $\varphi(x,y,z)$是 $\boldsymbol{F}$ 的一个势函数. 具体证明过程在曲线积分与路径无关的定理中已证明，不再重复.

通过物理定律不难证明由一个质点的万有引力形成的引力场，以及一个点电荷产生的静电场等常见的物理中的场是有势场.

对于向量场 $\boldsymbol{A}(x)$，如果其散度处处为零，即 $\mathrm{div}\boldsymbol{A}=\boldsymbol{\nabla}\cdot\boldsymbol{A}=0$，称该向量场是一无散(源)场. 若 $\varphi(x,y,z)$是函数，如果它生成的梯度场是无散场，则必然有

$$\mathrm{div}(\mathbf{grad}\varphi)=0.$$

写成 Hamilton 算子形式为

$$\boldsymbol{\nabla}\cdot(\boldsymbol{\nabla}\varphi)=0,$$

或者记为 $\Delta\varphi=0$，其中

$$\Delta=\nabla\cdot\nabla$$

称为 Laplace 算子. 在直角坐标中, Laplace 算子为

$$\Delta=\frac{\partial^2}{\partial x^2}+\frac{\partial^2}{\partial y^2}+\frac{\partial^2}{\partial z^2},$$

方程 $\Delta\varphi=0$ 称为 Laplace 方程, 满足 Laplace 方程的函数 φ 称为调和函数. 一个不随时间变化的没有热源温度场 φ 满足上述的 Laplace 方程.

习题 18.4

1. 证明以下算子∇的常用公式:

1) $\nabla(\boldsymbol{A}\cdot\boldsymbol{B})=\boldsymbol{A}\cdot\nabla\boldsymbol{B}+\nabla\boldsymbol{A}\cdot\boldsymbol{B}$;

2) $\nabla\cdot(\boldsymbol{A}\times\boldsymbol{B})=\nabla\times\boldsymbol{A}\cdot\boldsymbol{B}-\boldsymbol{A}\cdot(\nabla\times\boldsymbol{B})$;

3) $\nabla\times(\nabla\varphi)=0$;

4) $\nabla\cdot(\nabla\times\boldsymbol{A})=0$.

2. 证明: $\boldsymbol{A}=(y^2+2xz^2)\boldsymbol{i}+(2xy-z)\boldsymbol{j}+(2x^2z-y+2z)\boldsymbol{k}$ 为有势场, 并求其势函数.

3. 证明: $\boldsymbol{A}=(2xy+3)\boldsymbol{i}+(x^2-4z)\boldsymbol{j}-4y\boldsymbol{k}$ 为保守场, 并计算曲线积分 $\int_l \boldsymbol{A}\cdot\mathrm{d}\boldsymbol{l}$, 其中 l 是从点 $A(3,-1,2)$ 到点 $B(2,1,-1)$ 的任意路径.

4. 已知 $\boldsymbol{A}=(x^3+3y^2z)\boldsymbol{i}+6xyz\boldsymbol{j}+R\boldsymbol{k}$, 其中函数 R 满足 $\frac{\partial R}{\partial z}=0$, 且当 $x=y=0$ 时 $R=0$, 求 R 使得存在函数 u 满足 $\boldsymbol{A}=\mathbf{grad}u$.

参考文献

[1] 陈纪修,於崇华,金路.数学分析(下册)[M].北京:高等教育出版社,2009.

[2] 华东师范大学数学系.数学分析(下册)[M].北京:高等教育出版社,2005.

[3] 杨小远,孙玉泉,薛玉梅,等.工科数学分析教程(下册)[M].北京:科学出版社,2012.

[4] 常庚哲,史济怀.数学分析教程(下册)[M].北京:高等教育出版社,2003.